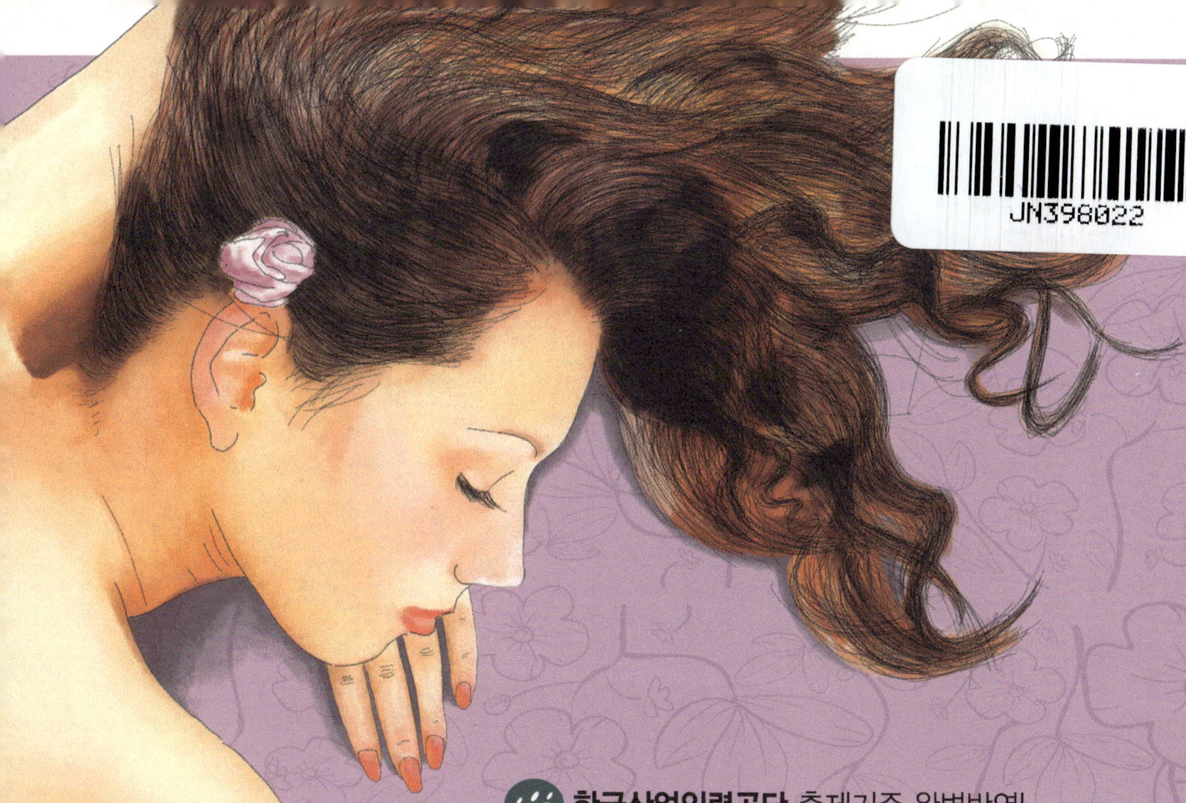

한국산업인력공단 출제기준 완벽반영!

콕콕콕 짚어주는

피부미용사 필기

김지연 · 박성애 공저

도서출판 책과 상상
www.SangSangbooks.co.kr

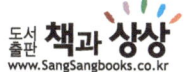

preface... 머리말

21세기는 전문가의 시대입니다.

오늘날 미용업무는 공중위생분야로서 국민의 건강과 직결되어 있는 중요한 분야로 향후 국가의 산업구조가 제조업에서 서비스업 중심으로 전환되는 차원에서 수요가 증대되고 있습니다. 또한, 분야별로 세분화 및 전문화 되고 있는 세계적인 추세에 맞추어 미용의 업무 중 헤어, 피부, 네일, 메이크업의 업무를 수행할 수 있는 미용분야 전문인력을 양성하여 국민의 보건과 건강을 보호하기 위해 만든 자격제도가 바로 한국산업인력공단이 주관·시행하고 있는 미용사 자격시험입니다.

이 교재는 NCS 과정에 따라 전면 개편된 한국산업인력공단의 출제기준을 반영하여 만들어진 피부미용사 자격시험 필기 교재로 다음과 같은 구성적 장점을 통해 빠르고 쉬운 자격시험 합격의 지름길을 제공할 것입니다.

> 1. 개편된 한국산업인력공단의 출제기준과 NCS 과정을 반영하여 피부미용 총론, 피부미용 서비스 및 공중위생관리 순으로 이론 내용을 구성·정리하였습니다.
> 2. 한국산업인력공단의 기출문제와 개편된 이론 내용을 심층 분석하여 상시검정 출제예상문제를 상세한 해설과 함께 제공하고 있습니다.
> 3. 끝으로, 상시시험으로 운영되고 있는 미용사(피부) 필기시험 출제문제와 변경된 출제기준을 반영한 총 10회분의 적중모의고사를 상세한 해설과 함께 수록하여 효과적인 시험대비가 가능하도록 하였습니다.

이 책을 통해 수험생들이 보다 쉽게 자격증을 취득할 수 있도록 많은 보탬이 되고 또한 우수한 미용인 양성에 초석이 되었으면 하는 바람입니다.

수험생 여러분, 인생에서 초심이 가장 중요하듯이 책장이 한 장 한 장 넘어갈 때마다 여러분들이 가졌던 첫 마음을 다시 한 번 생각하면서, 소망하는 미용 전문인이 되기를 두 손 모아 기대합니다.

저자 일동

기술검정안내

◉ 개요

피부미용업무는 공중위생분야로서 국민의 건강과 직결되어 있는 중요한 분야로 향후 국가의 산업구조가 제조업에서 서비스업 중심으로 전환되는 차원에서 수요가 증대되고 있다. 머리, 피부미용, 화장 등 분야별로 세분화 및 전문화 되고 있는 미용의 세계적인 추세에 맞추어 피부미용을 자격제도화 함으로써 피부미용분야 전문인력을 양성하여 국민의 보건과 건강을 보호하기 위하여 자격제도를 제정

◉ 직무내용

얼굴 및 전신의 피부를 아름답게 유지·보호·개선 관리하기 위하여 각 부위와 유형에 적절한 관리법과 기기 및 제품을 사용하여 피부미용을 수행

◉ 진로 및 전망

피부미용사, 미용강사, 화장품 관련 연구기관, 피부미용업 창업, 유학 등

◉ 취득방법

1. 실시기관 : 한국산업인력공단
2. 실시기관 홈페이지 : http://q-net.or.kr
3. 시험과목
   - 필기 : 피부미용학, 피부학. 해부생리학, 피부미용기기학, 공중위생관리학(공중보건학, 소독, 공중위생법규), 화장품학 등에 관한 사항
   - 실기 : 피부미용실무
4. 검정방법
   - 필기 : 객관식 4지 택일형, 60문항(60분)
   - 실기 : 작업형(2~3시간 정도, 100점)
5. 합격기준 : 100점 만점에 60점 이상
6. 응시자격 : 제한없음

미용사(피부) 필기시험 출제기준

시험 과목	주요 항목	세부 항목
해부생리, 미용기기·기구 및 피부미용 관리	1. 피부미용이론	1. 피부미용개론 2. 피부분석 및 상담 3. 클렌징 4. 딥 클렌징 5. 피부유형별 화장품 도포 6. 매뉴얼 테크닉 7. 팩·마스크 8. 제모 9. 신체 각 부위(팔, 다리 등) 관리 10. 마무리 11. 피부와 부속기관 12. 피부와 영양 13. 피부장애와 질환 14. 피부와 광선 15. 피부면역 16. 피부노화
	2. 해부생리학	1. 세포와 조직 2. 뼈대(골격)계통 3. 근육계통 4. 신경계통 5. 순환계통 6. 소화기계통
	3. 피부미용 기기학	1. 피부미용기기 및 기구 2. 피부미용기기 사용법
	4. 화장품학	1. 화장품학개론 2. 화장품제조 3. 화장품의 종류와 기능
	5. 공중위생관리학	1. 공중보건학 2. 소독학 3. 공중위생관리법규(법, 시행령, 시행규칙)

NCS(국가직무능력표준) 안내

NCS(국가직무능력표준)와 NCS 학습모듈

- 국가직무능력표준(NCS, National Competency Standards)이란 산업현장에서 직무를 수행하기 위해 요구되는 지식 · 기술 · 소양 등의 내용을 국가가 산업부문별 · 수준별로 체계화한 것으로 국가적 차원에서 표준화한 것을 의미합니다.
- NCS 학습모듈은 NCS 능력단위를 교육 및 직업훈련 시 활용할 수 있도록 구성한 교수 · 학습자료입니다. 즉, NCS 학습모듈은 학습자의 직무능력 제고를 위해 요구되는 학습 요소(학습 내용)를 NCS에서 규정한 업무 프로세스나 세부 지식, 기술을 토대로 재구성한 것입니다.

NCS 개념도

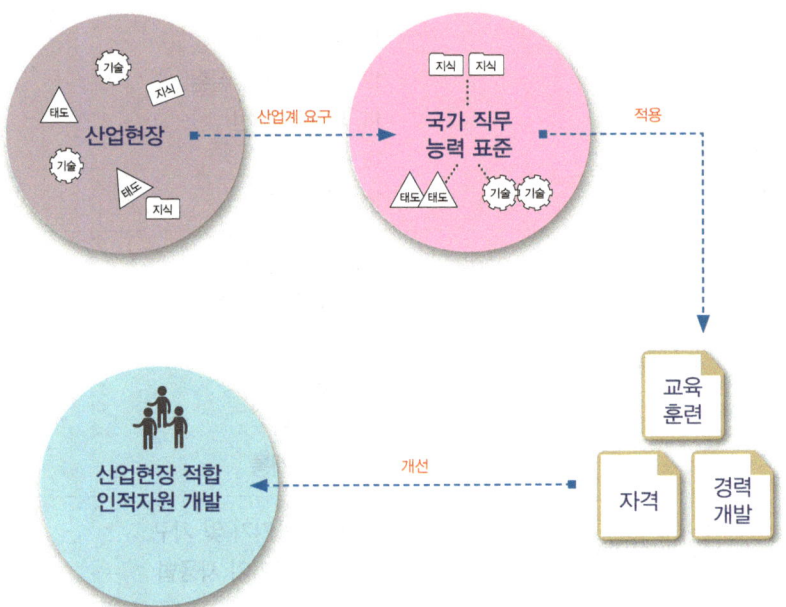

NCS의 활용영역

구분		활용 콘텐츠
산업현장	근로자	평생경력개발경로, 자가진단도구
	기업	현장수요 기반의 인력채용 및 인사관리기준, 직무기술서
교육훈련기관		직업교육 훈련과정 개발, 교수계획 및 매체 · 교재개발, 훈련기준 개발
자격시험기관		자격종목설계, 출제기준, 시험문항, 시험방법

○ NCS 학습모듈의 특징

- NCS 학습모듈은 산업계에서 요구하는 직무능력을 교육훈련 현장에 활용할 수 있도록 성취목표와 학습의 방향을 명확히 제시하는 가이드라인의 역할을 합니다.
- NCS 학습모듈은 특성화고, 마이스터고, 전문대학, 4년제 대학교의 교육기관 및 훈련기관, 직장교육기관 등에서 표준교재로 활용할 수 있으며 교육과정 개편 시에도 유용하게 참고할 수 있습니다.

○ NCS와 NCS 학습모듈의 연결 체제

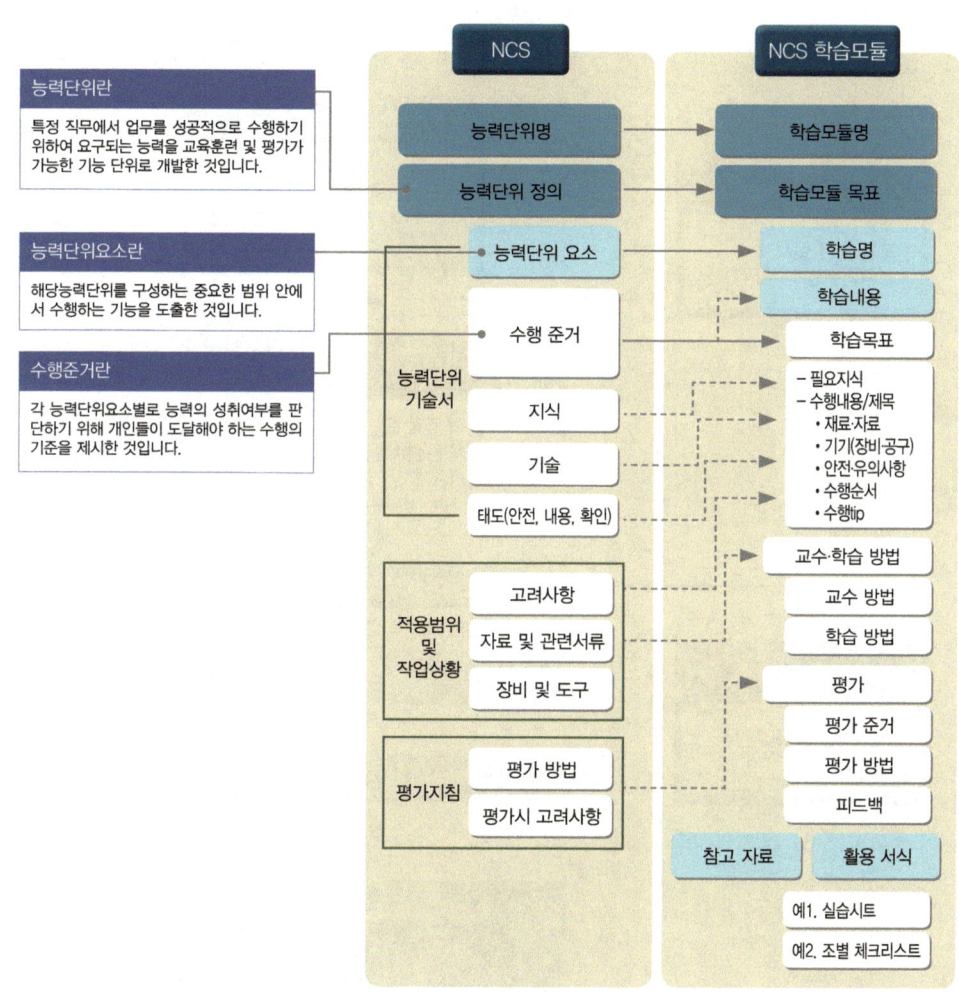

과정평가형 자격취득 안내

과정평가형 자격

과정평가형 자격은 국가기술자격법에 근거하여 국가직무능력표준(NCS)에 따라 설계된 교육·훈련과정을 체계적으로 이수한 교육·훈련생에게 내·외부 평가를 통해 국가기술자격증을 부여하는 새로운 개념의 국가기술자격 취득 제도로서 2015년부터 시행되고 있다.

과정평가형 자격 운영 절차

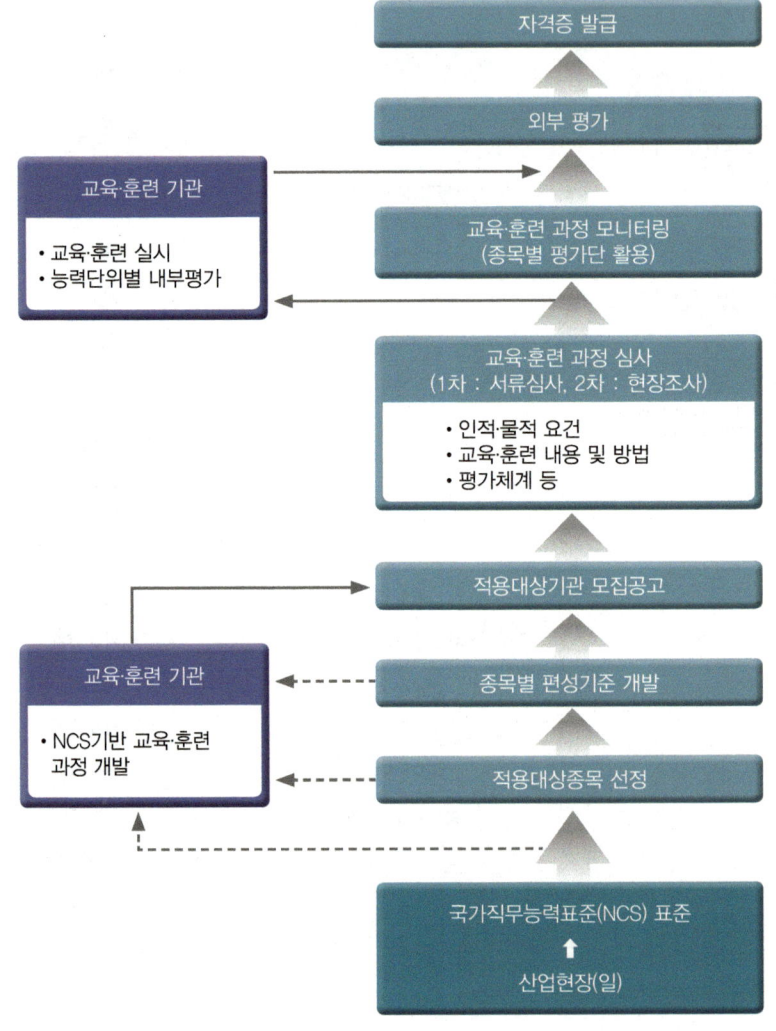

시행 대상

국가기술자격법의 과정평가형 자격 신청자격에 충족한 기관 중 공모를 통하여 지정된 교육·훈련기관의 단위과정별 교육·훈련을 이수하고 내부평가에 합격한 자

교육·훈련생 평가

① 내부평가(지정 교육·훈련기관)
  ㉮ 평가대상 : 능력단위별 교육·훈련과정의 75% 이상 출석한 교육·훈련생
  ㉯ 평가방법
    ㉠ 지정받은 교육·훈련과정의 능력단위별로 평가
    ㉡ 능력단위별 내부평가 계획에 따라 자체 시설·장비를 활용하여 실시
  ㉰ 평가시기
    ㉠ 해당 능력단위에 대한 교육·훈련이 종료된 시점에서 실시하고 공정성과 투명성이 확보되어야 함
    ㉡ 내부평가 결과 평가점수가 일정수준(40%) 미만인 경우에는 교육·훈련기관 자체적으로 재교육 후 능력단위별 1회에 한해 재평가 실시
② 외부평가(한국산업인력공단)
  ㉮ 평가대상 : 단위과정별 모든 능력단위의 내부평가 합격자
  ㉯ 평가방법 : 1차·2차 시험으로 구분 실시
    ㉠ 1차 시험 : 지필평가(주관식 및 객관식 시험)
    ㉡ 2차 시험 : 실무평가(작업형 및 면접 등)

합격자 결정 및 자격증 교부

① 합격자 결정 기준
  내부평가 및 외부평가 결과를 각각 100점을 만점으로 하여 평균 80점 이상 득점한 자
② 자격증 교부
  기업 등 산업현장에서 필요로 하는 능력보유 여부를 판단할 수 있도록 교육·훈련 기관명·기간·시간 및 NCS 능력단위 등을 기재하여 발급

> NCS 및 과정평가형 자격에 대한 내용은 NCS국가직무능력표준 홈페이지(www.ncs.go.kr)에서 보다 자세하게 살펴볼 수 있습니다.

CBT 필기시험제도 안내

◉ CBT 필기시험 개요

CBT(컴퓨터 기반 시험) 필기시험제도는 한국산업인력공단 상설시험장과 외부기관의 시설 및 장비를 임차하여 시행하기 때문에 시험장 사정에 따라 시험일자가 달라질 수 있으며, 수험생들이 선호하는 시험장은 조기 마감될 수 있으므로 주의하여야 합니다.

◉ 원서접수 기간 및 접수처

- 한국산업인력공단이 주관 및 시행하는 기능사 정기 CBT 필기시험 및 상시 CBT 필기시험과 관련한 정보는 큐넷 홈페이지(http://www.q-net.or.kr)를 방문하여 확인합니다.
- 기능사 필기시험의 원서접수는 인터넷으로만 가능하며 정기 및 상시시험 모두 큐넷 홈페이지(http://www.q-net.or.kr)에서 접수할 수 있습니다.
- 기능사 상시시험 종목 : 한식조리기능사, 양식조리기능사, 일식조리기능사, 중식조리기능사, 제과기능사, 제빵기능사, 미용사(일반), 미용사(피부), 미용사(네일), 미용사(메이크업), 굴착기운전기능사, 지게차운전기능사, 건축도장기능사, 방수기능사 [14종목]
  ※ 건축도장기능사, 방수기능사 2종목은 정기검정과 병행 시행

◉ CBT 부별 시험시간 안내

구분	입실시간	시험시간	비고
1부	09:30	09:50~10:50	
2부	10:00	10:20~11:20	
3부	11:00	11:20~12:20	
4부	11:30	11:50~12:50	
5부	13:00	13:20~14:20	시험실 입실 시간은 시험 시작 20분 전
6부	13:30	13:50~14:50	
7부	14:30	14:50~15:50	
8부	15:00	15:20~16:20	
9부	16:00	16:20~17:20	
10부	16:30	16:50~17:50	

※ 지역별 접수인원에 따라 일일 시행횟수는 변동될 수 있으며, 원거리 시험장으로 이동할 수 있습니다.

◉ 합격자 발표

종이 시험과 달리 CBT 필기시험은 시험이 종료된 후 시험점수와 함께 합격 여부를 확인할 수 있으며, 이 결과는 시험일정 상의 합격자 발표일에 최종 확인할 수 있습니다.

CBT 필기시험 체험하기

01 CBT 필기시험 응시를 위해 지정된 좌석에 앉으면 해당 컴퓨터 단말기가 시험감독관 서버에 연결되었음을 알리는 연결 성공 메시지가 나타납니다.

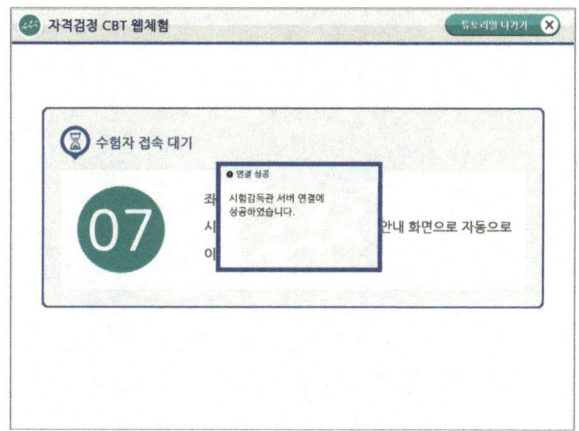

02 수험자 접속 대기 화면에서 좌석번호를 확인합니다. 좌석번호 확인이 끝나면 시험감독관의 지시에 따라 시험 안내 화면으로 자동으로 이동합니다.

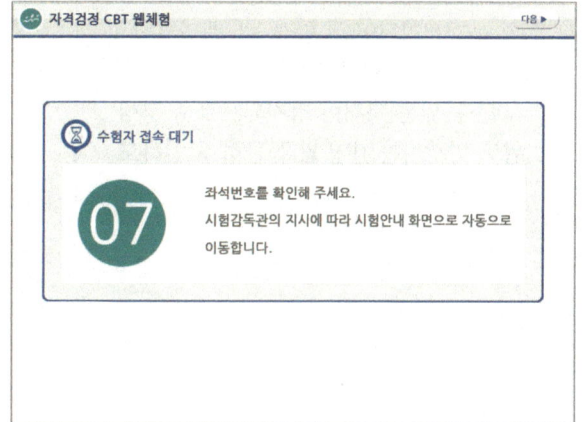

03 수험자 정보를 확인합니다. 감독관의 신분 확인 절차가 진행됩니다. 신분 확인이 모두 끝나면 시험을 시작할 수 있습니다.

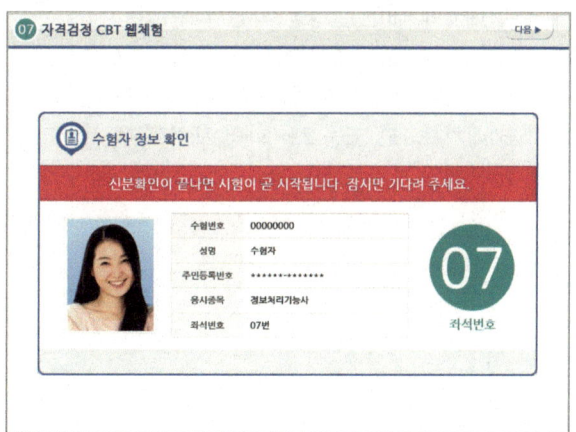

04 CBT 필기시험에 대한 안내사항이 나타납니다. 화면은 예제이며, 실제 기능사 필기시험은 총 60문제로 구성되며, 60분간 진행됩니다.

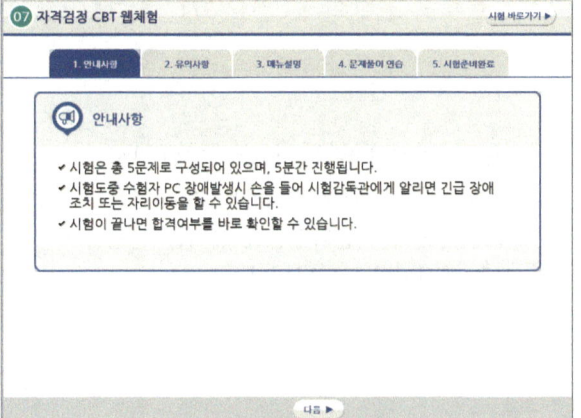

05 다음 항목에서 시험과 관련된 유의사항을 확인합니다. 특히, 시험과 관련한 부정행위 적발 시 퇴실과 함께 해당 시험은 무효처리되어 불합격 될 뿐만 아니라, 이후 3년간 국가기술자격검정에 응시할 수 있는 자격이 정지되므로 부정행위로 인정되는 내용을 꼼꼼히 확인하도록 합니다.

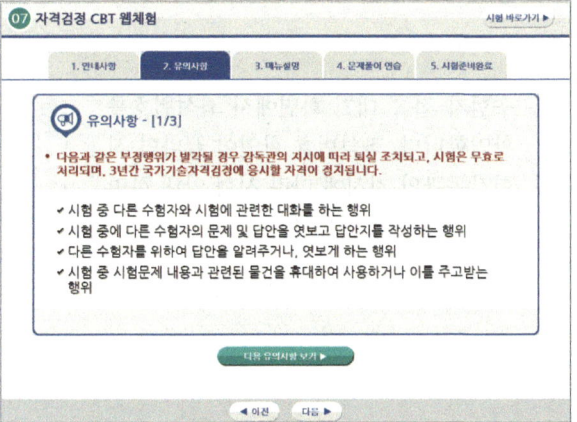

06 메뉴설명 항목에서는 문제풀이와 관련된 메뉴에 대한 설명을 확인할 수 있습니다. CBT 화면에서는 글자 크기를 크게 하거나 작게 할 수 있을 뿐 아니라, 화면 배치를 1단 또는 2단 화면 보기 혹은 한 문제씩 보기로 선택할 수 있습니다.

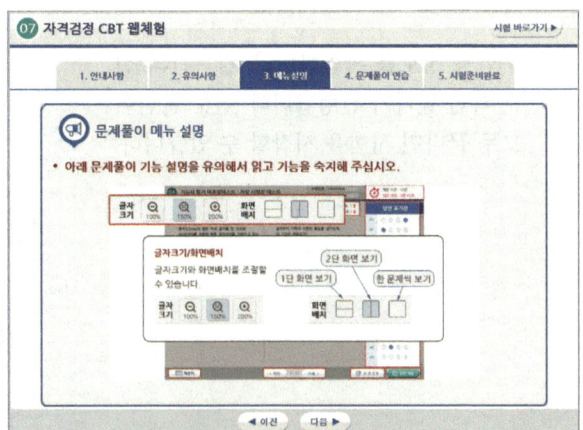

07 문제풀이 연습 항목에서는 실제 문제를 풀어보는 과정을 연습할 수 있습니다. 실제 시험에서 실수하지 않도록 하기 위해 [자격검정 CBT 문제풀이 연습] 버튼을 클릭합니다.

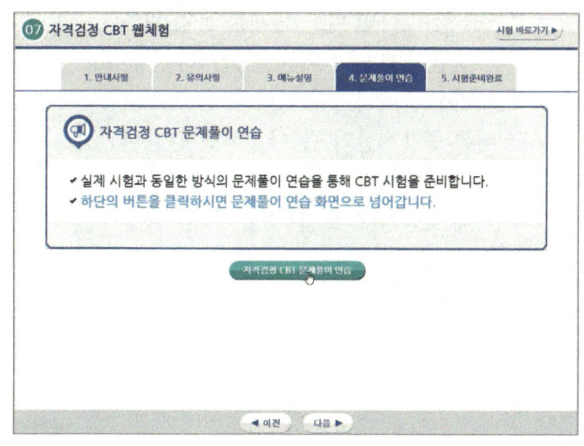

08 보기의 연습 문제는 국가기술자격시험의 정부 위탁기관인 한국산업인력공단의 본부 청사 소재지를 묻는 것입니다. 현재 한국산업인력공단 본부는 울산광역시에 소재하고 있습니다. 문제 아래의 보기에서 번호 항목을 클릭하거나 답안 표기란의 번호 항목에서 해당 답안을 클릭하여 답안을 체크합니다.

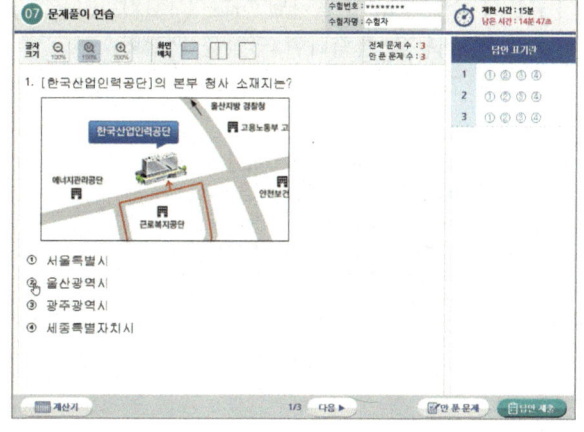

09 문제 아래의 보기를 클릭하거나 오른쪽 답안 표기란의 답안 항목을 클릭하면 화면과 같이 선택한 답안이 OMR 카드에 색칠한 것과 같이 색이 채워집니다.

> 답안을 수정할 때는 마찬가지 방법으로 수정하고자 하는 문제의 보기 항목이나 답안 표기란의 보기 항목에서 수정하고자 하는 답안을 클릭합니다.

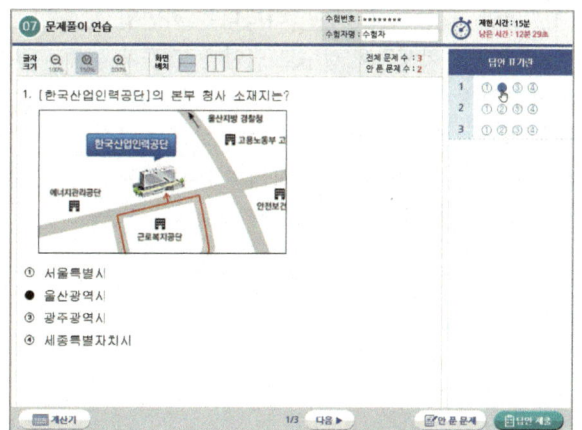

10 문제를 풀고 나면 다음 문제를 풀기 위해 화면 하단의 [다음] 버튼을 클릭하여 문제를 계속 풀어나가면 됩니다. 참고로 하단 버튼 중 [계산기]를 클릭하면 간단한 공학용 계산기를 사용하여 계산 문제를 푸는 데 도움을 받을 수 있습니다.

> 계산이 끝나고 계산기를 화면에서 사라지게 하려면 계산기 창의 오른쪽 상단에 있는 닫기 ☒ 버튼을 클릭합니다.

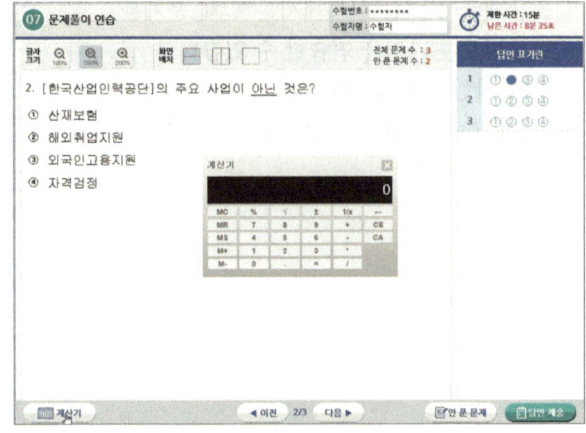

11 문제 풀이 연습이 끝나면 하단의 [답안 제출] 버튼을 클릭하여 답안을 제출합니다.

> 어려운 문제의 경우 하단의 [다음] 버튼을 클릭하여 다음 문제를 풀 수도 있습니다. 단, 이러한 경우 답안을 제출하기 전에 하단의 [안 푼 문제] 버튼을 클릭하여 혹시 풀지 않은 문제가 있는 지 최종적으로 확인하도록 합니다.

12 답안 제출을 클릭하면 나타나는 화면입니다. 수험생들이 실수로 답안을 모두 체크하지 않고 제출할 수 있는 실수를 방지하기 위해 2회에 걸쳐 주의 화면이 나타납니다. 답안을 제출하려면 [예] 버튼을 누릅니다.

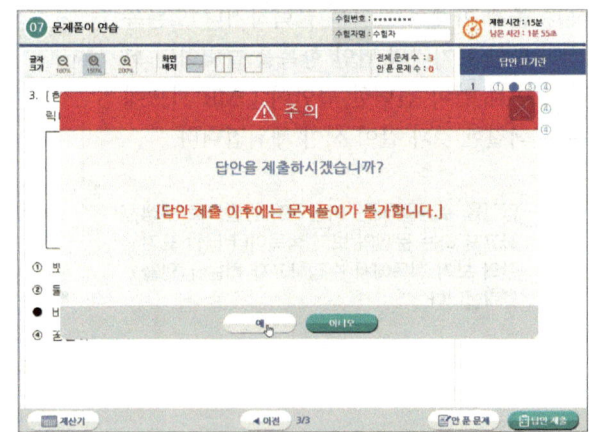

13 문제풀이 연습을 모두 마치면 나타나는 화면에서 [시험 준비 완료] 버튼을 클릭합니다. 이후 시험 시간이 되면 시험감독관의 지시에 따라 시험이 자동으로 시작됩니다.

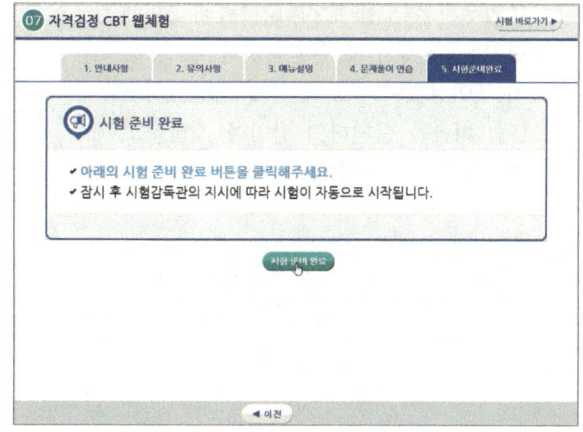

14 본 시험이 시작되면 첫 번째 문제가 화면에 나타납니다. 앞서 문제풀이 연습 때와 마찬가지 방법으로 문제의 보기에서 정답을 클릭하거나 답안 표기란에 해당 문제의 정답 항목을 클릭하여 답을 선택합니다.

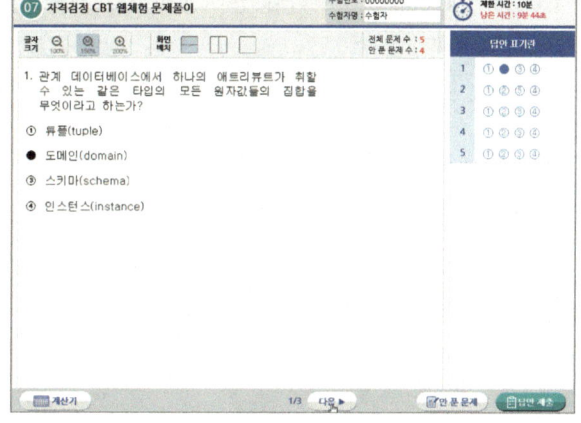

15 화면 하단의 [다음] 버튼을 클릭하면 다음 문제를 풀 수 있습니다. 앞서와 마찬가지 방법으로 답안에 체크하고 모든 문제를 풀었다면 [답안 제출] 버튼을 클릭합니다.

> 화면의 상단 오른쪽에 제한 시간과 남은 시간이 표시됩니다. 본 예제는 체험을 위한 것으로 실제 시험시간은 60분이며, 이에 따라 남은 시간도 표시됩니다.

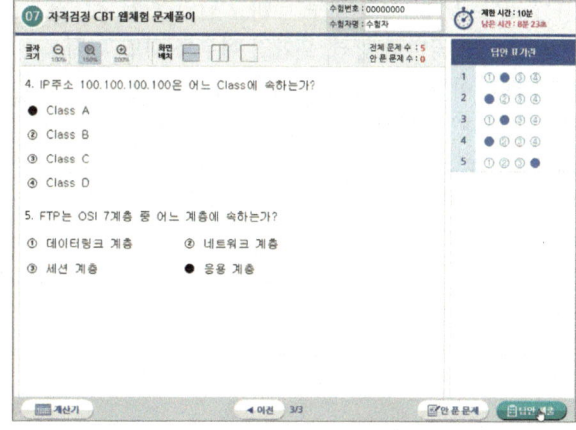

16 수험생의 실수를 방지하기 위해 2회에 걸쳐 주의 문구가 출력됩니다. 모든 문제를 이상없이 풀고 답안에 체크했다면 [예] 버튼을 클릭하여 답안을 제출하고 시험을 마무리합니다.

> 문제 화면으로 다시 돌아가고자 한다면 [아니오] 버튼을 클릭하여 이미 푼 문제들을 다시 확인하고 필요한 경우 답안을 수정할 수 있습니다.

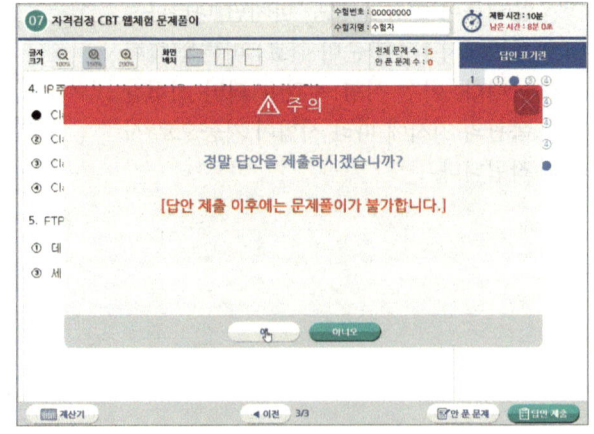

17 답안 제출 화면이 나타납니다. 잠시 기다립니다.

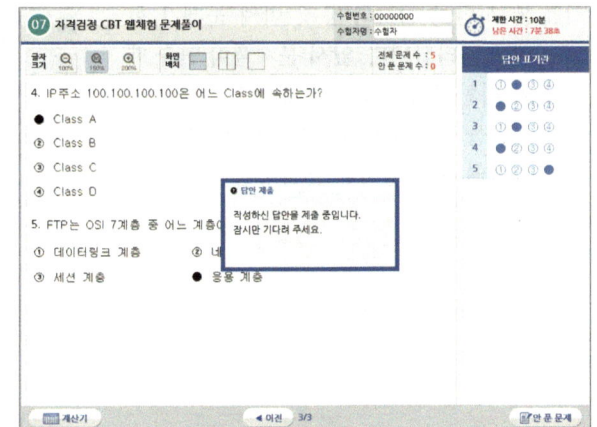

18 CBT 필기시험을 모두 끝내고 답안을 제출하면 곧바로 합격, 불합격 여부를 화면과 같이 확인할 수 있습니다. 독자분들은 꼭 화면과 같은 합격 축하 문구를 볼 수 있기를 기원합니다.

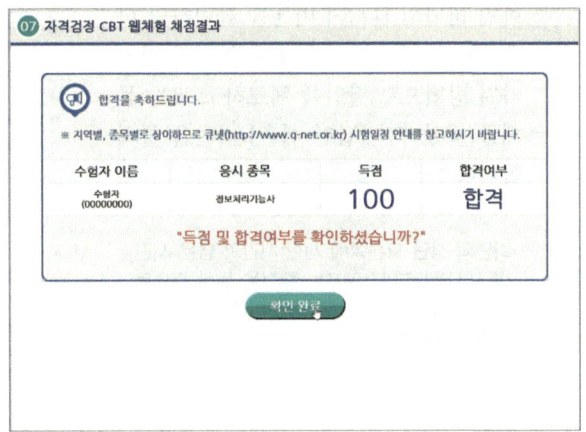

19 앞서의 합격 여부 화면에서 [확인 완료] 버튼을 클릭하면 CBT 필기시험이 종료됩니다. 고생하셨습니다.

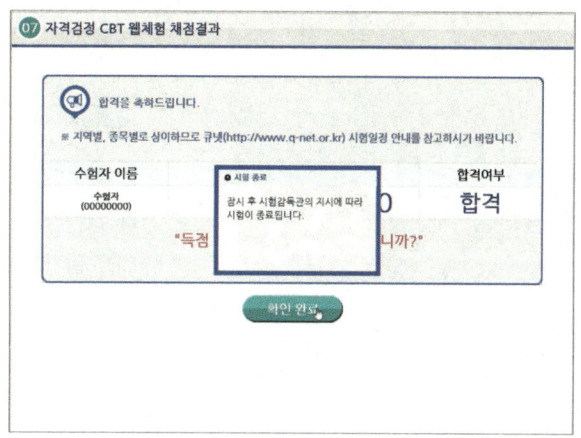

본 도서에 수록된 CBT 필기시험 체험하기 내용은 한국산업인력공단의 CBT 체험하기 과정을 인용하여 구성 및 정리한 것입니다. 직접 한국산업인력공단에서 제공하는 CBT 필기시험을 체험하고자 하는 독자께서는 한국산업인력공단이 운영하는 큐넷 홈페이지(www.q-net.or.kr)를 방문하시기 바랍니다.

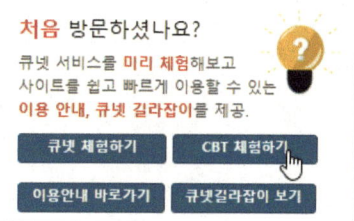

Contents

PART 00

머리말
기술검정안내
NCS(국가직무능력표준) 안내
CBT 필기시험제도 안내

PART 01 피부미용 총론

CHAPTER 01 피부미용 위생관리
01 피부미용의 개념과 역사 ·················· 24
02 위생관리 ·· 26

CHAPTER 02 피부의 이해
01 피부와 피부 부속기관 ······················ 29
02 피부 유형 분석 ··································· 34
03 피부와 영양 ··· 37
04 피부와 광선 ··· 40
05 피부면역 ·· 43
06 피부노화 ·· 44
07 피부장애와 질환 ································ 46

CHAPTER 03 해부생리학
01 인체의 구성 ··· 51
02 계통의 이해 ··· 54

CHAPTER 04 피부미용 화장품 사용
01 화장품 기초 ··· 62

02 화장품 제조 ··· 67
03 화장품의 종류와 기능 ······························ 69
04 화장품 사용 ··· 83

출제예상문제 ··· 88

PART 02 피부미용 서비스

CHAPTER 01 피부분석
01 피부 상태 파악 ·· 108
02 피부유형별 관리계획 ······························ 110

CHAPTER 02 얼굴관리
01 클렌징 ·· 113
02 딥클렌징 ·· 116
03 피부 유형별 화장품 도포 ······················· 118
04 매뉴얼 테크닉 ··· 127
05 팩 · 마스크 ·· 130

CHAPTER 03 기타 피부관리
01 제모 ·· 134
02 신체 각 부위 관리 ·································· 137
03 마무리 ·· 139

Contents

CHAPTER 04 피부미용기구 활용
- 01 피부미용기기·기구의 이해 ············· 142
- 02 필수기구 활용 ····························· 145
- 03 응용기구 활용 ····························· 148

출제예상문제 ································· 153

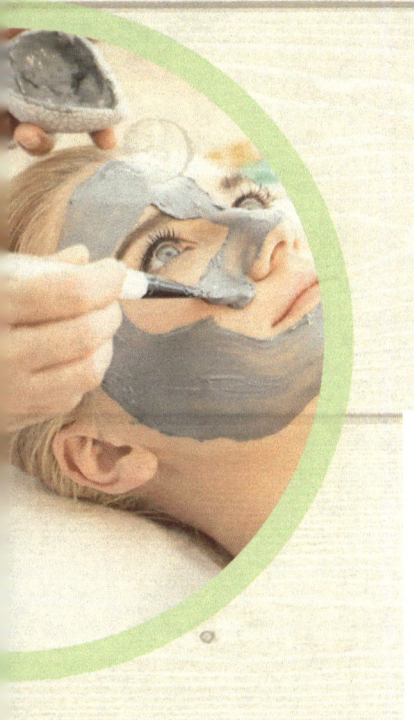

PART 03 공중위생관리

CHAPTER 01 공중보건
- 01 공중보건학 기초 ························· 170
- 02 질병관리 ·································· 172
- 03 가족 및 노인보건 ······················· 181
- 04 환경보건 ·································· 183
- 05 식품위생과 영양 ························· 189
- 06 보건행정 ·································· 197

CHAPTER 02 소독
- 01 소독의 정의 및 분류 ···················· 200
- 02 미생물 총론 및 병원성 미생물 ······· 202
- 03 소독방법 및 분야별 위생·소독 ······· 208

CHAPTER 03	공중위생관리법규
01	공중위생법규 ·· 214
02	벌칙 등 ·· 222
	출제예상문제 ·· 225

PART 04 적중모의고사

01회	적중모의고사 ·· 240
02회	적중모의고사 ·· 250
03회	적중모의고사 ·· 259
04회	적중모의고사 ·· 268
05회	적중모의고사 ·· 277
06회	적중모의고사 ·· 286
07회	적중모의고사 ·· 295
08회	적중모의고사 ·· 304
09회	적중모의고사 ·· 313
10회	적중모의고사 ·· 322

PART 01

피부미용 총론

CHAPTER

01. 피부미용 위생관리
02. 피부의 이해
03. 해부생리학
04. 피부미용 화장품 사용
➡ 출제예상문제

CHAPTER 01 피부미용 위생관리

Lesson 01 피부미용의 개념과 역사

1 피부미용의 개념

(1) 피부미용(Aesthetic)의 의미 및 의의

① 피부미용의 의미
  ㉮ 두피를 제외한 얼굴과 모든 신체의 기능을 정상적으로 유지시키기 위한 것으로 화장품, 피부미용기기, 매뉴얼 테크닉을 이용하여 피부를 건강하고 아름답게 유지하는 것을 말한다.
  ㉯ 미(美)의, 미학(美學)의, 심미적(審美的)인 의미를 가지며 오늘날은 피부관리, 에스테틱, 스킨케어, 코스메틱 등의 다양한 의미로 불려진다.

② 피부미용의 의의
  ㉮ 얼굴 및 전신의 피부를 아름답게 유지·보호, 관리하는 것
  ㉯ 피부미용을 수행함으로써 인간이 궁극적으로 행복과 원만한 관계를 지향
  ㉰ 인체의 정신적·육체적 건강과 자연적인 아름다움 추구

> **피부미용의 다양한 이름**
> - 독일 : Kosmetik
> - 영국 : Cosmetic
> - 미국 : Skin care, Aesthetic, Esthetic
> - 프랑스 : Esthetique

(2) 피부미용사(Aesthetician)

① 피부미용사의 정의 및 역할
  ㉮ 피부미용사의 정의 : 피부미용사는 의료기기나 의약품을 사용하지 아니하고 피부상태를 분석하여 피부 관리와 제모 및 눈썹손질 등을 위생적으로 관리하는 전문가를 말한다.
  ㉯ 피부미용사의 역할
    ㉠ 얼굴 및 전신의 피부를 아름답게 관리해 준다.

ⓒ 제모와 눈썹손질 등에 대한 위생적인 관리를 실시한다.
ⓔ 각 부위와 유형에 적절한 관리와 함께 기기 및 제품을 사용하여 피부 미용을 수행한다.

② **피부미용사의 기본조건**
㉮ 전문적인 지식 습득으로 성실한 직무 수행
㉯ 숙련되고 능숙한 실무 능력으로 고객의 피부 상태 점검 및 올바른 피부 관리 실시
㉰ 건강한 마음과 몸으로 교양 있고 품위 있는 자세 유지
㉱ 바른 말씨와 단정한 외모
㉲ 개인위생 및 청결 유지

2 피부미용의 역사

(1) 서양의 피부미용 역사

① **이집트**
㉮ 미이라 보존을 위해 향유나 방부제 사용
㉯ 클레오파트라는 나귀우유 목욕 및 백납분을 사용하여 얼굴을 희게 함
㉰ 계급별 가발, 장신구 사용과 헤나 사용
㉱ 종교적, 주술적 의미의 화장이 행해짐

② **그리스**
㉮ 히포크라테스의 신체 아름다움 추구
㉯ 육체의 균형과 조화를 위한 운동과 목욕
㉰ 화장보다 깨끗한 피부를 가꾸는 데 노력함
㉱ 천연향과 오일을 이용한 마사지 요법 성행

③ **로마**
㉮ 오일을 이용한 마사지, 대중목욕탕 성행
㉯ 향수, 오일, 화장품이 생활의 필수품으로 등장
㉰ 갈렌에 의해 최초의 현대적 화장품인 콜드크림 개발

④ **중세**
㉮ 기독교적 금욕주의
㉯ 스팀관리법, 정유추출 허브 미용법 개발

⑤ **르네상스**
㉮ 인본주의 시대 화장품이나 향수 사용
㉯ 과도한 치장이나 분화장 성행

⑥ **근대**
㉮ 세안의 중요성으로 클렌징크림이나 비누 사용
㉯ 백납분에서 산화 아연분 공급으로 분 치장 성행
㉰ 특수계층의 전유물이었던 화장품이 일반시민에게 보편화됨

⑦ 현대
  ㉮ 화장품 대량생산으로 다양화, 대중화됨
  ㉯ 1901년 마사지 크림 개발
  ㉰ 피부의 기초이론, 생화학, 생리학, 전기학 등의 과학적 발전 시기

(2) 우리나라 피부미용의 역사

① 고조선
  ㉮ 단군신화의 쑥과 마늘 이용(미백효과)
  ㉯ 입욕제 및 천연팩 사용

② 삼국시대
  ㉮ 불교의 영향으로 향 문화가 발달하고, 목욕문화 발달
  ㉯ 은은한 화장술 선호
  ㉰ 비누, 향수 등과 같은 화장품 사용과 백분의 제조기술 발달

③ 고려시대
  ㉮ 불교의 영향으로 종교의식에 꽃물이나 난(蘭)을 입욕제로 사용
  ㉯ 면약 개발 미백용 화장품 이용

④ 조선시대
  ㉮ 규합총서에 '면지법(面脂法)' 소개
  ㉯ 화장품 최초 제조, 선조 때 화장수 개발
  ㉰ 사대부 집안에서는 난(蘭)탕(湯), 삼(蔘)탕(湯)을 이용

⑤ 현대
  ㉮ 1915년 박가분
  ㉯ 1960년대 화장품 산업 발전
  ㉰ 1971년 최초 미가람 피부관리실
  ㉱ 1980~1990년대 색조화장품, 기능성화장품 출시
  ㉲ 2000년대 친환경적 자연적 제품 선호

Lesson 02 위생관리

1 작업장 위생관리

(1) 피부미용실 내의 위생관리

① 피부미용실에서 고객 응대 및 피부 관리 시 내부의 모든 것들이 청결하고 위생적이어야 하며 정리·정돈이 잘 되어 있어야 한다.
② 심신의 안정을 취할 수 있도록 안락한 분위기가 조성되어야 한다.

③ 환기 시설이 잘 갖추어져 있어야 한다.
④ 냉·난방 시설을 갖추어야 한다.
⑤ 피부진단을 위한 직접조명과 휴식과 안정을 위한 간접조명이 되어 있어야 한다.
⑥ 방음 시설이 잘되어 있어야 한다.
⑦ 냉·온수를 사용할 수 있어야 한다.
⑧ 뚜껑이 있는 휴지통이 비치되어 있어야 한다.
⑨ 사용하는 기구와 비품들은 자비 소독법, 자외선 소독기, 고압 멸균기 등으로 살균·소독한다.
⑩ 기기 부품과 브러시 등은 사용 후 중성세제로 세척하여 자외선 소독기에 넣어 살균·소독한다.

(2) 피부미용실 작업장 환경

① 쾌적하고 아늑한 작업장이 되어야 한다.
② 환풍이 잘 되어 공기 순환이 잘 되어야 한다.
③ 상담실과 작업장은 구분되어 있어야 한다.
④ 화장품 정리대는 청결하고 위생적으로 준비되어 있어야 한다.
⑤ 고객용 베드는 위생적으로 준비되어 있어야 한다.
⑥ 기기, 기구, 도구는 사용 전과 사용 후에 철저한 소독이 되어 있어야 한다.
⑦ 작업장의 조도는 75룩스(lux) 이상을 유지해야 한다.

2 재료 및 도구 위생관리

(1) 비품 소독 분류 방법

① **타월·터번** : 삶는 것이 좋다.
② **도구 및 용기** : 소독제로 깨끗이 닦는다.
③ **기기 및 기구** : 소독제를 솜에 적셔 닦는다.

(2) 적절한 소독 방법

① 소독 물품을 목적에 따라 분류하여 놓는다.
② 끓는 물에 삶는다.
③ 면봉이나 솜으로 소독한다.
④ 화장품 용기 및 웨건을 소독제로 닦는다.
⑤ 사용한 기기나 기구를 소독제로 닦아 놓는다.
⑥ 손 소독제를 준비한다.
⑦ 타월 및 터번을 세탁하여 자외선 소독해 준비한다.

(3) 기타 사항

① 소독제에 대한 유효기간을 점검한다.
② 사용한 비품과 사용하지 않은 비품을 분리 보관한다.
③ 위생관리 지침에 따라 적절한 소독방법으로 소독한다.

3 관리사 용모 위생관리

(1) 피부미용사의 위생관리

① 구취나 체취가 나지 않도록 청결함을 유지해야 한다.
② 피부미용사는 관리 전후 수시로 손을 씻어서 청결함을 유지하여야 한다.
③ 관리 전후 비누나 알코올로 손을 소독한다.
④ 관리 중 전화를 받거나 다른 물건을 만지는 경우 반드시 소독을 하고 다시 관리한다.
⑤ 손톱은 짧고 끝이 매끄럽게 정돈되어야 하고 색깔 있는 네일 에나멜을 바르지 않는다.
⑥ 피부미용사는 복장, 언어, 표정 등 청결히 하고 단정한 이미지를 유지하도록 한다.
⑦ 편안한 흰색 신발 착용을 권장하며 걸을 때 소리가 나지 않게 유의해야 한다.
⑧ 긴 머리는 단정하게 묶어 올리고, 자연스러운 화장을 한다.
⑨ 관리 중 목걸이, 반지와 팔찌 등의 장신구를 착용하지 않는다.

(2) 업무 시 수행 tip

① 깨끗한 위생복, 마스크, 실내화를 착용해야 한다.
② 장신구는 피한다.
③ 가볍고 자연스러운 화장을 한다.
④ 예의 바른 언행으로 작업장 근무수칙을 준수한다.
⑤ 두발 및 손톱 등 단정한 용모로 서비스를 제공한다.

CHAPTER 02
피부의 이해

Lesson 01 피부와 피부 부속기관

1 피부 구조

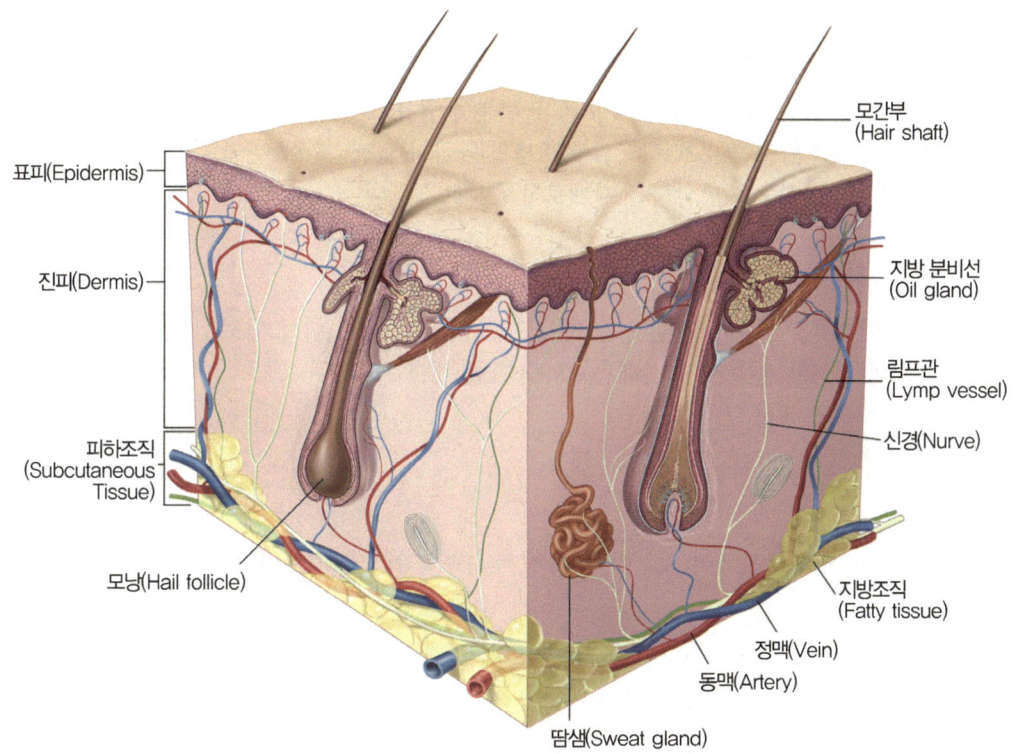

[피부 단면도]

(1) 표피(Epidermis)

피부의 가장 상층부에 존재하며, 모세혈관과 신경이 존재하지 않는다. 표피는 무핵층과 유핵층으로 구분되는데 무핵층은 각질층, 투명층, 과립층으로 되어 있고 유핵층은 유극층, 기저층으로 되어 있다. (각질층 → 투명층 → 과립층 → 유극층 → 기저층으로 구성)

① 각질층
    ㉮ 피부의 가장 바깥층에 존재
    ㉯ 외부의 물리적 자극 및 유해 물질의 침투 방지(보호기능 담당)
    ㉰ 정상 각질층은 약 20층 정도로 외피로 갈수록 편평한 모양
    ㉱ 천연보습인자가 있어 정상 피부의 경우 10~20% 수분 함유
② 투명층
    ㉮ 손바닥, 발바닥에만 존재
    ㉯ 엘라이딘(elaidin)이라는 물질이 함유되어 있어 투명하게 보이고 빛과 물을 차단하는 역할
③ 과립층
    ㉮ 3~4층의 유핵의 편평 또는 방추형 세포로 구성
    ㉯ 방어막이 있어 체내의 수분 유출을 방지하고 외부로부터 피부를 보호
    ㉰ 핵이 위축되어 퇴화되면서 실제 각질화 과정이 시작
④ 유극층
    ㉮ 표피의 대부분을 차지
    ㉯ 표피 중 가장 두꺼운 층으로 약 70%의 수분을 함유
    ㉰ 세포 사이에 림프액이 흐르고 피부의 영양 공급과 혈액순환에 관여
    ㉱ 피부의 면역 기능을 담당하는 랑게르한스 세포가 존재
⑤ 기저층
    ㉮ 표피의 가장 아래층에 위치
    ㉯ 진피와 경계를 이루며 각질 형성 세포 90%, 멜라닌 색소 형성 세포 10%로 구성
    ㉰ 산소와 영양분 흡수 및 이산화탄소와 노폐물 배출
    ㉱ 새로운 세포 생성

(2) 진피(Dermis)

유두층, 망상층으로 구분되어 있으며 피부 전체의 90% 이상을 차지하고 있는 실질적인 피부이다.

① 유두층
    ㉮ 교원섬유와 탄력섬유들이 가늘고 느슨하게 존재
    ㉯ 통각 및 촉각을 감지하는 감각수용체에 위치
    ㉰ 모세혈관을 통해 표피에 영양소와 산소를 공급
② 망상층
    ㉮ 피부의 탄력성을 부여
    ㉯ 그물모양으로 형성
    ㉰ 혈관, 신경관, 림프관, 땀샘, 기름샘, 모발과 입모근 등이 분포
    ㉱ 콜라겐, 엘라스틴(탄력섬유), 무코다당류(히알루론산)로 구성
    ㉲ 온각, 냉각, 압각을 감지하는 감각수용체에 위치

(3) **피하조직**(Subcutaneous Tissue)

포도송이 모양을 하고 있으며 지방 조직이 대부분을 차지하며 피부의 가장 아래층에 위치한다.

① 피부의 가장 최하층으로 진피와 근육 사이에 불규칙한 형태로 위치
② 체형 결정 및 보호(쿠션)기능, 체온유지 역할
③ 여성, 젊은 사람, 엉덩이, 유방에 많이 분포
④ 15%의 물과 85%의 지방으로 구성

2 피부의 기능

(1) **보호 기능**

① 물리적 자극에 대한 보호기능
② 화학적 자극에 대한 보호기능
③ 세균 침입에 대한 보호기능
④ 태양광선에 대한 보호기능

(2) **체온조절 작용**

① 신체에서 발산되는 열량의 70%는 피부를 통해 발산되고 나머지는 호흡을 통해 발산
② 피지막과 모세혈관, 한선이 체온조절에 중요한 역할을 담당

(3) **분비 및 배설 작용**

① 피지와 땀이 섞여 피지막을 형성하여 수분증발 억제 및 세균발육 저지 역할
② 한선을 통해 땀 분비로 체내 노폐물 배출 기능

(4) **비타민 D 형성 작용**

① 피부 내에 존재하는 프로비타민 D는 자외선에 의해 합성

(5) **기타 작용**

① **감각 작용** : 통각, 촉각, 냉각, 압각, 온각 순으로 분포되어 있어 위험을 감지하고 신체를 보호
② **표정 작용** : 얼굴에 있는 표정근을 통해 의사나 감정을 나타냄
③ **재생 작용** : 피부가 상처를 입고 원래로 돌아가고자 하는 재생 작용
④ **면역 작용** : 각질형성 세포, 랑게르한스 세포 등이 면역반응을 통해 생체 방어기전에 관여

3 피부 부속기관의 기능

(1) 피부 구성 물질

① 표피 구성 세포
  ㉮ 각질 형성 세포
    ㉠ 편평한 층을 이루며 표피를 구성하는 세포
    ㉡ 케라틴을 만들어 내는 세포
    ㉢ 각화주기는 28일이며, 노화된 피부는 각화주기가 길어져 각질층이 두꺼워짐
  ㉯ 멜라닌 생성 세포
    ㉠ 기저층에 위치
    ㉡ 유멜라닌은 동양인, 흑색 또는 적갈색, 입자형 색소가 나타남
    ㉢ 페오멜라닌은 서양인, 적색 또는 노란색, 분사형 색소가 나타남
    ㉣ 멜라닌 색소는 자외선을 흡수 또는 산란시켜 자외선으로부터 피부가 손상되는 것을 방지
    ㉤ 멜라닌 색소 증가 요인은 자외선, 스트레스, 임신, 내장 장애, 호르몬 변화 등
  ㉰ 랑게르한스 세포
    ㉠ 유극층에 존재
    ㉡ 피부 면역에 관계하며, 외부에서 들어온 이물질인 항원을 면역담당 세포인 림프구로 전달해 주는 역할
  ㉱ 머켈세포
    ㉠ 기저층에 위치
    ㉡ 신경세포와 연결되어 촉각을 감지

② 진피 구성 세포 및 물질
  ㉮ 섬유아세포 : 교원섬유와 탄력섬유 그리고 기질을 만드는 역할
  ㉯ 대식세포 : 외부 침입자가 들어오면 걸러내는 작용
  ㉰ 비만세포 : 진피의 유두층 내 모세혈관 가까이에 위치하며, 염증매개 물질을 생성하거나 분비하는 작용
  ㉱ 표피성장인자(EGF) : 표피와 섬유아세포의 성장을 자극하는 호르몬으로 세포 성장을 촉진

③ 콜라겐과 엘라스틴
  ㉮ 교원섬유(콜라겐)
    ㉠ 진피 성분의 90% 차지
    ㉡ 피부의 수분 창고 역할
    ㉢ 근육, 연골, 혈관벽, 치아 등에 존재
    ㉣ 교원섬유와 탄력섬유가 그물모양으로 짜여져 있어 피부에 탄력성과 신축성을 부여
  ㉯ 탄력섬유(엘라스틴)
    ㉠ 신축성이 강한 섬유 형태의 단백질
    ㉡ 피부 탄력 관장

⑬ 지질(무코다당류)
　㉠ 결합섬유 사이를 채우고 있는 물질
　㉡ 친수성 다당체인 물에 녹아 끈적끈적한 액체 상태로 존재
　㉢ 자기 몸무게의 수백 배에 해당하는 다량의 수분을 보유할 수 있는 성질이 있음
　㉣ 히알루론산과 콘드로이친 황산 등으로 구성

(2) 피부 부속기관의 구조 및 생리기능

① **피지선**
　㉮ 피지선의 개요
　　㉠ 손바닥, 발바닥을 제외한 신체의 대부분에 분포, 특히 얼굴, 두피, 가슴 등에 발달
　　㉡ 모공을 통해 피지가 배출되며, 독립피지선(입술)도 있음
　　㉢ 사춘기에 집중적으로 분비되다가 40세 이후 분비가 감소하기 시작하며 60세 이후 급격하게 감소
　　㉣ 남성 호르몬 안드로겐에 의해 분비가 활성, 여성 호르몬 에스트로겐에 의해 억제
　㉯ 피지의 기능
　　㉠ 피부의 피지막을 형성해 피부를 보호
　　㉡ 외부의 이물질 침입 방어
　　㉢ 털의 매끄러운 윤기를 유지
　　㉣ 체온 저하 방지

② **한선(땀샘)**
　㉮ 에크린샘(소한선)
　　㉠ 자율신경의 지배를 받으며 전신에 널리 분포되어 있으며 pH는 3.8~5.6
　　㉡ 온열성 발한(체온조절 작용)과 정신성 발한(자율신경계의 교감 신경에 영향), 미각성 발한이 있고 체온조절에 관여
　　㉢ 손바닥, 발바닥, 이마 등의 피부에 밀집
　㉯ 아포크린샘(대한선)
　　㉠ 모공을 통해서 분비되는 것으로 갱년기 이후 기능이 저하
　　㉡ 땀의 pH는 5.5~6.5로 단백질이 함유되어 개인 특유의 체취 함유
　　㉢ 겨드랑이, 성기 주변, 유두 주변 및 두피에 분포되어 있으며, 흑인이 가장 많고 백인, 동양인 순

■ 땀의 기능
- 체온 조절
- 피지막 형성, 피부 표면의 산도 유지
- 수분이나 노폐물 배설을 통해 신장의 기능을 도움

Lesson 02 피부 유형 분석

1 정상피부

(1) 정상피부의 성상 및 특성
① 유분과 수분의 활동이 정상
② 피부 보습 상태가 정상적이며, 피부 표면이 고르고 윤기가 남
③ 피부 표면에 저항을 느낄 수 있는 탄력성이 있음
④ 자외선에 그을린 피부색소도 곧 회복
⑤ 세안 후 피부 당김이 별로 없음
⑥ 기미, 주근깨 등의 침착된 피부색소가 없고 잡티도 없음
⑦ 각질층의 수분 함유량이 10~20%
⑧ 혈액순환이 순조롭고 표피세포의 신진대사가 원활

(2) 관리 요령
① 규칙적인 피부 관리를 통해 피부의 유·수분 밸런스를 유지하는데 중점
② 계절과 연령에 맞는 적합한 제품을 선택하여 관리
③ 내·외적인 환경 변화에 피부 상태가 변할 수 있으므로 꾸준한 관리가 필요

2 건성피부

(1) 건성피부의 성상 및 특징
① 모공은 매우 작고 눈에 잘 띄지 않으며, 피부 조직은 비교적 곱고 얇음
② 세안 후 건조한 환경에 놓이면 피부가 심하게 당김
③ 화장이 잘 안 받고 발라도 들떠버림
④ 피부의 노화현상이 급속하게 진행되어 잔주름이 많이 나타남
⑤ 표피의 심한 건조도에 비하여 피부 늘어짐 현상은 의외로 심하지 않음
⑥ 적절한 보습 화장품으로 피부 보습을 지속적으로 해주면 정상상태를 유지 할 수 있음

(2) 관리 요령
① 건성피부의 요인에 따라 수분 또는 유분을 공급
② 알코올 성분의 화장품은 건조를 심화시킬 수 있으므로 가급적 피함
③ 마사지와 팩 등을 통해 충분한 수분과 유분을 공급

3 지성피부

(1) 지성피부의 성상 및 특징
① 각질층의 두께가 두껍고 피부가 거칠며 모공이 넓음
② 피부의 투명감이 보이지 않고 탁해 보임
③ 외부자극에 대한 저항력이 비교적 강함
④ 햇빛에 의한 피부색소 침착 현상이 빨라짐
⑤ 화장이 잘 지워지며 시간이 지나면 칙칙하게 보임

(2) 관리 요령
① 규칙적인 생활 습관을 유지하며, 충분한 수면
② 지방과 당분이 다량 함유된 식품, 기호식품의 섭취를 피함
③ 적당한 딥클렌징으로 피지와 각질을 제거
④ 지성용 특수 파운데이션을 사용하거나 파우더만을 사용
⑤ 염증성 여드름과 같은 심한 피부 증세가 있는 경우 전문가에 의뢰

4 민감성 피부

(1) 민감성 피부의 성상 및 특징
① 환경 변화에 예민하여 일반피부에 비해 쉽게 반응을 일으킴
② 모세혈관이 피부 표면에 잘 드러나 보이고, 모공이 거의 보이지 않음
③ 추운 곳에서 갑자기 따뜻한 곳으로 들어오면 붉어지고 가려움
④ 약품이나 화장품에 민감한 반응을 잘 나타내어 피부 부작용이 생김
⑤ 피부 건조화가 쉽게 이루어져 피부 당김
⑥ 피부색소 침착 현상

(2) 관리 요령
① 자외선, 물리적 자극 등 외부적 자극으로부터 피부를 보호
② 자극이 적고 순한 클렌징 제품을 선택하여 가볍게 문질러 노폐물을 제거
③ 알코올이 함유되어 있지 않은 저자극성 제품을 사용
④ 피부 면역력 강화를 위해 채소나 과일을 충분히 섭취

5 복합성 피부

(1) 복합성 피부의 성상 및 특징
① 한 얼굴에 두 가지 이상의 타입이 공존하는 피부 유형
② T-Zone 부위에는 유분기가 많지만, 다른 부분은 건성화되어 세안 후 눈 주위나 뺨 등의 부위가 심하게 당김
③ 피부 톤이나 조직이 전체적으로 일정하지 않음
④ 볼과 눈 주위는 피지 분비가 적어 잔주름이 생김
⑤ 피부에 맞는 기초 화장품의 선택이 어려움

(2) 관리 요령
① 피부 부위에 따라 차별화된 관리를 시행
② 세안과 딥클렌징은 T-Zone 위주로 관리하고, U-Zone 부위는 충분한 수분과 영양분을 공급

6 노화피부

(1) 노화피부의 성상 및 특징
① 피부가 건조해지면서 잔주름이 생김
② 콜라겐과 엘라스틴의 조직 약화로 탄력성이 저하되고 모공이 늘어짐
③ 색소 침착이 일어남
④ 표피와 진피의 경계부가 느슨해짐

(2) 관리 요령
① 노화를 지연시키는 것을 목적
② 비타민 C, E 등이 함유된 영양분을 보충
③ 재생 및 탄력증진에 도움이 되는 팩으로 관리

Lesson 03 피부와 영양

1. 3대 영양소

(1) 탄수화물(Carbohydrate, 당질)
① 신체의 중요한 에너지원으로 단백질 절약작용과 혈당을 유지하는데 관여
② 단당류(포도당, 과당, 갈락토스), 이당류(맥아당, 서당, 유당), 다당류로 구분
③ 과잉 시 혈액의 산도를 높이고 피부 저항력을 감소시켜 접촉성 피부염, 부종을 유발
④ 부족(결핍) 시 체중감소, 에너지 부족

(2) 단백질(Protein)
① 탄수화물과 같이 에너지원으로 효소와 호르몬 합성, 면역세포와 항체 형성, pH의 평형 유지에 관여
② 신체조직의 구성 성분으로 피부조직의 재생작용에 관여
③ 과잉 시 비만, 신경 예민, 혈압상승 및 불면증 등이 초래
④ 부족(결핍) 시 영양실조, 노화촉진, 체중감소, 면역력 저하 등이 발생

(3) 지방(Lipids, 지질)
① 세포막의 주성분으로 체온조절, 신체장기보호 등의 기능을 맡고 있으며 지용성 비타민의 흡수를 촉진
② 동물성 지방인 포화지방산과 어류와 식물성 지방에 함유되어 있는 불포화지방산으로 구분
③ 피지 분비를 조절하여 피부의 윤기와 탄력성에 영향
④ 과잉 시 비만, 동맥경화, 심장병 등과 같은 질환이 발생
⑤ 부족(결핍) 시 체중감소, 피지감소로 인한 건조한 피부로 탄력저하

2. 비타민(Vitamin)

(1) 비타민의 특징
① 3대 영양소의 보조효소 작용
② 질병의 예방 및 질병에 대한 저항력을 증강
③ 세포의 성장 촉진 및 생리대사 기능을 도움
④ 비타민은 기름과 유기용매에 잘 녹는 지용성 비타민(A, D, E, K)과 물에 용해되는 수용성 비타민(B, C, P)으로 구분

(2) 비타민의 종류 및 기능

① **비타민 A** : 상피조직인 피부세포의 분화와 증식에 영향을 주어 죽은 각질세포를 떨어지게 하고 새로운 세포의 생성
② **비타민 D** : 칼슘(Ca)의 체내 흡수를 도와줌, 결핍 시 습진, 피부 건조를 유발
③ **비타민 E** : 강력한 항산화 기능으로 활성산소에 의한 과산화지질을 막아 노화를 방지
④ **비타민 K** : 혈액 응고에 관여하는 항출혈성 비타민으로 모세혈관 벽을 강화하며 장에 서식하고 있는 미생물에 의해서 합성
⑤ **비타민 B_1(티아민)** : 탄수화물의 대사를 촉진하며 피부의 면역력을 증진시켜 민감성 피부, 상처의 치유에 도움
⑥ **비타민 B_2(리보플라빈)** : 피지 분비를 조절하고 피부 보습력을 증가시키며 피부에 탄력 생성
⑦ **비타민 B_3(나이아신)** : 3대 영양소의 산화 과정에 보조효소로 작용하며, 탄력 있는 피부를 유지하는 데 도움을 줌, 결핍 시 펠라그라병, 피부염 및 피부건조를 유발
⑧ **비타민 B_5(판토텐산)** : 피부의 탄력 유지 및 피부조직의 재생에 관여
⑨ **비타민 B_6(피리독신)** : 항피부염성 비타민으로 피지의 과다분비를 억제하여 피부의 염증을 예방하고, 노화를 방지
⑩ **비타민 B_{12}(시아노코발라민)** : 신경조직의 유지와 신진대사를 촉진. 결핍 시 악성빈혈, 거친 피부 등을 유발
⑪ **비타민 C** : 콜라겐 합성에 필요하며 피부 탄력에 도움을 주며 멜라닌 색소의 형성을 억제, 또한 항산화 기능으로 조기노화 및 피부손상을 방지
⑫ **비타민 P** : 플라보놀의 배당체를 비타민 P라고 총칭한다. 메밀에 함유된 루틴 외에 헤스페리딘, 시트룰린, 쿼쎄틴 등이 있다. 결합조직인 콜라겐을 만드는 비타민 C의 기능을 보강하여 모세혈관을 튼튼하게 하여 순환 촉진, 항균작용

3 무기질

(1) 무기질의 기능

① 체조직의 구성성분
② 수분과 산·염기의 평형을 조절
③ 보조효소의 작용
④ 신경을 전달
⑤ 근육의 수축에 관여

(2) 무기질의 종류 및 특성

① **칼슘 (Ca)** : 인체에 골격과 치아의 구조를 형성하며 근육의 탄성 유지에 관여
② **인(P)** : 세포의 핵산과 세포막을 구성하며, 근육의 수축기능에 관여, 칼슘과 결합하여 비타민의 작용을 원활하게 함

③ **마그네슘(Mg)** : 체액의 산·알칼리 평형을 조절하며, 근육 이완 작용과 삼투압의 조절 작용
④ **나트륨(Na)** : 나트륨과 칼슘 이온이 결합하면 체액과 조직 사이의 삼투압을 조절하여 혈액과 피부 사이의 수분 균형을 유지하며, 산·알칼리 평형을 조절
⑤ **칼륨(K)** : 단백질 합성의 촉매작용을 하며 뇌에 산소의 공급을 원활하게 하여 사고력을 증진시키고 체내의 노폐물 배출을 촉진
⑥ **황(S)** : 케라틴 합성에 관여하여 모발, 손톱 및 발톱, 피부를 구성
⑦ **철분(Fe)** : 헤모글로빈의 구성 성분으로 적혈구의 주요 구성 물질
⑧ **아연(Zn)** : 결핍 시 면역약화, 상처 회복 악화, 탈모 등 신체기능 저하로 부작용이 생김
⑨ **요오드(아이오딘, I)** : 갑상선과 부신의 기능을 활발하게 하여 피부, 모발, 모세혈관의 기능을 정상화, 부족하면 피부가 거칠고 얼굴과 손에 부종이 생김

4 피부와 영양

(1) 영양소와 피부

① **탄수화물**
　㉮ 과잉분은 글리코겐의 형태로 간이나 근육에 저장되고, 그 나머지는 지방으로 저장
　㉯ 피부세포에 활력을 부여하고, 보습효과
　㉰ 과다 섭취 시 피지 분비가 증가되어 지성피부로 발전

② **지방**
　㉮ 과다 섭취하면 지방축적에 의한 비만으로 연결
　㉯ 신체의 체온조절에 관여하며, 피지선의 기능을 조절하여 피부, 모발에 광택을 주고 건조를 방지
　㉰ 결핍 시 체중 감소 및 피부 노화를 초래

③ **단백질**
　㉮ 결핍 시 잔주름이 형성되고 피부, 모발의 탄력성을 상실하게 되며 피부는 건조해지고 빈혈이 생김
　㉯ 과잉 시 색소침착의 원인
　㉰ 피부, 모발, 손톱, 발톱에 중요한 역할

④ **수분**
　㉮ 신체를 구성하는 성분 중 약 70%를 차지, 각질층 수분 함량은 10~20%
　㉯ 소화, 흡수를 용이하게 하고 노폐물을 땀과 소변 등으로 배설, 체온을 일정하게 유지, 피부는 윤기 부여

(2) 체형과 영양

① **상체비만형**
　㉮ 성인병의 위험이 높음

- ㈏ 내장지방형으로 장기 중심부로 지방이 과다 축적
- ㈐ 허리둘레에 지방이 축적

② 하체비만형
- ㉮ 엉덩이 주위에 지방이 몰려 있는 체형
- ㈏ 복부 아래 중심으로 지방이 몰려 있는 체형
- ㈐ 허벅지 둘레에 지방이 몰려 있는 체형

Lesson 04 피부와 광선

1 태양광선

(1) 태양광선의 작용
① 태양광선은 에너지의 원천으로, 모든 생명체의 신진대사를 가능하게 하여 생명계를 유지하는데 반드시 필요하나 과도한 노출은 피부에 여러 가지 손상을 입힘
② 전자파의 파장은 나노미터(1억분의 1m)로 표시하며 nm이라는 약자를 사용, 파장이 짧을수록 에너지가 강함

(2) 태양광선과 피부
① 자외선
- ㉮ 220~400nm의 파장을 가진 태양광선으로 피부에 생물학적 영향을 미치며 반사량은 약 6% 정도
- ㈏ 자외선에 의한 피부 반응
  - ㉠ 만성반응 : 광노화, 피부암
  - ㉡ 급성반응 : 홍반반응, 색소침착, 광노화

② 가시광선
- ㉮ 400~800nm의 중파장으로 눈의 망막을 자극하는 광선으로 눈으로 볼 수 있으며, 반사량은 약 34% 정도
- ㈏ 파장에 따른 성질의 변화가 각각의 색깔로 나타나며 빨간색으로부터 보라색으로 갈수록 파장이 짧음

③ 적외선
- ㉮ 800~1,000,000nm의 장파장으로 태양광선의 약 60% 정도를 차지하며, 피부에 유해한 자극을 주지 않음
- ㈏ 열을 발생하여 피부의 혈액순환 촉진, 근육의 긴장 이완, 신진대사 촉진, 저항력 강화, 영양 성분이 깊숙이 침투

(3) 자외선의 종류별 특징

① UV A(장파장, 320~400nm)
㉠ 오존층에 거의 흡수되지 않으며 진피층까지 침투
㉡ 멜라닌 색소 형성, 홍반반응, 광독성, 광알레르기성 반응 유발, 백내장의 발병 원인
㉢ 광노화를 촉진하여 피부 탄력 감소, 주름형성의 원인

② UV B(중파장, 290~320nm)
㉠ 표피의 기저층까지 침투. 비타민 D를 활성화하여 구루병 예방, 칼슘 수치를 향상
㉡ 적당량의 경우 여드름 치유 및 면역력 강화에 도움을 주나 많은 양의 경우 여드름을 악화
㉢ 피부 홍반 형성, 선번(sunburn) 현상, 일시적 시력 상실, 결막염 발생, 피부암 등을 유발

③ UV C(단파장, 290nm 이하)
㉠ 대기권의 오존층에 모두 흡수
㉡ 자외선 중 가장 에너지가 강하고 살균력이 있어 자외선 소독기에 이용
㉢ 피부암 유발

2 색소침착

(1) 색소침착의 원인과 과정

① **색소침착의 개요**
㉠ 자외선이 피부에 닿게 되면 피부를 보호하기 위해서 멜라닌을 증가시키는데 이 색소가 분해되지 않고 남아서 기미가 되거나 피부가 갈색을 형성하게 되는 등의 피부 조직 내에 색소가 침착되어 생기는 피부의 이상 형태
㉡ 멜라닌 색소는 멜라닌 세포의 멜라노좀에서 형성되어 주변의 각질형성 세포로 전달되면서 각질화 과정을 통해 각질층에 존재

② **멜라닌 형성 과정**

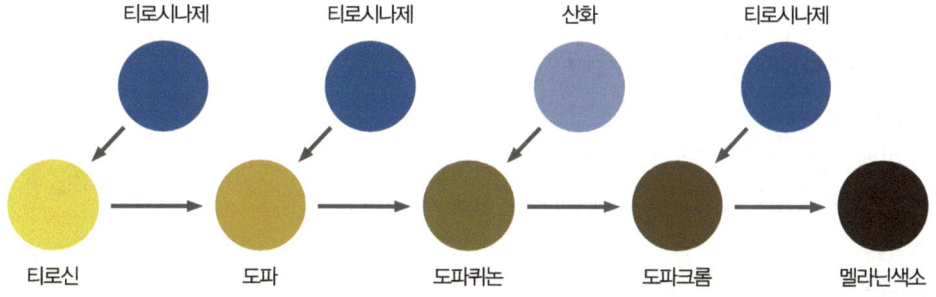

③ **멜라닌 생성 원인**
㉠ 자외선　　　　　　　　　　㉡ 스트레스
㉢ 임신 등의 호르몬 변화　　　㉣ 유전적 요인
㉤ 식품, 의약품 등

(2) 일광에 의한 색소침착의 종류

① 즉시형
- ㉮ 자외선 A 및 가시광선에 의해 발생
- ㉯ 자외선에 노출된 1~2시간 후에 최고조에 달하고 지속 시간도 노출 시간에 비례

② 지연형
- ㉮ 자외선 B가 주된 작용
- ㉯ 자외선에 노출된 후 48~72시간 경과 시부터 발현하기 시작하여 13~21일에 최고조에 도달하여 수개월까지도 지속

(3) 색소침착의 관리 단계

멜라닌 제어의 메카니즘	미백 활성 물질
피부로 조사되는 자외선 차단	중·단파장 자외선 흡수제, 자외선 차단제(TiO_2, Talc, ZnO)
활성산소의 소거, 생성 저해	SOD, 비타민 E, 비타민 C, 카로틴
티로시나아제의 활성 저해	비타민 C, 코직산, 알부틴, 글루타치온, 상백피, 감초추출물
멜라닌 생성 중간체의 차단	코직산
생성된 멜라닌의 환원	비타민 E, 비타민 C
멜라닌세포에 대한 독성	하이드로퀴논
각질 형성 세포를 통한 멜라닌 배출 촉진	AHA, 비타민 A

(4) 색소침착의 관리에 사용되는 활성 성분

① 하이드로퀴논
- ㉮ 표백크림에 사용, 자극성 및 알레르기 유발
- ㉯ 피부를 영구 탈색
- ㉰ 나라에 따라 화장품 원료로 전면 금지 혹은 함량 한정

② 비타민 C 및 유도체
- ㉮ 미백용 및 항산화제로 사용
- ㉯ 안정성 면이나 피부 투과성 또는 미백 효능 면에서 미흡

③ 코직산
- ㉮ 누룩곰팡이 발효액으로부터 얻어짐
- ㉯ 티로시나아제의 활성 억제

④ 알부틴
- ㉮ 식물(월귤나무, 덩굴월귤잎)에서 추출
- ㉯ 미백작용 우수

Lesson 05 피부면역

1 면역의 개요

(1) 정의
① **면역**
- ㉮ 라틴어의 "immunitas"에서 유래하며 세금, 비용 등의 부과를 면제받는다는 의미
- ㉯ 어떤 질병을 앓고 난 후에 그 질병에 대해 저항성이 생기는 현상
- ㉰ 외부로부터 침입하는 미생물이나 화학물질을 자기가 아니라고 인식하여 공격하여 제거함으로써 생체를 방어하는 기능
- ㉱ 생체가 자기와 비자기를 식별하는 기구

② **항원과 항체**
- ㉮ 항원 : 이물질로 면역계를 자극하여 항체 형성을 유도하고 만들어진 항체와 반응하는 물질
- ㉯ 항체 : 항원에 대하여 형성되며, 항원과 반응하는 물질로 혈액 중에 많은 양이 존재

(2) 면역계
① **면역계의 구성**
- ㉮ 1차 방어계 : 생체를 방어하는 기능으로 외부 침입자에 대해 체내로 침입하지 못하도록 하는 기계적·화학적 방어
- ㉯ 2차 방어계 : 1차 방어계를 뚫고 체내로 들어온 침입자들의 생체 내 확산을 막고 제거하는 각종 식세포로 구성
- ㉰ 3차 방어계 : 체내로 들어온 침입자 각각에 대하여 특이성을 갖는 림프구들로 구성
  - ㉠ B 림프구 : 골수에서 생성, 간접적으로 항원을 공격하는 체액성 면역(면역글로불린 항체 생성)
  - ㉡ T 림프구 : 흉선에서 유래, 직접적으로 항원을 공격하는 세포성 면역

② **면역계의 구분**

구분	방어인자
1차 방어(자연 저항, 비특이성 저항)	피부, 위장관, 위산, 질 내의 정상 세균층
2차 방어(비특이성 저항)	식세포로 구성된 면역계(중성구, 대식세포)
3차 방어(특이성 저항, 특이성 면역)	림프구로 구성된 면역계

2 면역의 종류와 작용

(1) 선천적 면역(자연면역)
① **정의** : 면역체계로 타고난 저항력이나 방어력으로 병의 치유가 이루어지는 면역

② 종류
- ㉮ 신체적 방어벽 : 신체를 둘러싸고 있는 피부는 세균의 침입이나 상해로부터 인체 내부를 보호하는 기능을 갖음
- ㉯ 화학적 방어벽 : 인체 내로 침투한 세균들은 몸속에서 입, 코, 목구멍, 위의 산성 내부의 점액질 등의 화학적인 장벽을 만남
- ㉰ 식균작용과 염증반응
    - ㉠ 식균작용 : 식세포들이 외부물질을 섭취하는 과정
    - ㉡ 염증반응 : 식세포가 몰려서 일어나는 현상, 열, 고름, 부종 동반

(2) 후천적 면역(획득면역)
① **능동면역** : 예방접종이나 감염에 의하여 한 개체 내에서 형성된 형태
② **수동면역** : 다른 개체에 성립된 면역기능이 한 개체에 전달되는 형태

(3) 면역기관으로서의 피부
① **물리적 방어 인자** : 여러 층으로 쌓여 있는 건조한 각질층을 뚫고 침투하기가 힘듦
② **화학적 방어 인자** : 피부는 약산성의 천연피지막으로 둘러싸여 미생물이 생존하기 힘듦
③ **피부 면역을 담당하는 세포**
- ㉮ 랑게르한스 세포 : 유극층에 존재하며, 외부의 항원을 면역담당세포인 림프구로 전달하는 항원 인식 기능을 하며, 세포성 면역을 유발
- ㉯ 각질형성세포 : 면역반응을 조절하는 사이토카인을 비롯한 다양한 생물학적 반응조절 물질을 생성·분비하며, 염증반응 및 면역반응을 매개

(4) 과민반응
① 특정한 항원에 의해 감작된 후 2차 접촉 시에 그에 대한 면역반응이 과도하게 또는 부적절하게 일어나서 조직손상을 가져옴
② 면역반응의 결과가 생체에 있어 유리하게 작용하는 경우를 좁은 의미의 면역이라 하고 해롭게 또는 불리하게 작용하는 경우를 알레르기 혹은 과민반응이라 함

Lesson 06 피부노화

1 피부노화의 이론과 원인

(1) 피부노화의 이론
① 프리라디칼 이론(Free Radical Theory) : 생체 내에서 산소의 불완전한 환원으로 인하여 자유라디칼

이 생성되고 이러한 축적의 결과가 세포를 노화시킨다는 이론

② **피부노화와 활성산소**
- ㉮ 공기 중의 안정한 상태의 산소와는 달리 불완전한 활성산소는 높은 반응성을 가지는데, 인체 내에서 과잉으로 생산되면 정상적인 세포를 손상시켜 유해산소라 부르기도 함
- ㉯ 인체에 손상을 입히는 활성산소에는 수퍼옥사이드(Superoxide), 과산화수소(Hydrogen Peroxide), 하이드록시 라디칼(Hydroxy Radical), 싱글렛 옥시젠(Singlet Oxygen)이 있으며, 이를 제거해주는 물질을 항산화제라 하고 대표적인 항산화제로는 비타민 C, 비타민 E, 글루타치온, 코엔자임 Q10 등이 있음
- ㉰ 수퍼옥사이드 디스뮤타제(SOD, Superoxide Dismutase), 카탈라제(Catalase) 등의 항산화효소도 활성산소의 생성을 막아 피부노화를 억제

(2) 피부노화의 원인

① **내인성 노화**
- ㉮ 내적 노화 또는 생리적 노화
- ㉯ 나이가 들어감에 따라 자연적으로 발생하는 피부의 노화 현상

② **외인성 노화**
- ㉮ 광노화, 외적 노화 또는 환경적 노화라고도 하며 주로 자외선에 만성적으로 노출될 때 나타나는 현상
- ㉯ 광노화를 일으키는 파장은 자외선 B이지만 자외선 A도 노화를 일으킬 수 있음

2 피부노화의 결과

(1) 자연노화의 결과

① **표피의 변화**
- ㉮ 세포분열의 능력이 저하되어 세포주기가 길어지면서 각질층이 두꺼워짐
- ㉯ 랑게르한스 세포가 다소 감소
- ㉰ 멜라닌 생성 능력이 저하되어 흰머리가 발생
- ㉱ 멜라닌세포의 수가 감소하여 자외선 방어기능이 떨어짐
- ㉲ 표피의 두께가 얇아짐
- ㉳ 신진대사가 위축되어 손상 시 회복이 늦어지며 면역기능이 감소
- ㉴ 물리적인 자극에 대한 저항력이 감소하고 피부 감각기능이 감소

② **진피의 변화**
- ㉮ 콜라겐이 파괴되고 엘라스틴의 가교가 증가되어 탄력이 저하되고 주름이 생김
- ㉯ 무코다당류도 감소되어 수분 보유능력이 감소
- ㉰ 진피의 두께는 감소
- ㉱ 세포의 증식력이 감소

㉤ 혈관이 약해지고 수축력이 떨어짐
　　㉥ 피하지방층의 감소와 혈관 분포의 감소로 피부의 온도가 낮아짐
　　㉦ 한선의 수가 감소하여 열 자극에 대한 방어기능이 저하
　　㉧ 피지 분비량의 감소로 인해 피부건조가 심해짐

(2) 광노화의 결과

① **표피의 변화**
　㉠ 표피가 거칠고 두꺼워지며 가죽같이 뻣뻣해짐
　㉡ 각질층의 두께가 일정치 않고 훨씬 두꺼워짐
　㉢ 멜라닌 세포가 이상 항진되고 다양한 형태가 되어 노인성반점, 주근깨 등 불규칙한 색소침착이 생김

② **진피의 변화**
　㉠ 탄력섬유의 이상증식으로 가교가 많이 생겨 탄력이 감소
　㉡ 진피 내 모세혈관의 확장
　㉢ 콜라겐이 급속히 감소하여 주름이 발생
　㉣ 섬유아세포가 증가
　㉤ 광선에 의한 각화현상이나 피부암이 발생

Lesson 07 피부장애와 질환

1 원발진과 속발진

(1) 원발진(Primary Lesion)

종류	객관적 징후
반	여러 형태와 크기의 피부 색조 변화로 피부의 융기나 함몰은 없는 상태이다.
홍반	모세혈관의 울혈에 의한 피부 발적상태를 말한다.
자반	조직 내 출혈에 의한 자색 또는 적갈색의 착색이 표피를 통하여 보이는 상태를 말한다.
종양	직경 2cm 이상의 피부 증식물로 양성과 악성이 있다.
구진	경계가 뚜렷한 직경 1cm 미만의 피부의 단단한 융기물로 피지선 주위, 한선 혹은 모낭 개구부에 발생한다.
결절	구진보다 크고 종양보다 작은 경계가 명확한 피부의 단단한 융기물로 진피 혹은 피하지방층에 형성되며 치유 후 흉터를 남긴다.
소수포	직경 1cm까지의 액체를 포함한 피부의 융기물로 물리적 충격(마찰)이나 온도(열)의 영향으로 생긴다.

종류	객관적 징후
수포	소수포보다 크며 내부의 공동(空洞)에 장액(漿液)이나 혈액성 내용물을 가진 물집을 말한다.
농포	표피 내 또는 표피 아래의 가시적인 고름의 집합으로 주로 모낭 또는 한선 내에 형성된다.
팽진 (담마진, 두드러기)	표재성의 일시적 부종으로 붉거나 창백하며 수 시간 내에 없어지는 것으로 알레르기 피부 증상, 피부의 기계적 자극에 의해 야기되며 소양감(가려움증)이 나타난다.

(2) 속발진(Secondary Lesion)

종류	객관적 징후
미란, 짓무름	수포가 터진 후 나타나는 표피의 조직 결손으로 치유 후 반흔을 남기지 않는다.
표피박리, 찰상	기계적 자극, 특히 긁어서 일어나는 표피의 결손을 말한다.
궤양	진피, 피하지방층에 이르는 조직 결손으로 치유 후 반흔을 남긴다.
인설, 비늘(비듬)	사멸한 표피세포가 떨어져 나가는 것을 말한다.
딱지, 가피	병적기전에 의해 야기된 삼출액이 마른 것으로 혈청, 농, 혈액 및 표피 부스러기 등이 뭉쳐 형성된다.
균열	장기간의 염증과 심한 건조로 인해 피부의 탄력성이 없어져 생기는 틈, 피부가 갈라진 것을 말한다.
흉터, 반흔	진피 또는 심부까지 도달한 조직 결손이 결체조직으로 대치된 상태로 모공, 한공이 없어지며 광택을 보이고, 피부 재생이 되지 않는다.
위축	조기 노화로 인한 많은 주름을 말한다.
태선화	만성적인 자극으로 인해 표피와 진피가 건조하고 가죽처럼 두꺼워지는 상태로 윤기나 유연감이 없으며 피부 주름이 뚜렷하다.

2 피부질환

(1) 물리적 인자에 의한 피부질환

① **열에 의한 피부질환**

㉮ 화상
  ㉠ 1도 화상 : 표피에만 화상을 입는 것으로 홍반, 부종, 통증을 동반
  ㉡ 2도 화상 : 수포 발생이 특징이며 통증을 동반
  ㉢ 3도 화상 : 표피와 진피의 파괴로 피부가 무감각해지며 창백하거나 하얀색을 띠거나 검은 색이나 가죽 같은 모습의 반흔을 남기고, 세균감염이 일어날 수 있다. 자연치유 될 수 없어 피부이식이 필요함

㉯ 한진과 열성 홍반
  ㉠ 한진 : 땀띠, 고온 다습한 환경의 영향으로 한관이 폐쇄되어 땀이 배출되지 않아 소수포가 발생

- ⓒ 열성 홍반 : 열에 지속적으로 노출된 후 발생하며 요리사 등 직업적으로 열에 노출 기회가 많은 사람에게 발생
- ② 한랭에 의한 피부질환
  - ㉮ 동창 : 한랭에 의한 국소적 염증반응으로 가벼운 형태
  - ㉯ 동상 : 귀, 코, 뺨, 손가락, 발가락 등 연부조직이 얼어서 혈액공급이 없어져 통증을 느끼지 못하는 상태
- ③ 기계적 손상에 의한 피부질환
  - ㉮ 굳은살 : 각질층이 두꺼워지는 현상으로 손바닥, 발바닥, 관절 주위에 잘 발생
  - ㉯ 티눈 : 발가락, 발바닥에 많이 발생하며 중심핵이 나타나는데 날카롭게 찌르는 듯한 통증을 유발
  - ㉰ 욕창 : 만성적인 질병, 무의식의 환자가 지속적으로 일정하게 압박을 받는 부위에 허혈 상태가 되어 발생하므로 몸의 위치를 자주 바꾸어 주고 2차 감염이 되지 않도록 유의

(2) 습진성 피부질환

- ① 접촉성 피부염
  - ㉮ 자극성 접촉피부염 : 주부습진, 기저귀 피부염 등
  - ㉯ 알레르기성 접촉피부염 : 알레르기를 유발하는 원인물질인 알레르겐이 특정 사람에게서 피부염을 유발
- ② 아토피 피부염
  - ㉮ 천식, 알레르기성 비염이나 특징적인 피부염 증상을 동시에 혹은 한 가지 이상 동반
  - ㉯ 피부가 건조하고 예민하며, 바이러스, 세균감염 등에 잘 걸리므로 2차 감염에 주의
  - ㉰ 발생원인은 유전적 인자, 알레르기설, 면역학설, 환경요인설 등
- ③ 지루성 피부염
  - ㉮ 피지선이 풍부한 두피, 안면, 목, 가슴 등에 잘 발생하며, 홍반을 동반한 기름기 있는 인설(비듬)이 특징
  - ㉯ 유전, 호르몬, 스트레스 등이 원인으로 알려져 있고, 두피의 경우 탈모의 원인
- ④ 건성습진
  - ㉮ 겨울철 소양증, 노인성 습진 등으로 표현
  - ㉯ 세정력이 강한 비누로 과다한 세정, 건조한 피부 등에 나타남

(3) 감염에 의한 피부질환

- ① 세균성 질환
  - ㉮ 감염성 농가진
    - ⊙ 유·소아에서 두피, 안면, 팔, 다리 등에 수포가 생기거나 진물이 나며 노란색을 띠는 가피를 보이는 질환
    - ⓒ 화농성 연쇄상구균이 주 원인균

- ④ 절종, 옹종
  - ㉠ 절종 : 모낭과 그 주변 조직에 걸쳐 심재성 괴사를 일으키는 질환
  - ㉡ 옹종(종기) : 수 개의 절종이 뭉쳐서 나타나는 질환
- ⑤ 단독, 봉소염
  - ㉠ 홍반, 소수포로 시작하여 점차 커지면서 림프절 비대, 전신적인 발열을 동반
  - ㉡ 피부의 상처를 통해 감염

② **바이러스성 질환**
- ㉮ 전염성 연속증(물사마귀) : 몰루시폭스(molluscipox) 바이러스에 의해 발생하며, 긁어서 번짐
- ㉯ 수두 : 전염력이 강하여 발진 발생 1일 전부터 6일 후까지 기도를 통해 전염
- ㉰ 대상포진 : 편측성의 띠모양으로 홍반이 발생한 후에 수포성 병변이 나타나며, 심한 통증을 동반
- ㉱ 사마귀 : 피부관리 시 주변 피부나 다른 피부로 전염
- ㉲ 단순포진 : 수포성 질환으로 점막이나 피부를 침범하는 질환

③ **진균성 질환**
- ㉮ 족부 백선(무좀) : 지간형, 소수포형, 각화형으로 구분
- ㉯ 수부 백선 : 무좀과 동시에 발생하는 경우가 많고 주부습진에 이차적으로 발생
- ㉰ 완선 : 사타구니 습진
- ㉱ 체부 백선 : '도장부스럼'이라 하며 체부에 감염된 형태
- ㉲ 조갑 백선 : 손톱이나 발톱에 피부사상균이 침입하여 발생하는 무좀을 말함
- ㉳ 칸디다증 : 백선처럼 가렵고 붉은 반점이 생기며 염증이 더 심한 반면 피부 각질 조각은 작게 생김

(4) 모발의 질환

① **원형 탈모증** : 다양한 크기의 원형이나 타원형의 모양으로 탈모가 발생하는 질환으로 스트레스가 원인
② **휴지기 탈모** : 수술, 열병, 출산 후에 나타나며 자연 치유됨
③ **남성형 탈모** : 유전적인 소인과 연령, 남성 호르몬의 영향, 노화로 인해 발생하며 두피의 지루성 피부염이 악화요인으로 작용

(5) 색소성 질환

① **색소결핍 질환**
- ㉮ 백색증 : 선천적인 멜라닌의 결핍 증상으로 전신, 눈, 피부의 일부, 모발탈색 등의 다양한 형태로 나타남
- ㉯ 백반증 : 후천적으로 나타나는 멜라닌 결핍 증상으로 원인이 불분명하며, 여러 가지 크기와 형태의 백색반이 나타남

② **과색소 침착 질환**
- ㉮ 기미 : 연갈색, 암갈색, 검정색의 불규칙한 색소침착이 얼굴에 대칭적으로 나타나는 증상으로 스트레스, 내분비질환, 내복약, 화장품 등에 의해 발생될 수 있으며, 자외선에 의해 악화됨
- ㉯ 주근깨 : 유전적인 요인으로 얼굴, 목, 어깨 등의 자외선 노출 부위에 발생하며, 여름철에 짙어지고 겨울철에는 옅어지는 경향을 보임
- ㉰ 멜라닌세포 모반 : 검은 점
- ㉱ 선천성 멜라닌세포 모반 : 점보다 더 크며 털이 나 있으며, 20cm 이상의 점은 악성 흑색종으로 전환
- ㉲ 지루성 각화증(검버섯) : 사마귀 모양의 울퉁불퉁한 표면을 가진 갈색 또는 흑갈색의 구진형태로 얼굴이나 흉부 등에 발생하며, 나이가 들면서 점차 병변이 증가
- ㉳ 릴 안면흑피증 : 자외선 노출 부위인 이마, 뺨, 귀 뒤, 목의 측면에 갈색이나 암갈색으로 넓게 나타나며, 원인은 화장품이나 향수, 약제 등의 광감각 성분으로 인한 것으로 추정
- ㉴ 피부염 : 향수나 오데코롱에 함유되어 있는 베르가못 오일로 인한 광과민 현상으로, 자외선을 쐬면 색소침착이 발생
- ㉵ 오타씨 모반 : 진피 내에 멜라닌세포가 존재하여 청갈색 혹은 청회색의 얼룩진 색소반이 얼굴의 한쪽에 나타나며, 사춘기 이후 진해지는 경향이 있음
- ㉶ 악성흑색종 : 기존의 점이나 악성 흑자에서 발생할 수 있으며 점이 커지거나 진물이 나거나 궤양이 있는 경우 등은 피부과 의사의 진료가 요구됨

(6) 기타 피부질환
① **섬유조직의 질환**
- ㉮ 섬유종 : 일명 쥐젖으로 불리며 중년 이후에 목, 겨드랑이 등에 나타남
- ㉯ 지방종 : 유전적 원인으로 목과 겨드랑이에 잘 형성이 되며 지방조직에 발생
- ㉰ 켈로이드 : 외상 후 혹처럼 자라며 흉부, 귀, 턱, 어깨, 목 등에 유전이나 결합조직의 증대 및 경직으로 발생

② **조갑감입**
- ㉮ 손톱이나 발톱의 가장자리가 피부로 파고드는 질환
- ㉯ 앞이 좁거나 크기가 맞지 않는 신발은 신는 경우 주로 엄지발톱에 발생

③ **안검 주위의 질환**
- ㉮ 비립종 : 신진대사의 저하가 원인이 되어 발생하는 표피낭종으로, 동그란 모래알 크기의 백색 구진의 형태로 눈 아랫부분에 발생
- ㉯ 한관종 : 한선관 배출구의 문제로 발생되는 피부색의 작은 구진으로 다발성으로 발생

해부생리학

Lesson 01 인체의 구성

1. 인체의 구성요소

(1) 구성 단위
① **세포(Cell)** : 생명체의 기본단위로 핵과 미토콘드리아, 리보솜, 골지체 등으로 구성
② **조직(Tissue)** : 비슷한 형태와 기능을 가진 세포들이 목적을 위하여 모인 세포집단
③ **기관(Organs)** : 일정한 기능과 활동을 수행하기 위해 형성된 일정한 형태를 가진 조직
④ **계통(System)** : 같은 기능을 수행하기 위한 기관의 집합
⑤ **개체(Body)** : 계통이 모인 유기적 통합체로서의 인체 형성

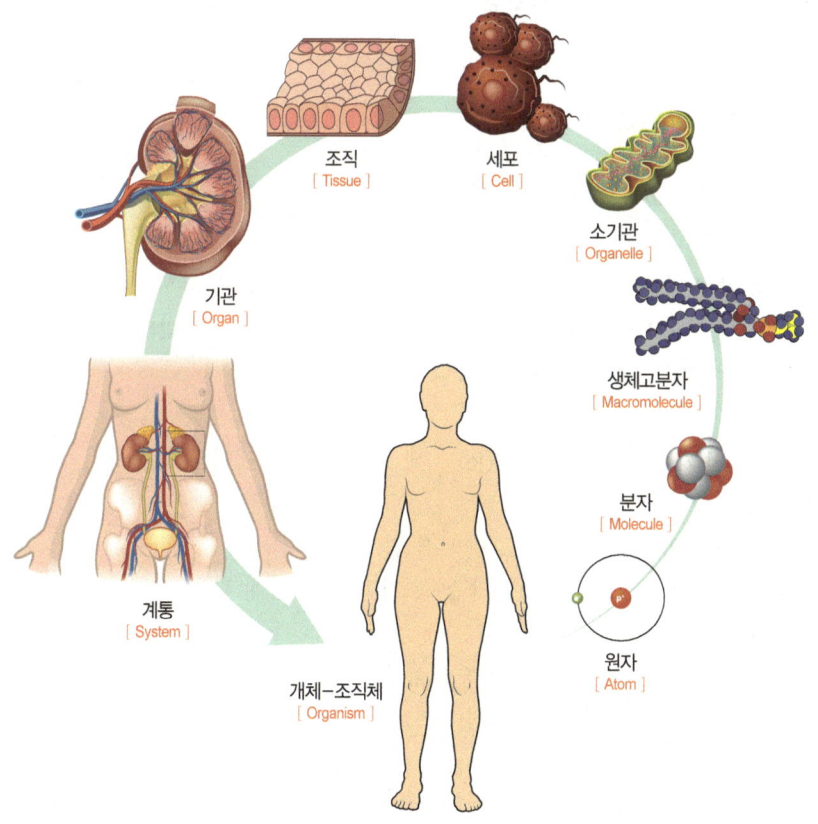

(2) 계통별 분류

① **골격계** : 뼈, 연골, 관절로 구성되며 인체를 지지하고 내부장기를 보호하고 운동에 관여한다.
② **근육계** : 골격근, 평활근, 심근, 근막, 건막, 건 등으로 구성되며 운동 및 이동이나 정지 시 뼈와 자세를 유지하고 움직이는 작용을 한다.
③ **신경계** : 중추신경, 뇌신경, 말초신경, 자율신경계통으로, 생리기능과 인체 내외 환경의 적응 조절 및 정신기능에 관여한다.
④ **순환계** : 심장, 혈관, 림프관, 림프절, 흉선, 편도, 비장 등으로 구성되며 영양분 및 노폐물의 운반과 면역작용을 한다.
⑤ **소화기계** : 구강, 식도, 위, 소장, 대장, 간, 담낭, 췌장, 항문, 타액선으로 구성되며 음식의 섭취와 배설 및 소화, 흡수 작용을 한다.
⑥ **내분비계** : 뇌하수체, 갑상선, 부갑상선, 췌장, 부신, 정소, 난소, 송과체 등으로 구성되어 있으며 호르몬에 관여한다.
⑦ **배설계** : 신장, 방광, 요관, 요도로 구성되며 뇨의 생산과 배설 작용을 한다.
⑧ **생식기계** : 난소 및 자궁, 난관, 질, 음부, 정관, 정낭, 전립선, 음경으로 구성되어 있고, 임신과 관련이 있다.
⑨ **호흡기계** : 코, 인두, 후두, 폐, 기관, 기관지 등으로 구성되며, 산소와 이산화탄소의 교환에 관여한다.
⑩ **외피계** : 피부, 털, 땀샘, 손톱, 발톱으로 구성되며, 몸의 보호와 체온조절 등에 관여한다.
⑪ **감각기계** : 피부, 눈, 코, 귀, 혀 등으로 구성되며 감각에 관여한다.

2 세포와 조직

(1) 세포(Cell)의 구조

① **세포막**
　㉮ 세포 내외의 영양물질과 산소 및 노폐물 등을 선택적으로 투과시킨다.
　㉯ 막의 두께가 7.5~10nm로 외층과 내층은 단백질, 중간층은 지질로 이루어져 있다.
　㉰ 항상성을 유지할 수 있도록 내부환경을 조절한다.

② **세포 소기관**
　㉮ 미토콘드리아(사립체, mitochondria) : 세포 내의 호흡 생리를 담당하며, 에너지 생산(세포 내 발전소)
　㉯ 소포체(endoplasmic reticulum) : 단백질 합성을 담당
　㉰ 골지체(golgi apparatus) : 단백질의 농축 저장 및 분비에 관여
　㉱ 리보소체(ribosome) : 단백질 합성
　㉲ 중심체(centrosome) : 세포분열의 중심적 역할
　㉳ 용해소체(lysosome) : 가수분해작용

③ **핵(nucoeus)**
　㉮ 핵막(nucoear membrane) : 세포질과의 사이에 물질교환 작용

㉯ 핵소체(nucleolus) : RNA와 단백질로 구성
㉰ 염색질(chromatin) : DNA와 단백질로 구성
㉱ 핵형질(nucleoplasm) : 염색질과 핵소체를 제외한 부분

④ **핵산(Nucleic Acid)**
㉮ 핵 속에 있는 DNA와 세포질 속에 있는 RNA로 구분
㉯ 주로 단백질 합성이나 유전에 관여

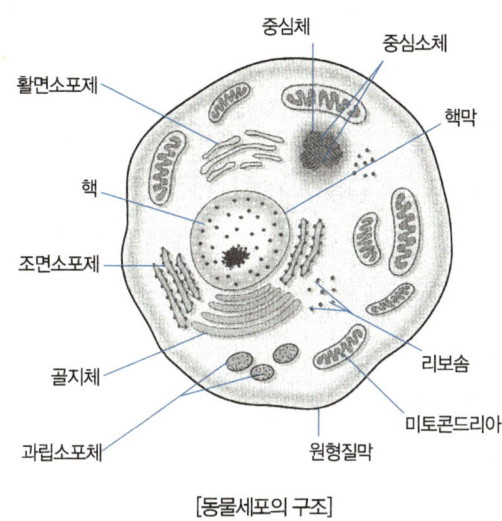

[동물세포의 구조]

(2) 조직(Tissue)

① **상피조직**
㉮ 세포성분이 많고 세포간질은 매우 적은 조직으로 체표면, 체강과 관, 혈관 내면을 덮고 있으며 외부환경으로부터의 보호작용, 물질의 분비 및 흡수, 배설에 관여한다.
㉯ 형태에 따라서 편평상피, 입방상피, 원주상피, 이행상피로 구분된다.

② **결합조직**
㉮ 세포성분이 비교적 적고 세포간질이 풍부하며 혈관이 발달되어 있으며, 세포성분과 결합조직 및 기질로 구성되고 혈액, 림프의 액체성분과 골조직으로 이루어져 있다.
㉯ 체내의 구조물들을 결합하고 지지해 주는 역할을 한다.

③ **근육조직**
㉮ 수축기능을 하는 근육세포로 골격을 움직이고, 혈액순환, 음식물의 이동 등의 역할을 하며, 수의근과 불수의근으로 나누어진다.
㉯ 근육조직의 구분
  ㉠ 골격근 : 근육의 수축과 이완에 관여하며, 신경의 지배를 받아 수의근이라고도 한다.
  ㉡ 심근 : 심장을 구성하며 횡문이 뚜렷하지 않은 불수의근으로 심장의 박동수를 자동적으로 조절한다.
  ㉢ 평활근 : 신경의 지배를 받지 않는 불수의근으로 장기간 수축력과 신전력을 유지할 수 있다.

④ 신경조직
  ㉮ 신경세포로 이루어지며 부위에서 부위로의 정보를 전기신호의 형태로 전달한다.
  ㉯ 신경원의 구조 : 세포체, 수상돌기, 축삭, 축삭종말
  ㉰ 신경원의 종류 : 단극 신경원, 다극 신경원, 이극 신경원, 무극 신경원

Lesson 02 계통의 이해

1 근·골격 계통

(1) 근육계통

① 근육의 기능
  ㉮ 근육이 수축하는 힘에 의해 운동 작용을 한다.
  ㉯ 근수축 시 열을 발생하여 체온조절 작용을 한다.
  ㉰ 신체를 움직이는 역할 및 체중을 유지하는 역할을 한다.

② 골격근의 수축
  ㉮ 연축 : 근육이 짧은 시간동안 일시적인 수축을 일으키는 현상으로 잠복기-수축기-이완기를 거친다.
  ㉯ 강축 : 적당한 시간적 간격을 정해 반복적으로 자극을 하면 지속적 수축이 일어나게 되는 것을 말하며, 모든 운동은 대부분 강축에 의해 일어난다.
  ㉰ 긴장 : 정상적인 근육은 운동신경으로부터 약한 자극을 계속 받아 강축을 하고 있는데 이것을 근육의 긴장이라고 하며, 깊은 잠에 빠졌을 때만 긴장이 없어진다.
  ㉱ 강직 : 병적 상태로써 근육이 과도하게 피로할 때 일어난다.
  ㉲ 마비 : 중추신경계와 운동신경계에 손상이 생겨 수의적 수축이 불가능해지는 현상을 말한다.
  ㉳ 경련 : 여러 종류의 근육들이 불규칙적인 강축을 하는 것을 말한다.

③ 근육의 종류
  ㉮ 목의 근육
    ㉠ 흉쇄유돌근 : 목빗근은 귀 뒤쪽에 있는 머리뼈에서 시작하여 목 앞쪽의 쇄골과 몸통을 고정해주는 흉골에 붙음
    ㉡ 광경근 : 목의 전면과 외측면에 있는 얇은 1쌍의 근육을 칭함. 내측에 흉쇄유돌근이 있음
  ㉯ 등의 근육
    ㉠ 승모근 : 견갑골을 올리고 내·외측 회전에 관여한다. 상부의 근이 작용하면 견갑골을 끌어 올리며, 하부의 근은 끌어내린다.
    ㉡ 천배근 : 배부의 표층에 있는 근육으로 상지나 견갑골에 대하여 운동을 관장한다.
    ㉢ 활배근(광배근) : 허리에서 등에 걸쳐 펴지는 편평하고 큰 삼각형 모양 근육으로 하부흉추에서 요추, 장골릉을 기시부로 한다. 들어 올린 상완을 내리거나 내후방으로 당기는 작용을 한다.

ⓔ 견갑거근 : 어깨 올림근육으로 등과 목옆에 위치한 근육으로 견갑골을 들어올린다.
㉰ 하지근육
  ㉠ 장비골근 : 하퇴의 외측부에 있는 근육으로 종아리 근육
  ㉡ 비복근 : 종아리 뒤쪽의 두 갈래로 갈라지는 장딴지 근육

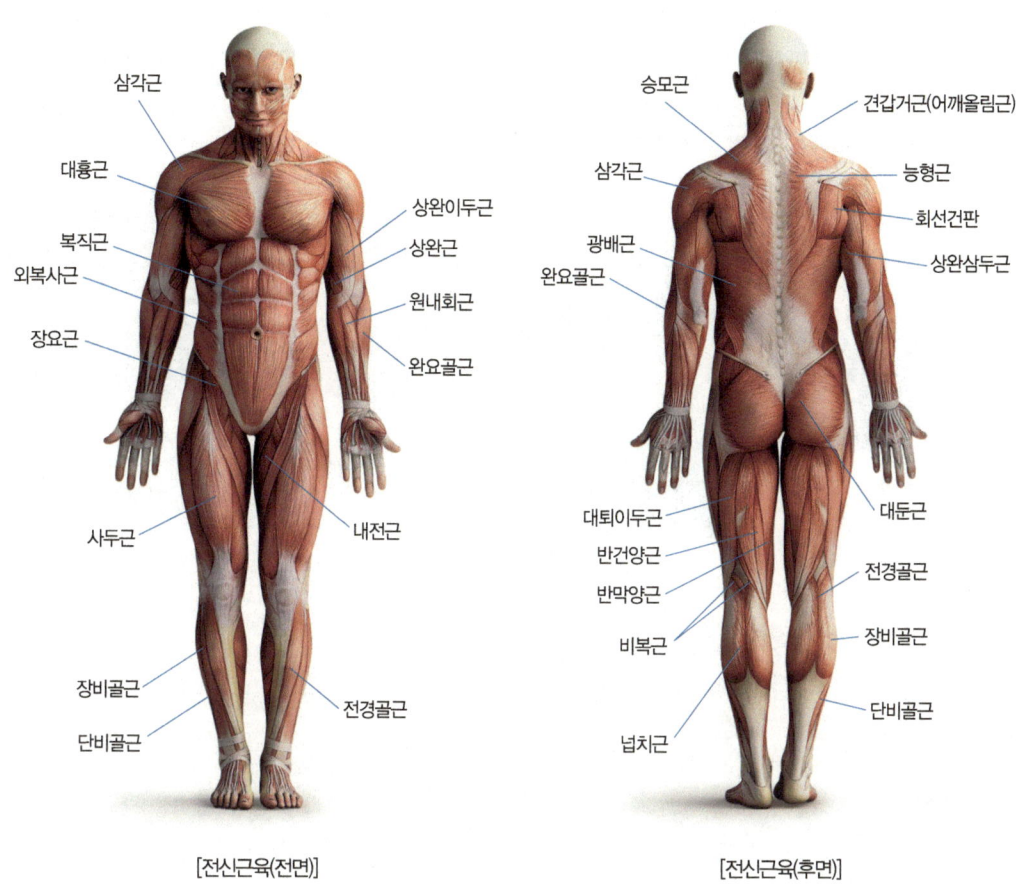

[전신근육(전면)]   [전신근육(후면)]

(2) 골격계통

① **골격계의 생리적 기능**

㉮ 지지작용 : 외관을 받쳐주고 체중을 받쳐주기도 하고 주변 조직을 지지한다.
㉯ 지렛대 작용 : 근육이 수축하면서 지렛대의 작용을 한다.
㉰ 내부장기 보호작용 : 체강의 기초를 만들고 내부장기를 보호한다.
㉱ 조혈작용 : 적골수에서 적혈구, 백혈구, 혈소판을 만든다.
㉲ 무기질의 저장 : 칼슘과 인을 저장했다가 적절하게 공급한다.

② **뼈의 분류**

㉮ 장골(Long Bone) : 양 끝이 둥근 길고 굵은 원통형 뼈로 폭보다 길이가 크다. 대퇴골, 상완골, 척골, 비골, 경골 등 사지의 뼈가 이에 속한다.
㉯ 단골(Sort Bone) : 입방모양으로 골간과 골단의 구분이 없는 작은 뼈로 넓이와 길이가 비슷하다. 수근골, 족근골 등 손목과 발목의 뼈가 이에 속한다.

- ㉓ 편평골(Flat Bone) : 넓적한 얇은 뼈로 두개골의 일부, 견갑골, 늑골, 흉골 등이 이에 속한다.
- ㉔ 불규칙골(Irregular) : 모양이 일정하지 않은 뼈로 복합형이며, 척추뼈, 접형골, 추골 등이 이에 속한다.
- ㉕ 종자골(Sesamoid Bone) : 식물의 씨앗 모양의 뼈로 근육의 건이나 관절낭 속에 생기며 뼈와 힘줄의 마찰을 막아주는 역할을 한다. 슬개골, 비복근의 두 종자골이 있다.
- ㉖ 함기골(Pneumatic Bone) : 뼈 속에 빈 공간이 있어 공기를 함유하므로 Air Bone이라고도 하며 상악골, 전두골, 측두골 등이 이에 속한다.
- ㉗ 봉합골(Suture Bone) : 두정골과 후두골의 봉합 사이에 나타난다.

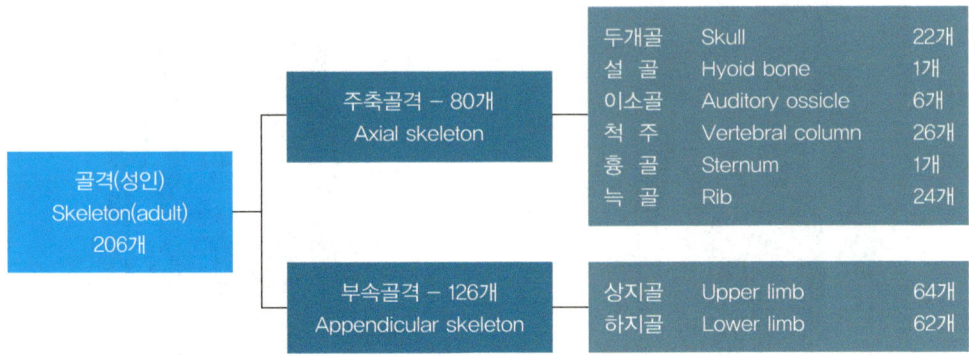

[위치에 따른 골격 분류]

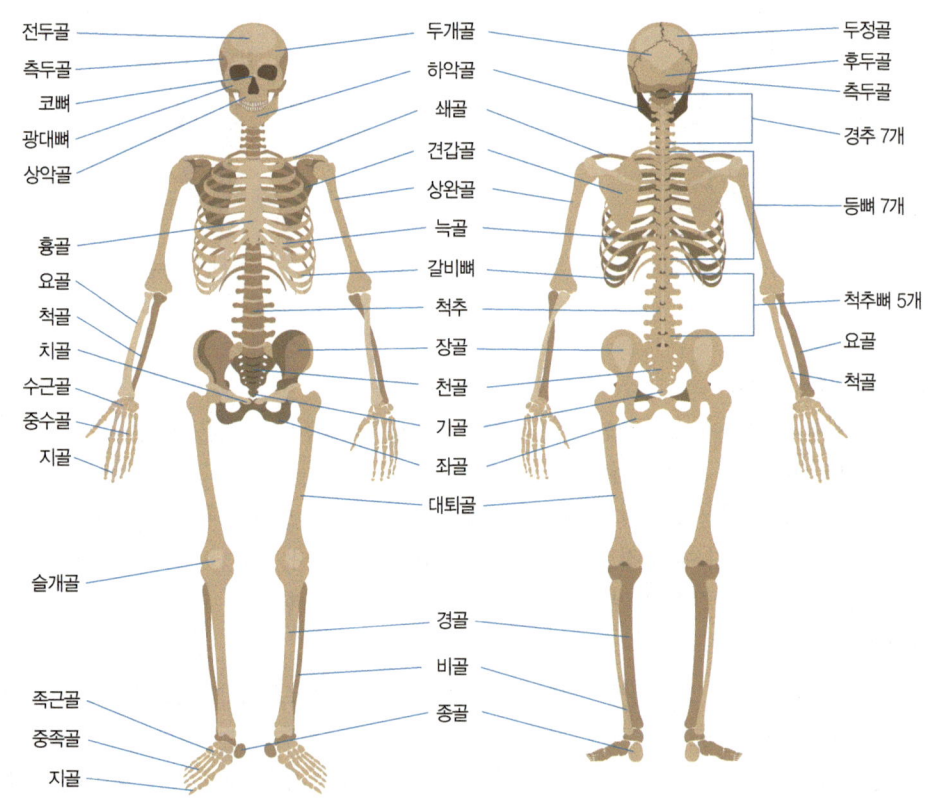

[전신의 골격]

2 신경 계통

(1) 신경조직
① **신경세포**
   ㉮ 신경세포체 : 닛슬소체, 신경원섬유, 골지체 및 핵으로 구성
   ㉯ 돌기
      ㉠ 축삭돌기 : 세포체로부터 자극 전달
      ㉡ 수상돌기 : 신경세포체로 자극 전달
② **신경교(neuroglia)** : 신경조직의 지지작용, 손상부위의 청소와 복구, 절연체 역할을 하는 수초의 형성, 식작용의 기능
③ **시냅스(synapse)**
   ㉮ 신경계를 이루는 기본적 단위세포인 뉴런과 뉴런이 만나는 부위(뉴런 사이의 틈)
   ㉯ 시냅스를 통해 한 신경세포에 있는 흥분이 다음 신경세포로 전달
   ㉰ 신호 전달 방법에 따라 전기적 시냅스와 화학적 시냅스로 구분

(2) 신경계
① **중추신경계**
   ㉮ 뇌 : 대뇌, 간뇌, 중뇌, 소뇌, 교뇌, 연수
   ㉯ 척수 : 경신경(8쌍), 흉신경(12쌍), 요신경(5쌍), 천골신경(5쌍), 미골신경(1쌍)
② **말초신경계**
   ㉮ 뇌신경
      ㉠ 후신경(Olfactory Nerve, 제1뇌신경) : 후각
      ㉡ 시신경(제2뇌신경) : 시각
      ㉢ 동안신경(제3뇌신경) : 눈의 운동, 점, 동공변화, 고유감각
      ㉣ 활차신경(제4뇌신경) : 눈의 운동, 근에서의 고유감각
      ㉤ 삼차신경(제5뇌신경) : 두피와 안면의 감각신경, 저작근
      ㉥ 외선신경(제6뇌신경) : 눈의 운동, 근에서의 고유감각
      ㉦ 안면신경(제7뇌신경) : 얼굴표정, 미각
      ㉧ 내이신경(제8뇌신경) : 청각과 평형감각
      ㉨ 설인신경(제9뇌신경) : 음식물을 삼킴, 미각, 일반감각
      ㉩ 미주신경(제10뇌신경) : 여러 기관의 근의 운동 및 감각
      ㉪ 부신경(제11뇌신경) : 흉쇄유돌근, 승모근을 지배, 음식물을 삼킴
      ㉫ 설하신경(제12신경) : 발성, 음식물을 삼킴
   ㉯ 자율신경계
      ㉠ 교감신경 : 긴급사태에 대응하는 스트레스성 신경. 심장박동수의 증가, 혈압 상승, 소화액 분비 억제
      ㉡ 부교감신경 : 심박 동수를 줄이고 혈압을 하강, 동공의 축소 작용과 소화액의 분비를 촉진

3 순환 계통

(1) 심장

① 심장의 개요
㉮ 순환기 계통의 중심기관으로 펌프작용을 통해 혈액을 혈관계로 보낸다.
㉯ 무게는 성인 기준 약 250~350g 정도로 자신의 주먹보다 약간 큰 원추형의 모양이다.
㉰ 심장의 내부공간은 좌, 우 두 개의 심방과 심실로 구분되며, 좌측은 전신으로 동맥혈을 보내는 체순환을, 우측은 폐로 정맥혈을 보내는 체순환을 한다.

② 심장 내부기관의 기능
㉮ 우심방 : 심장의 오른쪽 위에 위치하며 상대정맥, 하대정맥, 관상정동맥과 연결되어 신체의 정맥혈을 받아들인다.
㉯ 우심실 : 심장의 오른쪽 전하방에 위치하며, 우심방에서 들어온 혈액을 폐동맥관을 통해 가스교환을 위해 폐로 보낸다. 우심방보다 두껍다.
㉰ 좌심방 : 심장의 왼쪽 뒤에 위치하며 가스교환이 된 혈액을 운반하며, 좌심과의 사이에 2개의 판막으로 되어 있는 이첨판이 있어 혈액의 역류를 막아준다.
㉱ 좌심실 : 심장의 왼쪽 앞에 위치하며 벽의 두께가 우심실보다 약 3배 두껍다. 좌심방에서 들어온 혈액을 대동맥을 통해 전신으로 보내며, 혈액의 역류를 막아주기 위해 대동맥판이 있다.
㉲ 심장의 판막
  ㉠ 판막은 혈액이 역류되는 것을 막고 늘 일정한 방향으로 흐르도록 하기 위한 판이다.
  ㉡ 심방과 심실 사이에는 방실판이, 우심방과 우심실 사이에는 3개의 판막판으로 되어 있는 삼첨판이 있고, 좌심방과 좌심실 사이에는 2개의 판막판으로 되어 있는 이첨판(승모판)이 있다. 폐동맥구와 대동맥구에는 각각 포켓 모양의 반월판이 있다.

(2) 혈관

① 혈관의 구조
㉮ 동맥
  ㉠ 혈액을 심장에서 말초로 운반하는 통로로 혈관 벽이 두껍고 탄력이 있어 일시적으로 혈액을 수용할 수 있도록 팽창이 가능하다.
  ㉡ 연령이 증가할수록 탄력이 감소하고 탄력의 감소는 말초신경의 저항을 증가시켜 혈압이 높아지게 된다.
㉯ 정맥
  ㉠ 이산화탄소와 노폐물을 심장으로 운반하는 혈관으로 굵기에 따라 대정맥, 정맥, 소정맥으로 구분한다. 전체적으로 동맥보다 얇으나 혈액의 역류를 막아주는 판막이 발달되어 있다.
  ㉡ 정맥은 혈액을 수송하는 것 외에 많은 양이 혈액을 수용하여 일종의 혈액 저장소 역할을 한다.
㉰ 모세혈관
  ㉠ 조직 내에 그물모양으로 분포하고 벽이 얇아 혈액 중에 운반되어진 산소나 영양물질이나

조직으로부터 발생 된 노폐물의 교환이 쉽게 이루어진다.
ⓒ 동맥보다 총 단면적이 크고 혈류속도는 훨씬 늦어 단위 시간 내에 물질교환이 효과적으로 이루어지도록 되어 있다.

② **혈액의 순환**
㉮ 체순환(전신순환, 대순환)
㉠ 좌심실 → 대동맥 → 온몸의 모세혈관 → 대정맥 → 우심방
ⓒ 좌심실에서 시작하여 대동맥, 동맥, 소동맥을 통해 모세혈관을 거치면서 조직에 필요한 영양분과 산소를 공급하고 이산화탄소 및 노폐물을 모아서 소정맥, 정맥, 대정맥을 통해 우심방으로 돌아오는 순환을 말한다.
㉯ 폐순환(소순환)
㉠ 우심실 → 폐동맥 → 폐의 모세혈관 → 폐정맥 → 좌심방
ⓒ 심장의 우심실에서 시작하여 폐동맥, 폐, 폐정맥을 거쳐 심장의 좌심방으로 돌아오는 순환을 말하며, 폐에서 이산화탄소와 산소를 교환하는 기능을 한다.

(3) 혈액

① **혈액의 구성**
㉮ 적혈구 : 산소를 운반하는 혈색소가 대부분을 차지함
㉯ 백혈구 : 식균 및 신체방어 기능을 하며 특히 림프구는 인체의 면역을 담당
㉰ 혈소판 : 혈액의 응고 및 지혈작용에 관여
㉱ 혈장 : 전체 혈액의 약 55%를 차지하며 물과 알부민, 글로불린, 피브리노겐 등의 단백질로 구성

② **혈액의 기능**
㉮ 운반작용 : 영양물질 및 가스, 노폐물, 호르몬의 운반
㉯ 조절작용 : 수분조절, 체온조절, 체액의 pH 조절
㉰ 방어(면역)작용 : 백혈구의 식균작용 및 항체의 염증질환에 대한 방어작용
㉱ 지혈작용 : 출혈이 있을 시 혈소판이 파열되면서 세로토닌이 나와 혈관을 수축시켜 출혈을 멈추도록 작용

(4) 림프

① **림프계의 기능**
㉮ 항원자극에 대해 항체를 생성하여 면역반응을 담당함으로써 인체를 방어하는 역할
㉯ 신체 내에 들어온 이물질을 대식세포의 활동으로 제거하여 감염으로부터 신체를 보호
㉰ 조직액을 정맥으로 운반
㉱ 혈장 내 단백질과 체액을 유지하는 기능

② **림프**
㉮ 혈액성분이 모세혈관벽을 통해 나와서 형성된 무색투명의 액체로 림프의 성분은 혈장과 유사하며, 림프구가 많고 글로불린이 적으며 적혈구와 혈소판은 거의 없다.

㉯ 혈소판이 없으므로 매우 느리게 응고하는 특징을 가진다.
㉰ 동맥을 따라 운반된 영양소와 산소가 모세혈관을 통해 조직액이 되고, 물질교환을 끝낸 조직액은 모세혈관벽을 통해 다시 회수되는데 이때 완전히 회수가 이루어지지 않고 남은 일부는 림프관으로 들어가 림프가 된다.

4 소화기 계통

(1) 소화기계의 개요

① **소화와 흡수**
  ㉮ 소화 : 식품을 섭취했을 때 음식물을 흡수되기 쉬운 상태로 변화시키는 작용
  ㉯ 흡수 : 분해되어 소장 벽에서 혈액과 림프로 운반되는 것

② **소화계의 기능**
  ㉮ 음식물의 섭취 : 입을 통하여 음식물을 섭취
  ㉯ 저작 : 음식물을 잘게 부수고 삼키기 쉽도록 일정한 크기로 만드는 운동
  ㉰ 연하 : 음식을 옮기는 운동
  ㉱ 분비 : 소화액과 소화조절 호르몬을 분비
  ㉲ 소화 : 분해과정
  ㉳ 흡수 : 소장에서 혈액이나 림프로 운반하는 과정
  ㉴ 배변 : 음식물 찌꺼기를 배출

(2) 소화기관의 기능

① **구강** : 입술에서 목구멍까지의 전체를 말하며 구강 내에서의 음식물 이동과 연하운동, 치아는 저작운동이 주 기능
② **인두** : 깔때기 모양의 관으로 음식물의 연하운동, 호흡기 및 소화기의 기능
③ **식도** : 연속적 수축작용으로 음식물을 밀어내리는 역할을 함
④ **위** : 위액의 분비(염산, 펩신), 소화된 음식물의 저장고, 연동운동 등
⑤ **소장** : 영양분의 흡수, 장액, 췌액, 담즙이 분비됨
⑥ **대장** : 알칼리성(pH 8.4)의 대장액을 분비, 반고형 상태의 대변을 만들어 체외로 배출
⑦ **간** : 단백질 합성기능, 혈당조절 기능, 지질대사 기능, 비타민대사 기능, 해독 기능, 담즙 생성 및 분비작용
⑧ **담낭** : 담즙을 농축하고 저장하는 기능
⑨ **췌장** : 인슐린과 글루카곤을 분비하여 혈당을 조절, 췌액 분비

5 생식기 계통

(1) 신장과 배뇨

① **신장의 구조**
  ㉮ 적갈색의 강낭콩 모양으로 무게는 약 150g이며 후복막강 내, 척추의 양 측면에 하나씩 위치
  ㉯ 외측의 피질과 내측의 수질로 구분

② **신장의 기능**
  ㉮ 소변 생성과 배설(하루 약 1500mL 소변 배출)
  ㉯ 수분과 전해질 및 산·염기 균형
  ㉰ 대사산물과 독성물질의 배출
  ㉱ 혈압조절
  ㉲ 대사 및 내분비 기능(적혈구 조혈인자 생산)
  ㉳ 배뇨

③ **배뇨의 과정** : 신장 → 요관 → 방광 → 요도

(2) 생식기관의 구조

① **남성호르몬**
  ㉮ 안드로겐 : 남성 생식계의 성장 및 발달에 영향을 미치는 남성 호르몬을 총칭
  ㉯ 테스토스테론
    ㉠ 남성의 2차 성징 발현과 생식기 발달에 관여하는 대표적인 스테로이드계 성호르몬
    ㉡ 두정부 모발의 발육을 억제시키고, 피지분비를 촉진

② **여성호르몬**
  ㉮ 에스트로겐
    ㉠ 스테로이드 호르몬 중의 하나로 여성의 2차 성징 발현에 가장 중요
    ㉡ 여성의 지방 발달, 체모의 분포, 유방·피부 및 음성 등의 여성성을 유지
    ㉢ 임신 후기에 많이 분비
  ㉯ 프로게스테론
    ㉠ 황체에서 분비되어 생식주기에 영향을 주는 여성호르몬
    ㉡ 자궁벽을 임신에 맞추어 변화시키며 임신하게 되면 분만까지 임신을 유지

③ **수정과 임신**
  ㉮ 임신에서 분만까지의 기간은 약 280일
  ㉯ 태반을 통해 모체와 태아 사이의 모든 물질교환이 이루어짐
  ㉰ 임신 기간이 지날수록 프로게스테론과 에스트로겐이 증가

CHAPTER 04 피부미용 화장품 사용

Lesson 01 화장품 기초

1. 화장품의 정의 및 요건

(1) 화장품의 정의

인체를 청결, 미화하여 매력을 더하고 용모를 밝게 변화시키거나 피부, 모발의 건강을 유지 또는 증진하기 위하여 인체에 사용되는 물품으로서 인체에 대한 작용이 경미한 것

(2) 화장품, 의약부외품, 의약품의 구분

구분	화장품	의약부외품	의약품
사용대상	정상인	정상인	환자
사용목적	청결, 미화	위생, 미화	질병치료 및 진단
사용기간	장기간, 지속적	장기간 또는 단속적	일정기간
사용범위	전신	특정 부위	특정 부위
부작용	없어야 함	없어야 함	어느 정도는 허용

(3) 화장품의 4대요건

구분	내용
안전성	피부에 대한 자극, 알레르기, 독성이 없을 것
안정성	보관에 따른 변질, 변색, 변취, 미생물의 오염이 없을 것
사용성	피부에 사용했을 때 손놀림 쉽고, 피부에 매끄럽게 잘 스며들 것
유효성	피부에 적절한 보습, 노화억제, 자외선차단, 미백, 세정, 색채효과 등을 부여할 것

2 화장품 성분

(1) 화장품의 원료

① **정제수**
  ㉮ 물은 피부를 촉촉하게 하는 작용을 하며 화장수, 크림, 로션의 기초 화장품에서 사용
  ㉯ 세균에 오염된 물과 칼슘, 마그네슘 등의 금속이온이 함유된 물은 피부의 모공을 막거나 모발에 끈끈하게 부착될 수 있으므로 세균과 금속이온이 제거된 정제수를 사용

② **에탄올**
  ㉮ 휘발성이 있으며 피부에 시원한 청량감과 가벼운 수렴효과를 부여
  ㉯ 배합향이 높아지면 수렴효과 외에 살균, 소독 작용

③ **오일**

종류	특징	예
식물성 오일	• 식물의 잎이나 열매에서 추출한다. • 냄새는 좋은 편이나 부패하기 쉬운 단점이 있다. • 피부흡수가 늦다.	월견초유, 로즈힙오일, 피마자유, 올리브유
동물성 오일	• 동물의 피하조직이나 장기에서 추출하며, 냄새가 좋지 않기 때문에 정제한 것을 사용한다. • 피부 친화성이 좋고 흡수가 빠른 장점이 있다.	밍크오일, 스쿠알렌
광물성 오일	• 석유 등 광물질에서 추출한다. • 무색투명하고 냄새가 없으며 피부흡수가 비교적 좋다.	유동파라핀, 바셀린
합성 오일	• 화학적으로 합성한 오일이다. • 식물성 오일이나 광물성 오일에 비해 쉽게 변질되지 않으며 사용감이 좋다.	실리콘 오일, 미리스틴산 이소프로필

④ **왁스**
  ㉮ 기초 화장품이나 메이크업 화장품에 널리 사용되는 고형의 유성 성분으로 고급지방산에 고급 알코올이 결합된 에스테르
  ㉯ 왁스는 화장품의 굳기를 증가시켜주며 동물성과 식물성으로 구분함
   ㉠ 식물성 왁스 : 열대 식물의 잎이나 열매에서 추출되어 얻어지며, 카르나우바 왁스, 칸데릴라 왁스가 대표적
   ㉡ 동물성 왁스 : 벌집과 양모에서 얻어지며 밀랍(bees wax), 라놀린(lanolin)이 대표적

⑤ **계면활성제**
  ㉮ 한 분자 내에 물을 좋아하는 친수성기와 기름을 좋아하는 친유성기를 함께 갖는 물질로 물과 기름의 경계면, 즉 계면의 성질을 변화시킬 수 있는 특성을 가지고 있음
  ㉯ 계면활성제의 종류와 특징

종류	특징	제품
양이온성 계면활성제	살균, 소독작용이 크며 정전기 발생을 억제한다.	헤어린스, 헤어트리트먼트

종류	특징	제품
음이온성 계면활성제	세정작용과 기포 형성 작용이 우수하다.	비누, 샴푸, 클린징폼
비이온성 계면활성제	피부자극이 적어 기초화장품에 사용된다.	화장수의 가용화제, 크림의 유화제, 클린징크림의 세정제
양쪽성 계면활성제	세정작용이 있으며 피부자극이 적다.	저자극 샴푸, 베이비 샴푸

⑥ HLB(Hydrophilic lipophilic balance)
  ㉮ 계면활성제가 물에 잘 녹는가, 녹지 않는가를 나타내는 척도
  ㉯ HLB가 낮을수록 물에 잘 녹지 않고, 높을수록 물에 잘 녹는 성질이 있고, 0~20 사이를 나타낸다.

⑦ 비이온성 계면활성제의 HLB와 용도

HLB	용도	HLB	용도
1.5~3	소포제	8~18	O/W 유화제
4~6	W/O 유화제	13~15	세정제
7~9	분산제	15~18	가용화제

■ 용어의 정의
• 유화제 : 물과 기름을 잘 섞이게 하는 것
• 가용화제 : 소량의 기름을 물에 투명하게 녹이는 것
• 세정제 : 피부의 오염물질을 제거해주는 것
• 분산제 : 고체 입자를 물에 균일하게 분산시켜 주는 것

(2) 보습제 및 방부제

① 보습제
  ㉮ 화장품에 사용되는 보습제는 피부를 촉촉하게 하는 작용
  ㉯ 보습제의 종류

종류	예
폴리올	글리세린, 프로필렌글리콜, 부틸렌글리콜, 폴리에틸렌글리콜, 솔비톨
천연보습인자	아미노산, 요소, 젖산염, 피롤리돈카르본산염
고분자 보습제	히아루론산염, 콘드로이친 황산염, 가수분해콜라겐
기타	베타인

② 방부제
- ㉮ 화장품에는 각종 영양분이 함유되어 있으므로 공기에 노출되거나 불순물이 침투하게 되면 미생물의 작용으로 부패하게 됨
- ㉯ 방부제는 미생물의 증가를 억제하는 물질로 배합량이 많으면 피부 트러블을 유발시킴
- ㉰ 화장품에 사용되는 방부제로는 파라옥시안식향산메칠, 파라옥시안식향산프로필, 이미다졸리디닐우레아 등이 있음

(3) 색소

① 염료
- ㉮ 물 또는 오일에 녹는 색소로 화장품 자체에 시각적인 색상효과를 부여하기 위해 사용
- ㉯ FD&C Yellow No 6(수용성), FD&C Red No 4(유용성)

② 안료 : 물과 오일에 모두 녹지 않는 것
- ㉮ 무기안료 : 색상이 화려하지 못하나 빛과 산·알칼리에 강함(산화철, ultramarine)
- ㉯ 유기안료 : 색상이 화려한 반면 빛과 산·알칼리에 약함(D&C Red No 30, D&C Red No 36)
- ㉰ 착색안료 : 메이크업 화장품에 색상을 부여하는데 이용(산화철, 레이크)
- ㉱ 백색안료 : 빛을 산란시켜 메이크업 화장품에 커버력을 조절하는데 이용(이산화티탄, 산화아연, 탄산칼슘)
- ㉲ 체질안료 : 매끄러운 사용감과 부드러운 감촉을 부여(탈크, 마이카, 카올린)
- ㉳ 펄안료 : 제품에 진주 광택을 부여(운모티탄, 비스무스 옥시클로라이드)

③ 레이크(lake)
- ㉮ 수용성 염료에 알루미늄, 마그네슘, 칼슘염을 가해 물과 오일에 녹지 않게 만든 것으로 산, 염기에 약하며, 중성에서도 물에 조금씩 녹는 경우가 있음
- ㉯ 색상의 화려함은 무기안료와 유기안료의 중간 정도(FD&C Yellow No 6 Al lake)

(4) 미용성분(활성성분)

① 식물추출물

추출물	설명	효과
AHA(α-hydroxy acid)	과일산의 총칭으로 죽은 각질을 제거	피부보습, 각질제거, 미백
감초 추출물	감초 뿌리에서 추출	해독, 소염, 자극완화
카렌둘라	금잔화 꽃에서 추출	소염, 진통, 세정
녹차 추출물	녹차잎에서 추출	항산화, 냄새제거, 세정
라벤더	라벤더 꽃에서 추출	수렴, 살균, 항균
레몬	레몬에서 추출	수렴, 미백
로즈마리	로즈마리 잎 또는 꽃에서 추출	항산화, 미백, 항균

추출물	설명	효과
루틴(비타민 P)	모세혈관을 튼튼히 하고 수축시키는 작용	민감한 피부에 효과
멘톨	박하에서 추출하여 상쾌한 냄새와 시원한 느낌	소염, 방부, 살균
사포닌	대두사포닌, 인삼사포닌이 대표적	유화, 가용화, 세정, 항염증
살구씨 추출물	살구씨에서 추출	진정, 유연, 보습, 항균작용
상백피 추출물	뽕나무의 껍질에서 추출	항균, 미백
수세미 추출물	수세미 잎에서 추출	소염, 진정, 보습작용
아줄렌	카모마일에서 추출	항염, 진정, 상처치유
안젤리카 추출물	안젤리카의 잎 또는 줄기에서 추출	진정, 진통, 미백작용
알란토인	밀의 배아, 담배의 종자에 함유	소염, 진정, 항염, 피부유연
알로에 추출물	알로에의 잎에서 추출	보습, 미백, 상처치유 촉진
은행잎 추출물	은행잎에서 추출	유해산소 제거, 혈액순환 촉진
유칼립투스 추출물	유칼리나무에서 추출	살균, 항균, 혈액순환촉진, 수렴
인삼추출물	인삼에서 추출하여 사포닌 성분 함유	피부대사 촉진, 말초혈관 확장, 탈모예방, 항균
주니퍼 추출물	노가주나무의 열매에서 추출	수렴, 지혈, 셀룰라이트 분해
카모마일	카모마일 꽃에서 추출	소염, 살균, 혈행촉진, 진정효과
카페인	커피, 녹차 등에 함유된 알칼로이드 성분	피하지방 축적 억제, 수렴효과
클로로필	식물의 엽록소	탈취, 산소공급효과
해조 추출물	미역, 다시마와 같은 해조류에서 추출	보습효과

② 동물추출물

추출물	설명	효과
실크 추출물	실크에서 추출	보습, 피부유연
키토산	게, 새우의 껍질에서 추출	보습, 피막형성, 중금속 제거
콘드로이친 황산	달팽이 피부와 포유류 연골 함유 무코다당류	보습
플라센타	소의 태반에서 추출	보습, 세포재생, 미백
히아루론산	진피에 존재하는 무코다당류로 닭벼슬에서 추출하였으나 현재는 미생물 발효로 생산	보습

③ 비타민

구분	설명
비타민 A 유도체	레티닐 팔미테이트, 레티놀, 레틴산의 총칭으로 세포 분화를 촉진하여 잔주름 개선 효과
비타민 B_2(리보플라빈)	입 주위의 염증, 지루성 피부염에 좋음
비타민 B_6(피리독신)	피지분비 억제 작용이 있어 지성 피부에 효과적
비타민 C 팔미테이트	비타민 C 유도체로 콜라겐 합성 촉진, 미백 효과
비타민 E(토코페놀)	혈액촉진, 노화억제, 유해산소 제거 등의 효과

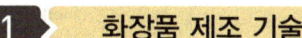

AHA의 종류와 특징

AHA 종류	특징
글리콜산(Glycolic acid)	사탕수수에 함유, 분자량이 가장 작아 침투력이 뛰어남
젖산(Lactic acid)	쉰우유에 함유, 천연보습인자의 하나로 보습효과
사과산(Malic acid, 능금산)	사과, 복숭아 등에 함유
주석산(Tartaric acid, 포도산)	신포도에 함유
구연산(Citric acid)	오렌지, 레몬에 함유, 화장품의 pH 조절제로 사용

Lesson 02 화장품 제조

1 화장품 제조 기술

(1) 가용화

① 계면활성제를 물에 녹일 때 처음에는 물의 표면으로 계면활성제가 배열되다가 포화농도 이상이 되면 작은 집합체를 형성하게 되는데 이를 미셀(Micelle)이라 부른다.
② 미셀은 물에 녹지 않는 물질을 내부에 용해시킬 수 있는 성질을 갖게 된다.
③ 가용화는 소량의 유성성분을 계면활성제의 미셀작용을 이용하여 투명한 상태로 용해시키는 것을 말하며 주로 화장수, 에센스, 향수 등의 제품 제조에 쓰인다.

(2) 유화

① 다량의 유성성분을 일정기간 동안 안정한 상태로 균일하게 혼합하는 기술로, 분산된 부분이 기름인가 물인가에 따라 물에 기름이 분산된 형태의 수중유적(O/W)형 유화와 기름에 물이 분산되어 있는 형태의 유중수적(W/O)형 유화로 구분된다.

② W/O형 에멀젼을 다시 물에 유화시키면 W/O/W 에멀젼과 같은 다상 에멀젼을 얻을 수 있는데, 다상 에멀젼은 보습효과가 뛰어나고 제품을 안정한 상태로 보존시킬 수 있는 장점이 있어 각종 영양크림의 제조에 쓰이고 있다.
③ 유화 후 냉각하는 시간이 짧으면 비교적 점성이 낮은 유화 제품이 얻어지고, 냉각하는 시간이 길면 점성이 높은 유화 제품이 얻어진다.

(3) 분산(dispersion)
① 안료 등의 고체 입자를 액체 속에 균일하게 혼합시키는 것을 분산이라고 한다.
② 기초화장품의 제형 안정화를 위해 사용되는 점증제나 메이크업 화장품에 사용되는 무기, 유기, 펄 안료 등을 여러 종류의 기제에 분산시켜 만들며 파운데이션, 마스카라, 아이라이너, 네일 에나멜 등이 분산 제품에 해당된다.

2 화장품의 원료

(1) 수성원료
① 정제수
   ㉮ 물은 피부를 촉촉하게 하는 작용을 하며 화장수, 크림, 로션의 기초 화장품에 사용된다.
   ㉯ 오염된 물과 칼슘, 마그네슘 등의 금속이온이 함유된 물은 피부의 모공을 막거나 모발에 끈끈하게 부착될 수 있으므로 세균과 금속이온이 제거된 정제수를 사용한다.
② 에탄올(Ethanol)
   ㉮ 휘발성이 있으며 피부에 시원한 청량감과 가벼운 수렴효과를 부여한다.
   ㉯ 용매의 역할을 하여 다른 원료와 섞어주면 그 원료를 녹이는 효과가 있으며 배합 향이 높아지면 수렴효과 외에 살균, 소독 작용도 나타낸다.
   ㉰ 물 다음으로 화장품에 많이 사용되며 화장수, 아스트린젠트, 헤어토닉이나 향수 등에 많이 쓰인다.

(2) 유성원료
① 오일
   ㉮ 지용성 용매로서의 작용과 함께 피부의 오염물질에 대한 세정작업, 피부나 모발을 유연하게 하는 것 외에도 보습작용을 한다.
   ㉯ 오일의 종류
      ㉠ 식물성오일 : 월견초유, 로즈힙오일, 피마자유, 올리브유
      ㉡ 동물성오일 : 밍크오일, 스쿠알렌
      ㉢ 광물성오일 : 유동파라핀, 바셀린
      ㉣ 합성오일 : 실리콘오일, 미리스틴산 이소프로필

② 왁스
  ㉮ 기초화장품이나 메이크업 화장품에 널리 사용되는 고형의 유성 성분으로 고급지방산에 고급 알코올이 결합된 에스테르이며 화장품의 굳기를 증가시켜준다.
  ㉯ 왁스의 종류
    ㉠ 식물성 왁스 : 카르나우바 왁스, 칸델릴라 왁스 등
    ㉡ 동물성 왁스 : 밀랍(Bees wax), 라놀린(Lanolin) 등

(3) 계면활성제

① 한 분자 내에 물을 좋아하는 친수성기와 기름을 좋아하는 친유성기를 함께 갖는 물질로 묽은 용액 속에서 경계면에 흡착하여 표면장력을 줄이는 성질을 갖고 있다.
② 물과 기름에 대한 친화성 정도를 나타낸 값을 HLB 값이라 한다.
③ HLB 값은 0부터 20까지 있으며, 0에 가까울수록 친유성이 좋고, 반대로 20에 가까우면 친수성이 좋다.
④ 계면활성제의 종류와 특징

종류	특징	제품
양이온성	살균, 소독작용이 크며 정전기 발생을 억제	헤어린스, 헤어트리트먼트
음이온성	세정작용과 기포 형성 작용이 우수	비누, 샴푸, 클렌징폼
비이온성	피부 자극이 적어 기초화장품에 사용	화장수의 가용화제, 크림의 유화제, 클렌징 크림의 세제
양쪽성	세정작용이 있으며 피부 자극이 적음	저자극 샴푸, 베이비 샴푸

Lesson 03 화장품의 종류와 기능

1 기초 화장품

(1) 기초화장품의 사용 목적

① **세안** : 피부 표면의 더러움이나 메이크업 찌꺼기 및 노폐물을 제거하여 피부 청결
② **피부 정돈** : 세안에 의해 변화된 피부의 pH를 정상적인 상태로 돌아오게 하고 수분과 유분을 공급하여 피부결을 정돈
③ **피부 보호** : 피부 표면의 건조를 방지해 줌과 동시에 피부를 부드럽게 하고 외부 환경으로부터 피부를 보호하거나 세균의 침입을 방지

(2) 세안 화장품

① **세안 화장품의 제형별 분류**

제형	종류	특징
씻어내는 타입 (계면활성제형)	클린징폼	피부에 자극이 없어 민감하고 약한 피부에 좋으며, 보습제가 함유되어 건조해지는 것을 방지한다.
	스크럽	미세한 알갱이가 함유되어 모공 속 깊숙이 있는 노폐물과 죽은 각질을 제거해주며 세안, 마사지, 각질제거 효과가 있다. 단, 화농성 여드름 피부, 민감한 피부에는 좋지 않다.
닦아내는 타입 (용제형)	클린징 워터	화장수 타입으로 가벼운 화장을 지울 때 적합하다.
	클린징 로션	클린징 크림에 비해 사용감이 산뜻하고 비교적 옅은 화장을 지울 때 적합하다.
	클린징 크림	짙은 화장이나 피지분비가 많을 때 적당하다.
	클린징 젤	유성타입은 짙은 화장을 지울 때, 수성타입은 옅은 화장을 지울 때 적합하며, 사용 후 피부가 촉촉해진다.

② **피부의 완충능**
   ㉮ 피부의 각질층에는 천연보습인자인 아미노산, 젖산염, 무기염 등이 세포간 지질 성분과 혼합되어 피부의 pH가 약 5.5로 유지되도록 해주는 것을 피부의 완충능이라 함
   ㉯ 건강한 피부의 경우는 세안 후 약 3시간 이후에는 거의 원래 상태의 pH로 되돌림

(3) 화장수

① **개요** : 화장수는 정제수, 에탄올, 보습제를 기본으로 하고 사용 목적에 따라 유연 성분, 수렴 성분 등의 기타 성분을 배합
② **화장수의 종류**
   ㉮ 유연 화장수 : 수분공급과 피부 유연효과를 목적으로 하며 보습제와 유연제가 함유(스킨 소프트너)
   ㉯ 수렴 화장수 : 수분공급과 모공 수축을 목적으로 하며 알코올 배합량이 유연 화장수보다 많으며, 탄닌, 위치하젤과 같은 모공을 수렴하는 성분이나 비타민 B6과 같은 피지 억제 성분을 배합하기도 함(스킨 토너, 아스트린젠트)

(4) 로션, 크림, 에센스

① **로션**
   ㉮ 피부에 수분과 유분을 공급
   ㉯ 유분 함량이 30% 이하인 O/W형 유화로 피부에 산뜻하게 퍼지고 사용감이 좋음
② **크림**
   ㉮ 세안 후 소실된 천연 보호막을 보충하여 피부에 촉촉함을 주고 외부 자극으로부터 피부를 보호하기 위해 사용

㉯ 유분과 보습제가 다량 함유되어 있어 피부의 보습, 유연 기능을 갖게 됨
㉰ 피부를 외부 환경으로부터 보호하고 피부 생리기능을 도와줌
㉱ 제형에 따른 구분

제형	특징	제품
O/W형 크림	사용감이 가벼우며, 시원함, 보습성, 촉촉함을 느낄 수 있으나 지속성이 낮음	모이스쳐크림, 베이비크림
W/O형 크림	사용감이 뻑뻑하고 퍼짐성이 낮으나 지속성이 좋음	에몰리언트 크림, 마사지 크림, 클렌징 크림
W/S형 크림	오일 대신 실리콘 오일을 사용한 제품	-

③ 에센스
㉮ 미용 성분을 고농축으로 함유하여 보습 효과가 우수하고 영양물질을 공급하여 피부를 가볍고 매끄러운 상태로 유지
㉯ 사용 목적은 보습, 피부 보호, 영양 공급
㉰ 컨센트레이트 혹은 세럼이라고도 함
㉱ 스킨, 로션, 크림, 젤 타입으로 존재하며, 다량 보습제를 함유할 수 있는 스킨 타입을 가장 많이 사용

(5) 팩

① **개요** : 팩은 얼굴에 적당한 두께로 발라 일정 시간 방치해 건조시킨 후 제거하여 피부에 긴장감을 주고 외부 공기를 차단하여 피부 온도를 높여 영양성분의 흡수를 용이하게 하고 혈액순환을 촉진시키며 피부를 청결하게 함

② **팩의 종류**
㉮ 필-오프 타입 : 얼굴에 도포 후 건조된 피막을 떼어내는 타입으로 피막형성제인 폴리비닐알코올이 배합되며, 건조와 피부의 청량감을 부여하기 위해 에탄올을 첨가
㉯ 워시-오프 타입 : 얼굴에 바른 후 20~30분 정도 지난 후 물로 씻어내며, 피지를 흡착하는 진흙과 고령토 등을 배합
㉰ 티슈-오프 타입 : 크림 형태로 되어 있으며, 바른 후 10~15분 지난 후 티슈로 닦아내는 타입으로 민감성 피부에 좋음
㉱ 시트 타입 : 활성 성분이 든 미용액이나 화장수에 적신 시트를 얼굴에 덮어 사용하는 타입으로 사용이 간편하고 자극이 없음
㉲ 분말 타입 : 한방 재료, 석고, 효소 등을 화장수나 정제수에 개어서 바르는 타입으로 도포 후 10~15분 후 씻음

2 메이크업 화장품

(1) 베이스 메이크업

① **메이크업 베이스**
  ㉮ 파운데이션이 피부에 흡수되는 것을 막고 파운데이션의 퍼짐성과 밀착감을 좋게 해 주어 화장의 지속성을 높여 줌
  ㉯ 피부색을 한 가지 톤으로 정리
    ㉠ 초록색 : 여드름 자국 등 잡티가 있거나 모세혈관이 확장된 피부에 적합
    ㉡ 보라색 : 동양인의 노란 피부를 화사하게 표현
    ㉢ 분홍색 : 창백한 피부에 혈색을 보강하여 화사하고 생기 있게 표현
    ㉣ 푸른색 : 얼굴에 붉은기가 많거나 하얀 피부 표현을 원할 때 효과적
    ㉤ 브론즈색 : 피부를 어둡게 표현하고 싶을 때 효과적

② **파운데이션**
  ㉮ 피부의 결점을 감추고 원하는 피부색을 조절
  ㉯ 제형별 파운데이션의 특징

형태	제품	특징
유화형	리퀴드 파운데이션	• 안료가 균일하게 분산되어 있는 형태로 O/W형 유화 타입으로 가벼운 사용감이 있음
	크림 파운데이션	• 안료가 균일하게 분산되어 있는 형태로 O/W형과 W/O형 유화 타입이 있음 • O/W형 유화 타입은 사용감이 가볍고 퍼짐성이 좋으며, W/O형은 사용감이 무겁고 퍼짐성이 낮으나 땀이나 물에 잘 지워지지 않음
분신형	스킨커버 컨실러	• 안료를 오일과 왁스에 골고루 혼합 분산시킨 것으로 밀착감, 내수성 및 커버력이 우수함 • 다량의 안료가 함유되어 있어 커버력이 뛰어남
파우더형	파우더 파운데이션	• 안료에 오일을 스프레이 하여 흡착시킨 후 압축시켜 고형화 시킨 것 • 오일의 양은 10~15% 정도로 얇게 발리고 매트한 느낌
	트윈케이크 (투웨이 케익)	• 안료에 오일을 흡착시킨 후 압축시켜 고형화 시킨 것으로 마른 스폰지, 젖은 스폰지를 사용하여 메이크업 가능 • 친유 처리한 안료가 배합되어 뭉침이 없고 땀에 의해 쉽게 지워지지 않음

③ **파우더**
  ㉮ 땀과 피지에 의해 화장이 번지거나 지워지는 것을 막고 빛을 난반사시켜 얼굴을 밝고 화사하게 보이도록 함
  ㉯ 파운데이션의 유분기를 제거하고 파운데이션의 지속성을 높여줌
  ㉰ 페이스파우더(가루분)와 가루 날림이 없고 휴대가 간편한 고형으로 만들어진 콤팩트파우더가 있음

(2) 포인트 메이크업

① 아이 메이크업(Eye Make-up)
㉮ 눈의 결점을 커버하고 눈을 입체적으로 보이게 하여 생동감 있고 아름답게 표현
㉯ 안점막에 대해 안전해야 함
㉰ 눈물, 땀에 의해 지워지거나 자극을 주지 않아야 함
㉱ 사용이 부드럽고 자연스러운 화장의 연출이 가능
㉲ 제품의 종류와 특징

제품	특징
아이브로우 펜슬	• 눈썹의 모양을 그리고 눈썹 색을 조절하기 위해 사용 • 안료, 왁스, 오일 성분으로 구성되어 있으며, 발한현상이나 발분현상이 없어야 함
아이섀도우	• 눈 부위에 색채와 음영을 주어 입체감을 부여하고 눈의 아름다움을 강조하기 위해 사용 • 색채감을 주기 위해 착색안료 배합 • 케이크 타입, 크림 타입, 펜슬 타입이 있음
아이라이너	• 눈의 윤곽을 또렷하게 하며, 결점을 커버 • 건조가 빠르고 그리기가 쉬우며 피막이 유연해야 함 • 리퀴드 타입, 펜슬 타입, 케이크 타입, 크림 타입이 있음
마스카라	• 속눈썹에 도포하여 속눈썹을 짙고 길게 표현 • 적당한 윤기와 건조성이 있어야 하며, 적당한 컬링 효과가 요구됨

② 립스틱
㉮ 유성분(오일과 왁스)에 색소를 분산시킨 제품으로 입술 점막에 사용하므로 자극이 없고, 먹어도 인체에 안전하고 불쾌한 냄새와 맛이 없어야 함
㉯ 발한현상이나 발분현상이 없어야 하며, 보관 중 산화가 되지 않아야 함
㉰ 적절한 강도를 유지하여 사용 중 부러짐 없이 매끄럽게 발라져야 함
㉱ 보습성분을 첨가한 글로스 타입과 잘 지워지지 않는 매트 타입이 있음

③ 블러셔(Blusher)
㉮ 볼 부위에 도포하여 얼굴색을 건강하고 밝게 보이게 하며, 윤곽을 뚜렷하게 하여 얼굴을 입체적으로 만들어줌
㉯ 파운데이션과 친화성이 좋고 적당한 커버력, 광택성, 부착성이 있음
㉰ 케이크 타입과 크림 타입이 있음

3 모발 화장품

(1) 세발용 화장품

① 샴푸
㉮ 모발 및 두피를 세정하여 비듬과 가려움을 덜어주며, 건강하게 유지하기 위해 사용

㉯ 계면활성제의 침투작용과 유화, 분산작용에 의해 오염물을 제거
　　　㉰ 섬세하고 풍부한 기포는 세정액이 흘러내리지 않게 하고 모발의 엉클어짐을 방지하는 쿠션 역할을 담당
　② **헤어린스**
　　　㉮ 모발에 유분을 공급하여 유연성과 자연스러운 윤기를 부여
　　　㉯ 양이온성 계면활성제가 함유되어 정전기를 방지하고 자연스러운 광택을 부여

(2) 정발제

① **개요** : 모발을 원하는 형태로 만드는 스타일링의 기능과 모발의 형태를 고정시켜주는 세팅 기능이 있음

② **정발제의 종류와 특징**

타입	종류	특징
유성 타입	헤어오일	• 모발에 유분을 공급하여 광택과 유연성을 부여함 • 점성이 적은 유성성분으로 배합
	포마드	• 모발에 광택을 주며 헤어스타일을 단정하게 해주는 제품 • 식물성은 피마자유, 올리브유 등이 배합되어 광택이 있고 점착성과 퍼짐성이 좋아 굵고 딱딱한 모발에 적당 • 광물성은 바셀린, 유동 파라핀이 함유되어 끈적임이 없고 산뜻한 느낌으로 가늘고 부드러운 모발에 좋음
유화 타입	헤어로션/헤어크림	• 물과 유성성분을 유화시킨 제품으로 모발을 단정히 정돈해주고 보습효과와 광택을 부여함 • 헤어로션은 대부분 O/W형으로 수분 함유량이 많아 촉촉하고 자연스러운 느낌을 주고 W/O형은 오일감이 있고, 윤기와 정발 효과가 있음
고분자 피막타입	세트로션	• 고분자 물질을 에탄올 용액에 녹은 것으로 웨이브를 유지하기 위한 목적으로 사용
	헤어무스	• 거품 형태의 제품이며 원하는 헤어스타일로 손쉽게 정발 가능 • 고분자물질(피막형성제), 계면활성제, 분사제(액화석유가스)가 기본 성분 • 세팅 타입, 트리트먼트 타입, 광택 타입이 있음
	헤어스프레이	• 세팅한 모발에 분무해 헤어스타일을 유지하는 목적으로 사용 • 주성분으로 피막형성제와 용제로 에탄올이 사용되어 휘발성이 빠르고 건조 후 모발의 세팅효과가 습도에 영향을 받지 않음
	헤어젤	• 정제수에 수용성 고분자를 용해시킨 젤 상태의 투명한 정발제 • 촉촉하고 자연스러운 정발 효과를 부여
액체 타입	헤어리퀴드	• 산뜻하고 끈적임 없으며, 부드러운 정발 효과가 있음 • 점착성을 지닌 보습제인 합성 폴리에테르유를 에탄올에 용해시킨 제품

(3) 헤어트리트먼트

① 개요
  ㉠ 모발이 손상되는 것을 방지하고 손상된 모발을 복구하는 것을 목적으로 사용
  ㉡ 모발보호 성분들을 모발 내부에 침투시켜 손상된 모발을 회복시켜주는 제품
  ㉢ 구성 성분으로 유분, 양이온성 계면활성제, 단백질, 아미노산, 보습제 등을 배합

② 헤어트리트먼트의 형태와 특징

형태	특징
헤어트리트먼트크림	• 손상된 모발에 영양물질을 공급하고 모발의 건강 회복을 목적으로 한 트리트먼트제 • 큐티클의 손상된 부분과 큐티클 사이를 영양물질로 채워 손상된 모발을 건강한 정상 모발로 복구시킴
헤어팩	• 모발을 손질하기 쉽게 하고 손상모를 회복시키기 위해 사용하는 제품으로 씻어내는 타입 • 다량의 컨디셔닝 성분을 함유
헤어블로우	• 펌프식 스프레이로 컨디셔닝 효과와 헤어스타일링 효과 • 열이나 브러싱에 의한 마찰로부터 모발을 보호하는 목적
헤어코트	• 모발 끝의 갈라진 부위와 손상된 부위를 회복시켜주기 위해 사용하는 제품

(4) 퍼머넌트 웨이브 로션

① 1제(환원제)
  ㉠ 모발의 시스틴(-S-S-)결합을 절단하여 티올(-SH)기로 환원시킴
  ㉡ 환원제, 알칼리제, 금속이온봉쇄제(EDTA)로 구성

구분	성분	특징
환원제	티오글리콜릭산 (Thioglycolic acid)	• 환원력이 강하여 건강모, 반수성모에 적합 • pH에 따라서 모발 손상 유발, 냄새 심함
	시스테인(Cysteine)	• 모발을 분해시켜 원료로 사용하므로 손상모발에 적합하고 냄새가 적음
알칼리제	암모니아(Ammonia)	• 모발 손상이 적으나 냄새가 심함
	모노에탄올 아민 (Monoethanol amine)	• 비휘발성으로 냄새가 적으나 모발 손상 유발

② 2제(산화제)
  ㉠ 1제에 의해 만들어진 티올(-SH)기를 산화시켜 시스틴(-S-S-)결합으로 돌아가게 함
  ㉡ 산화제로 브롬산나트륨, 브롬산칼륨 및 과산화수소가 사용됨

(5) 염모제

① **영구 염모제** : 색소 형성 물질이 모발 내부의 모피질 또는 모수질층까지 침투하여 화학변화를 일으켜 불용성 색소를 형성하는 것으로 염색의 효과가 장기간에 걸쳐 지속

㉮ 식물성 염모제 : 헤나, 카모마일 등을 이용한 것으로 염색효과가 낮고 본래 모발색보다 밝게 염색하기 어려움

㉯ 금속성 염모제 : 납이 산화될 때 검게 변하는 원리를 이용한 것으로 인체에 유해한 독성이 있음

㉰ 산화형 염모제 : 염색효과가 우수하고 밝은색으로 염색이 가능하며 1제와 2제를 섞고 모발에 바른 후 30분 정도 후 염색

구분		특징
1제	염료 중간체	• 산화되면 색소로 변하는 물질 • 성분 : p-페닐렌디아민, p-아미노페놀, p-톨루엔디아민
	염료 수정체	• 염료 중간체와 반응하여 색상을 다양하게 변화시키는 물질 • 성분 : m-아미노페놀, m-페닐렌디아민
	알칼리제	• 큐티클을 열고 색소 형성 반응이 빠르게 발생 • 성분 : 암모니아, 모노에탄올아민
	고급지방산	• 염료 중간체와 염료 수정체의 침투를 촉진시키고 세정을 용이하게 함
	겔화제	• 2제와 혼합 시 겔을 형성
	용제	• 염료 중간체, 염료 수정체의 용해를 도움
2제	산화제	• 모발 속의 멜라닌 색소를 파괴하고 염료 중간체와 염료 수정체가 반응을 일으켜 새로운 색소가 만들어짐 • 성분 : 6% 과산화수소
	pH조절제	• 과산화수소를 안정화시키기 위해 pH 4.0 부근으로 조절 • 성분 : 인산

② **반영구 염모제**

㉮ 탈색된 모발의 염색에 적합하며 시간이 지나면 색이 빠짐

㉯ 산성 염료와 벤질 알코올, 에탄올 등의 침투제가 배합되어 있음

㉰ 정전기적 결합을 통해 염색이 이루어짐

③ **일시 염모제**

㉮ 모발의 표면에 안료와 같은 불용성 색소를 일시적으로 부착시켜 모발의 색을 교체

㉯ 원하는 부분에만 도포하는 데 효과적이며, 특별한 기술이 필요하지 않음

(6) 기타 모발 화장품

① **헤어토닉**

㉮ 살균력이 있어 두피나 모발을 청결히 하고 시원한 느낌과 쾌적함을 주며 두피에 발라 마사지할 때 혈액순환을 좋게 하고 비듬과 가려움을 제거하여 모근을 튼튼하게 해주는 제품

㉯ 에탄올이 50~80% 함유되어 살균 및 소독작용이 있음

② 헤어스트레이트
   ㉮ 곱슬머리나 퍼머머리를 곧게 풀고자 할 때 사용
   ㉯ 1제 환원제는 알칼리성의 크림 타입이며, 2제는 산화제로 구성
   ㉰ 1제를 바른 후 20~30분간 빗질을 반복하여 컬을 풀어준 후 2제를 바르고 10~20분 후 씻어줌
③ 제모제
   ㉮ 털을 제거하는 방법으로 물리적 제거와 화학적 제거가 있음
   ㉯ 화학적 제모제는 pH 11~13 정도의 강알칼리로 수산화칼슘, 수산화나트륨, 수산화칼륨을 사용
④ 헤어블리치
   ㉮ 모발의 탈색을 목적으로 하여 멜라닌 색소를 파괴시켜 모발의 색상을 밝게 하기 위해 사용
   ㉯ 1제는 지방산, 겔화제, 용제, 알칼리제로 구성되어 있고 2제는 과산화수소가 들어있으며, 사용 직전에 혼합하여 사용

4 전신관리 및 네일 화장품

(1) 전신관리 화장품

① 전신에 사용하는 바디화장품
   ㉮ 세정제품 : 비누, 바디 샴푸, 바디 솔트, 버블 바스
   ㉯ 트리트먼트제품 : 바디 로션, 바디 크림, 바디오일
   ㉰ 방향제품 : 샤워코롱, 파우더
   ㉱ 선케어제품
② 발, 다리에 사용하는 화장품
   ㉮ 탈색, 제모 제품 : 탈색, 제모 크림, 제모 왁스
   ㉯ 부종 방지 : 레그후레쉬 제품(토너, 크림)
③ 손에 사용하는 화장품 : 핸드로션, 핸드크림
④ 팔꿈치 및 무릎 부위에 사용하는 화장품 : 유연 제품(각질 연화 로션, 크림, 오일)
⑤ 땀샘 부위에 사용하는 화장품 : 데오드란트 제품(로션, 스프레이, 파우더, 스틱)

(2) 네일 화장품

① 네일 에나멜
   ㉮ 손톱에 광택과 색채를 주어 아름답게 할 목적으로 사용
   ㉯ 표면에 딱딱하고 광택이 있는 피막을 형성하며, 피막형성제로 니트로셀룰로오즈를 배합
   ㉰ 손톱에 바르기 적당한 점도가 있어야 하며, 가능한 신속히 건조하고 균일한 막을 형성(3~5분)
② 베이스코트 : 손톱의 주름을 메워서 다음에 칠할 네일 에나멜의 밀착성이 좋음
③ 탑코트 : 네일 에나멜 피막 위에 덧발라서 광택이나 내구성이 좋으며, 니트로셀룰로오즈의 배합량이 가장 많음
④ 에나멜 리무버 : 피막 형성제를 녹이는 용제로 초산에칠, 초산부칠, 아세톤 등을 사용

5 향수

(1) 향수의 구비요건

① 향에 특징이 있어야 하며 확산성이 좋아야 함
② 향이 적당히 강하고 지속성이 좋아야 함
③ 향의 조화가 잘 이루어져야 함

(2) 향수 사용 시 주의점

① 목욕 후 사용하는 것이 좋다. 체취나 땀 냄새와 혼합되면 불쾌감을 가져다줌
② 외출 시에는 20~30분 전에 뿌리는 것이 좋음
③ 햇빛에 노출되지 않는 부위에 뿌려야 함
④ 상의나 스커트 안쪽 등 움직이는 부위에 바르는 것이 좋음
⑤ 피부가 약할 경우 속옷 위에 바르는 것이 좋음

(3) 향수의 유형

유형	부향률	지속시간	특징
퍼퓸	15~30%	6~7시간	향이 풍부하고 농후한 분위기를 연출
오데퍼퓸	9~12%	5~6시간	퍼퓸에 가까운 지속성과 향의 깊이가 있음
오데토일렛	6~8%	3~5시간	상쾌하면서도 풍부한 향을 느낄 수 있음
오데코롱	3~5%	1~2시간	향수를 처음 사용하는 사람에게 적합
샤워코롱	1~3%	약 1시간	목욕이나 샤워 후에 사용하기 적합하며, 가볍고 시원한 느낌

(4) 향수의 발산 속도에 따른 구분

향수는 여러 가지 향료가 섞여 있어 각각의 휘발성이 달라 시간에 따라 다른 향기를 내는데 향수에서 나오는 후각적인 느낌을 "노트(note)"라고 한다.

노트	특징	예
탑 노트(top note)	향수를 뿌린 후 처음 느껴지는 첫 느낌으로 휘발성이 강한 향료로 구성	시트러스, 그린
미들 노트(middle note)	알코올이 날아간 다음 느껴지는 향취 탑 노트와 베이스 노트를 연결해 주는 향	플로럴, 프루티
베이스 노트(base note)	여러시간이 지난 뒤 자신의 체취와 섞여서 나는 향취로 잔류성이 강한 향으로 구성되며 라스트 노트라고도 함	무스크, 우디

6 아로마 오일 및 캐리어 오일

(1) 아로마테라피

① 아로마테라피의 개요
- ㉮ 향 또는 향기를 의미하는 'Aroma'와 치료를 의미하는 'Therapy'의 합성어
- ㉯ 식물에서 추출한 아로마오일에 함유되어 있는 생리활성 성분을 마사지, 목욕, 증기 호흡 등을 통해 체내에 침투시키거나 흡입시켜 생체 내 호르몬의 분비를 조절하고 생체 리듬을 정상화하여 미용을 증진시키고 질병의 치료와 예방에 사용하는 것으로 방향요법 또는 향기요법이라고 함

② 아로마테라피의 효과
- ㉮ 면역기능 향상, 내부 장기·분비선·호르몬의 기능에 영향, 박테리아·바이러스·세균에 대한 저항력 향상
- ㉯ 신경 자극, 근육 강화시키거나 이완시켜 마음을 안정시킴
- ㉰ 질병 치유 효과, 중독의 위험이 없음
- ㉱ 혈액과 림프액을 통해 체내 순환
- ㉲ 감기 및 호흡기 장애 완화 등

(2) 에센셜 오일

① 개요
- ㉮ 에센셜 오일은 식물이 지닌 있는 독특한 향을 증류시키거나 압착 또는 용매를 사용하여 추출한 휘발성 농축액으로 원액을 희석하거나 화장품, 비누, 식품 등에 첨가하여 사용
- ㉯ 식물의 세포와 세포 사이에 존재
- ㉰ 호르몬과 같은 역할(생리적 기능을 조절, 세포 사이의 정보를 전달, 스트레스를 치유하는 작용)
- ㉱ 생화학적 반응을 촉매, 병이나 해충으로부터 보호
- ㉲ 성장과 번식에 중요한 역할(식물이 외부 환경에 적응할 수 있도록 기능을 발휘하는 물질)

② 에센셜 오일 추출방법
- ㉮ 수증기 증류법
  - ㉠ 식물의 향기 부분을 물에 담가 가온하면 향기 물질이 수증기와 함께 기체로 증발되며, 증발된 기체를 냉각하면 물 위에 향 물질이 뜨는데 이것을 분리하여 순수한 천연향 얻음
  - ㉡ 열에 의해 성분이 파괴될 수 있는 향료식물에는 적합하지 않음
- ㉯ 압착법
  - ㉠ 감귤류 등을 압착하여 얻는 방법
  - ㉡ 향기 성분이 파괴되는 것을 막기 위해 냉동 압착법을 사용하기도 함
- ㉰ 추출법
  - ㉠ 휘발성 용매추출법 : 휘발성 용매에 식물을 일정기간 냉암소에서 침적시킨 후 향기성분을 녹여내는 방법으로 왁스, 색소 등도 함께 추출

ⓒ 비휘발성 용매추출법 : 유리판에 식물유를 얇게 바르고 식물의 꽃을 따 올려두면 발산된 향기성분을 포집할 수 있음

(3) 캐리어 오일

① 개요
㉮ 아로마 오일을 피부에 효과적으로 침투시키기 위해 사용하는 식물성 오일
㉯ 아로마테라피에 사용되는 캐리어 오일은 매우 다양하고 각각의 오일은 점도, 색상 및 효능이 다르기 때문에 사용 목적에 알맞은 캐리어 오일을 선택하는 것은 아로마 오일을 선택하는 것 못지않게 중요

② 캐리어 오일의 종류
㉮ 그레이프시드 : 유분이 적고 비타민, 미네랄 풍부, 지성피부에 좋음
㉯ 보라지 : 세포재생 효과가 좋음, 냉장 보관
㉰ 아몬드 : 가려움, 피부건조, 염증성 질환에 효과
㉱ 호호바 : 습진개선, 여드름 치료 등에 사용
㉲ 윗점 : 항산화 효과 (캐리어 오일에 10% 사용), 건성 피부나 알레르기성 피부에 효과적
㉳ 아보카도 : '숲의 버터'라고 알려져 있으며 다른 캐리어 오일과 달리 과육에서 오일을 추출. 건조하고 가려운 피부, 노화피부, 마른 습진에 효과가 있으며 점도가 강하므로 다른 캐리어 오일에 10~25% 희석하여 사용
㉴ 올리브 : 류머티즘, 모발관리, 피부진정 효과에 뛰어남
㉵ 카놀라 : 평지씨에서 추출한 오일로 리놀렌산이 많아 가볍고 침투력이 강해 부패와 악취를 막아줌. 불포화 상태이기 때문에 쉽게 상하므로 냉장 보관

(4) 아로마 오일의 사용

① 일반적인 사용
㉮ 아로마 오일은 식물성 오일(캐리어 오일)로 희석해서 사용하며, 캐리어 오일에 맥아오일을 10% 혼합시키면 오일 변질을 억제할 수 있음
㉯ 얼굴은 1~2%, 바디용은 2~3%로 희석하여 사용할 수 있음
㉰ 브랜딩한 아로마 오일은 반드시 갈색병에 담아 냉장고에 보관
㉱ 사용하기 1~2일 전에 브랜딩 해두면 에센셜 오일이 캐리어 오일과 충분히 섞여 더욱 효과적
㉲ 브랜딩한 오일은 6개월 정도 사용 가능

② 아로마 오일 사용 시 주의점
㉮ 희석해서 사용해야 하며, 희석되지 않은 상태에서는 두통, 메스꺼움, 불쾌감 등 나타날 수 있음. 단 라벤더와 티트리는 부분적으로 직접 사용할 수 있음
㉯ 패치테스트 실시한 후 사용하며, 눈 부위에 닿지 않도록 해야 함
㉰ 공기와 빛에 의해 분해되므로 갈색병에 담아 냉장고에 보관해야 함
㉱ 임산부, 간질, 고혈압 등의 질환이 있는 사람은 주의해서 사용해야 함

㉰ 3개월 미만 유아는 사용을 금하며 7세까지는 어른의 1/4, 16세까지는 1/2로 희석하여 사용해야 함
㉱ 짧게는 3주, 길게는 3개월 이상 같은 오일의 사용을 금지하거나 1주일 이상 휴지기를 가져야 함

(5) 주의해야 할 아로마 오일

항목	아로마 오일
임산부에게 사용을 피해야 하는 것	클라리세이지, 펜넬, 쟈스민, 주니퍼, 마죠람, 미르, 페퍼민트, 로즈, 로즈마리, 타임, 멜리사, 시더우드
고혈압 환자에게 피해야 하는 것	타임, 로즈마리
간질 환자에게 피해야 하는 것	로즈마리, 페퍼민트
자극 또는 알러지를 유발하는 것	티트리, 페퍼민트, 펜넬, 멜리사, 타임
일광 알러지를 유발할 수 있는 것	오렌지, 베르가못, 레몬, 그레이프 프루트

(6) 아로마오일의 사용방법

구분	사용방법
목욕법	따뜻한 욕조에 아로마 오일을 6~8방울 떨어뜨리고 깨끗이 씻은 몸을 20분 정도 담금
흡입법	초보자에게 적합한 방법으로 손수건, 티슈에 아로마 오일을 1~2방울 떨어뜨리고 심호흡을 한다. 라벤더 등 진정효과가 있는 아로마 오일을 티슈에 묻혀 베개 위에 두고 자면 숙면을 취할 수 있음
마사지법	아로마 오일을 호호바 오일 등에 1~3% 희석해서 전신을 부드럽게 마사지, 이때 심장에서 먼 곳부터 가볍게 마사지하는 것이 좋음
족욕법	차가운 물에 아로마 오일을 넣어 족욕을 하면 심신이 안정되며, 따뜻한 물일 때는 긴장을 완화, 대개 3~10방울의 에센셜 오일을 넣고 15분 정도 발을 담금
확산법	아로마 램프(증발접시), 스프레이 등을 이용하여 향기를 확산시켜 줌
습포법	물 1리터 정도에 아로마 오일 5~10방울을 떨어뜨리고 수건을 담그어 적신 후 피부에 붙인다. 더운 습포는 피부염 등에 좋고, 찬 습포는 통증, 부어오른 피부를 가라 앉히는데 효과적임

7 기능성 화장품

(1) 기능성 화장품의 구분

효능과 효과가 강조된 전문적인 기능을 갖는 제품으로 화장품과 의약부외품의 중간적인 성격으로 다음 세 가지가 있다.

① 미백 화장품
② 자외선 차단제품

③ 주름개선 및 노화억제 제품

(2) 미백 화장품

① **멜라닌 색소의 생성과정** : 기저층의 멜라닌세포에서 생성된 멜라닌 색소는 각질 형성세포에 전달되어지고 각화과정을 통해 각질층까지 도달함

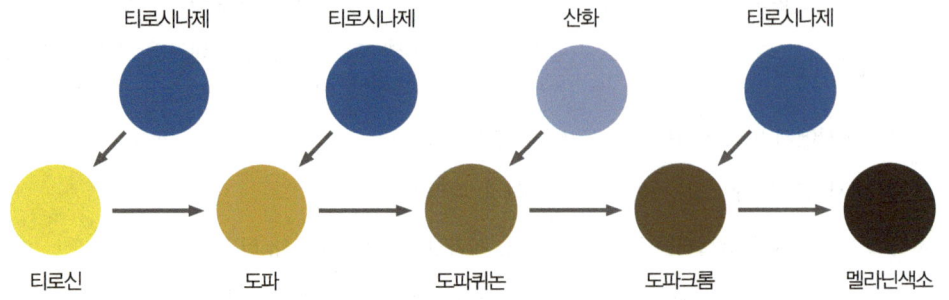

② **미백의 원리 및 성분**
㉮ 티로신의 산화를 촉매하는 티로시나아제의 작용을 억제하는 물질 : 알부틴, 코직산, 상백피 추출물, 닥나무추출물, 감초 추출물
㉯ 도파의 산화를 억제하는 물질 : 비타민 C
㉰ 각질 세포를 벗겨내서 멜라닌 색소를 제거하는 물질 : AHA
㉱ 멜라닌 세포 자체를 사멸시키는 물질 : 하이드로퀴논
㉲ 자외선을 차단하는 물질 : 자외선 차단제

(2) 자외선 차단제품

유해한 자외선의 침투를 막아 피부를 보호하기 위한 제품으로 자외선 산란제와 자외선 흡수제로 구성되어 있다.

① **자외선 산란제(물리적 차단제)**
㉮ 자외선을 산란, 반사시켜 피부내로 침투하지 못하도록 하는 것
㉯ 이산화티탄, 산화아연, 탈크, 카올린

② **자외선 흡수제(화학적 차단제)**
㉮ 자외선을 흡수하여 화학적인 방법으로 열과 진동으로 변환시켜 피부 침투를 막음
㉯ 옥틸디메틸 파바(octyl-dimethyl paba), 옥틸메톡시 신나메이트(Octyl-Methoxy cinnamate), 벤조페논(benzophenone), 캄퍼(campher), 파라아미노벤조산(para-aminobenzoic acid) 등

③ **자외선차단지수(SPF, Sun Protection Factor)**

$$SPF = \frac{\text{자외선 차단제품을 사용했을 때 홍반이 생기는 자외선 최소량}}{\text{자외선 차단제품을 사용하지 않았을 때 홍반이 생기는 자외선 최소량}}$$

$$= \frac{\text{자외선 차단제품을 사용했을 때 홍반이 생기는 시간}}{\text{자외선 차단제품을 사용하지 않았을 때 홍반이 생기는 시간}}$$

(3) 주름 예방 및 노화 방지 제품

① **주름 완화 성분**
  ㉮ AHA : 각질제거
  ㉯ 비타민 A(레티노이드) : 세포 생성을 촉진
② **보습 성분** : NMF(천연보습인자), 세라마이드, 무코다당류(히아루론산, 콘드로이친 황산)
③ **항산화제** : 비타민 C, 비타민 E

📖 **팩과 마스크**
- 핫 오일 마스크 팩 : 건성피부에 사용
- 머드 팩 : 카올린, 벤토나이트 성분이 있어 피지 제거에 사용
- 에그 팩 : 주름 완화
- 파라핀 팩 : 주름 완화
- 고무마스크 : 여드름 피부, 민감성 피부에 사용
- 콜라겐 벨벳 마스크 : 모든 피부에 사용 가능, 피부 탄력 증진, 주름 완화
- 석고 마스크 : 건성피부, 노화피부에 사용
- 왁스 마스크 : 주름 완화

Lesson 04 화장품 사용

1 화장품 분류 및 특징

(1) 화장품의 분류

① **사용 부위별 분류** : 피부에 사용하는 화장품과 두발에 사용하는 화장품으로 구분
  ㉮ 피부에 사용하는 화장품
    ㉠ 기초 화장품 : 피부를 청결히 하고 수분과 유분의 균형(Moisture balance)을 유지하며, 신진대사를 원활히 하여 피부 항상성(homeostasis) 기능을 유지
    ㉡ 메이크업 화장품 : 피부를 아름답게 가꾸고 외부 환경으로부터 보호 기능과 심리적인 만족감을 부여
    ㉢ 바디 화장품 : 몸에 대한 건강미를 실현
    ㉣ 방향 화장품 : 몸과 마음을 연결시켜 주는 향기의 예술 또는 액체의 보석이라 할 수 있음
  ㉯ 두발에 사용하는 화장품 : 두발을 청결히 하고 영양을 부여하여 두피 및 모발을 건강하게 유지시켜주는 화장품이다.

② **형상별 분류** : 기술적 특징에 따라 유화 제품, 가용화 제품, 분산 제품 등으로 구분
  ㉮ 에멀젼화(유화, emulsification)
    ㉠ 서로 섞이지 않는 두 액체 중에서 한 액체가 미세한 입자 형태로 다른 액체에 분산된 현상을 말하며, 이러한 상태의 혼합물을 에멀젼이라 한다.
    ㉡ 주로 유백색의 형상을 갖는 크림류, 로션류, 파운데이션 등이 이에 해당된다.
  ㉯ 가용화(solubilization)
    ㉠ 물에 대한 용해도가 아주 작은 물질을 가용화제(계면활성제, surfactant)가 물에 용해될 때 일정농도 이상에서 생성되는 미셀(micelle)을 이용하여 용해도 이상으로 용해시키는 기술을 말한다.
    ㉡ 가용화를 이용하여 만든 제품으로는 투명한 형상을 갖는 스킨로션, 에센스, 향수 등이 있다.
  ㉰ 분산(dispersion)
    ㉠ 넓은 의미로 어떤 분산매가 분산상에 퍼져있는 현상을 말하며, 좁은 의미로는 고체가 액체 속에 퍼져있는 현상만을 의미한다.
    ㉡ 메이크업 화장품은 안료를 여러 종류의 분산상에 분산시킨 제품이다.
③ **사용 목적별 분류** : 화장품의 사용 목적은 피부의 청결, 미화, 보호
  ㉮ 청정작용 : 피부 표면의 더러움이나 노폐물 등을 제거하여 청결히 하는 것
  ㉯ 미화작용 : 피부의 수분·유분이 균형을 이루어 아름답게 가꾸는 것
  ㉰ 보호작용 : 유해한 외부 환경으로부터 피부를 보호해 주는 기능

(2) 화장품의 부분별 분류 정의

구분	세부 분류	설명
페이셜케어	안티에이징 제품 (Anti aging)	• 안티에이징 효과를 목적으로 얼굴에 사용되는 모든 제품 • 일반적으로 비타민과 항산화제를 포함
	클렌징 티슈 (Cleansing wipes)	• 비누나 물을 사용하지 않고 얼굴에 한 화장품을 지울 수 있는 젖은 섬유 재질의 제품
	크림과 겔 (Cream & gel)	• 얼굴에만 사용되는 클린징 로션, 크림, 젤 • 액체형 비누나 피부과에서 잡티 제거 등의 목적으로 사용되는 의료용 클린징 제품은 제외
	각질 제거용 스크럽	• 피부 각질층의 죽은 피부세포를 제거하기 위한 입자를 포함하고 있는 제품들 • 얼굴에 사용되는 스크럽 제품만 포함하며, 피부 잡티나 의료 목적으로 사용되는 제품 등은 제외
	마스크팩	• 얼굴에 사용되는 딥클린징 크림과 겔로 몇 분 정도 얼굴에 바른 뒤에 제거함
	페이드 크림	• 불규칙한 피부 톤이나 홍조, 잡티 등을 줄이기 위해 사용되는 크림
	나이트 크림	• 잠자기 전에 바르면 효과가 있도록 만들어진 수분 공급용 크림

구분	세부 분류	설명
페이셜케어	모이스쳐 라이져	• 피부에 수분을 공급하고 보호해 주는 크림
	코팩	• 모공을 깨끗하게 하고 블랙헤드를 제거하기 위한 목적으로 얼굴에 붙였다 떼어내는 형태의 조각
	토너	• 클린징 후에 화장솜을 이용해 얼굴에 사용되는 화장수
선케어	애프터 선	• 태양광선에 노출 후에 피부에 집중적으로 수분을 공급해 주는 크림 • 크림, 스프레이, 로션, 밤 등의 다양한 형태가 있음
	셀프 텐	• 자연스럽게 피부를 태우거나 태양광에 피부를 노출시키지 않고, 태울 수 있도록 도움을 주는 제품들 • 태양으로부터 피부를 보호해 주는 역할도 포함
	선 프로텍션	• 선스크린, 선블록, 태양광에 노출되는 피부를 보호하기 위한 제품 • 자외선 차단 기능이 포함된 립 제품 포함 • 로션, 밤, 오일, 스프레이 형태 등으로 다양
바디케어	대중적 브랜드	• 대중적으로 사용되는 바디케어 크림, 로션, 밀크 • 안티 셀룰라이트, 풋 케어 제품들 포함
	프리미엄 브랜드	• 최고 수준의 화장품 전문점에서 일반적으로 구비해 놓고 있는 바디케어 크림, 로션, 밀크 • 안티 셀룰라이트, 풋 케어 제품들 포함 • 높은 가격과 최상류층 소비자를 위한 제품들
핸드케어	대중적 브랜드	• 대중적으로 사용되는 핸드케어 크림, 로션, 밀크
	프리미엄 브랜드	• 최고 수준의 화장품 전문점에서 일반적으로 구비해 놓고 있는 핸드케어 크림, 로션, 밀크 • 높은 가격과 최상류층 소비자를 위한 제품들
메이크업 리무버	아이 메이크업 리무버	• 눈화장을 지우기 위해 사용되는 클린징 크림, 겔, 액체
	페이스 메이크업	• 눈 화장을 비롯해 얼굴화장을 지우기 위해 사용되는 제품들 • 패드, 타올, 크림, 겔, 액체
	네일 리무버	• 네일 폴리쉬, 바니쉬, 래퀴 등을 지우기 위해 사용되는 모든 화학제품 • 액체, 패드, 스틱형 포함
제모제	–	• 가정에서 사용되는 모든 화학적 방법의 제모용 제품 • 면도기나 왁싱용 스트립은 제외 • 현재 우리나라 화장품 분류 기준에는 제모제는 화장품에 포함되지 않음

2. 화장품 활용

(1) 두피 화장품

두피 타입	특성	두피 화장품의 종류
정상 두피	• 모공이 깨끗한 상태 • 1개의 모공에 2~3개의 모발이 건강하게 자람 • 보습상태가 적절	• 각질 제거 제품 • 두피 트리트먼트 제품 • 두피 앰플 제품 • 헤어토닉
건성 두피	• 각질이나 비듬이 생김 • 건조하여 모발의 정전기 발생 • 염증이 생기고 가렵고 따가움 증상	
지성 두피	• 과다한 피지, 둔탁해 보임 • 모발이 끈적이고 힘없이 가라앉음 • 지루성 염증 발생, 비듬이 있고 가려움증 동반	
예민(민감성) 두피	• 표면에 홍반, 염증, 가느다란 실핏줄이 육안으로 확인됨 • 모발이 매우 가늘고 약한 자극에도 따갑거나 발열 현상 • 세균감염으로 인해 염증성 두피로 발전 가능	

(2) 몸매 화장품

분류	특성	몸매 화장품의 종류
세정제	전신의 이물질을 제거하여 청결 유지	바디 워시, 바디 스크럽 등
트리트먼트제	전신에 보습과 영양을 부여하는 기능	바디 로션, 바디 크림, 핸드 로션, 핸드 크림, 풋 로션, 풋 크림 등
일소방지제	자외선으로부터 피부를 보호하여 피부 거칠어짐 및 트러블을 방지하는 기능	선 스크린 크림, 선 스크린 겔, 선 스크린 리퀴드, 선탠 겔, 선탠 오일 등
방취용 화장품	땀 분비 억제 기능	데오도란트 로션, 데오도란트 스프레이, 데오도란트 파우더, 데오도란트 스틱 등

(3) 방향성 화장품

분류	방향성 화장품의 종류
부향률에 따른 분류	퍼퓸(Perfume), 오데퍼퓸(Eau de perfume), 오데토일렛(Eau de toilt), 오데코롱(Eau de cologne), 샤워코롱(Shower cologne)
발산 속도에 따른 분류	탑 노트(Top note), 미들 노트(Middle note), 베이스 노트(Base note)

분류	방향성 화장품의 종류
원료에 따른 분류	• 동물성 향료 : 머스크(사향 노루), 시베트(사향 고양이), 카스토리움(비버), 암바그리스(향유 고래) • 식물성 향료 : 식물의 꽃, 가지, 잎, 줄기, 나무껍질, 뿌리, 열매나 종자, 이끼류, 풀, 수액 등에서 얻음 • 합성 향료 : 천연 향료의 방향 성분과 같은 물질 • 조합 향료 : 천연 향료과 조합 향료를 목적에 맞게 적절히 혼합하여 만든 향료
향취 타입에 따른 분류	플로랄(Floral), 시트러스(Citrus), 그린(Green), 시프레(Chypre), 푸제아(Fougere), 오리엔탈(Oriental), 우디(Woody), 기타(후루티, 파우더리, 스파이시, 알데히딕)

(4) 화장품의 성분

① **보습제** : 콜라겐, 엘라스틴, 소듐 PCA, 우레아, 히아루론산, 레시틴, 세라마이드, 솔비톨, 글리세린 1.3 부틸렌 글리콜, 프로필렌 글리콜, 알로에, 콘드로이친 황산염

② **주름개선 노화피부** : 레티놀, 레티노이드, 레틴산, 토코페롤, 프로폴리스, 알란토인, SOD, 베타케로틴, 비타민, 코엔자인 Q10, 징코, 과일산

③ **민감성 피부** : 비타민 P, 비타민 K, 아줄렌, 위치하젤

④ **여드름 피부** : 캄퍼, 살리실산, 카오린, 머드, 무어, 벤토나이트

⑤ **미백기능성** : 코직산, 알부틴, 비타민 C, 감초, 하이드로퀴논, 닥나무 추출물

⑥ **자외선 산란제** : 이산화티탄(TiO_2), 산화아연(ZnO)

⑦ **자외선 흡수제** : 옥틸메톡시신나메이트, 벤조페논, 옥틸 디메칠파바, 옥틸 살리실레이트

⑧ **식물성 왁스** : 카르나우바 왁스(카르나우바 야자의 잎과 싹에 추출), 칸데릴라 왁스(칸데릴라 관목의 줄기에서 추출)

⑨ **동물성 왁스** : 밀랍(벌집에서 추출), 라놀린(양털에서 추출)

⑩ **알부틴** : 화학구조가 하이드로퀴논과 비슷하나 인체 무독성 미백제

출제 예상문제 CHECK POINT QUESTION

PART 01 | 피부미용 총론

CHAPTER 01 피부미용 개론

001 다음 중 피부미용의 정의로 틀린 것은?

① 인체의 기능을 정상적으로 유지시키는 과정을 말한다.
② 두발을 포함한 얼굴 및 전신을 아름답게 유지시키는 일을 말한다.
③ 손과 제품을 이용하여 피부의 생리기능을 높인다.
④ 다양한 학문이 접목된 과학적 지식을 바탕으로 한다.

🔍 두발은 피부미용의 영역이 아니다.

002 다음 설명 중 피부관리의 영역이 아닌 것은?

① 모발관리   ② 안면관리
③ 전신관리   ④ 비만 및 체형관리

🔍 모발관리는 미용사(일반)의 관리영역에 속한다.

003 다음 중 피부관리사의 관리영역이 아닌 것은?

① 제모   ② 눈썹정리
③ 발관리   ④ 점빼기

🔍 점빼기는 피부과에서 시행하는 시술로 피부관리사의 업무영역이 아니다.

004 피부미용을 일컫는 용어로 잘못 연결된 것은?

① 독일 – kosmetik
② 영국 – cosmetic
③ 프랑스 – esthetic
④ 미국 – skin care

🔍 프랑스에서는 Esthetique 라고 한다.

005 현행 공중위생법 제도 안에서 피부미용의 직무 범위는?

① 두발을 제외한 전신
② 발을 제외한 전신
③ 등을 제외한 전신
④ 복부를 제외한 전신

🔍 현행 공중위생관리법령상 피부미용의 직무 범위는 두발을 제외한 얼굴 및 전신이다.

006 우리나라 피부미용의 역사 중 피부보호제 겸 미백제로 면약이 사용되었던 시기는?

① 상고시대
② 삼국시대
③ 고려시대
④ 조선시대

🔍 고려시대에는 액상타입의 안면용 화장품인 면약이 사용되었다.

007 피부미용과 관련하여 우리나라의 시대별 사실이 잘못 설명된 것은?

① 1915년 : 우리나라 최초의 화장품인 박가분이 제조되었다.
② 1920년대 : 연부액이라는 미백로션이 제조되었다.
③ 1960년대 : 글리세린과 유동파라핀을 원료로 한 화장품이 제조되었다.
④ 1980년대 : 바이오화장품, 노화억제화장품, 민감성화장품 등이 개발되었다.

🔍 글리세린과 유동파라핀을 이용하여 화장품이 제조되던 시기는 1950년대이다.

정답 001 ② 002 ① 003 ④ 004 ③ 005 ① 006 ③ 007 ③

008 서양피부미용의 역사 중 고대 미용의 발상지는?

① 그리스
② 이집트
③ 르네상스
④ 로마

🔍 이집트 제1왕조의 묘에서 지방에 향을 넣은 고대화장품이 발견되어 역사적으로 가장 오래된 화장관련 유물로 알려져 있다.

009 서양피부미용의 역사 중 바르게 연결되지 않은 것은?

① 이집트시대 : 향유가 발달하였으며, 미용유의 제조에 대한 기록이 있다.
② 로마시대 : 스팀미용법과 한증 목욕을 생활화 했다.
③ 중세 : 기독교의 금욕주의로 신체를 가꾸는 일이 제한되고 금지되었다.
④ 르네상스 시대 : 비누, 로션, 크림 등의 사용이 보편화되었다.

🔍 비누의 사용이 보편화되고 크림이나 로션이 일반화된 것은 19세기에 들어오면서부터이다.

010 벌레나 햇빛으로부터 피부를 보호하기 위해 향유를 즐겨 발랐던 시대는?

① 그리스   ② 바로크
③ 이집트   ④ 로마

🔍 향유는 기름과 향수를 혼합하여 만드는 것으로 이집트 시대에는 미이라 보존을 위해 향유나 방부제를 사용하였으며, 벌레나 햇빛으로부터 피부를 보호하기 위해서도 사용하였다.

011 식이요법, 마사지, 운동, 목욕 등의 조화로 건강한 아름다움을 만들 수 있다고 주장한 그리스의 의사는?

① 히포크라테스
② 갈렌
③ 훗페란트
④ 포파이어

🔍 그리스인들은 건강한 신체에 건강한 정신이 깃든다고 믿어 건강한 신체를 추구하였으며, 의학의 아버지라 불리는 히포크라테스도 피부에 많은 관심을 기울여 현대미용에 기여한 바가 크다.

012 우리나라에 정식으로 피부미용이 직업으로 도입되던 시기는?

① 1980년
② 1981년
③ 1982년
④ 1983년

🔍 1981년 처음으로 피부관리사란 명칭으로 YWCA에서 전문교육이 실시되어 직업으로 자리잡게 되었다.

013 우리나라에서 피부미용 교육을 처음으로 시작한 곳은?

① YWCA
② 전문대학
③ 미용학원
④ YMCA

🔍 피부미용 교육은 1981년 YWCA에서 처음 시작되었다.

014 일반적인 피부미용실의 작업장 조도는 몇 룩스(lux) 이상을 유지하여야 하는가

① 25
② 45
③ 75
④ 150

🔍 피부미용실 작업장의 조도는 75룩스(lux) 이상을 유지해야 한다.

015 피부미용관리사의 용모 및 위생관리에 관한 내용으로 틀린 것은?

① 예의 바른 언행으로 작업장 근무수칙을 준수한다.
② 관리 전후 수시로 손을 씻어서 청결하게 유지하여야 한다.
③ 두발 및 손톱 등 단정한 용모로 서비스를 제공한다.
④ 직업의 특성상 관리 중 화려한 복장과 다양한 장신구 착용이 허용된다.

🔍 관리 중 목걸이, 반지와 팔찌 등의 장신구를 착용하지 않는다.

정답 008 ② 009 ④ 010 ③ 011 ① 012 ② 013 ① 014 ③ 015 ④

CHAPTER 02 피부의 이해

016 피부구조에 대한 설명으로 옳은 것은?

① 피부의 구조는 표피, 진피, 피하조직의 3층으로 구분된다.
② 피부의 구조는 각질층, 투명층, 과립층의 3층으로 구분된다.
③ 피부의 구조는 한선, 피지선, 유선의 3층으로 구분된다.
④ 피부의 구조는 결합섬유, 탄력섬유, 평활근의 3층으로 구분된다.

> 피부는 가장 바깥쪽으로부터 표피, 진피, 피하조직의 3층으로 구분되며, 표피는 각질층, 투명층, 과립층, 유극층, 기저층의 5층으로 구분된다.

017 다음 중 표피의 가장 아래층에서 바깥층까지 순서가 올바른 것은 무엇인가?

① 기저층 → 투명층 → 유극층 → 과립층 → 각질층
② 기저층 → 유극층 → 과립층 → 투명층 → 각질층
③ 각질층 → 투명층 → 과립층 → 유극층 → 기저층
④ 기저층 → 유극층 → 투명층 → 과립층 → 각질층

> 표피의 가장 아래층에는 기저층이 있고 그 위에 유극층, 과립층, 투명층, 각질층 순으로 존재한다.

018 다음은 표피층을 크게 나눈 것이다. 표피층과 관계가 없는 것은?

① 망상층
② 투명층
③ 유극층
④ 각질층

> • 표피 : 각질층, 투명층, 과립층, 유극층, 기저층
> • 진피 : 유두층, 망상층

019 다음 중 각질 형성 세포의 세포 분열이 일어나는 곳은 어디인가?

① 각질층
② 과립층
③ 유극층
④ 기저층

> 표피의 기저층에 각질 형성 세포, 멜라닌 세포, 머켈 세포가 존재하며, 세포 분열이 일어난다.

020 표피 중에서 손바닥, 발바닥에만 존재하는 층은?

① 각질층
② 투명층
③ 유극층
④ 기저층

> 투명층은 각질층과 과립층 사이에 존재하는 층으로 손바닥과 발바닥에만 존재하며, 세포질 속에 엘라이딘(Eleidin)이라는 반유동 지방성분이 함유되어 있어 투명하게 보이고 빛과 수분을 차단하는 역할을 한다.

021 진피의 설명으로 틀린 것은?

① 방어막이 존재하여 외부의 물리적인 압력으로부터 피부를 보호한다.
② 표피의 수배가 되는 두께를 가지고 있다.
③ 피부의 대부분은 진피로 이루어진다.
④ 수분을 비롯하여 단백질, 당질, 무기염류 등이 젤리 상태로 되어 있다.

> 보기 ①항은 표피에 대한 설명이다.

022 피부 표피의 면역반응에 관여하는 세포는 무엇인가?

① 비만 세포
② 섬유아 세포
③ 머켈 세포
④ 랑게르한스 세포

> 비만 세포, 섬유아 세포는 진피에 존재하는 세포이며, 머켈 세포는 표피의 촉각을 감지하는 세포이다.

정답 016 ① 017 ② 018 ① 019 ④ 020 ② 021 ① 022 ④

023 다음 중 피지선이 전혀 없는 곳은?

① 입술
② 이마
③ 코주위
④ 손바닥

> 피지선은 손바닥, 발바닥을 제외한 신체의 대부분에 분포되어 있다.

024 피하조직에 대한 설명 중 틀린 것은?

① 피부의 가장 아래층이다.
② 내부나 외부의 압력에 대처하는 능력을 가지고 있다.
③ 피부의 주체를 이루는 층으로 표피와 경계를 이룬다.
④ 열전도체의 역할을 하여 체열 유지에 도움을 준다.

> 표피와 경계를 이루고 있는 것은 진피로 유두층, 망상층으로 구분되어 있으며 피부 전체의 90% 이상을 차지하고 있는 실질적인 피부이다.

025 자외선에 의해 피부에서 형성되어지는 영양소는 무엇인가?

① 비타민 A
② 비타민 D
③ 비타민 E
④ 비타민 K

> 프로비타민 D는 비타민 D의 전구물질로 자외선 조사에 의해 비타민 D로 바뀐다.

026 피부의 색을 결정하는 요소가 아닌 것은?

① 카로틴
② 멜라닌 색소
③ 지방
④ 백혈구의 양

> 피부의 색을 결정하는 요소는 멜라닌 색소의 양과 분포, 헤모글로빈, 카로틴 색소의 양, 피부의 두께, 지방의 양, 혈류량 등에 영향을 받는다.

027 멜라닌 색소를 증가시키는 요인이 아닌 것은?

① 얼굴의 형태
② 임신
③ 스트레스
④ 자외선

> 멜라닌 색소의 증가와 관련하여 임신, 스트레스, 내분비계 실조와 자외선이 영향인자로 작용한다.

028 멜라닌 색소에 대한 설명으로 틀린 것은?

① 기저층에서 생성되어진다.
② 멜라닌 세포의 수가 피부색을 결정한다.
③ 자외선을 흡수하여 피부를 보호해 준다.
④ 각질과 함께 떨어진다.

> 티로시나아제의 활성도에 따라 생성되는 멜라닌 색소의 크기, 양, 합성 정도에 따라 피부색이 결정된다. 즉, 멜라닌 세포의 수가 피부색을 결정하는 것은 아니다.

029 피부에서 선글라스(sunglasses)와 같은 역할을 하는 것은?

① 과립층
② 투명층
③ 멜라닌
④ 각질층

> 멜라닌은 자외선을 흡수하거나 산란시켜 자외선으로부터 피부를 보호하는 작용을 한다.

030 정상적인 피부에서 각질층의 수분 함유량은 얼마인가?

① 5~10%
② 10~20%
③ 20~30%
④ 30% 이상

> 각질층에는 천연보습인자가 있어 10~20%의 수분을 함유하고 있으며, 10% 이하가 되면 건조하여 피부가 거칠어진다.

031 피부의 피지막은 보통 상태에서 어떤 유화상태로 존재하는가?

① W/S 유화
② S/W 유화
③ W/O 유화
④ O/W 유화

> 피지막은 W/O 유화형태로 피부의 수분증발을 막아준다.

정답 023 ④ 024 ③ 025 ② 026 ④ 027 ① 028 ② 029 ③ 030 ② 031 ③

032 피부 피지막에 대한 설명 중 잘못된 것은?

① 보통 알칼리성을 나타내고 독물을 중화시킨다.
② 땀과 피지가 섞여서 합쳐진 막이다.
③ 세균 또는 백선균이 죽거나 발육이 억제당한다.
④ 피지막 형성은 피부상태에 따라 그 정도가 다르다.

🔍 피지막은 산성으로 박테리아 등 세균으로부터 피부를 보호한다.

033 일반적으로 피부의 각화주기는 얼마인가?

① 7일
② 14일
③ 28일
④ 60일

🔍 피부의 각화주기는 일반적으로 28일이며, 14일은 세포가 재생되는 과정, 14일은 퇴화가 되는 과정이다.

034 피지선의 활동을 왕성하게 해주는 호르몬은 무엇인가?

① 안드로겐
② 에스트로겐
③ 갑상선호르몬
④ 성장호르몬

🔍 남성호르몬인 안드로겐의 영향으로 피지분비가 증가하며, 에스트로겐은 피지분비를 억제한다.

035 피부의 체온 조절 작용에 대한 설명으로 틀린 것은?

① 천연 피지막이 체온 발산을 막음
② 모세혈관의 수축에 의해 체온을 발산함
③ 한선에서 땀의 분비하여 체온을 발산함
④ 체온이 저하되면 기모근이 수축함

🔍 모세혈관의 수축에 의해 체온 저하를 막고, 확장에 의해 체온을 발산한다.

036 각화과정에 대한 설명으로 알맞지 않은 것은 무엇인가?

① 각질형성세포의 수명은 약 28일이다.
② 노화된 피부에서는 각질층이 떨어지는 시간이 더 짧게 걸린다.
③ 표피의 세포는 기저층에서 형성된다.
④ 각질층으로 올라오면서 표피세포가 딱딱한 각질로 바뀌게 된다.

🔍 노화된 피부는 각화과정이 길어져 잔주름과 피부 거칠어짐의 원인이 된다.

037 다음 중 가장 이상적인 피부의 pH 범위는?

① pH 0.1~2.5
② pH 6.5~8.5
③ pH 2.5~4.5
④ pH 4.5~6.5

🔍 피부는 pH 4.5~6.5의 약산성의 특성을 가지고 있어 미생물의 증식억제, 감염, 자극 등으로부터 피부를 보호한다.

038 피부에 존재하는 감각기관 중 가장 많이 분포하는 것은?

① 통각점
② 온각점
③ 냉각점
④ 촉각점

🔍 피부 1cm²에는 통각점이 200여개, 촉각점이 25개, 냉각점이 12개, 온각점이 2개 정도가 존재한다.

039 피부에서 피지가 하는 작용과 관계가 가장 먼 것은?

① 수분 증발 억제
② 살균 작용
③ 열발산 방지 작용
④ 유화 작용

🔍 피지는 피부에 피지막을 형성하여 피부를 보호하고, 촉촉함과 윤기를 주며, 세균성장을 억제하는 역할을 한다.

정답 032 ① 033 ③ 034 ① 035 ② 036 ② 037 ④ 038 ① 039 ③

040 피부에서 땀과 함께 분비되는 천연 자외선 흡수제는?

① 글리콜산
② 글루탐산
③ 우로칸산
④ 레틴산

🔍 우로칸산은 자외선의 흡수작용을 통해 피부를 자외선으로부터 보호하는 작용을 한다.

041 레인방어막 아랫부분의 산도와 수분량은?

① 약산성, 78~80%의 수분량
② 약산성, 10~20%의 수분량
③ 약알칼리성, 70~80%의 수분량
④ 약알칼리성, 10~20%의 수분량

🔍 레인방어막의 윗부분은 약산성의 10~20% 정도의 수분을 함유하며, 아랫부분은 약알칼리성으로 70~80% 정도의 수분량을 함유하고 있다.

042 정상 피부의 특징이 아닌 것은?

① 모공이 크고 탄력이 좋다.
② 색소침착이 없고 혈색이 맑다.
③ 주름이 없고 부드럽다.
④ 수분과 유분의 분비량이 적당히 유지된다.

🔍 정상 피부는 모공이 크지 않고 적당하며, 지성 피부일수록 유분의 분비가 많아 모공이 커진다.

043 다음의 중성피부에 대한 설명으로 옳은 것은?

① 화장이 오래가지 않고 쉽게 지워진다.
② 계절이나 연령에 따른 변화가 전혀 없이 항상 중성상태를 유지한다.
③ 외적인 요인에 의해 건성이나 지성쪽으로 되기 쉽기 때문에 항상 꾸준한 손질을 해야 한다.
④ 자연적으로 유분과 수분의 분비가 적당하므로 다른 손질은 하지 않아도 된다.

🔍 중성피부는 유수분의 밸런스가 가장 정상적인 상태의 피부로 입자가 곱고 섬세하며 탄력성과 혈색이 좋고, 피부가 촉촉하나 계절이나 건강에 따라 약건성이나 약지성 피부로 변화하기 쉬우므로 꾸준한 손질이 필요하다.

044 피부가 손상되기 쉬우며 유·수분 부족으로 인하여 노화가 빠르게 이루어지는 피부는?

① 중성 피부
② 건성 피부
③ 지성 피부
④ 여드름 피부

🔍 건성 피부는 피부의 노화현상이 급속하게 진행되어 잔주름이 많이 나타나는 피부 유형으로 적절한 보습 화장품으로 피부 보습을 지속적으로 해주면 정상상태를 유지 할 수 있다.

045 수분 부족으로 인한 건성피부의 알맞은 관리법은?

① 유분이 많은 화장품을 사용한다.
② 알칼리 비누를 사용한다.
③ 잦은 세안을 한다.
④ 수분을 충분히 공급해 준다.

🔍 잦은 세안과 알칼리 비누를 사용하면 피부가 더 건조해진다.

046 지성피부의 특징이 아닌 것은?

① 여드름 피부가 될 수 있다.
② 각질층이 얇다.
③ 모공이 넓다.
④ 피부에 윤기가 있다.

🔍 지성 피부는 각질층의 두께가 두껍고 피부가 거칠며 모공이 넓다.

047 민감성 피부의 특징으로 틀린 것은?

① 외부 자극에 민감하게 반응한다.
② 심리적인 면과 연관 있다.
③ 피부가 두껍다.
④ 심해지면 모세혈관이 확장된다.

🔍 민감성 피부의 경우 피부가 얇고 심해지면 알레르기를 동반할 수 있다.

정답 040 ③ 041 ③ 042 ① 043 ③ 044 ② 045 ④ 046 ② 047 ③

048 피부의 3대 유해 요인이 아닌 것은?

① 수분
② 자외선
③ 건조
④ 산화

🔍 자외선, 건조, 산화를 피부의 3대 유해 요인이라 하며, 이들은 외부적인 요소이기 때문에 적절한 피부 관리를 통해 그 유해함을 최소화할 수 있다.

049 노화 이론으로 알맞지 않은 것은?

① 유리기 생성
② 가교의 증가
③ 에스트로겐의 과다 분비
④ 자가 면역설

🔍 에스트로겐의 결핍으로 노화가 촉진되며, 그 외 노화 이론으로 체세포 돌연변이설, DNA 오류설, DNA 프로그램설, 섬유화설 등이 있다. 참고로 유리기는 자유기, 프리라디칼과 같은 용어이다.

050 나이가 들어가면서 자연적으로 발생되는 피부노화는?

① 자외선 노화
② 광노화
③ 내인성 노화
④ 환경 노화

🔍 피부의 노화는 나이가 들어가면서 자연적으로 발생되는 내인성 노화와 태양광선 및 외부환경으로 인해 발생되는 광노화가 있다.

051 광노화와 내인성 노화(자연노화)의 피부 두께 변화를 바르게 연결한 것은?

① 광노화 - 두꺼워짐, 자연노화 - 얇아짐
② 광노화 - 두꺼워짐, 자연노화 - 두꺼워짐
③ 광노화 - 얇아짐, 자연노화 - 얇아짐
④ 광노화 - 얇아짐, 자연노화 - 두꺼워짐

🔍 광노화는 피부가 두꺼워지고 탄력섬유가 증가하는 반면, 자연노화는 피부가 얇아지는 특징이 있다.

052 다음 중 영양소의 3대 작용이 아닌 것은?

① 에너지 공급원
② 신체의 조직 형성
③ 생리기능 조절
④ 질병 치료

🔍 균형 잡힌 영양소의 섭취를 통해 질병을 예방할 수는 있지만 질병 치료는 해당되지 않는다.

053 다음 중 수용성 비타민은?

① 비타민 A
② 비타민 B
③ 비타민 D
④ 비타민 E

🔍 지용성 비타민에는 비타민 A, D, E, K가 있고, 수용성 비타민에는 비타민 B군, C 등이 있다.

054 비타민의 결핍 현상으로 잘못 연결된 것은?

① 비타민 A - 야맹증
② 비타민 B - 각기병
③ 비타민 D - 구루병
④ 비타민 E - 괴혈병

🔍 • 비타민 C : 괴혈병
• 비타민 E : 용혈성 빈혈

055 다음 중 무기질에 대한 설명으로 틀린 것은?

① 체조직의 구성성분이다.
② 수분과 산·염기의 평형 조절에 관여한다.
③ 에너지 공급원으로 사용된다.
④ 보조효소로써 작용한다.

🔍 에너지 공급원으로 사용되는 것은 3대 영양소인 탄수화물, 단백질, 지방이다.

056 태양광선 중에서 살균이나 소독 효과가 뛰어난 파장은 무엇인가?

① 적외선
② 가시광선
③ 자외선 A
④ 자외선 C

🔍 적외선은 열을 이용하여 지방 연화, 통증 치료 등에 이용하며, 가시광선을 빛을 나타내며 자외선 A는 장파장으로 색소침착을 일으키고, 자외선 C는 살균, 소독 효과가 뛰어나지만 피부암을 유발할 수 있다.

정답 048 ① 049 ③ 050 ③ 051 ① 052 ④ 053 ② 054 ④ 055 ③ 056 ④

057 살이 찔 때는 쉽게 찌고 빠지기는 힘든 현상으로 급작스럽게 살을 빼고자 할 때 나타나는 현상은?

① 이명현상　　② 요요현상
③ 훈현현상　　④ 산독증

> 요요현상 : 체중의 감량을 위해 최소의 음식만을 섭취하게 되면 신체가 비상사태에 돌입하여 최저의 에너지 체계만 가동이 되고 조금만 식사량을 늘려도 여분의 에너지를 체지방 합성에 사용하여 체중의 증가를 초래한다.

058 태양의 자외선에 의해 피부에서 만들어지며 칼슘과 인의 흡수를 촉진하는 기능이 있어 골다공증의 예방에 효과적인 것은?

① 비타민 K　　② 비타민 P
③ 비타민 D　　④ 비타민 E

> 피부 내의 프로비타민 D는 자외선을 받으면 비타민 D로 활성화되어 뼈와 치아의 구성에 영향을 미친다.

059 색소침착 피부의 원인과 관계가 먼 것은?

① 자외선　　② 임신
③ 스트레스　　④ 콜라겐 생성저하

> 멜라닌 생성 원인
> • 자외선
> • 스트레스
> • 임신 등의 호르몬 변화
> • 유전적 요인
> • 식품, 의약품 등

060 피부의 색소인 멜라닌은 어떤 아미노산으로부터 합성되는가?

① 티로신　　② 글리신
③ 알라닌　　④ 글루탐산

> 티로신이 티로시나제에 의해 산화되어 도파, 도파퀴논, 도파크롬의 과정을 거쳐 멜라닌이 생성된다.

061 다음 중 멜라닌 생성 저해 물질인 것은?

① 콜라겐　　② 비타민 C
③ 티로시나제　　④ 엘라스틴

> 비타민 C는 티로시나제의 합성을 저해하여 도파퀴논을 도파로 환원하는 작용을 통해 피부의 색소침착을 억제시킨다.

062 색소침착의 관리에 사용되는 활성성분에 대한 성명으로 틀린 것은?

① 하이드로퀴논은 표백크림에 사용되며 알레르기를 유발할 수 있다.
② 비타민 C 및 유도체는 미백용 및 항산화제로 사용된다.
③ 코직산은 누룩곰팡이 발효액으로부터 얻어지며 티로시나아제의 활성을 보조한다.
④ 알부틴은 월귤나무 등에서 추출하며 미백작용이 우수하다.

> 코직산은 누룩곰팡이 발효액으로부터 얻어지며 티로시나아제의 활성을 억제함으로써 색소침착의 관리에 사용된다.

063 피부의 면역에 관한 설명으로 맞는 것은?

① 세포성 면역에는 보체, 항체 등이 있다.
② T 림프구는 항원전달세포에 해당한다.
③ B 림프구는 면역글로불린이라고 불리는 항체를 생성한다.
④ 표피에 존재하는 각질형성세포는 면역조절에 작용하지 않는다.

> 3차 방어계
> • B 림프구 : 골수에서 생성, 간접적으로 항원을 공격하는 체액성 면역(면역글로불린 항체 생성)
> • T 림프구 : 흉선에서 유래, 직접적으로 항원을 공격하는 세포성 면역

064 백신의 예방접종으로 형성되는 면역은?

① 인공능동면역
② 자연수동면역
③ 인공수동면역
④ 자연능동면역

> • 인공능동면역 : 예방접종에 의해 얻어지는 면역
> • 자연능동면역 : 질병감염 후 얻은 면역
> • 인공수동면역 : 동물면역혈청 및 성인혈청 등의 인공제를 접종하여 얻어지는 면역
> • 자연수동면역 : 모체로부터 얻은 면역

정답 057 ② 058 ③ 059 ④ 060 ① 061 ② 062 ③ 063 ③ 064 ①

065 피부에 나타나는 증상 중 원발진이 아닌 것은?
① 반
② 결절
③ 인설
④ 팽진

> 원발진은 피부질환의 초기 상태로 반, 홍반, 자반, 구진, 결절, 종양, 소수포, 수포, 농포, 팽진 등이 있다.

066 피부에 나타나는 증상 중 속발진이 아닌 것은?
① 홍반
② 미란
③ 가피
④ 균열

> 속발진은 원발진이 계속적으로 진행되거나 회복, 외상 및 외적 요인에 의해 변화된 상태의 병변으로 미란, 짓무름, 찰상, 궤양, 인설, 딱지, 가피, 균열, 흉터 등이 있다.

067 피부, 모발, 눈 등에 멜라닌 색소가 결핍되어 나타나는 선천성 질환은 무엇인가?
① 기미
② 흑자
③ 백반증
④ 백색증

> 멜라닌 색소 결핍증 중에서 백색증은 선천성 질환으로 티로시나아제의 불량 등으로 멜라닌 색소를 만들어내지 못해 생기며, 백반증은 후천적으로 멜라닌 색소가 어떤 이유에 의해 파괴되어 그 숫자가 감소되거나 소실됨으로써 발생하는 질환이다.

068 다음 중 공기의 산화와 관계있는 것은?
① 검은 면포
② 구진
③ 흰 면포
④ 팽진

> 검은 면포란 개방면포 또는 블랙헤드라 불리며 피지가 공기와 접촉하여 산화되면서 검게 변한 상태를 말한다.

069 바이러스균에 의하여 발병되는 피부의 질병은?
① 여드름
② 기미
③ 모세혈관확장증
④ 헤르페스

> 헤르페스는 단순포진과 대상포진이 있으며, 단순포진은 입술 등에 생기는 수포성 질환으로 흉터없이 치유가 되며, 대상포진은 신경분포를 따라 심한 통증이 선행되면서 홍반 후 수포성병변이 나타난다.

070 다음 중 진균성 피부질환이 아닌 것은?
① 수두
② 족부 백선
③ 완선
④ 칸디다증

> 수두는 바이러스성 질환으로 기도를 통해 감염된다.

071 피부진균에 의하여 발생하며 습한 곳에서 발생빈도가 가장 높은 것은?
① 모낭염
② 족부백선
③ 봉소염
④ 티눈

> 족부백선은 진균성 질환의 하나로 지간형, 소수포형, 각화형으로 구분되며 주로 습한 곳에서 발생빈도가 크다.

072 직경 1~2mm의 둥근 백색 구진으로 안면(특히 눈 하부)에 호발하는 것은?
① 비립종
② 피지선 모반
③ 한관종
④ 표피낭종

> 비립종과 한관종
> • 비립종 : 주로 눈 주위와 뺨에 직경 1~2mm의 작은 흰점 같은 알갱이가 들어있는 병변
> • 한관종 : 주로 사춘기 이후의 여성에게 발생하여 나이가 들수록 점점 많아지는 일종의 양성종양으로 좁쌀 크기에서 쌀알 크기만큼의 살색이나 황색을 띠는 다소 딱딱한 구진의 형태미

073 자각증상으로서 피부를 긁거나 문지르고 싶은 충동에 의한 가려움증은?
① 소양감
② 작열감
③ 촉감
④ 의주감

> • 소양감 : 피부를 긁거나 문지르고 싶은 충동을 일으키는 불쾌한 감각
> • 작열감 : 타는 듯한 느낌
> • 의주감 : 벌레가 기어다니는 듯한 느낌

정답 065 ③ 066 ① 067 ④ 068 ① 069 ④ 070 ① 071 ② 072 ① 073 ①

074 병적 원인에 의한 탈모증에 해당하지 않는 것은?

① 지루성 탈모증　② 약물중독 탈모증
③ 산후 탈모증　　④ 열병후 탈모증

🔍 산후 탈모증은 임신 중 여성호르몬의 분비로 인하여 빠지지 않았던 휴지기 모발이 산후에 한꺼번에 빠지는 현상으로 병적 원인과는 무관하다.

075 자각증상 없이 원형 혹은 타원형의 형태로 탈모가 일어나는 탈모 유형은?

① 백모증　　　② 무모증
③ 원형 탈모증　④ 견인성 탈모증

🔍 원형 탈모증은 자가면역질환으로 정신적 스트레스가 중요 원인으로 작용한다.

CHAPTER 03 몸매관리

076 인체 구성의 가장 최소단위는?

① 세포의 핵　② 세포
③ 조직　　　④ 기관

🔍 세포(Cell) - 조직(Tissue) - 기관(Organ) - 계(System) - 체(Body)

077 세포막의 구성성분은?

① 단백질과 수분　② 단백질과 지질
③ 지질과 수분　　④ 당질과 수분

🔍 세포막
• 세포 내외의 영양물질과 산소 및 노폐물 등을 선택적으로 투과시킨다.
• 막의 두께가 75~100Å으로 외층과 내층은 단백질, 중간층은 지질로 이루어져 있다.
• 항상성을 유지할 수 있도록 내부환경을 조절한다.

078 세포의 핵에 함유된 물질로 세포 증식의 중심이 되는 것은?

① 세포막　② 중심소체
③ 핵막　　④ DNA

🔍 DNA는 유전자라고 하며 자기복제가 가능하여 유전정보를 다음 세대에 전달한다.

079 세포 내 에너지 생산 공장으로 세포의 호흡에 관여하는 것은?

① 핵　　　② 미토콘드리아
③ 세포막　④ 원형질

🔍 미토콘드리아는 세포의 호흡생리를 담당하고 이화작용·동화작용에 의해 ATP라는 에너지원을 발생시키는 세로 내 발전소의 기능을 하는 기관이다.

080 세포 내외의 영양물질과 산소 및 노폐물 등을 선택적으로 투과시키는 것은?

① 핵
② 세포질
③ 세포막
④ 세포소기관

🔍 세포막은 세포 내외의 영양물질과 산소 및 노폐물 등을 선택적으로 투과시킨다.

081 인체를 구성하는 기본 조직이 아닌 것은?

① 신경조직　② 상피조직
③ 골조직　　④ 결합조직

🔍 인체를 구성하는 기본조직 : 상피조직, 근육조직, 신경조직, 결합조직

082 인체의 구조물을 결합시키고 지지하고 보호해 주는 조직은?

① 상피조직　② 근육조직
③ 결합조직　④ 신경조직

🔍
• 상피조직 : 외부환경으로부터의 보호작용, 물질의 분비 및 흡수, 배설에 관여
• 근육조직 : 골격을 움직이고, 혈액순환, 음식물의 이동 등의 역할
• 결합조직 : 체내의 구조물들을 결합하고 지지
• 신경조직 : 부위에서 부위로의 정보를 전기신호의 형태로 전달

정답 074 ③　075 ③　076 ②　077 ②　078 ④　079 ②　080 ③　081 ③　082 ③

083 다음 중 피부의 상피조직에 속하지 않는 것은?

① 편평상피
② 원주상피
③ 탄성상피
④ 중층(다층)상피

🔍 상피조직은 편평상피(단층편평상피, 중층편평상피), 입방상피, 원주상피, 이행상피로 나눈다.

084 다음 중 근원섬유를 구성하는 단백질 종류가 아닌 것은?

① 마이오신
② 액틴
③ 트로포닌
④ 메티오닌

🔍 근원섬유는 마이오신, 액틴, 트로포마이오신, 트로포닌을 함유한 근미세사로 이루어져 있다.

085 근육을 크게 분류할 때에 해당되지 않는 것은?

① 골격근
② 늑간근
③ 심장근
④ 내장근

🔍 근육은 위치에 따라 골격근, 심장근, 내장근으로 분류한다.

086 불수의근의 운동을 조절하는 것은?

① 대뇌
② 소뇌
③ 자율신경계
④ 연수

🔍 수의근은 운동은 소뇌가 조절하며, 불수의근은 자율신경계의 지배를 받는다.

087 다음 중 골격계의 기능에 해당되지 않는 것은?

① 운동, 감각 활동에 관여한다.
② 인체를 지지하고 뇌와 내장을 보호한다.
③ 골수에서 조혈작용을 한다.
④ 칼슘 및 인산염 대사에 관여한다.

🔍 골격계의 기능 : 지지기능, 보호기능, 운동기능, 조혈기능, 저장기능

088 인체의 하지에 있는 골격이 아닌 것은?

① 슬개골
② 대퇴골
③ 중족골
④ 견갑골

🔍 견갑골은 흉곽의 뒤쪽 위에 있는 세모꼴의 뼈다.

089 미소를 지을 때 수축하는 근육은?

① 전두근
② 추미근
③ 대소관골근
④ 하순하제근

🔍 대소관골근은 구각을 위로 당겨 웃는 표정을 만든다.

090 눈을 감을 때 수축하는 안면근은?

① 안륜근
② 구륜근
③ 비근
④ 협근

🔍 안륜근은 눈을 감거나 깜박일 때 이용된다.

091 목을 넓게 둘러싸고 가장 표면에 위치하고 있으며 목의 상하 운동을 주도하는 근육은?

① 광경근
② 봉공근
③ 흉쇄유돌근
④ 승모근

🔍 광경근은 목의 전면과 외측면에 있는 얇은 1쌍의 근육을 칭하며, 내측에는 흉쇄유돌근이 있다.

092 뉴런(Neuron)의 정의는?

① 신경총
② 신경세포가 서로 만나서 형성되는 특수한 부위
③ 신경의 기본단위
④ 외부자극을 수용하는 부위

🔍 뉴런(신경원)은 신경의 최소단위를 말하며 핵과 세포체, 수상돌기, 축삭으로 이루어져 있다.

정답 083 ③ 084 ④ 085 ② 086 ③ 087 ① 088 ④ 089 ③ 090 ① 091 ① 092 ③

093 두피와 안면의 감각신경, 저작근과 관련 있는 제 5신경은?

① 동안신경　　② 활차신경
③ 삼차신경　　④ 안면신경

🔍 삼차신경은 제 5뇌신경으로 감각신경과 운동신경이 혼합된 것으로 뇌신경 중 가장 크며, 피부미용과 관련이 많은 신경이다.

094 다음 중 혈액의 기능으로 바르지 못한 것은?

① 운반기능
② 흡수작용
③ 지혈작용
④ 체온조절

🔍 혈액은 가스, 영양분, 노폐물, 호르몬 등의 운반기능, 순분, 체온, pH 등의 조절기능, 식균작용, 지혈작용을 한다.

095 다음 중 혈액의 구성성분이 아닌 것은?

① 백혈구
② 적혈구
③ 아세포
④ 혈소판

🔍 혈액은 혈구와 혈장으로 구성되며, 혈구는 적혈구, 백혈구, 혈소판으로 되어 있고 혈장은 물과 단백질로 구성되어 있다.

096 식균작용으로 인체의 방어에 관여하는 세포는?

① 적혈구　　② 백혈구
③ 혈소판　　④ 항원

🔍 혈액의 구성
- 적혈구 : 산소를 운반하는 혈색소가 대부분
- 백혈구 : 식균 및 신체방어
- 혈소판 : 혈액의 응고 및 지혈작용
- 혈장 : 전체 혈액의 약 55%를 차지

097 적혈구가 만들어지는 곳은?

① 비장　　② 심장
③ 간　　　④ 골수

🔍 적혈구는 골수에서 생성되며, 약 120일의 수명을 가진다.

098 폐순환의 순환경로를 바르게 설명한 것은?

① 좌심실 → 폐동맥 → 폐 → 좌심실
② 우심방 → 폐정맥 → 폐 → 폐동맥 → 좌심실
③ 우심실 → 소동맥 → 소정맥 → 우심방
④ 우심실 → 폐동맥 → 폐 → 폐정맥 → 좌심방

🔍 혈액의 순환
- 체순환(전신순환, 대순환) : 좌심실 → 대동맥 → 온몸의 모세혈관 → 대정맥 → 우심방
- 폐순환(소순환) : 우심실 → 폐동맥 → 폐의 모세혈관 → 폐정맥 → 좌심방

099 다음 중 정맥의 특징이 아닌 것은?

① 벽이 전체적으로 얇다.
② 낮은 압력에서 혈액을 운반한다.
③ 혈액의 역류를 막아주는 판막이 발달되어 있다.
④ 심장으로부터 나오는 혈액을 운반한다.

🔍 정맥은 이산화탄소와 노폐물을 함유한 혈액을 심장으로 운반한다.

100 모세혈관의 기능은?

① 물질의 확산, 삼투, 여과작용
② 호르몬의 운반작용
③ 체온조절
④ 판막으로 혈액 운반

🔍 모세혈관은 가스와 영양분, 노폐물의 물질교환이 이루어지는 장소이다.

101 소화의 주 목적은?

① 음식물을 흡수 가능한 상태로 분해한다.
② 음식을 작은 조각으로 잘게 부순다.
③ 고분자로 만든다.
④ 음식이 소화관을 쉽게 통과하도록 통로를 만든다.

🔍 소화와 흡수
- 소화 : 식품을 섭취했을 때 음식물을 흡수되기 쉬운 상태로 변화시키는 작용
- 흡수 : 분해되어 소장 벽에서 혈액과 림프로 운반되는 것

정답　093 ③　094 ②　095 ③　096 ②　097 ④　098 ④　099 ④　100 ①　101 ①

102 탄수화물의 소화가 시작되는 곳은?

① 입 ② 인두
③ 위 ④ 식도

> 타액 속의 아밀라아제는 전분을 맥아당과 포도당으로 분해시켜 주는 기능을 한다.

103 지방을 분해하는 효소는?

① 아밀라아제 ② 리파아제
③ 락타아제 ④ 트립신

> • 아밀라아제 : 탄수화물(전분) 분해
> • 리파아제 : 지방 분해
> • 락타아제 : 유당 분해
> • 트립신 : 단백질 분해

104 소화된 대부분의 영양물질이 흡수되는 곳은?

① 위장
② 대장
③ 소장
④ 십이지장

> 소장은 크게 십이지장, 공장, 회장으로 구분되며 영양소의 흡수가 일어나는 곳이다.

105 수분이 주로 흡수되는 곳은?

① 위장 ② 회장
③ 소장 ④ 대장

> 섭취된 대부분의 수분은 대장을 통해 흡수되고, 일부분만 대변으로 배출된다.

CHAPTER 04 화장품학

106 다음 중 화장품의 정의와 관련 없는 것은?

① 인체를 청결하게 한다.
② 약리적 효능이 있어 치료를 목적으로 사용하기도 한다.
③ 피부와 모발을 건강하게 유지하기 위하여 사용한다.
④ 인체를 아름답게 하고 매력적으로 변화시킨다.

> 인체를 청결, 미화하여 매력을 더하고 용모를 밝게 변화시키거나 피부, 모발의 건강을 유지 또는 증진하기 위하여 인체에 사용되는 물품으로서 인체에 대한 작용이 경미한 것을 말한다.

107 사용 대상과 목적이 바르게 연결된 것은?

① 화장품 - 정상인, 미용
② 의약품 - 정상인, 치료
③ 의약부외품 - 환자, 미용
④ 기능성화장품 - 환자, 위생

> 의약품은 사용대상이 정상인이 아닌 환자에게 사용되며, 의약부외품은 정상인을 대상으로 위생과 미용을 위해 사용된다.

108 다음의 내용 중 틀린 것은?

① 의약부외품도 부작용이 나타나지 않아야 한다.
② 화장품은 특정 부위에만 사용이 가능하다.
③ 기능성화장품은 화장품과 의약부외품의 중간적 성질을 가진다.
④ 의약품은 의약부외품은 정상인을 대상으로 사용한다.

> 화장품은 전신에 장기간, 지속적으로 바르는 물품이다.

109 화장품의 4대 요건에 들지 않는 것은?

① 안전성
② 안정성
③ 사용성
④ 경제성

> 화장품의 4대 요건
> • 안전성 : 피부에 대한 자극, 알레르기, 독성이 없을 것
> • 안정성 : 보관에 따른 변질, 변색, 변취, 미생물의 오염이 없을 것
> • 사용성 : 피부에 사용했을 때 손놀림 쉽고, 피부에 매끄럽게 잘 스며들 것
> • 유효성 : 피부에 적절한 보습, 노화억제, 자외선차단, 미백, 세정, 색채효과 등을 부여할 것

정답 102 ① 103 ② 104 ③ 105 ④ 106 ② 107 ① 108 ② 109 ④

110 기능성화장품에 대한 규정으로 맞지 않는 것은?

① 피부의 미백에 도움을 주는 제품
② 피부의 주름개선에 도움을 주는 제품
③ 피부에 유용한 향을 이용하여 도움을 주는 제품
④ 피부를 곱게 태우거나 자외선으로부터 보호하는데 도움을 주는 제품

🔍 우리나라 화장품법에 기능성화장품은 피부의 미백에 도움을 주는 제품, 피부의 주름개선에 도움을 주는 제품, 피부를 곱게 태우거나 자외선으로부터 보호하는데 도움을 주는 제품으로 규정하고 있다.

111 화장품성분 중 유성 원료에 해당하지 않는 것은?

① 왁스　　② 실리콘
③ 에탄올　④ 오일

🔍 에탄올은 에틸알코올로 화장수, 아스트린젠트, 헤어토닉 등에 사용되는 수성원료이다.

112 다음 유성 성분 중 식물성오일은 무엇인가?

① 밍크오일　　② 피마자유
③ 바셀린　　　④ 실리콘오일

🔍 오일의 분류
　• 식물성 : 월견초유, 로즈힙오일, 피마자유, 올리브유
　• 동물성 : 밍크로일, 스쿠알렌
　• 광물성 : 유동파라핀, 바셀린
　• 합성 : 실리콘오일, 미리스틴산 이소프로필

113 석유로부터 얻어지는 광물성오일로 기초 및 메이크업 화장품에 널리 이용되는 오일은?

① 유동파라핀　② 바셀린
③ 실리콘오일　④ 피마자유

🔍 유동파라핀은 석유를 높은 온도로 분별 증류하여 고형의 파라핀을 제거한 액상 물질로 미네랄 오일이라고도 한다.

114 화장품 성분 중 보습제 성분으로 적합한 것은?

① 오일　　　　② 솔비톨
③ 계면활성제　④ 알코올

🔍 보습제로 글리세린, 프로필렌글리콜, 솔비톨, 부틸렌글리콜, 히아루론산염 등이 많이 쓰인다.

115 화장수의 원료로 사용되는 글리세린의 작용은?

① 수분흡수 작용
② 소독 작용
③ 방부 작용
④ 탈수 작용

🔍 글리세린은 대표적인 보습제이나 수분을 흡수하는 성질이 강하여 진한 농도로 사용하면 피부 트러블을 일으킬 수 있다.

116 화장품의 점성을 증가시키는 용도로 쓰이는 것은?

① 알긴산
② 이산화티탄
③ 파라벤
④ 솔비톨

🔍 점증제로 쓰이는 천연고분자는 알긴산, 펙틴, 전분 등이 있다.

117 고형의 유성 성분으로 고급 지방산에 고급 알코올이 결합된 에스테르를 나타내며 화장품의 굳기를 증가시켜 주는 것은?

① 올리브유
② 피자마유
③ 밍크오일
④ 왁스

🔍 왁스는 실온에서 고체인 것이 많으며 식물성 왁스로는 카르나우바 왁스, 칸델릴라 왁스 등이 있고 동물성 왁스로는 밀랍과 라놀린 등이 있다.

118 다음 중 동물성 왁스에 해당되는 것은?

① 카르나우바 왁스　② 라놀린
③ 칸데릴라 왁스　　④ 호호바 오일

🔍 카르나우바 왁스, 칸데릴라 왁스, 호호바는 식물성 왁스이며, 동물성 왁스는 벌집에서 추출한 밀랍, 양모에서 추출한 라놀린이 대표적이다.

정답 110 ③　111 ③　112 ②　113 ①　114 ②　115 ①　116 ①　117 ④　118 ②

119 계면활성제의 3대 작용은?

① 가용화, 유화, 세정
② 가용화, 분산, 액화
③ 가용화, 유화, 분산
④ 유화, 분산, 보습

🔍 가용화, 유화, 분산이 계면활성제의 3대 작용이다.

120 다음 중 계면활성제의 분류와 설명이 올바르게 연결된 것은?

① 유화제 – 고체입자를 물에 균일하게 분산시켜 주는 것
② 가용화제 – 물과 기름이 잘 섞이게 하는 것
③ 세정제 – 피부의 오염물질을 제거해 주는 것
④ 분산제 – 소량의 기름을 물에 투명하게 녹이는 것

🔍 • 유화제 : 물과 기름이 잘 섞이게 하는 것
• 가용화제 : 소량의 기름을 물에 투명하게 녹이는 것
• 분산제 : 고체 입자를 물에 균일하게 분산시켜 주는 것

121 다음 중 계면활성제의 HLB에 대한 설명으로 틀린 것은?

① 어떤 계면활성제가 물에 잘 녹는가 녹지 않는가 하는 척도이다.
② HLB는 0~20 사이를 나타낸다.
③ HLB가 높을수록 물에 잘 녹는다.
④ HLB가 높을수록 W/O 유화제로 사용된다.

🔍 HLB가 높을수록 가용화제로 사용되고 HLB가 낮을수록 W/O 유화제로 사용된다.

122 다음 중 피부 자극이 적어 화장수의 가용화제, 크림의 유화제, 클렌징 크림의 세정제 등으로 사용되는 계면활성제는 어느 것인가?

① 양이온성 계면 활성제
② 음이온성 계면활성제
③ 비이온성 계면활성제
④ 양쪽성 계면활성제

🔍 계면활성제의 종류
• 양이온성 : 살균, 소독작용이 크며 정전기 발생을 억제
• 음이온성 : 세정작용과 기포 형성 작용이 우수
• 비이온성 : 피부 자극이 적어 기초 화장품에 사용
• 양쪽성 : 세정작용이 있으며 피부 자극이 적음

123 유화제품이 아닌 것은?

① 영양크림
② 미백로션
③ 핸드크림
④ 크림 파운데이션

🔍 크림 파운데이션, 마스카라, 아이라이너, 네일 에나멜 등은 대표적인 분산제품이다.

124 다음 중 용제형 세안화장품이 아닌 것은?

① 클렌징크림
② 클렌징워터
③ 클렌징폼
④ 클렌징로션

🔍 • 용제형 : 닦아내는 타입
• 계면활성제형 : 씻어내는 타입

125 기초화장품에 속하는 것은?

① 세안제
② 메이크업베이스
③ 양모제
④ 오데코롱

🔍 기초화장품은 세안제, 화장수, 로션, 크림류, 에센스, 팩 등으로 분류한다.

126 다음 중 기초화장품의 기능이 아닌 것은?

① 피부의 청결
② 피부의 보호
③ 피부의 정돈
④ 피부의 치료

🔍 기초화장품은 피부청결, 피부정돈, 피부보호 기능을 갖는다.

정답 119 ③ 120 ③ 121 ④ 122 ③ 123 ④ 124 ③ 125 ① 126 ④

127 다음 중 세안화장품의 목적으로 바른 것은?

① 피부표면의 더러움과 노폐물을 제거한다.
② 피부의 톤을 고르게 해 준다.
③ 피부에 다양한 색감과 아름다움을 준다.
④ 피부에 향취를 부여한다.

🔍 세안화장품의 목적은 피부표면층에 붙어 있는 피지, 각질, 땀의 잔여물 등의 피부생리 대사산물이나 공기 중의 먼지, 미생물, 화장품 잔여물 등을 제거하는 것이다.

128 다음 중 좋은 크림으로서의 조건과 거리가 먼 것은?

① 유화상태가 양호하도록 입자가 균일해야 한다.
② 사용 후 상쾌한 감촉이 남아야 한다.
③ 온도변화에 따라서 현저하게 변화되어야 한다.
④ 자극적인 냄새가 없어야 한다.

🔍 화장품이 온도변화에 따라 변화하게 되면 침전이 생기거나 분리되는 현상이 생겨 못쓰게 된다.

129 피부에 유분과 수분을 공급해주고 피부보호막을 형성하여 각질층의 수분 증발을 막아 외부의 자극으로부터 피부를 보호해 주는 것으로 가장 좋은 것은 무엇인가?

① 화장수
② 영양크림
③ 수렴화장수
④ 클렌징크림

🔍 영양크림은 세안 후 소실된 천연보호막을 보충해 주는 역할을 한다.

130 피지분비의 과잉을 억제하고 피부를 수축시켜 주는 것은?

① 유연 화장수
② 수렴 화장수
③ 소염 화장수
④ 영양 화장수

🔍 수렴화장수 : 수분공급 + 모공수축

131 클렌징크림에 대한 설명으로 옳은 것은?

① 진한 메이크업화장을 지우는데 사용한다.
② 클렌징로션보다 유동파라핀의 함량이 낮다.
③ 클렌징로션보다 사용감이 산뜻하다.
④ 가벼운 메이크업 화장을 지우는데 적합하다.

🔍 클렌징 크림은 세정력이 높아 진한 메이크업 화장을 지우는데 적합하다.

132 크림의 유화형태의 특성에 대한 설명 중 틀린 것은?

① W/O형 에멀전 : O/W 에멀전에 비해 시원함과 촉촉함, 보습성을 준다.
② O/W형 에멀전 : W/O 에멀전에 비해 촉촉함의 지속성이 오래 간다.
③ W/O형 에멀전 : 사용할 때 뻑뻑하며 퍼짐성이 낮다.
④ W/O형 에멀전 : 겨울에 살이 트는 것을 방지한다.

🔍 O/W형 에멀전은 W/O형 에멀전에 비해 수분의 손실이 빠르기 때문에 촉촉함의 지속성이 낮다.

133 피부의 각질이나 피지의 제거를 위해 사용하면 좋은 팩은?

① 필오프　　　② 워시오프
③ 티슈오프　　④ 패취타입

🔍 필오프 타입은 지성피부에 사용하면 적합하다.

134 다음 중 메이크업 베이스에 대한 설명으로 적합하지 않은 것은?

① 피부의 색을 보정해 준다.
② 메이크업의 지속성을 높여준다.
③ 파운데이션의 색소침착을 방지한다.
④ 부분화장을 할 수 있다.

🔍 메이크업 베이스는 파운데이션이 피부에 직접 침투되는 것을 막아 피부를 보호해 주며, 지속성을 높여준다. 또한, 파운데이션을 바르기 전 결점의 커버를 위해 피부색을 고르게 정리하는 역할을 한다.

정답 127 ①　128 ③　129 ②　130 ②　131 ①　132 ②　133 ①　134 ④

135 다음 중 아하(AHA)의 설명으로 바르지 않은 것은?

① 죽은 각질을 제거하여 피부를 매끄럽게 해준다.
② 사탕수수, 오렌지, 레몬 등에 함유되어 있는 성분이다.
③ 구연산은 사탕수수에 함유되어 있다.
④ 아하보다 각질 제거 효과는 약하지만 피부 안전성이 좋은 BHA도 사용된다.

🔍 아하는 과일산의 총칭이며, 글리콜릭산은 사탕수수에 함유되어 있으며 분자량이 작아 침투력이 좋다. 구연산은 오렌지, 레몬 등에 함유되어 있으며, 화장품의 pH 조절제로 많이 사용된다.

136 다음 중 헤어린스의 기능이 아닌 것은?

① 정전기를 방지한다.
② 적절한 세정력이 있다.
③ 모발의 표면을 보호한다.
④ 자연스러운 광택을 준다.

🔍 적절한 세정력은 샴푸의 구비요건이다.

137 샴푸의 구비요건으로 적합하지 않은 것은?

① 거품이 섬세하고 풍부할 것
② 적절한 세정력이 있을 것
③ 세발 중 마찰에 의한 손상이 없을 것
④ 정전기 방지 작용이 있을 것

🔍 정전기 방지는 린스의 기능에 속한다.

138 다음 중 정발제품 중 고분자 피막타입이 아닌 제품은?

① 헤어로션   ② 세트로션
③ 헤어무스   ④ 헤어스프레이

🔍 • 유성타입 : 헤어오일, 포마드
• 유화타입 : 헤어로션, 헤어크림
• 고분자 피막타입 : 세트로션, 헤어무스, 헤어스프레이, 헤어젤
• 액체타입 : 헤어리퀴드

139 일시 염모제의 특성이 아닌 것은?

① 모발의 표면에 불용성 색소를 부착시켜 모발의 색을 바꾸어 준다.
② 1~2회의 샴푸로 색상이 제거된다.
③ 본래의 모발색에 하이라이트를 주거나 새치머리를 커버해 준다.
④ 양이온으로 하전된 모발에 음이온으로 하전된 산성 염료가 정전기적 결합을 통해 염색을 일으킨다.

🔍 보기 ④항은 반영구 염모제의 특성이다.

140 자외선 차단제에 관한 설명이 틀린 것은?

① 자외선 차단제는 SPF(Sun Protect Factor)의 지수가 매겨져 있다.
② 자외선 차단지수는 제품을 사용했을 때 홍반을 일으키는 자외선의 양을 제품을 사용하지 않았을 때 홍반을 일으키는 자외선의 양으로 나눈 값이다.
③ 자외선 차단제의 효과는 자신의 멜라닌 색소의 양과 자외선에 대한 민감도에 따라 달라질 수 있다.
④ SPF의 숫자가 낮을수록 차단지수가 높다.

🔍 자외선 차단 지수는 SPF1에 10분의 차단 시간을 말하며, SPF15의 경우 150분간 차단효과가 있다.

141 자외선 산란제에 대한 설명 중 틀린 것은?

① 차단효과가 우수해야한다.
② 화학적인 산란작용을 통해 자외선을 차단한다.
③ 접촉성피부염과 같은 부작용이 없다.
④ 제품의 색상이 불투명하다.

🔍 산란제는 물리적 산란작용에 의해 자외선을 차단한다.

142 향수를 사용할 때 주의할 점이 아닌 것은?

① 외출하기 바로 직전에 뿌리는 것이 좋다.
② 목욕 후 사용하는 것이 좋다.
③ 가급적 햇빛에 노출되지 않는 부위에 뿌려야 한다.
④ 상의나 스커트 안쪽 등 움직이는 부분에 바르는 것이 좋다.

정답 135 ③ 136 ② 137 ④ 138 ① 139 ④ 140 ④ 141 ② 142 ①

🔍 외출시에는 20~30분 전에 뿌리는 것이 좋다.

143 다음 향수 중 부향률이 가장 낮아 가볍게 사용할 수 있는 것은 무엇인가?

① 퍼퓸
② 오데토일렛
③ 오데코롱
④ 샤워코롱

🔍 향수의 부향률

유형	부향률	지속시간
퍼퓸	15~30%	6~7시간
오데퍼퓸	9~12%	5~6시간
오데토일렛	6~8%	3~5시간
오데코롱	3~5%	1~2시간
샤워코롱	1~3%	약 1시간

144 향수는 시간의 흐름에 따라 향이 달라지는데 일정 시간이 지난 후 자신의 체취와 섞여서 나는 향취를 무엇이라 하는가?

① 노트
② 탑노트
③ 미들노트
④ 베이스노트

🔍 향수에서 나오는 후각적인 느낌을 "노트"라고 하고 탑노트는 향수를 뿌린 후 처음 느껴지는 향수의 첫 느낌이며, 미들노트는 알코올이 날아간 다음 나타나는 향취로 탑노트와 베이스노트를 연결하는 역할을 한다.

145 레몬, 오렌지, 라임 등의 감귤계 향의 분류는?

① 플로럴
② 오리엔탈
③ 시프레
④ 시트러스

🔍 향의 분류
• 플로럴 : 꽃향취
• 오리엔탈 : 무겁고 중후한 느낌의 향
• 시프레 : 이끼류의 향취

146 다음 중 천연향의 추출방법이 아닌 것은?

① 수증기 증류법
② 분리법
③ 추출법
④ 압착법

🔍 천연향의 추출은 수증기 증류법과 압착법, 추출법의 세 가지 방법이 이용된다.

147 아로마오일 사용 시 주의사항으로 맞는 것은?

① 아로마오일은 반드시 희석하여 사용하여야 한다.
② 아로마오일은 독성이 없으므로 광범위한 사용이 가능하다.
③ 아로마오일은 복용이 가능하다.
④ 붉은 반점 등의 자극이 있을 경우도 사용이 가능하다.

🔍 아로마오일은 독성이 강한 것에서부터 순한 것까지 성질이 다양하여, 안전하게 사용하여야 한다.

148 아로마오일의 사용방법으로 적당하지 않은 것은?

① 목욕법
② 습포법
③ 복용법
④ 흡입법

🔍 아로마오일의 사용방법은 목욕법, 흡입법, 습포법, 마사지법, 족욕법, 확산법 등이 있다.

149 아로마오일의 보관방법으로 적합하지 않은 것은?

① 사용하기 1~2일 전에 블랜딩하는 것이 좋다.
② 아로마오일은 갈색병에 보관한다.
③ 캐리어오일의 이름, 블랜딩이름, 만든 날짜 등을 써서 라벨을 붙인다.
④ 블랜딩한 아로마오일은 1년 정도 사용할 수 있다.

🔍 블랜딩한 아로마오일은 6개월 정도 사용할 수 있다.

150 다음 중 일광 알레르기를 일으키는 아로마오일이 아닌 것은?

① 오렌지
② 베르가못
③ 레몬
④ 로즈마리

🔍 오렌지, 베르가못, 레몬, 그레이프프루트 등의 시트러스 계열은 일광 알레르기를 유발할 수 있다.

정답 143 ④ 144 ④ 145 ④ 146 ② 147 ① 148 ③ 149 ① 150 ④

PART 02

피부미용 서비스

CHAPTER

01. 피부분석
02. 얼굴관리
03. 기타 피부관리
04. 피부미용기구 활용
▶ 출제예상문제

CHAPTER 01 피부분석

Lesson 01 피부 상태 파악

1 피부분석 및 피부상담

(1) 피부분석의 목적
① 고객의 피부유형과 피부상태를 파악
② 피부분석에 따른 적합한 제품의 선택
③ 피부의 문제점을 찾아내고 개선을 위한 관리방향을 제시
④ 고객에게 알맞은 프로그램의 선정
⑤ 관리 과정에 따른 가정에서의 손질법 등의 조언

(2) 피부상담의 목적
① 고객의 방문 목적 확인
② 고객의 피부 문제점 파악
③ 고객의 피부유형에 따른 피부관리 방법 설명

2 피부유형 분석

(1) 피부분석 방법
① **문진** : 고객과의 질문을 통하여 피부 상태를 판별하는 방법
② **촉진** : 고객의 피부를 만져보거나 눌러봄으로써 피부 상태를 판별하는 방법
  ㉮ 피부결 상태 : 피부의 거침 정도를 알아보기 위해 쓰다듬어 볼 수 있다.
  ㉯ 탄력 상태 : 손으로 눌러 보았을 때의 피부 회복력을 확인한다.
  ㉰ 피지 분비량 : 손에 묻어나는 기름기의 양을 측정하기 위해 만져본다.
  ㉱ 피부 두께 : 아프지 않게 가볍게 집어 본다. 장력은 탄력섬유의 긴장도로 엄지와 검지로 볼 근육을 잡아당겨 측정한다. 잘 잡아당겨지면 장력이 저하되고 잘 잡히지 않으면 장력이 양호한 것이다.

⑭ 예민도 : 민감도 측정은 스파츌라로 가볍게 십자를 그어 턱이나 이마 부위의 예민도를 측정한다.
③ **견진** : 육안이나 피부분석용 피부미용 기기를 이용하여 피부 상태를 판별하는 방법

(2) 피부분석용 피부미용 기기의 종류

① **우드램프(Wood's lamp)**
  ㉮ 자외선을 이용한 광학 피부분석 기기로 피부의 보습상태, 민감상태, 염증, 여드름, 색소침착, 피지상태 등을 다양한 색상으로 나타낸다.
  ㉯ 피부상태에 따른 색상 반응

피부 상태	피부의 반응색상	피부 상태	피부의 반응색상
정상(중성) 피부	청백색	민감성·모세혈관확장 피부	진보라색
건성·수분부족 피부	밝은(옅은) 보라색	색소침착 피부	암갈색
지성 피부	주황색(오렌지색)	과각화 피부	흰색

② **확대경(Magnifying Lamp)**
  ㉮ 확대경은 피부의 표면을 확대시켜 관찰할 수 있어서 모공, 잔주름, 여드름, 기미 등의 피부상태와 비듬, 염증, 각질 등의 두피 상태를 자세히 판별할 수 있다.
  ㉯ 육안의 3.5~10배 확대되어 피부를 자세히 판독하는 데 도움을 준다.

③ **피부의 pH 측정기**
  ㉮ pH 측정기는 피부 표면의 산과 알칼리 정도를 측정하는 기기이다.
  ㉯ 피부의 예민도나 유분을 측정하는 기기이다.

④ **유·수분 측정기**
  ㉮ 유분의 변화에 반응하는 특수한 측정지를 이용해 피지의 빛 통과도를 광도 측정하는 기기로 수치의 정도에 따라 건성, 정상, 지성피부의 유형을 파악할 수 있다.
  ㉯ 피지를 측정하는 방법으로 세안 후 아무것도 도포하지 않은 상태에서 30분 이상 경과한 뒤 측정한다.

⑤ **스킨 스코프(Skin Scope)**
  ㉮ 수분 측정기는 피부의 수분량을 측정하는 기기로 기기마다 다를 수 있으나 대략 0~100의 단위로 표기된다.
  ㉯ 기기창에 숫자가 나타나며, 숫자가 높을수록 수분 전도 계수가 높다.
  ㉰ 각질층의 수분은 15~25%가 정상 피부이며, 10% 아래로 떨어지면 건성 피부이다.

⑥ **진공흡입기(석션기)**
  ㉮ 유리 벤도즈를 피부에 밀착시켜 공기구멍을 막으면 흡입력에 의하여 피부가 끌어당겨지고, 구멍을 열면 다시 원상태로 피부가 돌아간다.
  ㉯ 모공 속의 피지와 노폐물을 깨끗이 제거하고 림프액과 혈액의 흐름을 촉진시키며 기초 대사량을 높인다.

㉰ 석션기 금기사항
  ㉠ 멍든 부위와 탄력이 많이 저하된 피부
  ㉡ 모세혈관이 심하게 확장된 부위
  ㉢ 홍반이 있는 경우
  ㉣ 아물지 않은 상처
  ㉤ 임신 중
  ㉥ 심장질환, 인공심장박동기 등 금속이 몸에 있을 때

Lesson 02 피부유형별 관리계획

1 피부유형별 특징

(1) 지성 피부(Oily skin)
① 피지선의 기능이 비정상적으로 항진되어 피지가 과다하게 분비되는 피부타입을 의미한다.
② 각질층의 피부가 두껍고 피부결이 곱지 않다.
③ 여드름이 발생하기 쉬운 피부이다.
④ 모공이 넓다.
⑤ 건성 피부에 비하여 잔주름은 없으나 주름이 생기기 시작하면 깊고 굵은 주름이 생기기 쉽다.
⑥ 화장이 잘 지워진다.
⑦ 피부가 칙칙하고 색소침착이 빠르다.
⑧ 남성 호르몬(안드로겐)이 과다하게 배출되거나, 여성 호르몬인 프로게스테론(황체 호르몬) 기능이 활발하다.

(2) 정상 피부/중성 피부(Normal skin)
① 가장 이상적 피부로 유·수분 밸런스가 맞다.
② 탄력이 좋고 윤기가 흐른다.
③ 피부결이 섬세하고, 톤이 맑으며, 주름이 거의 보이지 않는다.
④ 기미, 주근깨 잡티 등 색소침착이 없다.
⑤ 혈액순환이 좋아 피부색이 맑다.
⑥ 모공이 작고 피부가 촉촉하고 부드럽다.

(3) 건성 피부(Dry skin)
① 피지선의 기능 저하와 한선 및 보습 능력의 저하로 인하여 유분 함량과 수분 함유량이 부족하다.

② 유분이 부족하여 피부의 수분을 보유하지 못하고, 피부가 땅기는 느낌이 있다.
③ 피부가 얇고, 피부결이 섬세하며, 모공의 크기가 작다.
④ 잔주름이 쉽게 생기고, 노화 현상이 급격히 나타난다.
⑤ 수분이 부족하여 각질이 쉽게 들뜬다.
⑥ 순환이 어렵고 탄력이 없으며 세안 후 매우 당기고 건조하다.

(4) 복합성 피부 (Combination skin)
① 얼굴 부위에 각기 다른 피부 유형이 공존하는 피부타입을 의미한다.
② T-존은 지성 또는 여드름 피부, U-존은 건성 또는 민감성을 나타내는 피부 유형이 많으며 U-존은 지성 T-존은 건성인 경우도 있다.

(5) 민감성 피부 (Sensitive skin)
① 피부가 건조하여 당기는 경우가 있으며 환경이나 온도에 민감하다.
② 모세혈관이 확장되기 쉽다.
③ 피부 조직이 얇아서 특정 부위의 피부가 붉어지거나 염증이 나타나는 피부이다.
④ 자극에 의한 색소침착이 쉽게 생길 수 있다.
⑤ 작은 자극에도 민감하게 반응하며 알레르기, 홍반, 수포, 두드러기 등이 발생하기 쉽다.

2 관리계획

(1) 프로그램 계획 시 유의사항
① 식품·영양에 관한 조언을 한다.
② 지나친 강요는 하지 않는다.
③ 고객에게 심리적 부담을 주지 않는다.
④ 고객에게 신뢰감을 줄 수 있는 정직한 태도로 대한다.
⑤ 방문횟수를 강요하지 않는다.

(2) 관리계획 작성
① 피부유형에 따른 작업과정을 계획한다.
　㉮ 클렌징 제품을 선택한다.
　㉯ 딥클렌징 제품을 선택한다.
　㉰ 매뉴얼 테크닉 방법을 선택한다.
　㉱ 피부 미용기기 적용 유무와 어떤 기기를 사용할지 계획한다.
　㉲ 팩 제품을 선택한다.

⠀⠀㉵ 적용할 마스크의 종류를 선택한다.
⠀⠀㉾ 피부 관리 마무리 시 도포할 제품을 선택한다.
② 작업 프로그램의 관리 작용을 계획한다.
③ 홈 케어 조언을 계획한다.
⠀⠀㉮ 피부 유형에 맞는 제품을 선택한다.
⠀⠀㉯ 홈 케어 시 주의해야 할 점이 있는지 파악한다.
⠀⠀㉰ 피부 유형에 맞는 제품을 추천한다.
⠀⠀⠀⠀㉠ 건성 피부는 수분을 보유하고 있는 유분을 선택하여 추천한다.
⠀⠀⠀⠀㉡ 중성 피부는 유분과 수분 함량이 적당한 제품을 선택하여 추천한다.
⠀⠀⠀⠀㉢ 지성 피부는 유분 함량이 적은 수분크림을 선택하여 추천한다.
④ 관리 시 주의해야 할 사항이 있는지를 확인 후 작성한다.
⑤ 관리 목적에 맞는 효과 극대화를 위해 적용할 제품이나 기기에 대해 작성한다.
⠀⠀㉮ 건성 피부 : 유분 앰플, 보습 에센스, 영양 크림을 적용하여 유·수분 밸런스를 유지시키기 위한 목적으로 관리한다.
⠀⠀㉯ 중성 피부 : 보습 앰플, 영양 에센스, 수분 크림을 적용하여 건강한 피부 유지를 목적으로 관리한다.
⠀⠀㉰ 지성 피부 : 피지 조절 앰플, 수분 에센스, 수분 크림을 적용하여 피지 분비 조절과 pH 밸런스를 유지시키는 목적으로 관리한다.

CHAPTER 02 얼굴관리

Lesson 01 클렌징

1 클렌징의 목적 및 효과

(1) 클렌징의 목적
① 환경에서부터 오는 먼지, 이물질, 피부의 땀과 피지, 메이크업의 잔여물과 피부 노폐물 등을 제거하는 것이다.
② 피부 유형에 따른 클렌징 제품을 선택하여 깨끗하게 닦아 주는 관리이며, 청결하고 위생적으로 관리함이 중요하다.
③ 클렌징은 피부미용의 시작 단계이며, 가장 중요한 기초관리이다.

(2) 클렌징의 효과
피부의 노폐물 제거로 피부의 호흡과 신진대사를 원활하게 하여 혈액순환을 촉진하고 제품의 흡수를 용이하게 한다.

2 클렌징 제품

(1) 클렌징 크림의 유형
① O/W형(oil in water) 크림 : 친수성이며, 수분 중에 유분이 분산된 수중유적형으로 지성 피부에 좋다. (60~80% 정도의 수분과 30% 이하의 유분 함유)
② W/O형(water in oil) 크림 : 친유성으로 유분 중에 수분이 분산된 유중수적형이며 건성피부와 민감성 피부에 좋다.

(2) 크림의 기능 및 종류

기능	종류
보습·유연	나리싱(nourishing) 크림, 데이 크림, 나이트 크림, 넥 크림

기능	종류
피부 세정	클렌징 크림
주름 예방	안티에이징 크림, 아이 크림
피부 미백	화이트닝 크림
자외선 차단제	선블록 크림
혈액 순환 촉진	매뉴얼 테크닉 크림

(3) 용제형(닦아내는 타입) 클렌징 타입

① 클렌징 크림(Cleansing Cream)
  ㉮ 광물성오일(유동파라핀)이 40~50% 정도 함유되어 진한 화장이나 피지 등으로 피부 표면의 기름기를 제거하는데 효과적
  ㉯ 잔여물이 남으면 오일 성분에 의해 모공을 막아 피부 트러블을 일으킬 수 있음
  ㉰ 민감성피부는 가급적 사용을 피함

② 클렌징 로션(Cleansing Lotion)
  ㉮ 클렌징 크림에 비해 수분을 많이 함유
  ㉯ 사용감이 좋으나 세정력은 조금 떨어짐
  ㉰ 피부에 부담이 적어 민감성, 건성, 노화피부에 효과적

③ 클렌징 젤(Cleansing Gel)
  ㉮ 반투명 상태로 촉촉하고 산뜻한 사용감이 특징
  ㉯ 오일프리(Oil Free) 타입은 민감성 피부나 지성피부, 여드름 피부에 주로 사용

④ 클렌징 워터(Cleansing Water)
  ㉮ 화장수 타입으로 세정력이 약함
  ㉯ 가벼운 화장이나 피부의 더러움을 제거하는 목적으로 사용

⑤ 클렌징 오일(Cleansing Oil)
  ㉮ 클렌징 크림의 세정력과 클렌징 폼의 물 세안의 기능을 함께 갖춤
  ㉯ 사용감이 좋고 세정력이 우수
  ㉰ 오일과 친수성 계면활성제를 사용하여 물에 잘 용해됨
  ㉱ 건성피부, 노화피부, 민감성 피부 등에 적합

3 클렌징 방법

(1) 포인트 메이크업

① **포인트 메이크업 정의** : 눈썹, 아이섀도, 아이라인, 마스카라, 입술의 색조 화장을 말한다.
② **포인트 메이크업 클렌징 순서** : 눈썹 → 아이섀도 → 아이라인 → 마스카라 → 입술

③ 포인트 메이크업 클렌징
- ㉮ 눈썹 : 한 손은 눈썹앞머리를 눌러 고정한 후 눈썹 머리에서 눈썹꼬리 방향으로 가볍게 눌러 닦아낸다.
- ㉯ 아이섀도 : 한 손은 눈썹앞머리를 눌러 고정한 후 눈두덩이에서 눈썹꼬리 방향으로 2~3회 가볍게 눌러 닦아낸다.
- ㉰ 아이라인 : 면봉을 이용하여 눈꼬리 쪽으로 가볍게 닦아낸다.
- ㉱ 마스카라 : 눈 밑에 젖은 화장 솜을 받쳐 놓고 면봉을 위에서 아래로 닦아 낸 후 눈썹 쪽으로 접어 올려서 눈꼬리 쪽으로 닦아낸다.
- ㉲ 입술 : 한 손으로 입술 끝을 가볍게 누르고 윗입술은 위에서 아래로 아랫입술은 밑에서 위로 닦아준다.

(2) 클렌징의 종류와 피부 유형

① **크림 타입** : 유성 성분이 많고 짙은 화장을 하는 사람에게 적합하며 정상 피부나 건성 피부에 적합하다.
② **로션 타입** : 친수성의 타입으로 세정력은 조금 떨어지고 자극이 적어 민감성 피부나 노화된 피부, 건성 피부에 적합하다.
③ **젤 타입** : 세정력이 우수하며 손놀림이 용이하고 물로 세안할 수 있어 자극이 적다. 지성 피부나 여드름 피부에 적합하다.
④ **파우더 타입** : 지방과 단백질을 분해하는 효소 성분으로써 민감 피부에도 사용이 가능하다.
⑤ **오일 타입** : 수분이 부족한 피부에 좋고 건성, 예민 피부에도 좋다.
⑥ **폼 클렌징** : 수성 세안제로 거품을 내어 그 거품으로 세안하는 타입이다. 손바닥에 약간의 물을 섞어서 거품을 낸다.
⑦ **워터 타입** : 끈적임이 없고 건성 피부에 알맞다.
⑧ **티슈 타입** : 클렌징 성분을 물티슈에 적신 것으로 휴대하기에 편리하다.

(3) 수행 순서

① 손을 소독한다.
   피부미용은 위생이 최우선이므로 손을 깨끗이 소독하고 고객을 편안한 상태로 베드에 눕힌다.
② 터번으로 머리카락을 감싼다.
③ 포인트 메이크업을 먼저 리무버로 순서에 맞게 지운다.
   눈썹 → 아이섀도 → 아이라인 → 마스카라 → 입술 순서로 지운다.
④ 클렌징 제품은 피부 유형에 맞게 선택하여 클렌징 한다.
⑤ 클렌징 제품을 바르고 매뉴얼 테크닉 동작과 구분하여 근육이 움직이지 않도록 가볍고 신속하게 닦아 내야 한다.
⑥ 티슈로 닦아 낸다.

⑦ 온습포 또는 냉습포로 닦아 낸다.(열감이 있거나 민감한 피부에 냉습포를 사용할 수 있다.)
  피부에 묻은 먼지나 메이크업 물질은 온습포를 사용하여야 한다.
⑧ 토닉으로 잔여물을 정돈한다.

(4) 온습포 사용 시 주의사항

① **지성피부** : 피지를 녹여주기 위해 뜨겁게 느낄 정도의 습포를 사용하는 것이 좋다.
② **건성피부** : 수분이 부족한 피부이므로 아주 뜨거운 습포는 되도록 피한다.
③ **정상피부** : 유·수분의 밸런스가 잘 조화된 상태이므로 약간의 따뜻한 습포가 좋다.

Lesson 02 딥클렌징

1 딥클렌징의 목적 및 효과

(1) 딥클렌징 정의

1차 클렌징으로 지워지지 않는 모공 속의 먼지나 노폐물, 죽은 각질 등을 기기나 제품을 사용하여 닦아내는 과정 딥클렌징이라 하며, 다음 단계인 영양물질 흡수를 용이하게 도와주는 작업이다.

(2) 딥클렌징 목적과 효과

① 죽은 각질과 노폐물을 제거함으로써 피부를 맑고 매끄럽게 한다.
② 영양물질의 흡수를 용이하게 하고 노화를 방지하며, 각질 형성세포의 증식활동 촉진으로 피부의 재생을 돕는다.
③ 모낭의 피지, 면포나 여드름의 배출을 도와준다.
④ 스크럽 제품을 사용 시 혈액순환 및 혈색을 좋게 한다.
⑤ 피부의 분비기능을 원활하게 한다.

2 딥클렌징 제품

(1) 화학적 제품

① **효소(엔자임)**
  ㉮ 단백질을 분해하는 효소가 촉매제로 작용하여 죽은 각질을 분해한다.
  ㉯ 브로말린(파인애플), 파파인(파파야), 우유효소 등 사용한다.
  ㉰ 피부에 발라두고 적절한 온도와 습도를 주어 효소가 작용하면 효과를 나타낸다.
  ㉱ 예민 피부, 모세 혈관 확장 피부, 염증성 피부 등 모든 피부에 가능하다.

② AHA(Alpha Hydroxy Acid)
  ㉮ 화학적으로 합성된 유효성분들을 이용하여 노폐물과 각질 제거한다.
  ㉯ 글리콜릭산(사탕수수에서 추출), 주석산(포도에서 추출), 사과산, 젖산(발효유에서 추출), 구연산(감귤류에서 추출) 등이 있다.
  ㉰ 각질의 응집력을 약화시켜 각질이 쉽게 제거된다.
  ㉱ 노화된 각질로 인해 거칠어진 피부를 유연하게 한다.
③ BHA(Beta Hydroxy Acid)
  ㉮ 버드나무 껍질, 윈터 그린 나뭇잎, 자작나무 등에서 추출한다.
  ㉯ 지용성 피부는 피지를 흡수하여 모공의 각질을 제거함으로 효과적이다.(여드름, 지성피부에 좋음)

(2) 물리적 제품
① 스크럽
  ㉮ 알갱이가 있는 세안제로 마찰에 의해 제거한다.
  ㉯ 자연적 재료(곡류씨, 살구씨, 흑설탕, 고령토나 조개껍질 가루)나 폴리에틸렌류의 미세한 알갱이를 인공적으로 만들어 사용한다.
  ㉰ 예민한 피부, 염증성 피부, 모세혈관 확장 피부는 금지하고, 과각화, 지성, 면포성 여드름 피부는 도움을 준다.
② 고마쥐
  ㉮ 동물성, 식물성 각질 분해 효소를 함유한 제품이다.
  ㉯ 도포 후 적당히 말랐을 때 근육 결 방향으로 밀어서 죽은 각질을 제거한다.
③ 후리마돌(전동 브러시)
  ㉮ 피부에 자극이 없는 부드러운 천연모의 브러시를 선택하여 각기 다른 속도로 회전시키며 피부 표면에 붙어있는 먼지와 노폐물을 제거한다.
  ㉯ 회전하는 브러싱은 테크닉과 각질 제거에 효과적이다.

3 딥클렌징 방법

(1) 제품별 딥클렌징의 방법
① 효소(Enzyme) : 적당량의 물과 효소 분말을 섞은 후 충분히 개어 붓으로 피부에 바른 후 스팀을 쏘이거나 따뜻한 온습포를 올린 뒤 적당한 시간이 지나면 닦아낸다.(피부 유형에 따라 시간을 조절할 수 있다.)
② 아하(AHA) : 10% 이하의 농도로 피부에 고르게 바른 뒤 5~10분 후 냉습포로 닦아낸다.(피부 유형에 따라 시간을 조절할 수 있다.)
③ 스크럽(Scrub) : 알갱이가 들어 있는 제형으로 얼굴에 바른 후 스팀을 쏘이거나 물을 적시면서 가볍게 문지른다.

④ 고마쥐(Gommage) : 단백질 성분으로 얼굴에 바르면 흡착되어 굳는다. 적당량을 피부에 바른 뒤 굳기 시작하면 약간의 힘을 주면서 근육 결을 따라 가볍게 밀어낸다.

⑤ 후리마돌(전동 브러시) : 피부에 자극이 없는 부드러운 천연 털로 만들어진 브러시를 회전시키면서 피부의 먼지나 더러움을 제거한다. 브러시와 얼굴의 각도는 직각을 유지하도록 한다.

⑥ 전기세정(Disincrustation) : 갈바닉 전류 중 음극으로 알칼리 반응을 일으켜 모공 속 노폐물과 피지를 연화시킨다.

(2) 딥클렌징 방법에 따른 주의사항

① 효소(Enzyme)
  ㉮ 스팀이 너무 뜨겁지 않도록 한다.
  ㉯ 적당한 온도를 맞춰 30~50cm 정도 거리를 두고 분사한다.
  ㉰ 온도, 습도, 시간을 조절한다.
  ㉱ 눈에 아이 패드(eye pad)를 한다.

② 아하(AHA)
  ㉮ 민감한 피부나 화농성인 부위 그리고 눈 주변도 피한다.
  ㉯ 면봉이나 붓으로 제품을 바른다.
  ㉰ 정확한 시간을 준수한다.
  ㉱ 피부 유형에 따른 적용되는 시간을 조절한다.
  ㉲ 냉습포로 마무리한다.

③ 스크럽(Scrub)
  ㉮ 너무 강하게 문지르면 피부에 자극이 되어 예민해질 수 있음으로 힘의 강약을 조절한다.
  ㉯ 피부에 잔여물이 남지 않도록 주의한다.
  ㉰ 찌꺼기가 눈이나 귀에 들어가지 않게 주의하여야 한다.

④ 고마쥐(Gommage)
  ㉮ 제품을 밀어내면서 찌꺼기가 눈이나 귀에 들어가지 않고, 주변에 잔여물이 남지 않도록 한다.
  ㉯ 모세혈관 확장 피부나 염증성 여드름 피부는 사용을 금한다.

Lesson 03 피부 유형별 화장품 도포

1 화장품 도포의 목적 및 효과

(1) 화장품 도포의 목적

화장품을 도포함은 피부의 수분과 유분의 균형을 맞추어 피부를 건강하게 유지 또는 증진하기 위함이다.

① 세정 : 피부 표면의 노폐물이나 화장의 잔여물을 제거하여 피부를 청결하게 한다.

② **피부정돈** : 일시적으로 상승된 피부의 pH를 정상화시키고 유분과 수분을 공급하여 피부밸런스를 유지시킨다.
③ **피부보호** : 피부 표면의 건조를 방지해 주고 천연 피지막의 보충역할을 한다.

(2) 화장품 도포의 효과
① 피부 청결
② 피부 보습유지
③ 각화현상의 정상화
④ 피부 재생
⑤ 탄력성 부여
⑥ 피지분비 기능의 정상화

2 피부 유형별 화장품 종류 및 선택

(1) 피부 유형별 특징
① **건성 피부** : 수분 함량을 보유하는 유분이 부족하여 건조함이 느껴지는 피부이다.
② **정상 피부** : 유·수분 함량을 적당하게 보유하여 건조함이 느껴지지 않고 피부 표면이 항상 촉촉하고 윤기가 나는 피부이다.
③ **지성 피부** : 피부 표면이 매끄럽지 못하고 귤껍질처럼 두꺼우며, 피지 분비량이 많아 번들거리고 모공이 넓다. 또한 안색이 칙칙하며 수분이 부족하다.
④ **복합성 피부** : 이마, 코, 턱 등 T-Zone 부위가 지성이며, 볼 부위의 U-Zone이 건성인 두 가지 이상의 피부 타입을 말한다.
⑤ **노화 피부** : 피지분비가 줄어들어 피부가 건조하고 수분이 부족하여 피부가 거칠어지고 주름이 많이 생긴다.
⑥ **예민 피부** : 홍반, 충혈, 염증 등의 피부 증세가 쉽게 나타나며 화장품의 색소나 향료에 민감한 반응을 보인다.

(2) 영양물질의 종류
① **보습·탄력** : 콜라겐, 엘라스틴, 펩타이드, 히알루론산, 세라마이드 등이 있다.
② **미백** : 비타민 C, 코직산, 알부틴, 감초 추출물, 상백피 추출물 등이 있다.
③ **진정** : 카모마일, 알란토인, 위치하젤, 프로폴리스, 아줄렌 등이 있다.
④ **세포재생** : 로열젤리, EGF(세포 생성 인자) 등이 있다.
⑤ **정화** : 캄파, 썰파, 클레이, 살리실산, 티트리 등이 있다.

3 피부 유형별 화장품 도포

(1) 피부 유형에 따른 기초 화장품의 선택

① **정상 피부 타입**
  ㉮ 가장 이상적인 피부 유형으로 유분과 수분의 밸런스가 알맞고 기능이 정상적으로 유지되는 피부이다.
  ㉯ 피부 표면과 피부결이 매끄럽고 피지 분비가 정상적이므로 촉촉한 피부로 유지된다.
  ㉰ 대부분의 화장품 사용이 가능하다.

② **지성 피부 타입**
  ㉮ 피지가 과다하게 분비되는 피부 유형이다.
  ㉯ 모공이 정상 피부보다 넓고 각질층이 두꺼운 피부로 환경적 요인도 무시할 수는 없지만 유전적 원인이 크게 작용하며 피부 표면이 번들거린다.
  ㉰ 젤타입의 기초화장품이 적합하다.

③ **건성 피부 타입**
  ㉮ 유분과 수분이 적게 분비되어 피부 표면에 주름이 생기기 쉬운 피부이다.
  ㉯ 피지 분비가 부족하여 수분을 보유하기 어렵고 모공이 작아 피부 표면은 매끄럽지만 탄력과 윤기가 없다.
  ㉰ 크림과 로션 타입의 기초화장품이 적합하다.

④ **민감성 피부 타입**
  ㉮ 피부가 건조하기 쉬우며 자극에 예민하다.
  ㉯ 피부 결이 섬세한 반면, 피부 조직이 얇아서 자주 붉어지기도 하며, 화장품 성분에 따라 민감해지기 쉬우므로 조심해야 한다.
  ㉰ 젤 타입과 오일 타입의 기초화장품이 적합하다.

⑤ **복합성 피부 타입**
  ㉮ 피지 분비량이 일정하지 않은 피부이다.
  ㉯ 두 가지 이상의 피부 유형이 나타나는 피부로 얼굴의 T-zone과 U-zone 또는 목의 피부가 지성, 건성, 정상 등 부위별로 다른 피부 유형을 나타낸다.
  ㉰ 피부 결이 전체적으로 균일하지 않고 T-zone 주위에는 유분기가 많은 반면 뺨 부위는 건조하여 눈가에 잔주름이 보이고 색소가 침착되기도 쉽다.

(2) 영양물질 도포 수행 순서

① 고객의 머리카락을 터번으로 감싼다.
② 관리자의 손을 위생적으로 청결하게 한다.
③ 고객의 피부 유형에 맞는 영양물질을 선택한다.
④ 영양물질 중 앰플의 경우 유리 파편이 튀지 않도록 안전에 유의하여 개봉한다.
  ㉮ 앰플이나 에센스 등 영양물질을 도포한다.

㉯ 흡수가 잘 되도록 토닥토닥 두드려 바르거나 쓸어서 펴바른다.
⑤ 영양물질을 얼굴에 펴바르고 피부에 잘 스며들도록 토닥토닥 펴바르거나 쓸어서 펴바른다.
⑥ 영양물질을 바를 때 제품이 눈이나 코, 입에 들어가지 않도록 주의하며 영양물질을 다 바른 후 흡수가 잘되도록 적외선을 조사할 수 있다.
⑦ 적외선을 조사할 경우 반드시 아이 패드(eye pad)를 한다.

4 피부 유형별 세부 특징 및 관리 방법

(1) 정상(중성) 피부

① **특징**
㉮ 피부 결이 부드럽고 탄력성이 우수하다.
㉯ 피부가 분홍빛을 띠며 표피의 두께가 알맞고 촉감이 좋다.
㉰ 모공이 작고 섬세하다.
㉱ 피지량이 적당하고 보습상태가 우수하여 피부가 매끄럽고 윤기가 있다.
㉲ 세안 후 피부 당김이 없고 촉촉하다.
㉳ 피부에 색소 침착이나 여드름, 잡티가 없다.
㉴ 주름이 없고 피부 조직이 정상적이다.

② **관리 방법**
㉮ 피부의 유·수분 밸런스를 조절하여 피부 보습 및 노화를 예방한다.
㉯ 규칙적인 딥클렌징으로 각질정상화를 유지한다.
㉰ 보습마스크나 영양마스크를 정기적으로 실시한다.
㉱ 계절과 나이에 맞게 화장품을 선택하여 꾸준히 사용한다.
㉲ 직사광선을 피하고 세안을 철저히 한다.
㉳ 균형 잡힌 식사습관으로 신체 건강과 피부 건강을 유지한다.
㉴ 천연보습인자(NMF), 콜라겐, 히아루론산 등 보습 성분과 비타민 A, E 등 노화방지 성분이 함유된 화장수, 로션, 크림 등을 사용하여 관리한다.

③ **피부관리 방법**
㉮ 클렌징 : 로션타입으로 노폐물 제거
㉯ 딥클렌징 : 주 1회 효소타입으로 관리
㉰ 화장수 : pH 균형을 위한 화장수 사용
㉱ 매뉴얼 테크닉 : 주 1회 보습 영양 크림이나 마사지 크림을 이용하여 혈액순환을 촉진
㉲ 팩 : 주 1회 보습효과 있는 팩 사용
㉳ 마무리 : 보습용 크림과 자외선 차단제 사용(보습과 보호에 중점)

(2) 건성 피부

① **특징**
- ㉮ 피지선과 한선의 기능 저하로 유분과 수분이 부족하다.
- ㉯ 피부 생리기능 저하와 수분 보유력 저하로 건조해진 피부를 말한다.
- ㉰ 콜라겐과 엘라스틴의 변성, 섬유아세포 등의 문제점이 발생한 것이다.
- ㉱ 세안 후 피부 당김이 심하며 건조하고 윤기가 없다.
- ㉲ 잔주름이 쉽게 보이며 피부 늘어짐으로 피부 노화가 느껴진다.
- ㉳ 화장이 잘 받지 않고 들떠 보인다.

② **관리 방법**
- ㉮ 비누세안을 피하고 전문 클렌징 제를 이용하여 세안한다.
- ㉯ 보습 성분(콜라겐, 히알루론산, NMF(천연보습인자))의 제품을 꾸준히 사용한다.
- ㉰ 알코올 함량이 높은 화장품을 사용하지 않아야 한다.
- ㉱ 뜨거운 물, 잦은 사우나 등을 피하고 미지근한 물로 세안한다.
- ㉲ 눈 주위, 입 주위는 전용 제품을 사용하여 주름을 예방한다.
- ㉳ 비타민 A, 비타민 E 등의 노화방지 제품을 발라준다.
- ㉴ 아침에는 보습영양크림, 저녁에는 유분영양크림을 사용한다.
- ㉵ 계절에 따라 피부에 맞게 제품을 구별하여 사용한다.
- ㉶ 수분을 충분히 섭취하고 건조한 환경을 만들지 않는다.
- ㉷ 화장수도 보습기능이 좋은 제품을 사용하는 것이 좋으며, 크림도 세라마이드나 콜라겐, 히아루론산, 호호바 오일 등 유분과 수분을 보충해 주는 성분이 들어있는 제품을 사용한다.

③ **피부관리 방법**
- ㉮ 클렌징 : 로션타입이나 크림타입을 이용하여 노폐물 제거
- ㉯ 딥클렌징 : 주 1회 효소타입으로 관리
- ㉰ 화장수 : 알코올 함량이 낮고, 보습효과가 높은 화장수 사용
- ㉱ 매뉴얼 테크닉 : 주 1회~2회 보습 영양 크림이나 마사지 크림을 이용하여 혈액순환을 촉진
- ㉲ 팩 : 주 1회~2회 콜라겐, 히아루론산, 세라마이드 등의 성분이 함유된 보습효과가 높은 팩 사용
- ㉳ 마무리 : 잔주름 예방을 위한 아이크림의 도포와 보습용 크림, 자외선 차단제 사용

> **건성 피부의 원인**
> - 자외선 과다 노출 및 심한 일광욕
> - 차가운 바람, 냉난방 부작용
> - 잘못된 클렌징 습관, 잦은 사우나

(3) 지성 피부

① 특징
㉮ 과잉 피지 분비로 피부 번들거림이 심하다.
㉯ 자외선에 의한 색소 침착이 잘 된다.
㉰ 면포 등의 여드름이 발생할 수 있다.
㉱ 피부가 두껍고 매끄럽지 않아 거친 느낌을 준다.
㉲ 모공이 넓고 피부가 오돌토돌한 느낌으로 불투명해 보인다.
㉳ 건성피부에 비하여 자극에 강하며 민감하게 반응하지 않는다.
㉴ 각질층의 비후 현상으로 피부가 두껍고 거칠다.
㉵ 화장의 지속성이 떨어지고 잘 받지 않는다.

② 관리 방법
㉮ 수렴화장수를 사용한다.
㉯ 비누 사용을 피하고 약산성 상태의 클렌징 제를 사용하여 꼼꼼히 세안한다.
㉰ 유분이 많이 함유된 크림이나 오일은 사용을 자제한다.
㉱ 주 2회 정도 딥클렌징을 이용하여 각질 주기를 정상화시킨다.
㉲ 항염, 수렴 작용의 마스크를 규칙적으로 실시한다.
㉳ 오일이 많이 함유된 파운데이션이나 메이크업 제품의 사용은 지양한다.
㉴ 화장품은 유분이 적거나 들어있지 않은 오일프리(Oil Free) 제품을 사용하고, 피지분비를 억제하거나 모공수축 효과가 있는 지성용 화장수를 사용하는 것이 좋다.

③ 피부관리 방법
㉮ 클렌징 : 오일 성분이 없는 젤타입을 사용
㉯ 딥클렌징 : 주 1회 효소타입이나 고마쥐 타입을 선택하여 묵은 각질과 피지를 제거하여 관리
㉰ 화장수 : 수렴효과가 높은 화장수 사용
㉱ 매뉴얼 테크닉 : 주 1회 지용성 보습 크림이나 유분함량이 적은 마사지 크림을 이용하여 비교적 짧은 시간에 관리
㉲ 팩 : 주 1회~2회 보습 및 피지 흡착의 효과가 높은 클레이 팩을 사용
㉳ 마무리 : 지성 피부용 보습크림과 자외선 차단제 사용

지성 피부의 원인
- 남성호르몬의 과다 분비
- 과도한 스트레스
- 고온다습한 기후 및 환경오염
- 갑상선 호르몬의 불균형 및 위장장애

(4) 민감성 피부

① 특징
- ㉮ 피부 결이 얇고 투명하며 예민하다.
- ㉯ 모세혈관이 피부 밖으로 투영되어 보인다.
- ㉰ 예민 부위에 피부 색소 침착 현상이 나타난다.
- ㉱ 표피의 수분 함유량이 적어 피부 당김이 느껴지고 쉽게 건조해진다.
- ㉲ 화장품 등 새로운 제품에 대해 예민하게 반응한다.
- ㉳ 눈이나 입가에 잔주름이 잘 생긴다.
- ㉴ 자외선이나 바람에 예민하게 반응하여 붉은 반점이나 가려움증을 나타낸다.

② 개선 방법
- ㉮ 최대한 피부 자극을 줄인다.
- ㉯ 비누의 사용을 금하고 무알코올 화장수를 사용해야 한다.
- ㉰ 무알코올, 무향, 무색소, 무방부제 제품을 사용해야 한다.
- ㉱ 유분기를 많이 함유한 영양크림의 사용을 자제한다.
- ㉲ 수분공급, 피부보호 등을 위한 제품을 사용해야 한다.
- ㉳ 고농도 성분 제품, 향료, 활성성분, 유기산 등의 제품 사용을 자제한다.
- ㉴ NMF, 히아루론산, 콜라겐, 아줄렌, 위치하젤, 비타민 P 등 피부 진정, 보습이 뛰어난 제품을 선택한다.

③ 피부관리 방법
- ㉮ 클렌징 : 저자극의 민감성 전용 클렌징제를 사용
- ㉯ 딥클렌징 : 물리적인 제품을 피하고 저자극의 크림타입을 사용하여 2주에 1회 시행, 민감도에 따라 생략 가능함
- ㉰ 화장수 : 진정 및 보습효과가 있는 무알코올 화장수 선택
- ㉱ 매뉴얼 테크닉 : 민감성 전용 보습 크림을 이용하여 부드럽고 짧게 실시
- ㉲ 팩 : 수분공급과 진정효과가 우수한 아줄렌 성분의 팩제를 선택하여 주 1회 실시
- ㉳ 마무리 : 민감성 피부용 보습크림을 사용하고, 자외선 차단제 사용

(5) 복합성 피부

① 특징
- ㉮ 한 사람의 얼굴에서 여러 가지의 피부 유형이 나타나는 피부유형이다.
- ㉯ T-존 부위에 지성피부의 특징으로 번들거리고 면포 등의 여드름이 생길 수도 있다.
- ㉰ T-존을 제외한 나머지 부위에 세안 후 피부 당김이 느껴진다.
- ㉱ 이마에 기름기가 많고 여드름이 보이기도 한다.
- ㉲ 피부 조직이 전체적으로 일정하지 않고 두께감도 다르다.

② 관리 방법
- ㉮ 부위별 다른 피부 관리법을 적용한다.
- ㉯ T-존 부위는 청결 위주의 딥클렌징을 규칙적으로 실시한다.

㉰ U-존 부위는 건성이나 예민 피부의 관리방법을 적용한다.
　　㉱ 건조한 뺨 부위에 유·수분 함유 크림을 도포한다.
　　㉲ 로션이나 크림, 팩류를 두 가지 타입의 제품을 선정하여 부위별로 차별적으로 적용한다.
　③ **피부관리 방법**
　　㉮ 클렌징 : 로션타입을 선택하여 사용
　　㉯ 딥클렌징 : T존은 물리적 제품(고마쥐, 스크럽)을 사용하고, U존은 효소타입을 사용
　　㉰ 화장수 : 보습과 수렴효과가 좋은 화장수 선택
　　㉱ 매뉴얼 테크닉 : 주 1회 보습용 영양 크림이나 마사지 크림을 이용하여 혈액순환 촉진
　　㉲ 팩 : T존은 피지 흡착에 효과가 좋은 크레이 팩을 사용하고, U존은 보습효과가 좋은 팩으로 1회 관리
　　㉳ 마무리 : 보습용 크림을 사용하고, 자외선 차단제 사용

(6) 노화 피부

　① **특징**
　　㉮ 나이가 들어감에 따라 발생하는 자연 노화와 지속적인 자외선 조사로 인하여 표피에서 진피에 이르기까지 피부조직학적 변화를 일으키는 광노화가 있다.
　　㉯ 탄력섬유와 교원섬유의 감소와 변성으로 피부 탄력성 및 신축성이 저하된다.
　　㉰ 세포 분열의 저하로 새 세포 형성 둔화 및 과각질화 현상이 나타난다.
　　㉱ 세포와 조직의 탈수현상으로 피부 건조 및 주름과 피부탄력 저하현상이 나타난다.
　　㉲ 신진대사 및 피부 면역 기능이 저하된다.
　　㉳ 자외선에 대한 방어 능력 저하 및 피부암을 유발한다.
　② **원인**
　　㉮ 피부탄력성 저하, 주름 형성, 노인성 반점, 주근깨, 지루성 각화증이 발생한다.
　　㉯ 콜라겐과 엘라스틴의 변성으로 피부 주름을 유발한다.
　　㉰ 모세혈관의 수가 감소하여 혈액순환과 림프의 순환을 저해한다.
　　㉱ 색소침착 현상, 피부 건조증, 피부암 등 유발 원인이 된다.
　③ **관리 방법**
　　㉮ 규칙적인 운동과 식습관으로 신체건강을 유지한다.
　　㉯ 현재의 피부 상태를 유지하기 위하여 꾸준한 피부 관리를 실시한다.
　　㉰ 기능성 제품의 화장품 사용으로 피부 보습력 및 탄력을 개선한다.
　　㉱ 보습과 피부재생 효과가 큰 콜라겐, 히아루론산, 로즈힙 오일, 레티놀, 태반 추출물, 세라마이드, 비타민 E 등이 함유된 제품을 사용한다.

(7) 모세혈관 확장 피부

　① **특징**
　　㉮ 주로 여성에게 나타나며, 나이가 들면 심해진다.
　　㉯ 지성이나 여드름 피부가 장기화될 때 발생된다.

㉰ 피부가 대체로 얇고, 피부색이 청백색으로 탄력이 적고, 혈관이 약간 비친다.
㉱ 모세혈관이 반복적으로 확장되어 코와 뺨 부위에 피부가 항상 붉은 색을 나타낸다.
㉲ 혈관의 탄력이 저하되고 온도의 변화에 쉽게 붉어진다.

② 관리 방법
㉮ 알코올, 카페인 하유 식품 등 자극적인 음식을 삼간다.
㉯ 모세혈관 확장 피부의 얼굴에는 아줄렌, 알로에, 루틴 등의 화장품 성분이 함유된 것을 사용한다.
㉰ 혈관 확장 부위는 안면 진공 흡입기(석션기)를 사용하지 않는다.
㉱ 자극적인 피부미용기기를 삼간다.
㉲ 비타민 C, P, K의 섭취를 하도록 한다.
㉳ 매뉴얼 테크닉은 주로 림프 드레나쥐를 주로 시행한다.

(8) 여드름 피부

① 특징
㉮ 피지분비가 많아 번들거리며 피부가 두껍고 거칠다.
㉯ 화장이 잘 지워지고 시간이 지날수록 칙칙하다.
㉰ 여드름은 사춘기에 왕성하게 발달하지만 30대 이후의 성인들도 스트레스 등으로 성인 여드름이 발생하기도 한다.

② 관리 방법
㉮ 알코올 함량이 높은 소독 기능이 있는 여드름용 화장품을 사용한다.
㉯ 클렌징은 여드름 전용세정제를 사용한다.
㉰ 지나치게 얼굴 피부가 당길 때에 수분크림이나 에센스를 사용한다.
㉱ 지나친 당분이나 지방섭취는 피하는 것이 좋다.
㉲ 살리실산, 아줄렌, 카오린 등의 함유된 화장품을 사용하는 것이 효과적이다.
㉳ 주 2~3회 효소필링제와 AHA를 사용하여 각질과 피지를 제거하여 피지의 배출을 원활하게 한다.

(9) 색소침착 피부

① 특징
㉮ 자외선 및 생리, 임신, 여성호르몬 및 멜라닌 자극 호르몬의 증가, 잘못된 식습관, 스트레스로 인하여 멜라닌 색소의 과다 분비로 색소 침착되는 피부이다.
㉯ 색소침착 피부의 종류는 기미, 주근깨, 노인성 반점(검버섯), 안면 흑피증 등이 있다.

② 관리 방법
㉮ 자외선 차단제를 골고루 펴 바른다.
㉯ 멜라닌 합성을 저해하고 활성산소를 제거할 수 있는 비타민 C, 알부틴, 상백피 추출물, 감초 추출물, 코직산, 하이드로 퀴논, 비타민 E, 녹차추출물, 코엔자임 Q10 등이 들어있는 미백전용 화장품을 사용한다.

Lesson 04 매뉴얼 테크닉

1 매뉴얼 테크닉의 목적 및 효과

(1) 매뉴얼 테크닉의 정의
① 손을 이용하여 5가지 기본 동작으로 리듬, 강·약, 속도, 시간, 밀착 등을 조절하여 적용하는 테크닉으로 신진대사와 혈행을 촉진함으로써 피부의 기능을 향상시키고 피로를 풀어주는 피부관리를 말한다.
② 마사지(매뉴얼 테크닉)는 그리스어의 문지르다, 반죽하다, 쓰다듬다에서 유래되었다.

(2) 매뉴얼 테크닉의 효과
① 생활환경에서 오는 스트레스에 지친 피부를 회복시킨다.
② 신진대사를 촉진시키고 피부의 기능을 회복시킨다.
③ 긴장감 있고 안정감 있는 피부상태를 만든다.
④ 피부를 촉촉하고 윤기있고 건강하게 유지시킨다.

> **매뉴얼 테크닉의 방향**
> - 코를 중심으로 안에서 밖으로, 아래에서 위로(턱 → 이마) 근육의 결을 따라서 테크닉한다.
> - 각 동작의 압력의 방향은 정맥 방향으로 한다.

2 매뉴얼 테크닉의 종류 및 방법

(1) 매뉴얼 테크닉의 기본동작
① **쓸어서 펴바르기(쓰다듬기, efleurage) - 경찰법, 무찰법**
  ㉮ 방법 : 손바닥을 이용하여 피부 표면을 쓰다듬는 동작으로 피부 표면에 모세 혈관을 확장시켜 혈액을 피부 표면에 많이 흐르게 하며 신경을 알맞게 자극한다. 매뉴얼 테크닉의 처음과 마무리 단계에 쓰인다.
  ㉯ 효과 : 피부 진정 및 림프 배액을 촉진하고 노화된 각질을 제거하는 세정 효과와 켈로이드 생성을 억제하는 효과가 있다.
② **밀착하여 펴바르기(문지르기, friction) - 강찰법, 마찰법**
  ㉮ 방법 : 쓰다듬기보다 조금 더 깊은 조직에 효과가 있으며 주름이 생기기 쉬운 부위에 주로 많이 쓰인다. 손가락의 첫 마디 부분을 이용하여 나선을 그리듯 움직이는 동작으로 주로 중지(3번째 손가락), 약지(4번째 손가락)를 많이 쓴다.

㉯ 효과 : 조직의 혈액을 촉진하고 결체조직을 강화시켜 탄력을 주고 모공의 피지를 배출하는 효과가 있다.

③ **어루만져 펴바르기(반죽하기, petrisage) – 유찰법, 유연법**
   ㉮ 방법 : 근육을 쥐고 손가락 전체를 이용하여 반죽하듯이 주물러 부드럽게 하는 방법이다.
   ㉯ 효과 : 근육의 혈액을 촉진하고 노폐물을 제거하며 근육 피로와 통증을 완화하는 효과가 있다.

④ **토닥토닥 펴바르기(두드리기, tapotement) – 고타법, 경타법, 타진법**
   ㉮ 방법 : 얼굴 부위에 따라 두드리기 강도를 결정한다. 손가락을 이용하여 빠른 동작으로 리듬감 있게 두드린다. 영양을 고루 흡수시키기 위해서 가볍게 두드린다.
   ㉯ 효과 : 근육 위축과 지방 과잉 축적을 방지하고 신진대사를 촉진시켜 신경 조직 기능을 활성화시키는 효과가 있다.

⑤ **떨며 펴바르기(흔들어주기, vibration) – 진동법, 흔들기**
   ㉮ 방법 : 손끝이나 손 전체로 얼굴을 진동시킨다.
   ㉯ 효과 : 근육을 이완시키고 결체조직 탄력을 증진시켜 림프와 혈액순환을 촉진하는 효과가 있다.

(2) 주무르기 및 두드리기의 손동작

① **주무르기(유연법)의 손동작**
   ㉮ 풀링(pulling) : 강한 동작으로 피부를 주름잡듯이 하는 동작
   ㉯ 린징(wringing) : 양손으로 강하게 근육을 서로 반대 방향으로 비트는 동작
   ㉰ 롤링(rolling) : 양 손바닥을 이용하여 근육을 뼈에 대고 누르며 나선형으로 돌리는 동작
   ㉱ 처킹(chucking) : 근육을 집고 뼈를 따라 상하로 움직이는 동작

② **두드리기의 손동작**
   ㉮ 태핑(tapping) : 손가락의 바닥면을 이용하여 두드리는 동작
   ㉯ 슬래핑(slapping) : 손바닥을 이용하여 두드리는 동작
   ㉰ 커핑(cupping) : 손바닥을 오목하게 하여 두드리는 동작
   ㉱ 해킹(hacking) : 손의 바깥 옆면이나 손등을 이용하여 두드리는 동작
   ㉲ 비팅(beating) : 주먹을 가볍게 쥐고 두드리는 동작

(3) 매뉴얼 테크닉의 시술 방법

① 자세는 발의 어깨 넓이로 벌리고 손목에 힘을 빼고 시술한다.
② 손동작은 멈추지 않고 물이 흐르는 느낌으로 자연스럽게 유연하게 한다.
③ 방향은 안에서 밖으로, 아래에서 위로하고, 근육의 결 방향으로 하고, 말초신경에서 심장 방향으로 시술한다.
④ 힘의 속도 압력을 조절하여 시술하되, 힘의 세기와 분배를 생각하여 시술한다.
⑤ 알맞은 속도와 리듬감을 준다.

(4) 매뉴얼 테크닉 적용 시 피부 유형별 제품 선택

매뉴얼 테크닉 적용 시 피부 유형에 따라 오일, 크림, 로션, 젤 등을 선택하여 사용한다.

① **오일** : 건성 피부, 노화 피부
② **크림** : 정상 피부, 건성 피부, 노화 피부
③ **로션** : 예민 피부, 민감 피부
④ **젤** : 지성 피부

📖 얼굴의 경혈점과 효과

- 인당 : 양쪽 눈썹 사이 중앙에 위치하며, 뇌파를 자극해서 마음의 눈을 열어 준다.
- 찬죽 : 눈썹 머리 내측 약간 들어간 곳으로 눈의 떨림, 부음, 눈 주위의 잔주름을 예방한다.
- 정명 : 눈머리와 코 사이 들어간 부분으로 눈을 상쾌해지고 아름답게 한다.
- 사죽공 : 머리의 탁한 기운과 피로를 회복시켜 주고 내장 기능을 조절한다.
- 동자료 : 눈꼬리 들어간 부분으로 눈 주위 잔주름 예방을 한다.
- 승읍 : 눈 주위 주름을 완화하고 눈가 늘어짐을 방지한다.
- 거료 : 콧방울 외측에서 약 2cm 떨어진 사백 바로 아래로 볼의 피로를 덜어 준다.
- 영향 : 콧방울 바로 옆으로 볼의 피로를 덜어 준다.
- 인중 : 안면 근육이 경직되는 것을 예방한다.
- 지창 : 입술 끝 외측에서 약 1cm 부위로 입 주위 주름을 예방한다.
- 승장 : 아랫입술 중앙 아래로 입 주위 피로를 덜어주고 주름을 예방한다.
- 대영 : 볼이 늘어짐을 방지한다.
- 청회 : 안면 근육경직과 안면이 붉어지는 증세를 방지한다.
- 청궁 : 안면 주름을 예방한다.
- 이문 : 피부색을 아름답게 하고 턱 선의 비대칭을 방지한다.
- 태양 : 뇌하수체와 관련되어 마음을 안정시켜 준다.
- 백회 : 두정부에 있으며 신경을 진정시키는 효과가 있다.
- 예풍 : 얼굴 근육이 경직되는 것을 예방한다.

📖 매뉴얼 테크닉 시 유의사항

- 손톱을 짧게 하고 청결을 유지한다.
- 시술자의 손과 고객의 피부 온도를 맞추어 따뜻하게 유지한다.
- 크림이나 팩제가 눈, 코, 입에 들어가지 않도록 주의한다.
- 피부 타입과 상태에 따라 동작을 조절한다.
- 모든 매뉴얼 테크닉 동작은 리듬감 있게 한다.
- 충분한 휴식을 위하여 주변을 조용하고 편안하게 만들어 준다.

Lesson 05 팩·마스크

1 팩·마스크 목적 및 효과

(1) 팩·마스크의 개요
① 팩이란 원래 패키지(Package) 즉 '포장하다' 또는 '둘러싸다'에서 유래되었고, 유럽에서는 주로 마스크(Mask)로 통용되고 있는데 외부 공기와의 차단 여부에 따라 분류하는 게 일반적이다.
② 팩은 도포 후 차단막을 형성하지 않고, 외부 공기와 통하여 굳지 않는 반면 마스크는 딱딱하게 굳어서 외부의 공기와 수분을 차단해 피부를 유연하게 하고, 유효성분의 흡수를 돕는다.
③ 팩·마스크는 피부에 균일한 두께로 얼굴 표면에 도포하여 일정 시간이 지난 후 닦아내는 행위이다.
④ 주요 성분은 피막 형성제, 보습제를 기본으로 하여 에탄올, 가용화제 등이 배합되어 있다.

(2) 팩·마스크의 목적
① 피부의 신진대사와 피로회복과 혈액 순환을 활성화시켜 보습 작용, 청정 작용, 혈행 촉진 작용을 상승시키는 것을 목적으로 한다.
② 피부 탄력 강화, 잔주름의 완화, 흡착 작용을 통한 노폐물 제거, 피부의 수분 증발을 억제한다.

(3) 팩의 기능 및 효과
① **팩의 기능**
  ㉮ 보습작용 : 팩제에 함유된 성분들을 피부 깊숙이 침투시켜 피부에 보습력과 탄력을 높이고 잔주름 예방에도 효과적
  ㉯ 청정작용 : 더러움을 제거하여 피부를 맑고 깨끗하게 해 주는 효과
  ㉰ 혈행촉진작용 : 팩제를 바르면 피부 온도를 높이면서 혈액순환과 분비물을 배출시켜 피부의 혈행(피의 흐름)을 촉진
② **팩의 효과**
  ㉮ 피부 신진대사 촉진과 적당한 긴장감 부여
  ㉯ 외부 공기와의 일시적 차단으로 영양 성분 흡수가 용이함
  ㉰ 수분 유지의 보습작용으로 피부 유연효과
  ㉱ 흡착작용에 의한 피부 노폐물 제거로 청정작용

(4) 마스크와 팩의 차이점
① **마스크**
  ㉮ 특징 : 얼굴에 바른 후 딱딱하게 굳어 공기가 통하지 않는다. 외부 공기를 차단하여 막을 형성하므로 이산화탄소, 수분, 열이 통과하기 어렵다.

㉯ 작용 및 효능 : 혈액순환과 신진대사를 활발하게 하여 피부가 팽창되고 온도가 상승하여 모공과 모낭이 확장된다.

② 팩
㉮ 특징 : 얼굴에 바른 후 공기가 통하기 때문에 잘 굳지 않는다. 차단막이 형성되지 않으므로 이산화탄소, 열, 수분을 통과시킬 수 있다.
㉯ 작용 및 효능 : 모세혈관이 수축되고 피부 온도가 저하되어 보습력을 부여하며, 피부의 죽은 각질과 지방질을 제거한다. 또한 모공과 모낭을 수축해 피부에 긴장감을 주고 산소 및 이산화탄소, 가스, 열 등을 운반한다.

2 팩·마스크의 종류

(1) 팩·마스크의 종류

① **필 오프 타입(Peel-off type)** : 굳어서 필름처럼 떼어내는 타입으로 팩제가 건조되면 피부 표면에 피막이 형성되고, 떼어 내는 과정에서 피부가 깨끗해지고, 피부에 긴장감과 탄력도를 부여한다.
  ㉮ 젤리상 : 투명 또는 반투명 젤리상으로 도포·건조 후 투명한 피막을 형성하여 피막을 제거하면 보습, 유연, 청정 효과가 있다.
  ㉯ 페이스트상 : 분말, 유분, 보습제를 비교적 많이 배합할 수 있기 때문에 건조 후 피막을 형성하고, 제거 후에는 촉촉함을 부여한다.
② **굳은 후 떨어지는 타입** : 분말상으로 석고 팩이라 불리고, 석고 성분인 황산칼슘으로 열감을 부여하는 제품이다.
③ **씻어내는 타입(Wash-off type)** : 크림 타입, 거품 타입, 젤 타입, 클레이 타입 등의 다양한 종류가 있으며 팩 제를 바른 뒤 일정한 시간이 지나면 물로 씻어 준다.
④ **시트타입(Sheet type)**
  ㉮ 영양물질을 건조시킨 시트 타입으로 유효 성분이 흡수된 후 제거하는 방법이다.
  ㉯ 자극이 적고 영양 물질의 공급과 보습 효과가 뛰어나며, 피부에 탄력을 증진시킨다.
  ㉰ 사용이 간편한 형태의 마스크로 화장수나 에센스를 침적시킨 부직포 타입도 있다.

(2) 제품 성상에 따른 종류

① **크림상** : 건성 노화 피부에 적합하며 영양, 보습, 진정에 효과적이다. 일반적으로 O/W 유화타입의 크림상 제제이다.
② **점토상** : 피지 흡착 효과가 뛰어나고 안색 정화 효과가 있어 피지 분비 조절이 필요한 여드름 피부와 지성 피부에 효과적이다. 일명 클레이 팩이라 불리운다.
③ **젤리상** : 자극이 적으며 보습, 진정효과가 있어서 예민성 피부에 효과적인 수용성 고분자를 이용한 제품이다.
④ **파우더상** : 여러 용도에 맞는 다양한 재료로 구성되어 있으며 증류수, 앰플, 젤을 섞어서 사용한다.
⑤ **점액상** : 피부 진정, 수분 공급과 혈액 순환에 효과적이며 모든 피부에 사용 가능하다.

⑥ **에어로졸상** : 기포 발생으로 기화열이 생겨 청량감을 부여한다.
⑦ **왁스상** : 왁스의 온도와 밀봉 요법을 이용하여 영양물질 침투를 촉진시키며 피부의 탄력성과 보습력을 증진시킨다. 건성 피부 및 노화 피부 적합하다.

(3) 기능성 특수 팩

① **석고 마스크**
㉮ 열작용과 압력에 의한 유효성분이 피부 속에 침투하는 것을 도와준다. 노폐물 배출을 돕고, 늘어진 피부를 탄력 있게 한다. 미네랄 성분의 공급으로 염증을 완화시킨다.
㉯ 노화 피부나 건성 피부에 효과적이며, 민감성, 모세혈관 확장 피부, 화농성 여드름의 피부는 되도록 피한다.

② **모델링 마스크**
㉮ 해초 추출물의 알긴산을 원료로 피부의 영양을 공급하고, 유효성분이 보다 효과적으로 흡수되도록 도와주며, 신진대사 촉진, 진정, 탄력 부여, 수분공급 및 피부 재생효과에 뛰어나다.
㉯ 모든 피부 유형에 가능하며, 민감성 피부와 여드름 피부에 효과적이다.

③ **콜라겐 벨벳 마스크**
㉮ 콜라겐을 건조시켜 종이 형태로 만든 것으로 피부의 재생 및 노화 예방, 피부 탄력, 미백에 효과적이다.
㉯ 모든 피부 유형에 가능하며, 특히 건성 피부, 노화 피부, 여드름 피부, 필링 후 재생관리에 효과적이다.

④ **파라핀 마스크**
㉮ 파라핀의 열과 오일이 모공을 열어 노폐물을 제거하고, 유효성분을 깊이 침투시킨다. 보습력이 강하고, 발열 작용으로 혈액순환에 도움을 준다.
㉯ 모든 피부에 효과적이며, 건성 피부와 노화 피부에 더욱 효과적이다.

3 팩·마스크의 사용방법

(1) 팩의 사용방법

① 팩은 피부 유형에 따라 적합한 종류를 선택 후 사용하며 복합성 피부인 경우 피부 부위별 특성에 따라 두 종류 이상을 선택하여 사용한다.
② 피부 유형에 알맞은 팩을 선택하여 팩의 제품을 팩 볼에 덜어서 사용한다.
③ 팩 붓을 이용하여 일정한 두께로 바르고, 체온이 낮은 "볼 → 턱 → 코 → 이마 → 목"의 순서로 아래쪽에서 위쪽으로 얼굴 근육 방향을 고려하여 펴 바른다.
④ 팩을 제거할 때는 아래쪽에서 위쪽으로 한다. 젤이나 크림 형태의 팩은 눈 부위는 진정용 화장수를 화장솜에 적신 후 눈과 입을 가리고 눈과 입을 제외한 얼굴과 목에 도포한다.

(2) 팩의 분류에 따른 사용

① **필 오프 타입(Peel-off type)**
   ㉮ 바른 후 건조된 피막을 떼어내는 타입
   ㉯ 건조되는 동안 긴장감을 주어 피부에 탄력을 부여
   ㉰ 피부의 노폐물과 죽은 각질 세포 등을 함께 제거함으로써 청결한 피부 유지
   ㉱ 떼어낼 때 자극이 될 수 있기 때문에 민감성 피부나 여드름 피부는 사용 자제

② **워시 오프 타입(Wash-off type)**
   ㉮ 바른 후 20~30분 경과 후 따뜻한 물로 씻어내는 타입
   ㉯ 머드(Mud)나 클레이(Clay) 등을 함유하여 피지 흡착과 각질 제거 기능 보유
   ㉰ 지성 피부나 T존 부위에 사용
   ㉱ 상쾌한 사용감을 느낄 수 있어 여름철에 사용하면 효과적
   ㉲ 카올린(Kaolin), 알란토인(Allantoin) 등의 성분 함유로 피부 재생과 진정 효과

③ **티슈 오프 타입(Tissue-off type)**
   ㉮ O/W 타입의 크림 형태로 도포 후 10~15분 경과 후 티슈로 닦아내는 타입
   ㉯ 사용이 간편하고 보습력이 우수하나 다른 팩에 비해 긴장감과 청량감이 떨어짐
   ㉰ 민감성 피부에 적합

④ **시트 타입(Sheet type)**
   ㉮ 부직포나 거즈 등에 팩 제품을 발라 피부 위에 붙였다 떼어내는 타입
   ㉯ 사용이 쉽고 간편함
   ㉰ 원하는 부위에 집중 관리가 가능(코 등)

(3) 팩·마스크 사용 시 주의사항

① 눈썹, 눈 주위, 입술 위는 팩이나 마스크의 사용을 금한다.
② 피부에 상처가 있을 경우는 피한다.
③ 고객의 알레르기 여부를 확인 후 시술한다.
④ 팩의 효능과 온도를 고객에게 미리 숙지시킨다.
⑤ 천연 팩은 반드시 사용 직전에 만들어야 한다.
⑥ 팩 제가 눈, 코, 입 주변에 흘러내리지 않도록 주의한다.
⑦ 시술 중 얼굴이 움직이지 않도록 한다.
⑧ 적용 시간을 엄수한다.

기타 피부관리

CHAPTER 03

Lesson 01 제모

1 제모의 목적 및 효과

(1) 제모(Waxing)의 개요
① 제모는 피부 표면에서 털이 제거되는 면도나 화학적 제모와 달리 모근으로부터 털이 제거되는 방법으로 피부 관리실에서 사용하는 불필요한 털 제거방법이다.
② 전 세계적으로 왁싱(Waxing)이라는 명칭으로도 사용하고 있다.
③ 제모는 논스트립(non-strip) 방법으로 사용되는 하드 왁스를 이용한 제모와 스트립(strip) 방법으로 사용되는 소프트 왁스를 이용한 제모가 있다.

(2) 제모의 효과
① 신체 중 노출 부위의 털을 제거하여 미용상 매끄럽고 아름다운 피부를 표현한다.
② 미용 목적과 함께 개인의 위생과 청결에도 도움을 준다.

2 제모의 종류 및 방법

(1) 제모의 종류
① **일시적 제모(Depilation)** : 반복적 관리가 필요한 털(毛)의 모간만을 제거하거나 모근까지 제거하는 방법
  ㉮ 물리적 제모 : 면도기를 이용한 제모(Shaving), 핀셋을 이용한 제모(Tweezing), 실면도 (Banding), 왁스를 이용한 제모(Waxing) 등
  ㉯ 화학적 제모 : 크림이나 액체 연고 형태에 함유된 화학 성분으로 털을 연화시켜 피부와 모간을 제거하게 하는 방법
② **영구적 제모(Epilation)** : 모낭을 파괴하여 털을 제거하는 방법으로 효과가 오랫동안 지속됨
  ㉮ 전기 분해법
  ㉯ 전기 응고법
  ㉰ 레이저 요법 등

(2) 왁스의 종류

① **온왁스** : 고체의 온왁스를 사용하기 전에 미리 녹여서 사용
　㉮ 하드왁스 : 녹인 왁스를 피부에 바르고 굳혀서 왁스 자체를 떼어내는 방법이다.
　㉯ 소프트 왁스 : 가장 널리 사용되는 방법으로 유동상태의 왁스를 피부에 바른 후 면패드를 부착하여 한 번에 떼어낸다.
② **냉왁스** : 데울 필요 없이 유동상태로 바로 사용하는 왁스
　㉮ 언제나 빠른 시간에 사용할 수 있다.
　㉯ 온왁스에 비하여 제모능력이 떨어진다.

> **왁스를 이용 제모의 장점**
> - 털의 제거와 동시에 각질이 제거되어 피부가 매끄러워진다.
> - 모근 제거로 인해 다음 모의 성장이 느려지며 모가 가늘고 수가 감소한다.
> - 넓은 부위의 모를 빠른 시간에 제거할 수 있다.
> - 전기 요법으로 제거가 불가능한 솜털까지 깨끗하게 제거된다.

(3) 제모 시 부적용 대상

① 피부에 창상, 타박상, 찰과상 등의 상처와 염증이 있는 경우
② 사마귀 또는 점 부위에 털이 있는 경우
③ 정맥류 등의 혈관의 이상이 있는 경우
④ 일광 화상, 땀띠, 선탠 후 48시간 이내
⑤ 장시간 목욕이나 사우나 직후
⑥ 골절(3개월 이내), 반흔 조직(2년 이내 대수술 흉터, 6개월 이내 작은 흉터)이 있는 경우
⑦ 아토피, 켈로이드, 화농성 피부
⑧ 생리 중이거나 임신 중인 경우(호르몬 변화에 의해 피부가 예민한 시기)
⑨ 스테로이드 약을 장기 복용하고 있는 경우
⑩ 암 치료(화학적 요법이나 방사선 치료는 민감성을 높일 수 있다. 마지막 암 치료를 받고 6주가 지난 후 제모를 하는 것이 좋다.)
⑪ 간질(간질 환자의 경우 오랜 기간 동안 증상이 없었거나 쉽게 타박상을 일으키지 않는 약제를 사용하는 경우가 아니라면 제모는 금기 사항이다. 그러므로 제모관리를 받기 전에 의사의 승인이 있어야 한다.)
⑫ 혈우병(혈우병이 있는 고객은 제모를 하면 안 된다. 성장기의 털을 제거할 때 출혈이 일어날 수도 있기 때문이다. 성장기의 털을 제거하면 혈액 흐름이 피부의 모유두까지 가는 것을 막아서 모낭에서 출혈이 일어난다.)

⑬ 포진, 단순포진(헤르페스가 있는 고객은 증세가 심할 때는 제모를 하면 안 된다. 제모 전에 예방 치료를 해야 한다.)
⑭ 피부의 민감도 부족(심장병, 당뇨병, 여러 가지 경화증으로 인한 생긴 순환 장애는 피부의 민감도가 떨어지게 한다. 이런 고객은 화상 상처, 감염의 위험이 높아지므로 제모를 하면 안 된다.)
⑮ 검은 점, 쥐젖, 사마귀(모든 검은 점은 제모를 피해야 한다. 반점으로 의심되는 것이나 크기, 모양, 색깔이 암의 전조가 되는 것, 모발이 자라나는 등의 사마귀는 의사의 허락 없이는 제모를 하면 안 된다.)
⑯ 활동성 바이러스가 있는 경우
⑰ 피부의 감각이 없어 둔한 곳
⑱ 살리실산, 알파하이드록시산, 효소(피부 타입과 상태에 따라 제모 3일 전에는 사용을 중단한다. 피부 상태에 따라 3~4일 후에 재사용한다.)
⑲ 피부 장애(습진, 지루, 건선)가 있는 경우

(4) 제모 후 주의 사항

① 제모 부위는 빨갛게 달아오르거나 가려울 수 있으나 손으로 긁지 않는다.
② 제모 후 24시간 이내에는 세균 감염 방지와 피부의 자극을 예방하기 위해 반신욕, 사우나, 수영장, 실내 태닝, 일광욕 등을 하지 않는다.
③ 제모 후 24시간 이내 탈취제나 데오드란트, 향기 나는 제품을 사용하지 않는다.
④ 제모 후 3일 이내에는 스크럽이나 필링제를 사용하지 않는다.
⑤ 제모 부위를 자극하지 않도록 몸에 끼는 옷도 가급적 삼간다.
⑥ 제모 당일은 차가운 물이나 미온수로 씻는다.
⑦ 제모 후 인그로운 헤어(ingrown hair)를 방지하기 위해 보습제를 꾸준히 사용해 준다.

> **인그로운 헤어(ingrown hair)**
> 피부에서 나왔다가 다시 피부 속으로 파고들어가 자라는 털을 말하며, 성장하면서 피부 안쪽이나 아래쪽으로 깊숙이 박혀 이물성구진(異物性丘疹)을 만들어 감염을 일으키기도 한다.

Lesson 02 신체 각 부위 관리

1 신체 각 부위 관리의 목적 및 효과

(1) 신체 부위 관리의 일반적인 목적 및 효과
① 혈액순환과 림프순환을 촉진하여 신진대사를 원활하게 한다.
② 근육의 긴장을 완화하고 피부의 온도를 상승시킨다.
③ 정신적 긴장 완화, 근육의 이완 및 통증 완화, 진정 작용 등의 심리적이고 육체적으로 안정감을 준다.
④ 피부의 노폐물과 각질 제거하여 피부를 정화시켜 준다.
⑤ 화장품의 흡수율을 높이고 피부에 영양물질의 공급을 용이하게 한다.

(2) 손, 팔 관리
① 손, 팔 관리의 개요
  ㉮ 신체 부위 중 손과 팔은 환경의 지배를 가장 많이 받는 부위이며, 노출이 심한 부위로 자연노화에 의한 건조함과 자외선에 의한 건조함에 의해 어느 부위보다 노화진행속도가 빠르다.
  ㉯ 피부 유형에 따라 제품을 선택하고 관리 목적에 맞는 매뉴얼 테크닉과 피부미용 기기를 활용하여 건조함을 예방하고 미백 관리를 통해 손, 팔의 긴장과 피로를 풀어주는 관리이다.
② 손, 팔 관리의 효과
  ㉮ 손, 팔 관리가 피부에 미치는 효과
    ㉠ 각질세포 제거
    ㉡ 림프배농 촉진
    ㉢ 신진대사 원활
    ㉣ 피부 처짐 방지
  ㉯ 손, 팔 관리가 근육에 미치는 효과
    ㉠ 근육의 노폐물 제거
    ㉡ 주름 완화
    ㉢ 근육의 피로회복

(3) 발, 다리 관리
① 발, 다리 관리의 개요
  ㉮ 인체 중 발, 다리 관리는 제2의 심장이라고 한다. 체중을 받쳐주고 우리 몸을 움직이게 하며 신진대사를 도와 몸에 열을 발생하게 한다.
  ㉯ 피부 유형에 따라 제품을 선택하고 관리 목적에 맞는 매뉴얼 테크닉과 피부미용 기기를 활용하여 혈액순환, 림프순환을 도와 노폐물을 밖으로 배출하는데 아주 중요한 역할을 하는 관리이다.

② 발, 다리 관리의 부적용 대상
  ㉮ 정맥류
  ㉯ 염증성 열이 나는 사람
  ㉰ 염증성 부종
  ㉱ 뼈가 약한 사람
  ㉲ 암 환자
  ㉳ 수술 직후
  ㉴ 접촉성 피부질환

2 관리 수행 방법

(1) 손, 팔 관리의 수행

① 손, 팔관리를 하기 위한 준비사항
  ㉮ 고객의 관리 부위에 맞는 손, 팔 관리용 제품을 준비한다.
  ㉯ 가운을 착용한 고객을 베드로 안내한다.
  ㉰ 고객에게 금속성 액세서리가 착용되어 있는지 확인한다.
  ㉱ 고객에게 손, 팔 관리 금기사항을 체크하며 주의사항을 알려준다.

② 손, 팔 관리를 하기 위한 유의사항
  ㉮ 관리 부위를 제외한 다른 부위는 타월로 잘 덮어 고객이 불편함을 느끼지 않도록 배려한다.
  ㉯ 관리 시 고객의 머리카락이 흘러내리지 않도록 터번을 잘 감싸준다.

③ 수행 순서
  ㉮ 손 소독을 한다.
  ㉯ 손, 팔 부위를 클렌징 한다.
  ㉰ 선택한 제품으로 손, 팔 부위를 딥클렌징을 한다.
  ㉱ 토닉으로 피부를 정돈한다.
  ㉲ 손, 팔 부위를 핸드드라이 한다.
  ㉳ 손, 팔 부위에 선택한 제품(오일이나 크림 선택 가능)을 가볍게 도포한다.
  ㉴ 손, 팔 부위 근육상태에 맞게 5가지 매뉴얼 테크닉을 구사한다.
  ㉵ 매뉴얼 테크닉은 시간, 속도, 리듬, 밀착, 강·약을 적절히 안배하여 테크닉 하여야 한다.
  ㉶ 몸매피부미용 기기를 활용하여 테크닉한다.
  ㉷ 온습포로 잔여물을 닦아내어야 한다.
  ㉸ 피부에 남은 물기를 마른 타월로 정리한다.
  ㉹ 토닉으로 마무리 한다.
  ㉺ 마무리로 피부 유형에 맞는 크림이나 로션 등을 발라준다.

> **닥터 자켓법**
> 엄지와 검지로 피부를 모아서 부드럽게 끌어오려 꼬집듯이 튕겨주는 동작이다. 피지나 여드름 피부의 모낭 내부의 노폐물을 모공 밖으로 배출시켜준다. 지성, 여드름 피부에 효과적이다.

(2) 발, 다리 관리의 수행

① **발, 다리 관리를 하기 위한 준비사항**
  ㉮ 고객의 관리 부위에 맞는 발, 다리 관리용 제품을 준비한다.
  ㉯ 가운을 착용한 고객을 베드로 안내한다.
  ㉰ 고객에게 금속성 액세서리가 착용되어 있는지 확인한다.
  ㉱ 고객에게 발, 다리 관리 금기사항을 체크하며 주의사항을 알려준다.

② **발, 다리 관리를 하기 위한 유의사항**
  ㉮ 관리 부위를 제외한 다른 부위는 타월로 잘 덮어 고객이 불편함을 느끼지 않도록 배려한다.
  ㉯ 관리 시 고객의 머리카락이 흘러내리지 않도록 터번을 잘 감싸준다.

③ **수행 순서**
  ㉮ 손 소독을 한다.
  ㉯ 발, 다리 부위를 클렌징 한다.
  ㉰ 선택한 제품으로 발, 다리 부위를 딥클렌징을 한다.
  ㉱ 토닉으로 피부를 정돈한다.
  ㉲ 발, 다리 부위를 핸드드라이 한다.
  ㉳ 발, 다리 부위에 선택한 제품(오일이나 크림 선택 가능)을 가볍게 도포한다.
  ㉴ 발, 다리 부위 근육상태에 맞게 5가지 매뉴얼 테크닉을 구사한다.
  ㉵ 매뉴얼 테크닉은 시간, 속도, 리듬, 밀착, 강. 약을 적절히 안배하여 테크닉 하여야 한다.
  ㉶ 몸매피부미용 기기를 활용하여 테크닉한다.
  ㉷ 온습포로 잔여물을 닦아내어야 한다.
  ㉸ 피부에 남은 물기를 마른 타월로 정리한다.
  ㉹ 토닉으로 마무리 한다.
  ㉺ 마무리로 피부 유형에 맞는 크림이나 로션 등을 발라준다.

Lesson 03 마무리

1 마무리의 목적 및 효과

(1) 얼굴관리 마무리의 목적

① 얼굴 피부 관리의 마지막 단계로 피부의 유·수분 밸런스를 맞추어 아름다운 피부를 유지 또는 증진시켜 준다.
② 피부정돈과 유연성의 부여로 각 단계의 효과를 극대화시켜준다.
③ 피부의 마지막 단계에는 화장수와 로션, 영양크림, 썬크림으로 마무리하여 준다.

(2) 피부 유형에 따른 기초 화장품의 선택

① **토닉(화장수)** : pH 밸런스를 조절하며 유연화장수와 수렴화장수로 구분
  ㉮ 유연화장수 : 유연화장수에는 보습제, 유연제가 함유되어 있다. 피부의 각질층을 촉촉하고 부드럽게 하는 목적으로 사용되며 흔히 스킨 소프트너(Skin Softner)라고 한다.
  ㉯ 수렴 화장수 : 각질층에 수분을 공급하고 모공을 수축시키는 효과가 있다. 수렴을 의미하는 아스트린젠트는 토닉로션(toning lotion)이나 오일 컨트롤 로션(oil control lotion)등 다양한 종류가 있다.
② **에센스, 세럼** : 피부의 영양물질을 부여
③ **데이 크림** : 낮에 바르는 영양 크림
④ **나이트 크림** : 밤에 바르는 영양 크림
⑤ **아이 크림** : 눈 주위에 바르는 영양 크림
⑥ **자외선 차단제** : 자외선을 차단함

(3) 얼굴관리 마무리 효과

① 피부 정돈
② 피부 유연성 부여
③ 피부 영양공급

> **피부 관리의 기본 조건**
> • 토닉은 피부 유형에 맞는 제품을 선택해야 한다.
> • 피부 유형에 따른 기초 화장품을 선택할 줄 알아야 한다.
> • 낮과 밤의 화장품을 선별하여 사용한다.
> • 낮에는 자외선 차단제를 바를 수 있어야 한다.
> • 밤에는 나이트크림을 바를 수 있어야 한다.

2 마무리의 방법

(1) 얼굴 마사지

① 팩(마스크) 제거 후 냉습포로 마무리한다.
② 화장수와 로션으로 피부결을 정돈하고 수분과 유분을 공급한다.
③ 아이크림, 립크림을 바른다.
④ 피부 유형별 영양크림을 도포한다.(낮에는 데이크림, 저녁에는 나이트크림)
⑤ 자외선 차단제품으로 마무리한다.

(2) 바디 마사지

① 피부에 잘 흡수되는 호호바 오일을 제외한 일반적인 마사지 오일을 사용하였을 경우 온습포를 이용해 잘 닦아낸다.

② 스킨로션으로 정리하고, 건성이나 노화피부의 경우와 겨울철과 같은 환경적인 요인의 경우에는 바디로션을 충분히 발라 주어 마무리 한다.

(3) 계절별 피부 관리

① **봄**
  ㉮ 클렌징 크림으로 메이크업과 지저분한 먼지나 꽃가루 등을 닦아낸 후 클렌징 폼으로 말끔하게 씻어서 이중세안을 하도록 한다.
  ㉯ 화장수를 충분히 발라주고, 수분과 영양공급을 위한 로션과 영양크림을 발라준다.
  ㉰ 자외선 차단제로 마무리 한다.

② **여름**
  ㉮ 강한 자외선으로 인하여 2시간마다 자외선을 발라준다.
  ㉯ 미지근한 물로 세안 후 마무리를 차가운 물로 헹구어 준다.(탄력 부여)
  ㉰ 여름에 지친 피부를 위하여 피부의 수분 공급 및 전용 에센스를 발라준다.

③ **가을**
  ㉮ 보습 효과가 뛰어난 로션, 에센스, 영양공급을 위한 크림을 발라 준다.
  ㉯ 적당한 주기로 마사지와 팩을 발라 주어 혈액순환에 도움을 준다.

④ **겨울**
  ㉮ 각질과 당김 현상이 많은 계절로 인하여 딥클렌징 제품으로 각질을 제거하고, 적절한 주기로 꾸준히 마사지를 하여 피부에 수분과 영양 공급을 충분히 도포하여 준다.
  ㉯ 자외선으로부터 피부를 보호하기 위해 자외선 차단제를 발라주고, 수분이 부족한 눈과 입 주변을 건조하지 않도록 주의한다.

CHAPTER 04 피부미용기구 활용

Lesson 01 피부미용기기·기구의 이해

1 물질(Matter)

(1) 물질의 분류

① 원소(Element)
   ㉮ 한 종류의 원자만으로 구성된 물질을 말한다.
   ㉯ 지구상에 100개 이상의 원소가 알려져 있으며, 약 90개가 자연으로 존재한다.
   ㉰ 금(Au) 원소는 금원자들의 결합이며, 구리(Cu) 원소는 구리원자들이 결합된 것이다.

② 화합물(Compounds)
   ㉮ 순물질 : 한 가지 원소로만 이루어진 물질로 수소(H_2), 철(Fe) 등이 있다.
   ㉯ 화합물 : 두 가지 이상의 원소로 이루어진 물질로 물(H_2O), 소금(NaCl) 등이 있다.

③ 혼합물(Mixture)
   ㉮ 균일 혼합물 : 물질이 섞여 있는 비율이 일정한 혼합물(설탕물, 공기 등)
   ㉯ 불균일 혼합물 : 물질들이 섞여 있는 비율이 일정하지 않은 혼합물(우유, 흙탕물 등)

(2) 물질의 구성

① 원자 : 물질을 이루는 가장 작은 단위로, 화학적 방법으로 더 이상 쪼갤 수 없는 물질을 말하며 양성자, 전자, 중성자로 구성되어 있다.

② 원자의 구조 : 원자는 (+)전하를 띤 원자핵과 (-)전하를 띤 전자로 구성되어 있으며, 전자들이 가지는 (-)전하의 양과 원자핵이 가지는 (+)전하의 양이 같아 전기적으로 중성이다.
   ㉮ 원자핵 : 원자의 중앙에 위치하며, 양성자와 중성자로 구성된다. (+)전하를 띤다.
   ㉯ 전자 : (-)전하를 띠고 원자핵 주변을 돌면서 전자궤도를 형성한다.

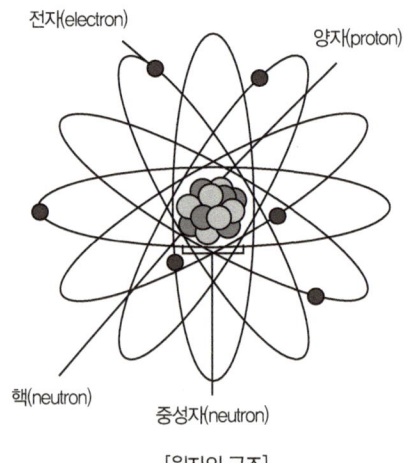

[원자의 구조]

③ **분자** : 물질의 화학적 성질을 잃지 않는 최소의 구성단위를 말하며, 몇 개의 원자가 화학 결합을 한 것을 말한다.
㉮ 물질의 성질을 지닌 가장 작은 입자이다.
㉯ 분자가 나누어지면 원자가 된다.
㉰ 원자로 나누어지면 물질의 성질을 잃어버린다.

(3) 물질의 결합

① **공유결합**
㉮ 원자들이 전자를 하나씩 내놓아 공유하면서 이루어지는 결합을 말한다.
㉯ 두 원자가 1개씩의 원자를 내놓아 공유하는 것을 단일결합, 2개의 전자쌍을 공유하는 것을 이중결합, 3개의 전자쌍을 공유하는 것을 삼중결합이라 한다.
② **이온결합** : 양이온과 음이온 간에 작용하는 정전기적인 힘에 의해 이루어지는 결합이다.
③ **금속결합** : 이동이 자유로운 전자와 금속의 양이온들 사이의 인력에 의해 이루어지는 결합이다.

(4) 전해질과 비전해질

① **전해질**
㉮ 고체 상태에서는 전류가 흐르지 않으나 수용액 상태에서는 (−)전하를 띤 입자와 (+)전하를 띤 입자로 나누어져 전류가 흐르는 물질을 말한다.
㉯ 전해질은 수용액의 농도가 진할수록 전류의 세기가 증가하며, 전해질의 종류에 따라 전류의 세기가 달라진다. 염화나트륨, 수산화나트륨 등이 있다.
② **비전해질** : 수용액 상태에서도 전류가 흐르지 않는 물질로 설탕, 녹말 등이 있다.

2 전기

(1) 전기의 분류

① **정전기(Static Electricity)** : 마찰에 의해 생기는 전기를 말하며, 플라스틱 빗을 머리카락에 마찰시킬 때 일어나는 정전기는 생활 속에 생기는 정전기의 예가 될 수 있다.
② **동전기(Dynamic Electricity)**
㉮ 화학반응에 의한 전기 : 전극을 전해질에 넣어 발생하는 전기를 말하며, 축전지나 건전지는 화학에너지를 전기에너지로 바꾸는 방법을 응용하여 만들어진 것이다.
㉯ 자기장에 의한 전기 : 자석의 N극과 S극 사이의 코일을 이용하여 발생되는 전기를 말한다.
③ **전류의 방향**
㉮ 전류의 방향 : (+)극에서 (−)극으로 흐른다.
㉯ 전자의 방향 : 전자의 방향은 전류와 반대 방향으로 (−)극에서 (+)극으로 이동한다.
④ **전류의 세기** : 1초 동안에 도체의 단면을 지나는 전하의 양으로 나타내며 단위는 A(암페어, Ampere)를 사용한다.

⑤ **전압** : 전류를 흐르게 하는 압력을 말하며, 단위는 V(볼트, Volt)를 사용한다. 전위차가 클수록 큰 전류가 흐르며, 높은 곳에서 낮은 곳으로 흐른다.

⑥ **저항** : 전류의 흐름을 방해하는 정도를 말하며, 기호는 R, 단위는 Ω(옴, Ohm)을 사용한다.

⑦ **도체와 부도체**
  ㉮ 도체는 전도체라고도 하며, 전류가 잘 흐르는 물질을 말한다. 구리, 금, 알루미늄 등의 금속이 있다.
  ㉯ 부도체는 전기가 잘 통하지 않는 물질로 절연체라고도 한다.

⑧ **전류의 방식**
  ㉮ 직류(Direct Current)
    ㉠ 전류의 흐르는 방향이 일정하게 한 방향으로 흐르는 전류를 말한다.
    ㉡ 연속직류와 단속직류로 구분되며 연속직류는 시간이 지나도 전류의 방향이나 크기가 일정하게 유지되는 전류로 화학적 효과가 커 이온도입법(Iontophoresis)에 이용된다.
    ㉢ 단속직류는 일정하게 증가되었다가 감소되기를 반복하는 전류로 마비가 생기거나 약화된 근육에 대한 전기적 자극에 이용된다.
  ㉯ 교류(Alternating Current)
    ㉠ 전류의 방향과 크기가 시간이 흐름에 따라 주기적으로 변화하는 전류이다.
    ㉡ 가정과 산업현장에서 광범위하게 사용된다.

3 피부미용에 이용되는 전류

(1) 갈바닉 전류(Galvanic Current)

① **음극(Cathode)** : 전선의 끝을 분리하여 소금물 속에 넣은 후 전류를 흐르게 하였을 때, 기포가 빠르게 많이 생성되며, 리트머스 시험지에 올려놓았을 때 파랗게 변하는 것이 음극이다.
  ㉮ 알칼리성 형성
  ㉯ 피부연화 작용
  ㉰ 혈액공급의 증가
  ㉱ 세정작용
  ㉲ 신경자극 효과
  ㉳ 피지분해 효과

② **양극(Anode)** : 전선의 끝을 분리하여 소금물에 담고 전류를 흐르게 했을 때, 반응이 나타나지 않고, 리트머스 시험지에 올려놓았을 때 붉은 색을 띠는 것이 양극이다.
  ㉮ 산(酸) 생성
  ㉯ 피부를 단단하게 함
  ㉰ 신경안정 효과
  ㉱ 혈액공급 감소
  ㉲ 수렴효과
  ㉳ 진정효과

(2) 패러딕 전류(Faradic Current)

① **저주파 전류(Low Frequency Current)** : 주파수가 1Hz~1,000Hz까지의 전류를 말하며, 화학적 작용 없이 반응을 일으킬 수 있는 교류 전류이다.

② **중주파 전류(Middle Frequency Current)** : 1,000Hz 이상부터 10,000Hz까지의 교류전류를 말하며, 피부 저항이 가장 적은 주파수대로 안정감이 높아 미용기기에 적극 이용된다.

③ **고주파 전류(High Frequency)** : 100,000Hz 이상의 높은 교류전류로 인체 조직을 통과하면서 발열 효과를 낸다.

(3) 초음파 전류(Ultrasound)

① 진동 주파수가 17,000~20,000Hz 이상으로 매우 높아 인간의 귀로는 들을 수 없는 진동음파이다.

② 초음파 전류의 기능
  ㉮ 심부 조직의 온도 상승효과
  ㉯ 혈관 확장 및 혈액순환 촉진
  ㉰ 조직의 대사 증진
  ㉱ 피부 탄력성 증

Lesson 02 필수기구 활용

1 압력 이용 피부미용기구 활용

(1) 진공 흡입의 원리

석션(Suction)컵과 버큠(Vacum) 진공 흡입력을 이용한 마사지 기기로써 흡인관인 유리 벤토즈의 공기압을 적용하며 진공 흡입기의 다양한 크기와 모양의 벤토즈를 이용하여 림프 흐름에 따라 벤토즈를 이동하여 림프액의 흐름을 원활히 한다.

(2) 진공 흡입기를 이용한 사용 수행 순서(예시)

① 고객에게 터번을 감싼다.
② 고객이 관리하고자 하는 부분을 클렌징 한다.
③ 클렌징 후 토닉을 이용하여 피부 정돈을 한다.
④ 얼굴과 목 부위, 관리할 부위에 크림이나 오일을 적당히 도포한다.
⑤ 소독된 사용 목적에 적합한 벤토즈를 선택하여 노즐에 한 개 또는 두 개를 각각 끼운다.
⑥ 스위치를 켠다.

⑦ 피부 상태에 따라 적당한 강도를 조절한 후 피부 표면에 밀착시켜 컵이 들뜨지 않게 사용한다.
⑧ 목 부위부터 시작한다.
⑨ 림프절에 따라 5분~8분(한 부위에 3번 겹쳐) 정도 관리한다.

(3) 진공 흡입기 사용 시 주의사항
① 한 부위에 오래 사용하면 멍이 생길 수 있으므로 주의한다.
② 벤토즈의 재질이 유리인 경우 깨지지 않도록 주의하며 세척과 소독을 철저히 하며 벤토즈에 금이 있는 경우는 고객에게 상처를 줄 수 있으니 항상 점검한다.
③ 벤토즈의 흡입력은 얼굴은 10%, 전신은 20%를 기준으로 하여 피부 상태에 따라 조절한다.
④ 림프절로 얼굴 굴곡을 따라 컵을 움직이고 컵을 떼어 올리기 전에 손가락을 떼어 압력을 낮춘다.
⑤ 갈바닉 관리 후에는 진공 흡입을 사용하지 않는다.
⑥ 사용하기 전에 피부에 크림이나 오일을 도포하여 벤토즈의 부드러운 이동을 유도하고 피부 자극을 최소화한다.
⑦ 농포성 여드름 피부를 관리할 때는 감염의 위험이 있어 석션을 사용 할 수 없다.

2 열을 이용한 피부미용 기구 사용

(1) 증기욕의 기본 이해
① **원리**
  ㉮ 가열 센서가 내장되어 열을 이용하여 물이 가열되며 열과 증기를 통해 체온을 올려 순환을 촉진시켜 노폐물과 독소의 배출 속도를 증가시킨다. 이 원리로써 테라피를 실시하기 전에 효과를 증대시켜 주로 사용된다.
  ㉯ 증기와 열을 을 공급하는 습식 형태와 열만을 공급하는 건식 형태가 있다.
② **효과**
  ㉮ 체온이 증가되어 신진대사와 혈액순환을 촉진시킨다.
  ㉯ 각질 연화 작용으로 모공 에 쌓여있는 지방과 노폐물 배출이 된다.
  ㉰ 온열 효과로 모공 확장이 되며 물질의 흡수 효과를 높여준다.
  ㉱ 근육 내 젖산 증가되는 것을 예방한다.
  ㉲ 습윤 작용으로 피부 보습이 증가된다.
③ **주의사항**
  ㉮ 온도와 증기열에 따라 혈액 순환이 증가되어 고객이 어지러움을 느낄 수 있으니 처음부터 사우나의 온도가 높지 않도록 주의하며 사우나의 온도계와 습도계를 준비하여 미리 온도와 습도를 체크한다.
  ㉯ 사우나 시 고객의 머리 아래 어깨에 타월을 감싸 사우나 스팀이 새어 나오지 않도록 한다.
  ㉰ 몸의 온도가 높아져 탈수와 탈진이 올수 있으니 관리 도중 수분 공급을 한다.

㉣ 사우나에서 나오면 10분 이상 휴식을 취한 후 움직이도록 한다.
㉤ 휴식 시 타월이나 가운으로 체온이 내려가지 않도록 감싼다.

④ **부적용 대상**
  ㉮ 식사 후 30분 이내 (음주나 과식 후)
  ㉯ 피부 상처나 제모 후
  ㉰ 고혈압, 심장 질환자
  ㉱ 임산부, 간질 환자

⑤ **증기욕(사우나) 수행 순서**
  ㉮ 증기욕 사우나가 위생적으로 소독되어 있는지 확인한다.
  ㉯ 사용하기 약 10분 정도 전에 스위치를 켜서 낮은 온도로 예열을 한다.
  ㉰ 고객을 사우나로 안내하며 주의사항을 설명한다.
  ㉱ 고객의 상태에 따라서 사우나의 시간과 온도를 적절하게 조절한다.
  ㉲ 일반적으로 증기욕(사우나)의 시간은 약 15~20분 정도가 적당하다.
  ㉳ 고객의 옆에서 관리사는 사용 중 불편함이 없는지 확인하고 수분 공급을 하며 냉 타월을 준비하여 머리 뒤와 얼굴을 가볍게 닦아준다.
  ㉴ 관리가 끝나면 타월이나 가운을 이용하여 고객의 체온이 내려가지 않도록 하며 10분 이상 휴식을 취하도록 한다.
  ㉵ 사우나 사용 후에는 위생적으로 중성세제를 이용하여 소독한다.

3 물리적인 힘 이용 피부미용기구의 분류

(1) 바이브레이터

① **바이브레이터의 원리**
  ㉮ 진동에 의한 온몸을 순환을 촉진시키는 비전류의 물리적 기기로써 주로 전신관리를 위해 많이 활용되며 매뉴얼 테크닉의 효과를 제공한다.
  ㉯ 바이브레이터의 기구를 G5라고도 하며 G는 Gyratory의 약자로 "회전하다"의 뜻이다.

② **바이브레이터의 효과**
  ㉮ 매뉴얼 테크닉과 같은 혈액순환 및 신진대사를 촉진한다.
  ㉯ 근육이완 및 근육통에 효과적이며 전신관리에 많이 이용된다.
  ㉰ 핸드마사지 보다 짧은 시간에 근육이완 효과를 줄 수 있다.

③ **바이브레이터 사용 시 주의사항**
  ㉮ 관리하고자 하는 부위를 클렌징 한다.
  ㉯ 관리하는 부위만 제외하고 다른 부위는 노출하지 않는다.
  ㉰ 고객에게 알맞은 압력을 조절하여 멍이 들지 않게 한다.
  ㉱ 어깨에 메거나 옆구리에 끼어 떨어뜨리지 않도록 안정감 있게 사용한다.
  ㉲ 옆구리 부위와 신장 부위는 약하게 하거나 피하는 것이 좋다.
  ㉳ 너무 마른 복부는 아예 하지 않는 것이 좋다.

㉾ 헤드를 바꾸고자 할 때는 스위치를 끈 상태에서 고객의 위에서 교체하지 않고 베드 옆에서 헤드를 교체한다.

(2) 후리마돌(전동 브러시)

① 후리마돌(전동 브러시)의 원리
㉮ 여러 가지 크기의 천연 양모 소재로 된 브러시의 크기와 목적에 따라서 회전의 속도와 솔, 스펀지, 연마용 돌 등을 사용하여 클렌징과 딥클렌징 용으로 사용된다.
㉯ 주로 모공의 피지와 죽은 각질 제거에 효과적이다.

② 후리마돌(전동 브러시)의 효과
㉮ 죽은 각질 제거로 피부 톤을 맑게 한다.
㉯ 모공 속 피지를 제거한다.
㉰ 혈액순환과 림프순환을 촉진시킨다.

③ 후리마돌(전동 브러시) 사용 시 주의사항
㉮ 관리 중 브러시를 교체할 때는 전원을 끈 상태에서 한다.
㉯ 머리카락이 흘러내린 경우는 브러시와 엉키지 않도록 주의한다.
㉰ 브러시가 피부 표면에 직각이 되도록 한다.
㉱ 브러시로 얼굴을 눌러 사용하면 안되고 한곳에 머물러 두지 않는다.
㉲ 브러시는 젖어 있는 상태에서 사용한다.
㉳ 피부에 목적에 맞는 제품을 발라서 사용한다.

④ 후리마돌(Frimator) 수행순서
㉮ 손을 소독한다.
㉯ 터번으로 머리카락을 감싼다.
㉰ 제품을 부위별로 펴 바른다.
㉱ 후리마돌의 브러시 크기를 선택한다.
㉲ 선택된 브러시로 본인의 손등에 회전속도를 테스트한다.
㉳ 몸매 근육 결에 따라 브러시를 회전시킨다.
㉴ 시간은 3~5분 정도 소요(피부 유형에 따라 시간은 조절할 수 있음)된다.
㉵ 온습포로 닦아내서 토너로 마무리한다.

Lesson 03 응용기구 활용

1 색채·빛·온도 이용 피부미용기구 분류

(1) 컬러테라피(Color Therapy)

① 컬러테라피의 원리

㉮ 전자기 스펙트럼 상에 나타나는 광선 중 눈으로 관찰이 가능한 가시광선의 파장, 빛의 세기, 색깔에 의한 효과를 적절히 선택하여 피부 관리의 효과를 얻을 수 있도록 고안된 기기이다.
㉯ 각각의 색상이 인체에 다양한 효과를 주며 부작용이나 감염의 위험이 없으며 인체의 적용 부위에 맞는 컬러를 선택하여 일정 시간 동안 조사한다.

② **컬러테라피의 주의사항**
㉮ 고객의 몸에 부착된 모든 금속류는 제거한다.
㉯ 가시광선을 적용하고자 하는 부위를 클렌징한 후 무알코올을 이용하여 피부를 정돈한다.
㉰ 케이블 연결 상태를 점검한다.
㉱ 빛의 강도는 피부 상태 부위에 따라 조정한다.
㉲ 관리 부위의 최대 효과를 위해서 빛을 나선형 또는 직선 방향으로 움직이며 사용한다.
㉳ 컬러테라피의 효과를 보기위해 1주일에 2회 이상 관리하며 1회 조사시간은 10분~20분 정도가 적당하다.
㉴ 컬러테라피 시 기구 주변의 공간이 어두워야 컬러테라피 효과를 얻을 수 있다.

(2) 적외선램프(Infrared Lamp)

① **적외선램프의 원리**
㉮ 적외선의 온열작용을 이용하여 마사지나 팩을 하기 전 단계, 팩을 실시하는 동안 조사(照射)하여 미용의 효과를 높이는 기기이다.
㉯ 소독, 멸균과 관절 및 근육의 치료 효과를 볼 수 있으므로 근적외선이 많이 쓰인다.
㉰ 복사열의 질이나 침투 정도에 따라 발광등과 비발광등이 있으며 비발광등은 발광등보다 훨씬 뜨겁게 느껴진다.
㉱ 이동식으로 높낮이 조절 장치가 있고, 타이머가 부착되어 관리 시 편리하다.

② **적외선램프의 주의사항**
㉮ 고객의 피부 민감도에 따라서 램프의 거리와 시간을 반드시 조절하여 사용한다.
㉯ 피부감각이 없거나 둔한 경우는 주의한다.
㉰ 적외선 사용 시 주의사항 및 적외선램프에 고객이 접촉하지 않도록 설명한다.
㉱ 적외선램프가 뜨겁거나 강하면 사용 도중 알려 주도록 설명한다.
㉲ 얼굴관리 사용 시 반드시 눈과 입술은 젖은 화장솜을 덮어 보호하도록 한다.
㉳ 적외선램프 사용 도중 홍반, 부어오름 등이 있으면 즉시 사용을 중단한다.
㉴ 적외선 사용 시에는 90도 각도를 유지하며 조사한다.

(3) 우드램프(Wood's lamp)

① **우드램프(Wood's lamp)의 원리**
㉮ 우드램프는 파장 365nm 이상의 자외선과 가시광선을 방출하는 등이다. 어두운 상태에서 사용되며 관찰하고자 하는 피부 부위와 6~20cm 떨어져 관찰한다.
㉯ 육안으로 보기 어려운 피지, 민감도, 모공의 크기, 트러블, 색소침착 상태를 파악할 수 있다.

② 우드램프를 통한 피부 측정

피부 상태	우드램프에 나타난 피부색
정상 피부	청백색
건성 피부	밝은 보라색
민감성 피부	짙은 자주색
지성 피부, 여드름	오렌지색, 노란색
노화 피부	암적색
색소침착 피부	암갈색
두꺼운 각질층	부위 하얀 가루 상태

③ 우드램프의 주의사항
- ㉮ 반짝이는 하얀 형광색으로 보이는 부분은 먼지나 메이크업 잔여물이므로 깨끗하게 클렌징을 하고 화장솜 등이 남아 있지 않도록 하여 사용한다.
- ㉯ 고객의 눈을 보호하기 위해 아이 패드(eye pad)를 올린 후 피부분석을 실시한다.
- ㉰ 빛이 완전히 차단되어야 자세하고 정확한 피부 진단이 가능하므로 주위를 어둡게 하여 사용한다.
- ㉱ 우드램프 등이 피부에 직접 닿지 않도록 한다.
- ㉲ UV는 색소침착의 원인이 되므로 오랫동안 관찰하지 않는다.
- ㉳ 관리사와 고객은 빛이 나오는 부위를 직접적으로 쳐다보지 않는다.
- ㉴ 플라스틱 제품을 장기간 넣어두면 변색 우려가 있다.

(4) 확대경(Magnifying Glass)

① 확대경의 원리 : 확대 배율이 다양하며, 일반적으로 3~5배의 배율이 사용된다.

② 확대경의 효과
- ㉮ 육안으로 판독하기 힘든 피부 문제와 표면 상태를 자세히 관찰할 수 있다.
- ㉯ 잔주름, 색소침착, 모공의 상태, 작은 결점 등을 관찰할 수 있다.
- ㉰ 화이트헤드, 블랙헤드를 비롯한 피지 압출 시 사용한다.

③ 확대경의 주의사항
- ㉮ 고객의 눈을 보호하기 위해 아이 패드(eye pad)를 올린 후 사용한다.
- ㉯ 사용 전 조임 부분이 헐거울 수 있으므로 확인 후 사용하며 고객이 다치지 않도록 주의한다.
- ㉰ 확대경에 부착된 조명이 고객의 얼굴에 바로 비치지 않도록 스위치를 끈 후 이동한다.

(5) 뱀부테라피

① 뱀부테라피는 다양한 길이와 직경의 뱀부(대나무) 스틱들을 활용해서 얼굴과 전신의 순환에 도

움을 주는 자연 치유 미용 관리 기법이다.

② 뱀부테라피의 효과
 ㉮ 심혈관 순환을 증가시키고, 림프계 순환을 도와 스트레스와 피로를 감소시킨다.
 ㉯ 넓은 표면에 더 많은 압력을 심부 조직까지 고르게 접촉시켜 순환을 증가시킨다.
 ㉰ 심부 조직을 이완시키고, 근육의 트리거 포인트(Triger point)를 자극하여 근육의 긴장을 완화시킨다.
 ㉱ 관리 시 피부미용사의 손과 손가락의 긴장과 피로를 감소시킨다.
 ㉲ 압력에 의해 일어나는 피에조 전기 효과로 말초 순환계를 활성화시킨다. 피에조 전기 효과(Piezoelectric effect)란 특정한 물질의 결정체가 압력을 받으면 전기를 발생시키는 현상을 압전기라 하고, 이때 발생하는 정전기를 '피에조 전기'라고 한다. 압전기를 발생하는 결정체로 수정, 로셀염, 티탄산염 등 많은 종류가 있다.

③ 뱀부테라피 시 주의 사항
 ㉮ 관리 전 고객과 충분한 상담을 하여 냉·온관리 유무를 파악하도록 한다.
 ㉯ 관리 시 뱀부(대나무)가 뼈를 터치하지 않도록 한다.
 ㉰ 순환 방향에 맞게 일정한 속도와 강약을 조절한다.
 ㉱ 목 림프, 액와, 복부, 서혜부의 주요 혈관 및 림프 관절 조직에 압력을 주어 손상과 쇼크를 일으켜서는 안된다.

> **용어 해설**
> - 트리거 포인트(Triger point) : 어떤 이유에 의해 근육에 통증이 시작되는 유발되는 점으로 근육마다의 신경 부착점이라 이해할 수 있다.
> - 피에조 전기 효과(Piezoelectric effect) : 특정한 물질의 결정체가 압력을 받으면 전기를 발생시키는 현상을 압전기라 하고, 이때 발생하는 정전기를 '피에조 전기'라고 한다.

2 물 이용 피부미용기구 활용

(1) 스티머(Steamer), 베이퍼라이저(Vaporizer)

① 스티머(Steamer), 베이퍼라이저(Vaporizer) 원리
 ㉮ 가열 센서가 내장된 물통의 물이 가열되어 증기를 발생하여 각화된 각질세포를 연화시키며 노화 각질 제거 및 피부이완 보습효과를 증진시키는 얼굴관리 전용 기기이다.
 ㉯ 증기만을 공급하는 형태와 오존을 함께 공급하는 형태가 있다.

② 스티머(Steamer), 베이퍼라이저(Vaporizer) 주의사항
 ㉮ 고객의 얼굴에 화상을 입히지 않도록 주의한다.
 ㉯ 모세혈관 확장 피부, 민감 피부, 당뇨환자 등의 사용을 주의한다.
 ㉰ 스티머와 고객의 얼굴 사이 거리를 30cm~50cm로 유지한다.

- ㉣ 오존이 있는 스티머는 반드시 고객의 눈에 젖은 화장솜을 올려준 후 턱 아래서 이마 쪽으로 향하도록 증기를 쏘여준다.
- ㉤ 고객의 편안함을 항상 고려한다.
- ㉥ 물통 세척 시 세제는 고장의 원인이 되므로 사용하지 않는다.
- ㉦ 에어컨, 선풍기, 환기 장치가 증기의 방향에 영향을 주지 않도록 방향을 고려하여 사용한다.

(2) 스프레이 분무기(Spray)

① 스프레이 분무기(Spray) 원리
- ㉮ 진동 펌프의 원리를 이용하여 증류수와 피부 유형에 맞는 토닉 등을 얼굴에 작은 입자로 뿌려준다.
- ㉯ 민감한 피부나 여드름 감염 우려를 줄일 수 있을 뿐만 아니라 피부 건조를 방지, 여드름 추출 후 모공 세정 효과를 준다.

② 스프레이 분무기(Spray) 주의사항
- ㉮ 눈, 코, 입에 들어가지 않도록 주의해 분무한다.
- ㉯ 분무를 원하지 않는 부위 가슴, 어깨, 귀 등은 타월이나 티슈로 가려준 후 사용 내용물이 흐르지 않게 주의한다.
- ㉰ 스프레이의 내용물을 희석할 경우에는 입자가 섞이지 않도록 증류수를 사용한다.

(3) 하이드로테라피(Hydro Therapy)

① 하이드로테라피의 원리
- ㉮ 물의 온도와 고압의 공기를 분사되는 기포를 이용한다.
- ㉯ 물의 강약을 조절하여 신체 부위를 자극함으로써 혈액순환과 신진대사를 활성화하는 원리이다.

② 하이드로테라피의 효과
- ㉮ 혈액순환 증가와 신진대사 활성화로 노폐물 배출이 촉진된다.
- ㉯ 근육이완, 통증완화 및 관절의 유연성이 증가된다.
- ㉰ 부종이 감소되고, 스트레스가 경감된다.

③ 하이드로테라피의 주의사항
- ㉮ 물의 온도와 공기압에 따라 혈액순환이 증가되어 고객이 어지러움을 느낄 수 있으니 처음부터 물의 온도가 높지 않도록 주의한다.
- ㉯ 욕조의 물의 양은 고객의 어깨 아래에 올 수 있도록 채운다.
- ㉰ 몸의 온도가 높아져 탈수와 탈진이 올 수 있으니 관리 중에 수분을 공급한다.
- ㉱ 욕조(월풀)에서 나오면 10분 이상 휴식을 취한 후 움직이도록 한다.
- ㉲ 휴식 시 타월이나 가운으로 체온이 내려가지 않도록 한다.

출제 예상문제 CHECK POINT QUESTION

PART 02 | 피부미용 서비스

CHAPTER 01 피부분석

001 피부분석의 목적으로 알맞은 것은?

① 화장품 판매가 용이하다.
② 고객의 경제력을 판단할 수 있다.
③ 정확한 피부타입을 파악하여 올바른 관리가 가능하다.
④ 고객의 사생활을 알아 낼 수 있다.

🔍 피부유형에 따른 올바른 관리법을 위해서는 반드시 피부분석이 선행되어야 한다.

002 피부분석을 하는 목적으로 적합하지 않은 것은?

① 고객의 정확한 피부유형을 알아보기 위한 것이다.
② 고객의 요구를 이해하고 문제점을 파악하기 위한 것이다.
③ 효과적인 피부관리 방법을 위한 기초자료로 삼기 위한 것이다.
④ 고객의 개인생활을 파악하기 위한 것이다.

🔍 피부분석의 목적
• 고객의 피부유형과 피부상태를 파악
• 피부분석에 따른 적합한 제품의 선택
• 피부의 문제점을 찾아내고 개선을 위한 관리방향을 제시
• 고객에게 알맞은 프로그램의 선정
• 관리 과정에 따른 가정에서의 손질법 등의 조언

003 피부상담 시 고려해야 할 점으로 가장 거리가 먼 것은?

① 관리 시 생길 수 있는 만약의 경우에 대비하여 병력사항을 반드시 상담하고 기록한다.
② 피부 관리 유경험자의 경우 그동안의 관리 내용에 대해 상담하고 기록한다.
③ 여드름을 비롯한 문제성 피부고객의 경우 과거 병원치료나 약물 치료의 경험이 있는지 기록해 두어 피부 관리계획표 작성에 참고한다.
④ 필요한 제품을 판매하기 위해 고객이 사용 중인 화장품의 종류를 체크한다.

🔍 피부 상담 시 병력사항이나 기존의 관리 경력을 기록하여 피부 관리에 참고하는 것이 필요하며, 홈케어가 고객의 피부타입에 맞게 적절히 진행되고 있는지 체크하는 것도 피부 관리에 도움이 된다.

004 고객카드 작성에 반드시 기입되어야 할 사항과 가장 거리가 먼 것은?

① 성명, 생년월일, 주소, 전화번호
② 직업, 가족사항, 환경, 기호식품
③ 건강상태, 정신상태, 병력, 화장품
④ 취미, 특기사항, 재산정도

🔍 고객카드 작성은 고객과의 상담내용을 토대로 효율적인 피부 관리를 실행하기 위한 것으로 재산 정도는 상관없는 내용이다.

005 피부 유형을 결정하는 요인이 아닌 것은?

① 얼굴형　　② 피부조직
③ 피지 분비　④ 모공

🔍 피부 유형은 피부의 유·수분량으로 결정되며, 이것은 피지선과 한선의 기능에 따라 좌우되는 것으로 얼굴형과는 상관없다.

006 피부유형의 분석 방법 중 고객에게 질문을 통해 알아보는 방법은?

① 문진　　　② 견진
③ 촉진　　　④ 기기판독법

🔍 • 문진 : 고객과의 질문을 통하여 피부 상태를 판별하는 방법
• 견진 : 육안이나 피부분석용 피부미용 기기를 이용하여 피부 상태를 판별하는 방법
• 촉진 : 고객의 피부를 만져보거나 눌러봄으로써 피부 상태를 판별하는 방법

정답 001 ③　002 ④　003 ④　004 ④　005 ①　006 ①

007 문진에 의한 피부분석 방법으로 적절치 못한 질문은?

① 과거 혹은 최근의 병력
② 알레르기의 유무
③ 직업
④ 수입상태

> 문진을 통해 직업, 알레르기 유무, 병력, 식습관 및 운동, 사용화장품 등을 파악하여 피부유형과의 관련성을 파악한다.

008 피부분석표 작성 시 피부 표면의 혈액순환 상태에 따른 분류 표시가 아닌 것은?

① 모세혈관 확장 피부(telangictasis skin)
② 심한 홍반 피부(couperose skin)
③ 주사성 피부(rosacea skin)
④ 과색소 피부(Hyper pigmentation skin)

> 과색소 피부는 멜라닌의 항진에 의한 것이며, ①, ②, ③항은 피부 혈액순환에 관련된 피부이다.

009 다음 중 피부분석에 사용되는 기기가 아닌 것은?

① 확대경
② 우드램프
③ 적외선램프
④ 수분 측정기

> 피부분석에 사용되는 기기는 확대경, 우드램프, 모니터 피부분석기, 수분 측정기, 유분 측정기, pH 측정기 등이 있다.

010 다음 중 자외선을 이용한 미용기기는?

① 레이저기　　② 이온토포레시스
③ 우드램프　　④ 석션기

> 우드램프는 365nm의 자외선 램프를 이용한 피부분석기기이다.

011 피부상태를 측정 분석하는 기구로 그 양상이 색깔로 나타나는 피부미용 기기는?

① 확대경　　② 석션기(진공흡입기)
③ 우드램프　　④ 스팀기

> 우드램프(Wood's Lamp) : 자외선을 이용한 광학 피부분석기기로 피부의 보습상태, 민감상태, 염증, 여드름, 색소침착, 피지상태 등을 다양한 색상으로 나타낸다.

012 피부상태에 따른 우드램프의 반응색상 중 틀린 것은?

① 암갈색 - 색소침착 부위
② 오렌지색 - 피지, 면포, 지루성
③ 흰색 - 노화 각질
④ 밝은 보라색 - 정상피부

> 우드램프 색상 반응

피부 상태	피부의 반응색상
정상(중성) 피부	청백색
건성·수분부족 피부	밝은(옅은) 보라색
지성 피부	주황색(오렌지색)
민감성 또는 모세혈관 확장 피부	진보라색
색소침착 피부	암갈색
과각화 피부	흰색

013 유·수분 측정을 위한 가장 좋은 환경은?

① 온도 20℃, 습도 40~60%
② 온도 17℃, 습도 20~30%
③ 온도 20℃, 습도 20~30%
④ 온도 18℃, 습도 40~60%

> 유·수분 측정기는 유분의 변화에 반응하는 특수한 측정지를 이용해 피지의 빛 통과도를 광도 측정하는 기기로 수치의 정도에 따라 건성, 정상, 지성피부의 유형을 파악할 수 있다. 일반적으로 20℃, 습도 40~60% 정도가 측정을 위한 가장 좋은 환경이다.

014 진공흡입기의 효과로 적절한 것은?

① 혈액순환 및 신진대사 촉진
② 진정 및 소염효과
③ 영양물질 침투 용이
④ 보습효과

> 진공흡입기는 모공 속의 피지나 노폐물, 노화된 각질을 제거하고 근육의 자극운동으로 혈액순환과 신진대사가 활성화되는 효과가 있다.

정답 007 ④　008 ④　009 ③　010 ③　011 ③　012 ④　013 ①　014 ①

015 진공흡입기 사용 시 주의점으로 잘못된 것은?

① 컵이 깨지거나 금이 갔는지 항상 점검한다.
② 피부조직의 20% 이상 끌어올려서는 안 된다.
③ 시술부위에 적절한 컵을 선택한다.
④ 갈바닉 관리 후에 사용하면 더욱 효과적이다.

🔍 갈바닉 기기관리 후에는 피부를 민감하게 만들 수 있으므로 사용하지 않는다.

016 진공흡입기를 이용한 전신관리의 목적 및 효과에 맞지 않는 것은?

① 지방 및 셀룰라이트를 분해하기 위한 목적으로 사용한다.
② 림프의 흐름을 원활하게 하여 부종을 개선한다.
③ 혈액순환을 원활하여 신진대사를 촉진한다.
④ 정맥의 흐름이 빨라져 정맥류를 완화시킨다.

🔍 진공흡입 시 기존의 정맥류를 악화시킬 수 있다.

017 피부타입에 대한 설명 중 틀린 것은?

① 정상피부 : 탄력이 있고 피부색이 핑크빛인 피부
② 지성피부 : 표피가 두꺼우며 피지분비가 왕성한 피부
③ 복합성피부 : 외부자극에 쉽게 반응하는 피부
④ 민감성피부 : 피부조직이 얇고 쉽게 붉어지는 피부

🔍 복합성 피부는 2개 이상의 피부상태가 동시에 나타나는 피부유형으로, 일반적으로 T존 부위는 지성피부의 상태를, U존 부위는 건성피부의 상태를 보인다.

018 피지분비가 왕성하여 번들거림이 심하고 화장이 잘 지워지는 피부는?

① 복합성피부　　② 지성피부
③ 정상피부　　　④ 건성피부

🔍 지성피부는 피지선의 기능이 비정상적으로 항진되어 피지가 과다하게 분비되는 피부이다.

019 다음 중 복합성 피부유형에 대한 설명으로 맞는 것은?

① 피부가 건조하고 각질이 많이 일어난다.
② 모공이 막혀 면포나 여드름이 생기기 쉽다.
③ T존 부위를 제외한 다른 부분은 세안 후 심하게 당긴다.
④ 피부표면에 붉은 실핏줄이 보인다.

🔍 보기 중 ①항은 건성피부, ②항은 지성피부, ④항은 모세혈관 확장 피부에 대한 설명이다.

020 모세혈관 확장 피부의 특징이 아닌 것은?

① 모낭이 막혀 면포가 발생한다.
② 피부 표면에 붉은 실핏줄이 드러나 보인다.
③ 피부가 섬세하며 표피가 매우 얇다.
④ 유전적 성향이 있으며 나이가 들수록 더 심해진다.

🔍 보기 중 ①항은 여드름 피부의 특징에 해당된다.

021 다음 중 여드름 피부에 대한 설명으로 맞지 않는 것은?

① 피지가 산화되어 검게 된 것을 검은 면포(블랙헤드)라 한다.
② 여드름은 남자보다 여자에게 더 많이 발생한다.
③ 여드름 피부 4기는 가장 심한 증상으로 전문의의 치료를 요한다.
④ 스트레스나 음식물, 월경 등으로 인해 악화될 수 있다.

🔍 여드름은 남성호르몬인 테스토스테론의 분비 증가로 인해 발생되므로 여성보다는 남성에 더 많다.

022 중성피부의 관리방법으로 맞지 않는 것은?

① 유수분 밸런스를 맞추어 건강한 피부 상태를 유지관리한다.
② 자극을 주지않는 무색, 무취, 무향의 화장품을 사용한다.
③ 부드러운 클렌징 제품으로 세안을 꼼꼼히 한다.
④ 영양크림을 이용하여 주 1회 정도 마사지한다.

🔍 보기 중 ②항은 민감성 피부의 관리방법에 해당된다.

023 피부관리 프로그램 계획 시 유의사항으로 적절하지 않은 것은?

① 식품·영양에 관한 조언을 한다.
② 고객에게 심리적 부담을 주지 않는다.
③ 고객에게 신뢰감을 줄 수 있는 정직한 태도로 대한다.
④ 원활한 관리를 위해 최대한의 방문횟수를 제시한다.

🔍 프로그램 계획 시 고객에게 방문횟수를 강요하지 않아야 한다.

024 피부유형별 적용 화장품 성분이 바르게 짝지워진 것은?

① 민감성 피부 – 비타민 K, 캄파
② 건성피부 – 클로로필, 위치하젤
③ 지성피부 – 콜라겐, 레티놀
④ 여드름피부 – 클레이, 유황

🔍
- 캄파 – 지성, 여드름피부
- 클로로필, 위치하젤 – 민감성 피부
- 콜라겐, 레티놀 – 노화성, 건성피부

CHAPTER 02 얼굴관리

025 클렌징제의 조건과 거리가 먼 것은?

① 피부 표면을 손상시키지 않아야 한다.
② 피부에 빨리 흡수되어야 한다.
③ 피부의 유형에 적절해야 한다.
④ 피지막을 파괴해서는 안 된다.

🔍 클렌징은 생활환경의 미세 먼지, 몸에서 분비되는 땀과 피지, 메이크업 잔여물 등을 피부 유형에 따라 제품을 선택하여 깨끗하게 닦아 주는 관리로 클렌징제는 피부의 유형에 적합해야 하며, 피지막이나 피부 표면의 손상이 없어야 한다.

026 클렌징 효과에 대한 설명 중 바르지 않은 것은?

① 피지, 먼지, 메이크업 잔여물의 제거로 피부를 청결하게 한다.
② 묵은 각질을 부드럽게 연화시킨다.
③ 모공 깊숙한 곳에 있는 잔여물까지 제거해준다.
④ 피부관리 다음 단계의 유효성분들의 효율적 흡수를 돕는다.

🔍 모공 깊숙한 곳의 잔여물을 제거하는 것은 딥클렌징이다.

027 클렌징의 목적이 아닌 것은?

① 피부표면의 노폐물 제거
② 산성막의 제거
③ 혈액순환 촉진
④ 트리트먼트의 준비단계

🔍 클렌징 시 산성막이 제거되어서는 안 된다.

028 눈과 입술의 화장을 지울 때 사용하는 클렌징제는?

① 포인트 메이크업 리무버
② 클렌징 젤
③ 폴리시 리무버
④ 클렌징 오일

🔍 포인트 메이크업 리무버는 눈물과 비슷한 pH를 가지고 있어 자극없이 눈과 입술의 화장을 효과적으로 제거할 수 있다.

029 일반적인 포인트 메이크업 클렌징의 순서로 옳은 것은?

① 아이섀도 → 눈썹 → 아이라인 → 마스카라 → 입술
② 아이섀도 → 마스카라 → 아이라인 → 눈썹 → 입술
③ 입술 → 눈썹 → 아이라인 → 마스카라 → 아이섀도
④ 마스카라 → 아이라인 → 아이섀도 → 눈썹 → 입술

🔍 포인트 메이크업 클렌징
- 눈과 입술은 다른 피부 부위에 비해 민감하므로 전용 클렌징 제품을 사용한다. 만일 깨끗이 지워지지 않은 색조 화장의 잔여물은 색소침착을 남길 수 있다.
- 포인트 메이크업 클렌징의 순서는 '아이섀도 → 눈썹 → 아이라인 → 마스카라 → 입술' 순으로 한다.

정답 023 ④ 024 ④ 025 ② 026 ③ 027 ② 028 ① 029 ①

030 사용감이 가볍고 피부 자극이 적으며 옅은 화장을 지우는데 적합한 클렌징제는?

① 로션타입　② 젤타입
③ 오일타입　④ 크림타입

> 로션타입은 친수성의 수중유적형(O/W형)으로 모든 피부에 사용가능하며, 크림타입에 비해 세정력이 약하다.

031 가벼운 화장의 제거나 피부의 더러움을 없애기 위한 클렌징제는?

① 클렌징 워터
② 클렌징 젤
③ 클렌징 오일
④ 클렌징 크림

> 클렌징 워터는 일반화장수보다 계면활성제와 에탄올의 배합을 높여 세정효과를 높인 것이다.

032 딥클렌징의 목적으로 적합한 것은?

① 각질층과 모낭 속 깊숙한 곳의 노폐물을 제거한다.
② 근육을 이완시킨다.
③ 모공을 조여 주는 효과가 있다.
④ 면포를 제거한다.

> 딥클렌징은 일반 클렌징이 끝난 후 피부 심층 깊은 곳을 클렌징할 때 시행한다.

033 딥클렌징의 효과로 거리가 먼 것은?

① 여드름, 색소침착, 잡티 등이 개선된다.
② 잔주름이 완화된다.
③ 각질층이 정돈되어 피부톤이 맑아진다.
④ 민감한 피부에 진정효과를 준다.

> 딥클렌징이 민감한 피부에 진정효과를 주는 것은 아니다.

034 다음 딥클렌징의 설명으로 잘못된 것은?

① 고마쥐 : 알갱이를 이용하여 모공 속의 피지 및 노폐물을 제거한다.

② 효소 : 시간, 온도, 습도를 적절히 조절하여야 한다.
③ AHA : 과일산으로 각질의 제거에 효과적이다.
④ 물리적 딥클렌징 : 스크럽제품과 고마쥐제품이 있다.

> 보기 ①항은 스크럽제에 대한 설명이다.

035 다음 중 클렌징제의 사용방법으로 적합하지 않는 것은?

① 피부유형에 맞는 제품을 선택한다.
② 10분 이상 마사지한 후 닦아낸다.
③ 클렌징제를 덜어 손안에서 체온으로 따뜻하게 한 후 사용한다.
④ 리듬감 있는 큰 동작으로 클렌징을 한다.

> 클렌징 단계는 노폐물을 제거하는 것이 목적이므로 오랫동안 마사지를 하면 피부에 노폐물이 흡수되므로 3분 정도 시행하는 것이 적합하다.

036 다음 중 고마쥐의 사용방법으로 적합한 것은?

① 마른 상태에서 근육의 결에 따라 손가락으로 문질러 제거한다.
② 알갱이를 이용하여 마사지하듯 작은 원 동작으로 문지른다.
③ 미지근한 물에 개어 펴 바른 후 스티머를 적용한다.
④ 면봉으로 도포한 후 냉습포로 마무리한다.

> 보기 ②항은 스크럽제, ③항은 효소, ④항은 AHA를 사용한 딥클렌징 방법이다.

037 다음 딥클렌징의 종류 중 물리적 방법이 아닌 것은?

① 스크럽(Scrub)
② 고마쥐(Gommage)
③ 후리마돌(Frimator)
④ AHA(Alpha hydroxy acid)

> • 물리적 방법 : 스크럽, 고마쥐, 후리마돌
> • 화학적 방법 : 효소, AHA

정답 030 ①　031 ①　032 ①　033 ④　034 ①　035 ②　036 ①　037 ④

038 AHA 필링을 해서 효과적인 피부는?

① 민감성 피부
② 여드름 피부
③ 화상 피부
④ 염증 피부

🔍 AHA는 피지 및 각질의 제거를 통해 여드름을 개선하는 효과가 있으며, 피부미용 분야에서는 10% 미만의 농도를 사용한다.

039 딥클렌징 시 가장 주의해야 할 피부타입은?

① 노화피부
② 모세혈관 확장 피부
③ 건성피부
④ 여드름성 피부

🔍 모세혈관 확장 피부는 자극에 민감하므로 딥클렌징 시 유의하여야 하며, 특수관리가 필요하다.

040 안면 관리 시 제품의 도포 순서로 가장 바르게 연결된 것은?

① 앰플-로션-에센스-크림
② 크림-에센스-앰플-로션
③ 에센스-로션-앰플-크림
④ 앰플-에센스-로션-크림

🔍 화장품 도포 시 피부에 수분함량이 많은 것을 먼저 도포하고 나중에 유분 함량이 많은 제품을 도포하여 흡수를 높인다.

041 매뉴얼 테크닉의 구성요소로 가장 거리가 먼 것은?

① 압력
② 속도와 리듬
③ 매개체
④ 지압법

🔍 마사지 시 중요한 요소는 방향, 속도와 리듬, 압력, 매개체, 시간, 자세 등이다.

042 매뉴얼 테크닉의 종류 중 기본동작이 아닌 것은?

① 두드리기(Tapotement)
② 문지르기(Friction)
③ 흔들어주기(Vibration)
④ 압축하여 누르기(press)

🔍 매뉴얼 테크닉의 기본동작은 쓰다듬기(Effleurage), 문지르기(Friction), 흔들어주기(Vibration), 반죽하기(Petrissage), 두드리기(Tapotment)이다.

043 다음 매뉴얼 테크닉의 기술 중 유연법에 속하는 것은?

① 니딩
② 태핑
③ 커핑
④ 해킹

🔍 반죽하기, 유연법, 유찰법, petrisage, kneading은 모두 같은 의미로 근육을 쥐고 손가락 전체를 이용하여 반죽하듯이 주물러 부드럽게 하는 방법을 말한다.

044 손가락 끝을 피부에 대고 나선형으로 문지르는 방법으로 혈액순환촉진과 결체조직을 강화시키는 마사지 기법은?

① 경찰법
② 유연법
③ 고타법
④ 강찰법

🔍 강찰법(마찰하기, 문지르기, friction)으로 쓰다듬기보다 깊은 조직에 실시한다.

045 다음 중 반죽하기의 동작에 해당하는 것은?

① 손바닥을 이용해 부드럽게 쓰다듬기
② 손가락 사이에 피부를 잡고 반죽하기
③ 손가락을 이용하여 두드려 주기
④ 피부에 빠르고도 고른 진동주기

🔍 반죽하기
• 마사지법 중 가장 강한 동작으로 근육의 혈액을 촉진하고 노폐물을 제거하며 근육 피로와 통증을 완화하는 효과가 있다.
• 근육을 쥐고 손가락 전체를 이용하여 반죽하듯이 주물러 부드럽게 하는 방법이다.

046 쓰다듬기(effleurage) 동작에 대한 설명 중 맞는 것은?

① 피부 깊숙이 자극하여 혈액순환 증진
② 근육을 반죽하여 누르는 방법
③ 손가락으로 자극을 주어 두드리는 방법
④ 쓰다듬기 동작은 시작과 마무리에 사용

🔍 매뉴얼 테크닉의 쓰다듬기(effleurage)는 마사지의 시작과 끝에 사용하는 동작으로 손가락과 손바닥 전체로 피부를 부드럽게 쓰다듬어 피부의 긴장을 완화시킨다.

정답: 038 ② 039 ② 040 ④ 041 ④ 042 ④ 043 ① 044 ④ 045 ② 046 ④

047 지각신경에 쾌감을 주는 동시에 혈액의 흐름을 촉진하고 경련과 마비에 가장 효과적인 마사지 기법은 다음 중 어느 것인가?

① 강찰법
② 고타법
③ 경찰법
④ 무찰법

🔍 고타법(두드리기, tapotement)은 신경조직을 자극하고 피부 탄력성을 높여준다.

048 매뉴얼 테크닉을 시술할 때 주의사항이 아닌 것은?

① 마사지 전에 관리사는 손을 따뜻하게 하여야 한다.
② 마사지 동작은 빠르게 해주는 것이 가장 효과적이다.
③ 마사지할 때 크림이 눈, 코, 입 등에 들어가지 않게 한다.
④ 마사지 방법은 안면 중심부에서 바깥쪽으로, 아래에서 위쪽으로 한다.

🔍 마사지의 동작이 너무 빠르면 표면적인 효과만 있다.

049 신체 각 부위별 관리에서 매뉴얼 테크닉의 적용이 적합하지 않은 것은?

① 과다한 운동으로 인해 근육이 경직된 경우
② 림프 순환이 잘 되지 않아 붓는 경우
③ 하체 부종이 심한 임산부의 경우
④ 스트레스로 인한 뭉쳐진 근육

🔍 임산부의 경우 강한 매뉴얼 테크닉을 적용할 경우 유산의 위험성이 있을 수 있다.

050 얼굴의 매뉴얼 테크닉 시 부위별 설명으로 틀린 것은?

① 강찰법 - 이마
② 유연법 - 턱
③ 강찰법 - 코
④ 유연법 - 눈

🔍 • 강찰법 : 이마, 코, 눈가, 입 주위 등 주름이 생기기 쉬운 부위에 실시
• 유연법 : 턱 쪽에 실시
• 고타법 : 근육 지방층이 많은 곳에 실시

051 두드리기의 손동작 중 주먹을 가볍게 쥐고 두드리는 동작은?

① 태핑
② 커핑
③ 비팅
④ 해킹

🔍 두드리기의 손동작
• 태핑 : 손가락의 바닥면을 이용하여 두드리는 동작
• 슬래핑 : 손바닥을 이용하여 두드리는 동작
• 커핑 : 손바닥을 오목하게 하여 두드리는 동작
• 해킹 : 손의 바깥 옆면이나 손등을 이용하여 두드리는 동작
• 비팅 : 주먹을 가볍게 쥐고 두드리는 동작

052 다음 중 팩의 효과로 적절치 않은 것은?

① 세포재생 효과
② 진정 효과
③ 각질제거 효과
④ 치료 효과

🔍 치료는 피부미용의 영역이 아닐뿐더러, 팩으로 치료 효과를 기대할 수는 없다.

053 팩의 목적 및 효과와 가장 거리가 먼 것은?

① 피부의 혈행 촉진 및 청정 작용
② 진정과 수렴 작용
③ 피부 보습
④ 피하지방 분해

🔍 팩의 목적은 피부의 문제점들을 개선하기 위한 것이고, 피하지방층에는 적용하지 않는다.

054 팩 사용 시 주의사항이 아닌 것은?

① 피부 타입에 맞는 팩제를 사용한다.
② 잔주름 예방을 위해 눈 위에 직접 덧바른다.
③ 한방팩, 천연팩 등은 즉석으로 만들어 사용한다.
④ 코 중심의 안에서 바깥 방향으로 바른다.

🔍 팩 적용 시 고객의 눈이나 입 주변에 팩제가 들어가지 않도록 주의해서 도포한다.

정답 047 ② 048 ② 049 ③ 050 ④ 051 ③ 052 ④ 053 ④ 054 ②

055 마스크의 특징으로 옳은 것은?

① 스티머를 사용하여 열을 높인다.
② 영양물질을 적셔서 올려놓는다.
③ 막을 형성하여 외부와의 공기를 차단시킨다.
④ 젖은 해면을 이용하여 닦아낸다.

🔍 마스크는 바르면 굳어 외부 공기가 차단됨으로써 영양물질의 흡수를 높인다.

056 노화피부에 효과적인 팩의 타입은?

① 크림타입
② 머드타입
③ 필오프타입
④ 젤타입

🔍 머드, 필오프타입은 지성이나 여드름·복합성 피부에, 젤타입은 민감성이나 건성 피부에 좋다.

057 다음 중 피부타입에 맞는 팩의 연결이 잘못된 것은?

① 여드름피부 - 머드
② 노화피부 - 클레이
③ 건성피부 - 크림
④ 민감성피부 - 젤

🔍 클레이는 청정작용 및 흡착작용이 강해 지성·복합성·여드름 피부에 적합하다.

058 팩 제거 방법 중 워시오프타입에 대한 설명으로 맞는 것은?

① 물로 씻어낸다.
② 티슈로 닦아낸다.
③ 형성된 막을 손으로 떼어 낸다
④ 피부에 흡수되므로 닦아내지 않아도 된다.

🔍 워시오프타입(wash-off type)은 일정 시간 도포 후 물로 씻어낸다.

059 도포 후 열을 내게 하여 혈액순환을 촉진시키고 유효성분을 피부 깊숙이 침투시키는 팩제는?

① 석고모델링
② 알긴모델링(고무마스크)
③ 콜라겐 벨벳
④ 파라핀 마스크

🔍 석고는 모델링을 하면 온도가 약 38~42℃ 정도까지 올라간 후 서서히 차가워진다.

060 다음 중 파라핀 팩의 설명으로 알맞지 않은 것은?

① 대표적인 웜 마스크(warm mask)이다.
② 민감성 피부, 모세혈관 확장 피부에 적합하다.
③ 고형파라핀을 바르기 좋게 녹여서 사용한다.
④ 수분보유력이 뛰어나 피부를 유연하고 매끄럽게 한다.

🔍 파라핀 팩은 파라핀 왁스, 에틸알코올, 스테아릴 알코올 등이 혼합된 마스크로 온열을 이용하여 사용 직전에 녹여서 사용하는 방법으로 건성피부, 노화피부, 손발 관리에는 사용가능하지만, 민감성 피부, 모세혈관 확장 피부에는 사용을 피한다.

061 점토팩이라고도 하며 청정작용과 피지흡착 효과가 높은 팩 제의 대표적인 것은?

① 밀크 팩
② 클레이 팩
③ 왁스 마스크 팩
④ 에그 팩

🔍 클레이 팩은 진흙, 점토가 주원료로 미네랄이 많이 함유되어 있다.

062 다음 중 건성피부나 화장이 잘 받지 않는 피부에 가장 적당한 팩은?

① 머드 팩
② 양배추 팩
③ 호르몬 팩
④ 계란노른자 팩

🔍 계란노른자 팩은 영양과 미백효과가 좋아 건성, 중성, 노화피부에 적합하다.

정답 055 ③ 056 ① 057 ② 058 ① 059 ① 060 ② 061 ② 062 ④

063 팩을 한 다음 팩의 효과에 무리 없이 빨리 건조하기 위한 일반적인 조치로 가장 적합한 것은?

① 적외선을 조사한다.
② 자외선을 조사한다.
③ 선풍기 바람을 쏘인다.
④ 가시광선을 조사한다.

> 적외선 등은 열에 의해 영양성분을 피부 깊숙이 침투시켜준다.

064 건조되면서 얇은 필름막을 형성시켜 떼어내는 팩 타입은?

① 필오프(peel-off) 타입
② 워시오프(wash-off) 타입
③ 티슈오프(tissue-off) 타입
④ 시트(sheet) 타입

> 필오프(peel-off) 타입은 피부에 긴장감을 주어 탄력감을 부여하고 필름막을 떼어낼 때 각질세포도 함께 떨어져 가벼운 필링 효과도 준다.

065 콜라겐 벨벳 마스크에 대한 설명으로 맞지 않는 것은?

① 건성피부와 노화피부, 민감성 피부에 적합하다.
② 콜라겐이 90% 이상 함유되어 있다.
③ 콜라겐 앰플이나 에센스에 비해 흡수력이 다소 떨어진다.
④ 고함량 콜라겐 시트지를 냉동 건조한 것이다.

> 콜라겐 벨벳 마스크는 다른 제형에 비해 피부 깊숙이 침투된다.

066 콜라겐 벨벳 마스크는 주로 어떤 타입이 주로 사용되는가?

① 시트 타입
② 크림 타입
③ 파우더 타입
④ 겔 타입

> 콜라겐 벨벳 마스크는 천연콜라겐을 냉동 · 건조시킨 종이형태(시트타입)의 마스크로 일반 크림류에 비해 콜라겐 함량이 높고 피부 깊숙이 흡수되므로 진정 및 보습 효과가 뛰어나다.

067 마스크에 대한 설명 중 틀린 것은?

① 석고 – 석고와 물의 교반 작용 후 크리스탈 성분이 열을 발산하여 굳어진다.
② 파라핀 – 열과 오일이 모공을 열어주고, 피부를 코팅하는 과정에서 발한 작용이 발생한다.
③ 젤라틴 – 중탕되어 녹여진 팩제를 온도 테스트 후 브러시로 바르는 예민 피부용 진정 팩이다.
④ 콜라겐 벨벳 – 천연 용해성 콜라겐의 침투가 이루어지도록 기포를 형성시켜 공기층의 순환이 되도록 한다.

> 콜라겐 벨벳 마스크는 기포가 형성되지 않도록 화장수 등을 이용하여 피부에 밀착시켜야 효과적이다.

068 마스크의 종류에 따른 사용 목적이 틀린 것은?

① 콜라겐 벨벳 마스크 – 진피 수분 공급
② 고무 마스크 – 진정, 노폐물 흡착
③ 석고 마스크 – 영양 성분 흡수 용이
④ 머드 마스크 – 모공 청결, 피지 흡착

> 콜라겐 벨벳 마스크는 표피의 수분 공급에 적합하다.

069 다음 중 팩의 사용 시 주의사항으로 적합하지 않은 것은?

① 팩 브러시는 45도 각도로 눕혀서 사용한다.
② 붓을 이용하여 일정한 두께로 골고루 펴 바른다.
③ 붓은 아래에서 위쪽으로, 안에서 바깥 방향으로 발라준다.
④ 볼 부위는 가장 나중에 발라준다.

> 볼 부위는 안면에서 체온이 가장 낮으므로 먼저 바르고 얇게 발라준다.

정답 063 ① 064 ① 065 ③ 066 ① 067 ④ 068 ① 069 ④

070 피부미용 관리 시 마무리 단계에게 냉습포를 사용하는 이유는?

① 모공을 열어주기 위해
② 혈액순환을 촉진하기 위해
③ 잔여물 및 노폐물 제거를 위해
④ 이완된 피부를 수축시키기 위해

🔍 보기 ①, ②, ③항은 온습포의 사용 이유이다.

071 클렌징에 대한 설명이 바르지 못한 것은?

① 피부의 피지, 메이크업 잔여물을 없애기 위한 작업이다.
② 모공 깊숙이 있는 불순물과 피부 표면의 각질을 제거한다.
③ 피부 생리적인 기능을 도와준다.
④ 제품 흡수를 도와준다.

🔍 보기 ②항은 딥클렌징에 대한 설명으로 딥클렌징은 각질 제거와 모낭 내의 피지, 면포, 불순물 등이 쉽게 배출되도록 도와준다.

072 클렌징 로션에 대한 설명으로 알맞은 것은?

① 사용 후 반드시 비누세안을 해야 한다.
② 친유성 에멀젼(W/O타입) 이다.
③ 눈화장, 입술화장을 지우는데 주로 사용한다.
④ 민감성 피부에도 적합하다.

🔍 클렌징 로션은 친수성(O/W타입)이며 모든 피부에 적용가능하고, 이중세안이 필요 없지만, 눈화장과 입술화장은 전용제품을 이용하여 제거하는 것이 적합하다.

073 짙은 화장을 지우는 데 클렌징 제품의 타입으로 이중세안을 해야 하는 것은?

① 클렌징 로션
② 워터 클렌징
③ 클렌징 워터
④ 클렌징 크림

🔍 클렌징 크림은 세정력이 뛰어나 짙은 화장을 지우는데 적합하며, 이중세안을 해야 한다.

074 클렌징에 대한 설명으로 거리가 가장 먼 것은?

① 디스인크러스테이션은 주 2회 이상이 적당하다.
② AHA 타입은 불필요한 각질을 분해하여 잔여물을 제거한다.
③ 디스인크러스테이션은 전기를 이용한 딥클렌징 방법이다.
④ 예민 피부는 자극적인 브러시 머신을 이용한 딥클렌징을 삼가한다.

🔍 디스인크러스테이션은 안면박리 또는 노폐물 각질제거라고 하는 딥클렌징의 단계로 주 1회가 적당하다.

075 딥클렌징 중 효소 필링제의 사용법으로 가장 적합한 것은?

① 도포한 후 약간 덜 건조된 상태에서 문지르는 동작으로 각질을 제거한다.
② 도포한 후 효소의 작용을 활발하게 하기 위해 스티머나 온습포를 사용한다.
③ 도포한 후 완전하게 건조되면 젖은 해면을 이용하여 닦아낸다.
④ 도포한 후 완전 마르기 전에 피부 근육 결 방향으로 문지른다.

🔍 효소 필링제는 단백질을 분해하는 효소가 촉매제로 작용하여 죽은 각질을 분해하는 것으로 피부에 도포 후 적절한 온도와 습도를 만들어 주면 효과가 크게 나타난다. 도포 후 건조 전에 젖은 해면으로 닦아낸다.

076 습포의 효과에 대한 내용과 가장 거리가 먼 것은?

① 온습포는 모공을 확장시키는데 도움을 준다.
② 온습포는 팩 제거 후 사용하면 효과적이다.
③ 온습포는 혈액순환 촉진, 적절한 수분공급 효과가 있다.
④ 냉습포는 모공을 수축시키며 피부를 진정시킨다.

🔍 팩 제거 후 냉습포를 사용하여 모공 수축시켜 준다.

정답 070 ④ 071 ② 072 ④ 073 ④ 074 ① 075 ② 076 ②

077 피부 관리 시 최종 마무리 단계에서 냉 타월을 사용하는 이유로 가장 적합한 것은?

① 고객의 피부 온도를 올려주기 위해
② 피부를 깨끗이 닦기 위해
③ 모공을 열기 위해
④ 이완된 피부수축을 위해

🔍 피부 관리의 마지막 단계에 모공 수축과 진정 효과를 위해 냉습포를 적용한다.

078 셀룰라이트(cellulite)에 대한 설명 중 틀린 것은?

① 오렌지 껍질 피부모양으로 표현된다.
② 주로 남성보다는 여성에게 많이 나타난다.
③ 주로 허벅지, 둔부, 상완 등에 많이 나타난다.
④ 스트레스가 주된 원인이다.

🔍 스트레스가 만병의 원인이지만 셀룰라이트는 유전적인 순환장애, 호르몬의 작용, 정체된 림프순환이 주된 원인이다.

079 몸매 딥클렌징의 방법 중 물리적인 방법이 아닌 것은?

① 스크럽제
② 브러시(프리마돌)
③ AHA(al pha hydroxy acid)
④ 고마쥐

🔍 AHA는 화학적인 딥클렌징 방법으로 천연산 성분을 이용한 것이다.

080 브러시(brush, 프리마돌) 사용법으로 옳지 않은 것은?

① 회전하는 브러시를 피부와 45도 각도로 하여 사용한다.
② 피부상태에 따라 브러시의 회전 속도를 조절한다.
③ 화농성 여드름 피부와 모세혈관 확장 피부 등은 사용을 피하는 것이 좋다.
④ 브러시 사용 후 중성세제로 세척한다.

🔍 브러시와 피부의 각도는 90도로, 솔이 눌리거나 꺾이지 않게 하여 사용한다.

081 몸매 관리 시 매뉴얼 테크닉의 효과와 가장 거리가 먼 것은?

① 림프순환 촉진
② 피부결의 연화 및 정화
③ 심리적 안정
④ 주름 제거

🔍 매뉴얼 테크닉은 혈액과 림프순환을 촉진시키고, 근육 이완 및 통증 완화에 효과가 있으며 심리적 안정과 노폐물과 노화된 각질을 제거하여 피부상태를 개선시킬 수 있다.

CHAPTER 03 기타 피부관리

082 제모 방법 중 성격이 다른 하나는?

① 제모크림   ② 왁스
③ 전기분해법   ④ 족집게

🔍 보기 중 ①, ②, ④항은 일시적인 제모법이고, ③항은 전기를 이용한 영구제모법에 해당된다.

083 다음 중 일시적 제모에 속하지 않는 것은?

① 전기 분해법 이용한 제모
② 왁스 이용한 제모
③ 족집게 이용한 제모
④ 화학 탈모제 이용한 제모

🔍 전기분해법은 모근에 전기침을 꽂아 전류를 이용해 모근을 파괴하는 방법으로 영구적 제모이다.

084 일시적 제모의 종류와 설명이 옳지 않은 것은?

① 왁싱 - 넓은 부위 제모를 효과적으로 할 수 있다.
② 면도 - 비용이 적게 들며 매일 사용 시 피부가 예민해 질 수 있다.
③ 트위징 - 국소 부위 제모에 이용하며 시간이 오래 걸린다.
④ 제모크림 - 사용 후 매우 깔끔히 제모가 이루어지며 피부에 전혀 자극이 없다.

정답 077 ④ 078 ④ 079 ③ 080 ① 081 ④ 082 ③ 083 ① 084 ④

🔍 제모크림 사용 시는 패치테스트를 하고 사용하는 것이 좋으며, 제모의 시간이 지시된 시간보다 길어지면 발진이 생길 수 있다.

085 웜왁스(warm wax)를 이용하여 제모하는 방법으로 옳은 것은?

① 제모 전에는 유분로션을 발라 피부를 보호한다.
② 왁스는 털이 난 방향으로 발라준다.
③ 왁스를 제거할 때는 천천히 떼어낸다.
④ 제모 후에는 온습포를 이용해 시술 부위를 진정시킨다.

🔍 제모 전에는 유·수분을 모두 제거하고, 왁스를 털이 난 방향으로 바르며, 제거할 때는 털이 난 반대방향으로 신속히 제거한다. 제모 후에는 냉습포나 알로에 젤을 발라서 진정시킨다.

086 왁스를 바를 때 스파츌라의 각도는?

① 90도
② 25도
③ 45도
④ 15도

🔍 스파츌라는 45도로 눕혀 털이 자라는 방향으로 얇게 발라 준다.

087 다음 중 냉왁스에 대한 설명이 아닌 것은?

① 데우지 않고 직접 용기에서 퍼서 사용한다.
② 굵거나 거센 털의 제거에 좋다.
③ 가슴, 팔, 다리 등 넓은 부위의 제모에 좋다.
④ 실온에서 유동상태로 되어 있다.

🔍 굵거나 거센 털의 제거는 온왁스가 더 효과적이다.

088 제모 시 유의사항이 아닌 것은?

① 염증이나 상처, 피부질환이 있는 경우는 하지 말아야 한다.
② 장시간의 목욕이나 사우나 직후는 피한다.
③ 제모 부위는 유분기와 땀을 제거한 다음 완전히 건조된 후 실시한다.
④ 제모를 한 부위는 즉시 물로 깨끗하게 씻어주어야 한다.

🔍 제모한 부위는 진정 젤을 발라주어 자극을 줄여주며, 24시간 이내에 목욕, 비누 사용, 세안, 메이크업, 햇빛 자극을 피한다.

089 다리 제모의 방법으로 틀린 것은?

① 머슬린천을 이용할 때는 수직으로 세워서 떼어낸다.
② 대퇴부는 윗부분부터 밑 부분으로 각 길이를 이등분 정도 나누어 내려가며 실시한다.
③ 무릎부위는 세워놓고 실시한다.
④ 종아리는 고객을 엎드리게 한 후 실시한다.

🔍 머슬린천을 이용할 때 가급적 눕혀서 수평으로 떼어낸다.

090 다음 중 인체의 임파선을 통한 노폐물의 이동을 통해 해독작용을 도와주는 관리방법은?

① 반사요법
② 바디 랩
③ 향기요법
④ 림프 드레나쥐

🔍 림프 드레나쥐는 림프액의 흐름을 원활하게 하여 부종완화, 노폐물 제거, 면역능력 증가 등의 효과를 가져온다.

091 림프 드레나쥐를 적용할 수 있는 경우에 해당되는 것은?

① 심장질환이 있는 사람
② 염증이 심한 피부
③ 악성 종양이 있는 경우의 사람
④ 여드름이 있는 피부

🔍 림프 드레나쥐는 여드름 피부, 부종, 모세혈관 확장 피부에도 적용할 수 있다.

092 림프 드레나쥐의 주 대상이 되지 않는 피부는?

① 모세혈관 확장 피부
② 튼 피부
③ 감염성 피부
④ 부종이 있는 셀룰라이트 피부

🔍 감염성 피부는 림프 드레나쥐 시행으로 감염을 빠르게 진행시킬 수 있으므로 적용하지 않아야 한다.

정답 085 ② 086 ③ 087 ② 088 ④ 089 ① 090 ④ 091 ④ 092 ③

CHAPTER 04 피부미용기구 활용

093 다음 중 직류전류를 이용한 것이 아닌 것은?

① 이온토포레시스   ② 고주파기
③ 영구제모기   ④ 디스인크러스테이션

🔍 고주파기는 교류전류를 이용한다.

094 고주파전류 중 미안용 시술에 주로 사용되는 것은?

① 갈바닉 전류   ② 오당 전류
③ 네슬러 전류   ④ 테슬러 전류

🔍 고주파는 주파수가 약 10만 헤르츠 이상의 높은 진동율의 테슬러 전류를 이용한다.

095 피부관리에서 갈바닉 전류를 사용하는 기기는?

① 석션기
② 이온영동기(이온토포레시스)
③ 엔더몰로지
④ 근육단련기

🔍 갈바닉전류를 이용한 피부미용기기는 수용성 성분을 흡수시키는 이온영동과 노폐물 배출을 위한 디스인크러스테이션 관리에 사용되는 기기이다.

096 유분의 변화에 반응하는 특수한 측정지를 이용해 피지의 빛 통과도의 광도 측정을 위한 가장 좋은 환경은?

① 온도 20℃, 습도 40~60%
② 온도 30℃, 습도 20~30%
③ 온도 20℃, 습도 20~30%
④ 온도 10℃, 습도 40~60%

🔍 유수분의 정확한 측정을 위해 아주 높거나 낮은 온도나 습도의 환경은 적합하지 않다.

097 안면 진공 흡입기의 사용 방법으로 가장 거리가 먼 것은?

① 사용 시 크림이나 오일을 바르고 사용한다.
② 한 부위에 오래 사용하지 않도록 조심한다.
③ 탄력이 부족한 예민, 노화 피부에 더욱 효과적이다.
④ 관리가 끝난 후 벤토즈는 미온수와 중성세제를 이용하여 잘 세척하고 알코올 소독 후 보관한다.

🔍 안면 진공 흡입기는 노폐물 제거 및 모낭 청결을 위해 사용하며, 예민성 피부와 모세혈관 확장 피부에는 적합하지 않다.

098 지성 피부에 적용되는 관리방법 중 적절하지 못한 것은?

① 이온 영동 침투 기기의 양극봉으로 관리를 해준다.
② 쟈켓법을 이용한 관리는 디스인크러스테이션 후에 시행한다.
③ T-존(T-zone) 부위의 노폐물 등을 안면 진공 흡입기로 제거한다.
④ 지성 피부의 상태를 호전시키기 위해 고주파기를 적용시킨다.

🔍 지성 피부는 갈바닉 기기(이온 영동 침투 기기)의 음극봉을 이용하여 노폐물을 배출시킨다.

099 초음파를 이용한 스킨 스크러버의 효과가 아닌 것은?

① 신진대사 원활하게 촉진
② 각질 제거를 쉽게 함
③ 피부 맑고 깨끗해짐
④ 상처 부위 재생 효과 탁월

🔍 스킨 스크러버는 상처 부위 사용을 금한다.

100 매우 낮은 전압의 직류를 이용하며, 이온 영동법과 디스인크러스테이션 의 두 가지 중요한 기능을 하는 기기는?

① 초음파 기기   ② 갈바닉 기기
③ 바이브레이션 기기 ④ 저주파 기기

🔍 갈바닉 기기는 갈바닉 직류(미세 직류로 한 방향으로만 흐르는 극성을 가진 전류)의 같은 극끼리 밀어내고 다른 극끼리 끌어당기는 성질을 이용한 것이다.

정답 093 ② 094 ④ 095 ② 096 ① 097 ③ 098 ① 099 ④ 100 ②

101 스티머의 효과가 아닌 것은?

① 온열효과로 모공과 땀구멍을 열어준다.
② 피부의 노폐물 배출이 용이하다.
③ 유분크림을 많이 바르면 스티머의 효과를 극대화한다.
④ 피부의 보습효과를 증가한다.

> 유분이 많은 크림을 바른 상태에서 스팀을 쏘이면 증기가 피부 깊숙이 침투하기 어렵다.

102 스티머 사용 시 주의점으로 틀린 것은?

① 모세혈관 확장 피부, 상처 난 피부는 피한다.
② 오존 분무시 맨 얼굴에 적용한다.
③ 크림이나 젤을 바르고 쏘이지 않는다.
④ 물통을 씻을 때 세제를 사용한다.

> 세제를 이용하여 씻으면 고장의 원인이 되므로 가볍게 수세미로 닦아 헹구어 낸다.

103 다음 중 후리마돌의 주된 사용목적은?

① 피부표면의 죽은 각질 제거
② 영양물질의 침투
③ 피부 진정효과를 위해
④ 발열작용

> 후리마돌은 모공의 피지와 각질제거를 위한 클렌징과 딥클렌징 단계에서 주로 사용한다.

104 다음 중 안면기기가 아닌 것은?

① 스티머
② 바이브레이터
③ 갈바닉기기
④ 스프레이

> 바이브레이터는 전신관리용 기기이다.

105 스프레이 머신의 사용효과가 아닌 것은?

① 피부에 청량감과 상쾌함을 준다.
② 산성막의 빠른 회복을 돕는다.
③ 신경종말을 자극하여 신진대사를 활성화한다.
④ 과도한 피지와 노폐물을 피부표면으로 끌어낸다.

> • 스프레이는 여드름 압출 후 모공 세척이나 관리 중의 스킨토너 분무를 위해 사용한다.
> • 여드름 피부의 피지와 노폐물을 스프레이 머신이 적출하지 않는다.

106 진공흡입기 사용 시 주의점으로 잘못된 것은?

① 컵이 깨지거나 금이 갔는지 항상 점검한다.
② 피부조직의 20% 이상 끌어올려서는 안 된다.
③ 갈바닉 관리 후에 사용하면 더욱 효과적이다.
④ 시술부위에 적절한 컵을 선택한다.

> 갈바닉기기 관리 후에는 피부를 민감하게 만들 수 있으므로 사용하지 않는다.

107 갈바닉기기의 음극에 대한 설명 중 바른 것은?

① 모공의 확장 및 조직 이완
② 신경을 안정시킨다.
③ 진정작용이 있다.
④ 모공이나 한선을 수축시킨다.

> 갈바닉기기의 효과
> • 음극의 효과 : 알칼리성 물질 침투, 신경 자극, 혈액공급 증가, 조직이완, 모공 및 한선 확장
> • 양극의 효과 : 산성물질 침투, 신경안정, 혈액공급 감소, 조직강화, 모공 및 한선 수축, 진정작용

108 다음 중 컬러테라피의 효과로 가장 알맞은 것은?

① 물의 온열을 이용한 발열효과
② 수압, 제트류를 이용한 대사기능 촉진효과
③ 색을 이용한 심리적 안정효과
④ 찬물을 이용한 혈관강화효과

> 보기 중 ①, ②, ④항은 스파테라피의 효과이다.

정답 | 101 ③ 102 ④ 103 ① 104 ② 105 ④ 106 ③ 107 ① 108 ③

109 하이드로테라피(hydrotherapy) 시 지켜야 할 수칙이 아닌 것은?

① 식사 직후에 행한다.
② 수요법은 대개 5분에서 30분까지가 적당하다.
③ 수요법에 전에 잠시 쉬도록 한다.
④ 수요법 후에는 물을 충분히 마시도록 한다.

> 하이드로테라피(수요법)은 물의 강약을 조절하여 신체 부위를 자극함으로써 혈액순환과 신진대사를 활성화하는 원리로 식사 후 최소 한 시간 이후에 실시하는 것이 좋다.

정답
109 ①

PART

03

공중위생관리

CHAPTER

01. 공중보건
02. 소독
03. 공중위생관리법규
➡ 출제예상문제

공중보건

Lesson 01 공중보건학 기초

1 공중보건학의 개념

(1) 공중보건학의 개요

① 공중보건학의 정의 및 목표
  ㉮ 윈슬로우(Winslow)에 따르면 공중보건학은 체계적인 지역사회의 노력을 통하여 질병을 예방하고 수명을 연장하며, 신체적·정신적 효율을 증진시키는 기술 과학으로 정의된다.
  ㉯ 특히 체계적인 지역사회의 노력으로 환경위생, 감염병 관리, 개인위생에 관한 보건교육, 예방적 치료, 의료 및 간호서비스의 조직화, 생활수준의 적합화를 위한 사회적 기반의 개발을 포함해야 한다고 강조한 바 있다.

② 공중보건의 범위
  ㉮ 환경관리 분야 : 환경위생, 식품위생, 환경오염, 산업보건
  ㉯ 질병관리 분야 : 감염병관리, 역학, 기생충 관리, 성인병 관리
  ㉰ 보건관리 분야 : 보건행정, 보건교육, 의료보장제도, 영유아 보건, 가족계획 등

(2) 공중보건의 목적과 대상

① 공중보건의 목적
  ㉮ 질병예방
  ㉯ 수명(생명)연장
  ㉰ 신체적, 정신적 건강 및 효율의 증진

② 공중보건학의 대상
  개인이 아닌 지역사회의 인간집단, 더 나아가 국민전체를 대상으로 한다.

2 건강과 질병

(1) 건강의 정의와 수준

① 세계보건기구(WHO)의 건강의 정의
  건강이란 '단지 질병이 없거나 허약의 부재상태만을 뜻하는 것이 아니라 신체적, 정신적 및 사회

적으로 완전히 안녕한 상태'라고 정의하였다.

② **건강의 수준**
㉮ 종합건강지표 : 비례사망지수, 평균수명, 보통 사망률이 사용된다.
㉯ 특수건강지표 : 영아 사망률, 감염병 사망률이 사용된다.
㉰ 보건봉사활동지표 : 의료봉사자수 및 병상수 등의 평가지표가 이용된다.

(2) 질병의 개념과 예방

① **질병의 개념**
㉮ 인체의 조직 또는 기관에 이상이 생겨 정상적인 생리기능을 하지 못하는 상태를 질병이라고 한다.
㉯ 질병은 인간의 연령, 병에 대한 저항력, 영양상태, 생활습관 등과 같은 병원체의 균형이 깨어짐으로 생기는 것으로, 인체의 저항력이 높고 영양상태가 좋을 때는 병원균이 침범하더라도 병이 발생하지 않는다.

② **질병 예방 단계**
㉮ 1차 예방(질병 발생 전 단계) : 환경개선, 건강관리, 예방접종 등
㉯ 2차 예방(질병 감염 단계) : 조기검진, 건강검진, 악화방지 및 치료 등
㉰ 3차 예방(불구 예방 단계) : 재활 및 사회복귀, 적응 등

3 인구보건 및 보건지표

(1) 인구보건

① **양적문제 및 질적문제**
㉮ 양적문제
　㉠ 3P : 인구(Population), 공해(Pollution), 빈곤(Poverty)
　㉡ 3M : 기아(Malnutrition), 질병(Morbidity), 사망(Mortality)
㉯ 질적문제 : 열성 유전인자의 전파와 역도태 작용, 연령별, 성별, 계층별간의 인구구성 등의 문제를 일으킨다.

② **인구 연령별 구성형태**
㉮ 피라미드형(증가형) : 유소년층이 큰 비중을 차지하는 형으로 출생률과 사망률이 모두 높은 다산다사의 저개발국가나 출생률이 높고 사망률이 낮은 다산소사의 개발도상국에서 나타나는 구성형태
㉯ 종형(정체형) : 출생률과 사망률이 모두 낮은 형으로 노령화 현상에 따른 노인복지 문제가 대두된다.
㉰ 방추형(감소형) : 사망률은 낮고 평균수명이 길어지지만 출생률이 낮아 인구가 줄어드는 감소형으로 항아리형이라고도 하며, 현재 우리나라의 경우가 해당된다.
㉱ 도시형(유입형) : 출생 및 사망 이외에 지역간 인구이동에 의해 나타나는 형태이며, 생산연령 인구가 유입되는 형태로 별형이라고도 한다.

㉮ 농촌형(유출형) : 도시형과 반대로 생산연령 인구가 유출되는 형태로 호로형 또는 표주박형이라고도 한다.

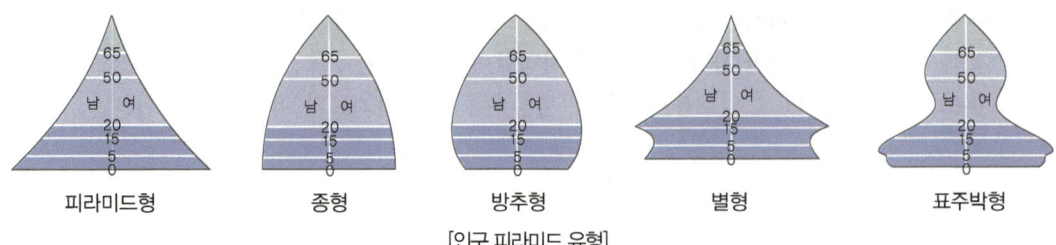

[인구 피라미드 유형]

(2) 보건지표

① 보건 및 건강지표의 개념적 차이
  ㉮ 보건지표의 정의 : 여러 단위 인구집단의 건강상태 뿐만 아니라 이에 관련되는 보건정책, 의료제도, 의료자원 등 여러 내용의 수준이나 구조 또는 특성을 설명할 수 있는 광의의 수량적 개념이다.
  ㉯ 건강지표의 정의 : 개인이나 인구집단의 건강수준이나 특성을 설명하는 수량적 내용으로 협의의 개념이다.

② 보건 수준 평가의 지표
  ㉮ 비례사망지수 : 전체 사망자수에 대한 50세 이상의 사망자수의 구성 비율로 수치가 높을수록 사망자 중 고령자수가 많다는 것을 의미한다.
  ㉯ 평균수명 : 생명표상에서 생후 1년 미만(0세) 아이의 기대여명을 말한다.
  ㉰ 조사망률 : 인구 1,000명당 1년간의 발생 사망자수 비율로 보통사망률 또는 일반사망률이라고도 한다.
  ㉱ 영아사망률 : 출생아 1,000명당 1년간 생후 1년 미만 영아의 사망자수 비율로 한 국가의 건강수준을 나타내는 가장 대표적인 지표로 사용된다.

$$영아사망률 = \frac{연간\ 생후\ 1년\ 미만\ 사망자\ 수}{연간출생아\ 수} \times 1,000$$

Lesson 02 질병관리

1 역학

(1) 역학의 정의 및 범위

① 역학이란 특정 인구집단이나 특정 지역에서 환경유해인자로 인한 건강피해가 발생하였거나 발생할 우려가 있는 경우에 질환과 사망 등 건강피해의 발생 규모를 파악하고 환경유해인자와 질환 사이의 상관관계를 확인하여 그 원인을 규명하기 위한 활동을 말한다.(환경보건법)
② 역학은 감염성질환 및 비감염성질환 모두를 포함하여 연구한다.

(2) 감염병의 유행양식 및 역학 현상

① 감염병의 유행양식
- ㉮ 지역의 유행양식 : 범세계적 유행, 전국적 유행, 지방적 유행
- ㉯ 질병의 유행형태 : 다발적 유행, 산발적 유행, 현성 유행, 불현성 유행

② 역학의 4대 현상
- ㉮ 순환 변화 : 3~4년을 주기로 발생하는 감염병(홍역, 백일해, 유행성뇌염)
- ㉯ 추세 변화 : 10~15년을 주기로 발생하는 감염병(장티푸스, 디프테리아 등)
- ㉰ 계절적 변화 : 1년을 주기로 발생하는 감염병(여름 : 소화기계, 겨울 : 호흡기계)
- ㉱ 불규칙 변화 : 외래 전파에 의한 감염병(인플루엔자, 콜레라, 페스트, 황열 등)

2 감염병 관리

(1) 감염병 발생원인과 발생단계

① 감염병 발생의 3대 요인
- ㉮ 병인(Agent) : 질병을 일으키는 데 필요한 요소로 세균, 바이러스, 곰팡이, 기생충 등의 생물학적 인자와 대기, 수질오염, 화학물질, 냉·과열 등의 물리화학적 인자 그리고 정서적 및 정신적 긴장과 관습 등의 사회적 인자가 있다.
- ㉯ 숙주(Host) : 감염병은 숙주 개인이 병인에 대한 저항성 혹은 면역성을 갖고 있다면 발생되지 않는다. 즉, 숙주란 병원체의 기생으로 영양물질의 탈취 및 조직손상 등을 당하는 생물을 말한다.
- ㉰ 환경(Environment) : 질병 발생에 영향을 미치는 외적 요인이다. 물리적 요인, 사회경제적 요인, 생물학적 요인에 의해 질병의 발생이 결정된다.

② 감염병 발생단계(생성 과정)

감염병이 발생되는 과정에는 일반적으로 다음과 같은 6개 요인이 반드시 연쇄적으로 상호관계가 유지됨으로써 생성(병원체 → 병원소 → 병원소로부터 병원체의 탈출 → 병원체의 전파 → 신숙주에의 침입 → 숙주의 감수성 및 면역성)되며, 이 중 어느 한 가지라도 성립되지 못하면 감염병의 전파가 발생되지 않는다.

③ 병원체

병원체	소화기계	호흡기계	피부점막계
세균 (Bacteria)	장티푸스, 파라티푸스, 콜레라, 파상열, 세균성 이질	결핵, 나병, 디프테리아, 성홍열, 백일해, 수막구균성, 수막염, 폐렴 등	매독, 임질, 연성하감, 파상풍, 야토병, 페스트 등
바이러스 (Virus)	소아마비, 간염 등	두창, 인플루엔자, 홍역, 유행성이하선염 등	AIDS, 트라코마, 일본뇌염, 광견병, 황열 등
리케차	Q열	Q열	발진티푸스, 발진열, 양충병 (쯔쯔가무시병)
원충류	아메바성 이질	-	말라리아

④ 병원소
  ㉮ 인간병원소
    ㉠ 회복기 보균자(발병 후 보균자) : 병에 걸린 후 치료가 되었으나 병원균이 몸 안에 남아있는 보균자를 말한다.
    ㉡ 잠복기 보균자(발병 전 보균자) : 병원체에 감염되었으나 병의 증상이 없는 보균자를 말한다.
    ㉢ 건강 보균자 : 병원체에 감염된 증상이 없이 몸안에 병원균을 가지고 있어 병원체를 배출하는 사람으로 감염병 관리에 있어 가장 관리가 어렵다.
  ㉯ 동물병원소
    ㉠ 동물이 감염된 질병 중에서 2차적으로 인간 숙주에게 감염되어 질병을 일으킬 수 있는 감염원으로 작용하는 경우를 말한다.
    ㉡ 소(살모넬라), 돼지(일본뇌염), 개(공수병), 쥐(쯔쯔가무시병)
  ㉰ 토양 : 파상풍이 대표적인 질병이다.
⑤ **감수성 지수(접촉감염지수)**
  ㉮ 감수성이 있다는 것은 숙주에 침입한 병원체에 대항하여 감염 또는 발병을 막을 수 있는 능력이 안 되는 상태를 말한다.
  ㉯ 질병별 감수성 지수 : 두창·홍역(95%) 〉 백일해(60~80%) 〉 성홍열(40%) 〉 디프테리아(10%) 〉 폴리오(유행성소아마비, 0.1%)
⑥ **병원소로부터 병원체의 탈출**
  ㉮ 호흡기 계통으로 탈출 : 대화, 기침, 재채기를 통해 전파(폐결핵, 폐렴, 백일해, 홍역, 수두, 천연두 등)
  ㉯ 소화기 계통으로 탈출 : 위 장관을 통한 탈출로 분변이나 토사물에 의해 탈출(이질, 콜레라, 장티푸스, 소아마비 등)
  ㉰ 비뇨·생식기 계통으로 탈출 : 소변이나 분비물을 통해 탈출
  ㉱ 개방병소로 탈출 : 상처 또는 발병부위에서 병원체가 직접 탈출(농양, 피부병 등)
  ㉲ 기계적 탈출 : 모기, 이, 벼룩 등의 흡혈성 곤충에 의한 탈출 또는 주사기 등을 통한 탈출(발진티푸스, 발진열, 말라리아 등)

> **발생률과 유병률**
> 만성 감염병은 발생률이 낮고 유병률이 높으나, 급성 감염병은 발생률이 높고 유병률이 낮다.

(2) 감염병의 종류 및 전파

① **감염병의 종류**
  ㉮ 소화기계 감염병 : 장티푸스, 콜레라, 세균성이질, 폴리오(유행성소아마비), 유행성간염, 파라티푸스 등
  ㉯ 호흡기계 감염병 : 디프테리아, 홍역, 백일해, 천연두(두창), 풍진, 성홍열, 결핵, 수두, 유행성이하선염 등

㉣ 동물매개 감염병 : 공수병(광견병), 탄저병, 페스트(흑사병), 파상열(브루셀라), 발진티푸스, 말라리아, 유행성일본뇌염 등
　　　㉤ 만성 감염병 : 결핵, 나병(한센병, 문둥병), 성병(매독), AIDS(후천성면역결핍증), B형간염, 임질 등
　② **직접전파와 간접전파**
　　㉮ 직접전파
　　　㉠ 병원체가 전파체 없이 숙주에서 다른 숙주로 접촉이나 기침, 재채기 등에 의해 전파되는 것을 말한다.
　　　㉡ 성병, 결핵, 홍역, 파상풍, 탄저, 렙토스피라증, 사상균증, 구충증 등
　　㉯ 간접전파
　　　㉠ 병원체와 숙주간에 밀접한 관계없이 중간매체를 통해 숙주에게 전파되는 경우이며, 대부분이 세균감염이다.
　　　㉡ 간접전파가 일어나기 위해서는 병원체가 병원소 밖에서 어느 기간 동안 생활할 수 있는 능력이 있어야 하며, 병원체를 운반하는데 필요한 매개체가 있어야 한다.

(3) 면역과 질병
　① **면역의 분류**
　　㉮ 선천성 면역 : 종족, 인종, 풍토, 개인 등에 따른 차이
　　㉯ 후천성 면역(능동면역)
　　　㉠ 자연능동면역 : 감염병에 감염된 후 성립되는 면역
　　　㉡ 인공능동면역 : 예방접종 후 생성된 면역
　　㉰ 수동면역(피동면역)
　　　㉠ 자연수동면역 : 모체 면역, 태반 면역
　　　㉡ 인공수동면역 : 혈청제제(백신 등) 접종 후 얻게되는 면역
　② **백신의 종류와 질병**
　　㉮ 생균 백신 : 홍역, 결핵, 황열, 폴리오(소아마비), 탄저, 두창, 공수병(광견병) 등
　　㉯ 사균 백신 : 콜레라, 백일해, 장티푸스, 파라티푸스, 일본뇌염 등
　　㉰ 순화독소(toxoid) : 디프테리아, 파상풍 등
　③ **감염 경로에 따른 감염병의 분류**
　　㉮ 직접 접촉 : 매독, 임질
　　㉯ 간접 접촉
　　　㉠ 비말 감염 : 기침이나 재채기에 의해 감염되는 것(디프테리아, 인플루엔자, 성홍열)
　　　㉡ 진애 감염 : 먼지에 의해 감염되는 것(결핵, 천연두, 디프테리아)
　　㉰ 개달물 감염 : 의복, 수건에 의해 감염(결핵, 트라코마, 천연두)
　　㉱ 수인성 감염 : 이질, 콜레라, 파라티푸스, 장티푸스
　　㉲ 음식물 감염 : 이질, 콜레라, 파라티푸스, 장티푸스, 소아마비, 유행성간염

ⓑ 절족동물(해충) 감염
　　　㉠ 이 : 발진티푸스, 재귀열
　　　㉡ 모기 : 일본뇌염, 황열(말레이), 말라리아, 사상충증, 뎅구열
　　　㉢ 벼룩 : 페스트, 재귀열, 발진열
　　　㉣ 바퀴 : 콜레라, 장티푸스, 이질, 소아마비
　　　㉤ 파리 : 파라티푸스, 이질, 콜레라, 결핵, 장티푸스, 디프테리아
　　　㉥ 쥐 : 재귀열, 발진열, 페스트, 서교증, 와일씨병, 유행성출혈열
　　ⓢ 토양감염 : 파상풍
④ 잠복기를 갖는 감염병
　　㉮ 1주일 이내 : 콜레라(호열자), 이질, 성홍열, 뇌염(유행성일본뇌염), 파라티푸스, 황열, 디프테리아, 인플루엔자(겨울독감)
　　㉯ 1~2주일 : 발진티푸스, 백일해, 홍역, 두창(천연두), 풍진, 유행성이하선염(볼거리), 장티푸스, 수두, 폴리오(소아마비, 급성회백수염)등
　　㉰ 잠복기가 긴 감염병 : 나병(한센병, 문둥병), 결핵, 공수병(광견병) 등은 잠복기가 특히 길다.

> **■ 감염병의 잠복기**
> 잠복기가 가장 긴 감염병은 결핵이며, 가장 짧은 감염병은 콜레라이다.

(4) 법정감염병과 인수공통감염병

① 법정감염병의 종류
　　㉮ 제1급 감염병
　　　㉠ 정의 : 생물테러감염병 또는 치명률이 높거나 집단 발생의 우려가 커서 발생 또는 유행 즉시 신고하여야 하고, 음압격리와 같은 높은 수준의 격리가 필요한 감염병
　　　㉡ 종류 : 에볼라바이러스병, 마버그열, 라싸열, 크리미안콩고출혈열, 남아메리카출혈열, 리프트밸리열, 두창, 페스트, 탄저, 보툴리눔독소증, 야토병, 신종감염병증후군, 중증 급성호흡기증후군(SARS), 중동호흡기증후군(MERS), 동물인플루엔자 인체감염증, 신종인플루엔자, 디프테리아
　　㉯ 제2급 감염병
　　　㉠ 정의 : 전파가능성을 고려하여 발생 또는 유행 시 24시간 이내에 신고하여야 하고, 격리가 필요한 감염병
　　　㉡ 종류 : 결핵, 수두, 홍역, 콜레라, 장티푸스, 파라티푸스, 세균성이질, 장출혈성대장균 감염증, A형간염, 백일해, 유행성이하선염, 풍진, 폴리오, 수막구균 감염증, b형헤모필루스인플루엔자, 폐렴구균 감염증, 한센병, 성홍열, 반코마이신내성황색포도알균(VRSA) 감염증, 카바페넴내성장내세균속균종(CRE) 감염증, E형간염
　　㉰ 제3급 감염병
　　　㉠ 정의 : 그 발생을 계속 감시할 필요가 있어 발생 또는 유행 시 24시간 이내에 신고하여야

하는 감염병
　ⓒ 종류 : 파상풍, B형간염, 일본뇌염, C형간염, 말라리아, 레지오넬라증, 비브리오패혈증, 발진티푸스, 발진열, 쯔쯔가무시증, 렙토스피라증, 브루셀라증, 공수병, 신증후군출혈열, 후천성면역결핍증(AIDS), 크로이츠펠트-야콥병(CJD) 및 변종크로이츠펠트-야콥병(vCJD), 황열, 뎅기열, 큐열(Q열), 웨스트나일열, 라임병, 진드기매개뇌염, 유비저, 치쿤구니야열, 중증열성혈소판감소증후군(SFTS), 지카바이러스 감염증, 매독

④ 제4급 감염병
　㉠ 정의 : 제1급 감염병부터 제3급 감염병까지의 감염병 외에 유행 여부를 조사하기 위하여 표본감시 활동이 필요한 감염병
　㉡ 종류 : 인플루엔자, 회충증, 편충증, 요충증, 간흡충증, 폐흡충증, 장흡충증, 수족구병, 임질, 클라미디아감염증, 연성하감, 성기단순포진, 첨규콘딜롬, 반코마이신내성장알균(VRE) 감염증, 메티실린내성황색포도알균(MRSA) 감염증, 다제내성녹농균(MRPA) 감염증, 다제내성아시네토박터바우마니균(MRAB) 감염증, 장관감염증, 급성호흡기감염증, 해외유입기생충감염증, 엔테로바이러스감염증, 사람유두종바이러스 감염증

② 인수공통감염병
　㉮ 정의 : 인수공통감염병이란 감염병 가운데 사람과 사람 이외의 동물 사이에서 동일한 병원체에 의해서 발생하는 질병이나 감염상태를 말한다.
　㉯ 인수공통감염병의 종류
　　㉠ 결핵 : 소
　　㉡ 공수병(광견병) : 개
　　㉢ 페스트 : 쥐
　　㉣ 탄저 : 양, 소, 말, 돼지
　　㉤ 살모넬라 : 고양이, 돼지, 쥐
　　㉥ 돈단독, 선모충, 일본뇌염, 유구조충 : 돼지
　　㉦ 페스트, 발진열, 와일씨병, 양충병, 서교증 : 쥐
　　㉧ 야토병 : 산토끼
　　㉨ 파상열(브루셀라) : 돼지, 양, 개, 사람(열병), 동물(유산)
　　㉩ 황열 : 원숭이

> **검역감염병의 검사기간**
> 다음의 검역감염병 검사기간은 다음의 시간을 초과할 수 없다.
> • 콜레라 : 120시간
> • 페스트, 황열 : 144시간

3 기생충 질환관리

(1) 기생충 관리

① **기생충의 종류**
- ㉮ 선충류 : 회충, 요충, 편충, 구충, 동양모양선충, 사상충, 아니사키스충 등
- ㉯ 흡충류 : 간흡충, 폐흡충, 요꼬가와흡충(횡천흡충), 이형흡충 등
- ㉰ 조충류 : 유구조충, 무구조충, 광절열두조충, 만손열두조충 등
- ㉱ 원충류 : 이질아메바원충, 말라리아원충 등

② **기생충 질환의 예방대책**
- ㉮ 위생상태의 개선 : 파리, 모기 등을 구제하고 위생관리를 철저히 하도록 한다.
- ㉯ 식생활 개선 : 수육, 어육의 생식을 금하도록 해야 하며, 요리한 기구를 위생적으로 청결하게 보관하도록 해야 한다.
- ㉰ 소독 실시 : 음식물의 가열소독 및 냉동처리 등으로 기생충 질환을 예방할 수 있으며, 야채를 씻을 때 염소 소독된 상수를 사용하는 것이 기생충 질환을 예방하는 데 바람직하다.

(2) 숙주와 기생충

① **채소류 매개 기생충 및 질환**
- ㉮ 회충 : 분변으로 탈출한 회충 수정란이 감염형이 되어 오염된 야채, 불결한 손, 파리의 매개로 오염된 음식물을 통해 경구침입을 한다.
- ㉯ 구충 : 인체의 소장에 기생하면서 감염 4~7주 후 산란을 해서 분변으로 배출되며 자연환경에서 부화한다.
- ㉰ 요충 : 성숙한 충란이 불결한 손이나 음식물을 통해 경구침입하여 소장 상부에서 맹장에 이르러 성충이 된다.
- ㉱ 말레이 사상충 : 매개체인 모기가 감염자의 혈류에서 사상충의 자충을 흡혈하고 2~3주 후 말라리아형으로 되어 건강인을 흡혈할 때 감염시킨다.

② **어패류 매개 기생충(중간숙주가 2개인 기생충)**

기생충	제1중간숙주	제2중간숙주
간흡충(간디스토마)	다슬기류	민물고기
폐흡충(폐디스토마)	두창, 인플루엔자, 홍역, 유행성 이하 선염 등	가재, 게
요꼬가와흡충(횡천흡충)	다슬기류	민물고기
유극악구충	물벼룩	민물고기
긴촌충(광절열두조충)	물벼룩	반 민물고기
아니사키스	크릴새우 등 바다갑각류	해산어류

③ 육류 매개 기생충(중간숙주가 1개인 기생충)
  ㉮ 무구조충(민촌충) : 소 → 사람
  ㉯ 유구조충(갈고리촌충) : 돼지 → 사람
  ㉰ 선모충 : 돼지, 개 → 사람
  ㉱ 톡소플라스마 : 돼지, 개, 고양이, 생달걀 → 사람
  ㉲ 만소니열두조충 : 닭 → 사람

> ■ 중간숙주와 기생충
> • 중간숙주가 없는 기생충 : 회충, 구충, 요충, 편충 등(매개식품은 주로 채소)
> • 사람이 중간숙주 구실을 하는 기생충 : 말라리아병원충

4 성인병 관리와 정신보건

(1) 성인병 관리

① 동맥경화와 심장병
  ㉮ 동맥경화 : 혈관에 지방, 콜레스테롤, 중성지방 등이 침착되어서 혈관의 내경이 좁아져 탄력성을 잃어 혈액의 운반이 원활하게 일어나지 못하게 되는 병명을 말한다.
  ㉯ 위험인자 : 연령, 성, 유전, 체질, 비만증, 내분비이상, 경구용 피임제 복용, 스트레스, 운동부족 등이 있다. 그 중 고지혈증, 고혈압, 흡연은 동맥경화를 유발시키는 3대 요인 이다.
  ㉰ 예방 : 과도한 스트레스, 과로, 자극을 피하고 규칙적인 생활습관을 가지며 채소, 과일을 많이 섭취하고 동물성 지방은 제한하며, 적절한 운동을 통하여 적절한 체중을 유지한다.

② 고혈압
  ㉮ 고혈압 : 성인의 경우 최고혈압 150~160mmHg 이상, 최저혈압 90~95mmHg 이상을 고혈압으로 보고 있다.
  ㉯ 원인 : 신장질환, 대혈관의 변화, 호르몬 이상에 의한 질환이나 극도의 정신불안이나 긴장상태에서 유래한다고 볼 수 있다. 그밖에 과도한 지방섭취, 운동부족 등 잘못된 생활습관으로 인하여 고혈압이 생기기도 한다.
  ㉰ 예방 : 채식 위주의 식사와 소식, 동물성 지방을 제한하고, 콜레스테롤은 고혈압을 진행시키는 원인이므로 콜레스테롤을 많이 함유한 식품을 제한하며, 식염을 1일 1g 이상은 섭취하지 않도록 제한하는 것이 중요하다.

③ 뇌졸중
  ㉮ 뇌졸중 : 머리 속의 뇌동맥이상으로 혈관이 파괴되어 발생한다. 파괴부위에 따라 말을 못하거나 손발을 못쓰게 된다.
  ㉯ 원인 : 고혈압, 동맥경화, 협심증, 술, 짠 음식, 과로와 스트레스, 흡연 등이다.
  ㉰ 예방 : 뇌졸중의 원인이 되는 고혈압, 당뇨병, 심장병의 예방이 중요하다. 콜레스테롤이 많은 음식, 단 음식, 식염이 많은 음식의 섭취 제한, 규칙적인 운동 등도 매우 중요하다.

④ 당뇨병
  ㉮ 당뇨병 : 췌장에서 분비되는 인슐린의 부족에 의해 생기는 대사장애로 당뇨병은 혈액 중의 포도당 수치가 지나치게 높은 것이다.
  ㉯ 원인 : 인체의 혈당을 조절하는 인슐린의 분비가 감소되거나 조직에서 인슐린의 작용이 저하되어 고혈당과 요당을 나타낸다.
  ㉰ 예방 : 정상 체중 유지를 위해 식생활 및 운동 등의 관리를 생활화하고 조기 발견, 조기 치료가 중요하다.

⑤ 암
  ㉮ 암 : 정상세포와 달리 비정상적인 세포가 성장·증식하여 조직을 파괴하고, 원발부위에서 다른 부위로 이전하여 그 조직을 파괴시키는 질환을 말한다.
  ㉯ 원인 : 흡연, 음주, 자외선, 잘못된 식생활습관, 오염된 공기 등을 원인으로 본다.
  ㉰ 예방 : 비타민 C, 비타민 E 등을 비롯한 항산화제 섭취, 동물성 지방은 피하고 채소와 과일을 많이 섭취, 규칙적인 적절한 운동과 더불어 과음, 과식, 흡연, 과도한 자외선 노출과 과도한 스트레스를 피하도록 한다.

(2) 정신보건

① 정신보건의 개념
  ㉮ 심리적 안녕과 정신질환의 개념을 모두 포함하는 광의의 개념이다.
  ㉯ 정신보건은 개인의 정신적 장애를 예방하고 치료하여 개인은 물론 사회를 정신적으로 건강하게 유지·증진시키는 데 목적이 있다.

② 정신보건사업의 목표
  ㉮ 정신장애를 예방한다.
  ㉯ 건전한 정신 기능의 유지를 증진시킨다.
  ㉰ 정신병을 조기에 발견한다.
  ㉱ 치료자의 사회복귀를 돕는 일을 실현한다.

③ 정신질환의 종류
  ㉮ 정신분열증 : 청소년기에 많이 발생하는 정신병의 일종으로 환청, 망상 등의 증세를 주로 보인다.
  ㉯ 조울병 : 우울, 희열과 같은 인간의 내적 기분상태에 지속적으로 장애가 일어나는 병을 말한다.
  ㉰ 진성간질 : 경련발작, 정신발작, 불쾌증을 수반하는 정신질환이다. 원인은 알코올 중독증, 뇌막염, 매독감염 등에 의한 외적 요인에 의한 경우가 많다.
  ㉱ 인격장애 : 유전적, 체험, 기질적, 심리적, 사회문화적 요인 등이 모두 관여하는 것으로 편집성 인격장애는 모든 것을 의심하며, 어떤 상황에서도 사람과 환경에 대하여 경계하고 의심한다.
  ㉲ 신경증 : 노이로제라고 더 알려진 것으로, 정신적 원인에 의해 일어나는 정신적 또는 신체적 이상 증상을 일으키는 질병이다.
  ㉳ 정신박약 : 선천적 또는 생후 비교적 조기에 중추신경계에 장애를 받아 그로 인해 지능발달이 항구적으로 저지되어 있는 상태를 말한다.

④ 정신보건 관리
    ㉮ 지역사회 정신보건
        ㉠ 일정 지역 내의 인구집단을 대상으로 정신장애의 예방과 정기 건강증진을 위하여 정신건강 전문가들에 의해 행해지는 활동을 말한다.
        ㉡ 지역사회보건의 방향은 예방과 조기발견, 조기치료 및 사회복귀이다.
    ㉯ 예방정신보건
        ㉠ 1차 예방 : 새로운 환자의 발생을 감소시키는 예방활동이다.
        ㉡ 2차 예방 : 효과적인 조기조정을 통하여 장애의 기간을 단축시키는 활동이다.
        ㉢ 3차 예방 : 장기적인 합병증을 예방하고 만성 정신질환의 합병증을 감소시키는데 주된 목표를 둔다.

Lesson 03 가족 및 노인보건

1 가족보건

(1) 모자보건과 가족계획

① **모자보건의 목적과 대상**
   ㉮ 모자보건의 목적과 분류 : 모성의 생명과 건강을 보호하고 건전한 자녀의 출산과 양육을 도모함으로써 국민보건향상에 기여함을 목적으로 하며, 분만보호, 산전보호, 산욕보호 모성보건과 영유아보건으로 나뉜다.
   ㉯ 모자보건의 대상 : 임신, 출산, 육아를 담당하는 모성집단과 출생, 성장, 발달이라는 일련의 성숙과정을 거치는 어린이 집단을 대상으로 한다.

② **가족계획의 의의와 필요성**
   ㉮ 가족계획의 의의 : 가족계획은 원치 않는 아이의 출산을 방지하는 것이다.
   ㉯ 가족계획의 필요성 : 모체의 건강상태, 경제력, 자녀 터울 등을 고려하여 임신의 시기를 조절하여 우수하고 튼튼한 자녀를 갖도록 해야 한다.
   ㉰ 모자보건의 3대 사업 : 분만보호, 산전보호, 산욕보호

(2) 모성의 주요 질병과 이상

① **임신중독증**
   ㉮ 임신 8개월 이후에 주로 발생하고, 임산부 사망의 최대 원인이 되며, 유산, 조산, 사산 등의 주요 원인이며, 또한, 임신중독증에 따른 미숙아 출생률이 높다.
   ㉯ 부종, 고혈압, 단백뇨의 3가지가 임신중독증의 3대 증상이 되고 경련, 태반조기박리, 폐수종 등을 수반하는 증후군을 말한다.

② 자궁외 임신
  ㉮ 자궁외 임신의 대부분은 난관 임신이며, 난소 및 복강 임신이 있을 수도 있다.
  ㉯ 임신의 원인은 임균성 및 결핵성 난관염이나 인공유산 후의 염증 등이 원인이 되는 경우가 다수이며, 난관 및 자궁파열 등에 의해 출혈과 극심한 하복통을 수반하는 것이 특징이다.

> **영유아와 신생아**
> - 영유아 : 출생 후 6년 미만인 사람
> - 신생아 : 출생 후 28일 이내의 영유아

2 노인보건

(1) 노인보건의 목적과 중요성

① 노인보건의 목적
  ㉮ 65세 이상 노인에게 적합한 각종 운동프로그램을 통하여 신체적 기능상태를 제고시킨다.
  ㉯ 노인에게 적합한 건강검진사업을 통하여 신체적 및 정신적 기능상태의 하락, 위험요소를 조기에 발견, 제거시킴으로써 전반적인 건강수준을 제고시킨다.

② 노인보건의 중요성
  ㉮ 고령화 사회로의 진입
  ㉯ 노인인구의 증가에 따라 노화의 기전이나 유전적 조절 등에 관한 관심 고조
  ㉰ 노인인구의 급증에 따라 만성, 비감염성 질환의 비중이 점차 증가
  ㉱ 국민 총 의료비의 관점이나 개인의 관점에서 볼 때 의료비가 현저하게 증가

(2) 노화와 질병예방

① 노화의 정의화 특성
  ㉮ 노화의 정의 : 연령이 증가함에 따라 발생하는 점진적인 구조적 변화로서 궁극적으로는 사망을 초래하는 것
  ㉯ 노화의 특성 : 보편성, 내인성, 점진성, 쇠퇴성

② 노인의 질병예방
  ㉮ 1차 예방 : 상담, 예방접종 및 화학적 예방이 있으며, 흡연, 신체적 비 활동, 영양, 음주 및 사고예방, 구강검진, 우울증 등에 대하여 실시한다.
  ㉯ 2차 예방 : 선별과 치료가 주요 요소이다. 선별은 문진에 의한 확인, 이학적 검사에 의한 확인 및 선별검사에 의한 확인이 있다.
  ㉰ 3차 예방 : 노인재활의 가장 중요한 목적은 일상생활 활동에 있어 잃었던 독립성을 다시 획득하는 것이다.

Lesson 04 환경보건

1 환경보건의 개요

(1) 환경보건의 정의와 개념

① 환경보건의 정의

환경보건이란 환경오염과 유해화학물질 등(환경유해인자)이 사람의 건강과 생태계에 미치는 영향을 조사·평가하고 이를 예방·관리하는 것을 말한다.

② 환경오염과 유해화학물질

㉮ 환경오염 : 사람의 활동에 따라 발생되는 대기오염, 수질오염, 토양오염, 해양오염, 방사능오염, 소음·진동, 악취, 일조방해 등으로서 사람의 건강이나 환경에 피해를 주는 상태를 말한다.

㉯ 유해화학물질 : 유독물, 관찰물질, 취급제한물질 또는 취급금지물질, 사고대비물질, 그밖에 유해성 또는 위해성이 있거나 그러할 우려가 있는 화학물질을 말한다.

(2) 환경위생의 정의와 분류

① 환경위생의 정의(WHO)

인간의 신체발육, 건강 및 생존에 유해한 영향을 미치거나 미칠 가능성이 있는 인간의 물리적 생활환경에 있어서의 모든 요소를 통제하는 것이다.

② 환경위생의 분류

㉮ 자연적 환경 : 공기, 토지, 광선, 물, 음향 등

㉯ 생물학적 환경(생리적 환경) : 설치류, 모기, 파리 등의 위생해충 등

㉰ 사회적 환경
- ㉠ 인위적 환경 : 의복, 식생활, 주거위생 등
- ㉡ 사회적 환경 : 정치, 경제, 종교, 교육, 문화예술 등

2 대기환경

(1) 공기의 조성과 유해성분

① 공기의 조성(0℃, 1기압 하에서)

성분	질소(N_2)	산소(O_2)	아르곤(Ar)	이산화탄소(CO_2)	기타
함유비율	78%	21%	0.93%	0.03%	0.04%

② 구성 성분

㉮ 산소(O_2)

㉠ 호흡에 가장 중요하며 성인 1일 산소 소비량은 500~700ℓ 정도이다.

ⓛ 산소의 양이 10% 이하가 되면 호흡곤란, 7% 이하가 되면 질식사한다.
ⓒ 산소가 결핍된 상태에서는 저산소증이, 고농도 상태에서는 산소중독증이 발생한다.
㉯ 질소(N_2)
ⓘ 공기 중 가장 많은 양을 차지(78%)하고 있다.
ⓛ 정상기압 하에서 인체에 피해는 없지만, 고압환경에서 감압시 잠함병(잠수병)을 유발하게 된다.
㉰ 이산화탄소(CO_2)
ⓘ 실내공기 오염의 지표로 위생학적 허용한계는 0.1%(=1,000ppm) 정도이다.
ⓛ 실내에 사람의 밀집도가 높아질수록 CO_2는 증가한다.
ⓒ CO_2가 7% 이상이면 호흡곤란을 유발하며, 10% 이상이면 질식사하게 된다.

③ 공기의 유해성분
㉮ 군집독
ⓘ 실내에 다수인이 밀집해 있을 때 공기의 물리적·화학적 변화(CO_2의 증가)에 의해 초래된다.
ⓛ 주요 증상으로 불쾌감, 권태감, 현기증 등의 생리적 이상현상 등이 있다.
㉯ 일산화탄소(CO)
ⓘ 물체의 불완전 연소 시 발생하는 무색, 무취, 무미, 무자극성 가스이다.
ⓛ 헤모글로빈(Hb)과의 친화성이 산소에 비하여 높아 조직 내 산소결핍증을 초래한다.
ⓒ 일산화탄소의 최고 허용한도는 8시간을 기준으로 0.01%(100ppm)이며, 0.1%(1,000ppm) 이상이면 생명이 위험해진다.
㉰ 아황산가스(SO_2)
ⓘ 중유의 연소 시 다량 발생하며 도시 공해의 주범(자동차 배기가스)이다.
ⓛ 실외 공기오염(대기오염)의 지표로 사용된다.
ⓒ 식물의 고사(농작물 피해), 호흡기계 점막의 염증, 호흡곤란 등을 유발시키고 금속을 부식시킨다.

(2) 일광

① **자외선(태양광선의 약 5%)**
㉮ 파장이 200~400nm(2,000~4,000Å) 범위
㉯ 260nm(2,600Å) 부근의 파장인 경우 살균작용이 가장 강함
㉰ 비타민 D 형성을 촉진시켜 구루병을 예방
㉱ 피부의 홍반, 색소침착 및 피부암 유발
㉲ 신진대사 촉진, 적혈구생성 촉진, 혈압강하 작용

② **가시광선(태양광선의 약 34%)**
㉮ 망막을 자극하여 인간에게 색채와 명암을 부여
㉯ 파장이 400~700nm(4,000~7,000Å)의 범위

③ 적외선(열선, 태양광선의 약 52%)
  ㉮ 지상에 복사열을 주어 온실효과와 백내장, 일사병 등을 유발
  ㉯ 3부분 중 파장이 가장 길며, 파장 범위는 780nm(7,800Å) 이상

> **기온역전현상**
> · 대기층의 온도는 100m 상승 때마다 1℃ 정도 낮아지나, 상부기온이 하부기온보다 높을 때 발생한다.
> · 기온역전일 때 대기오염이 크게 나타나며, 예로 LA스모그, 런던스모그 등이 있다.

(3) 기후

① 기온(온도)
  ㉮ 100m 상승시 약 1℃씩 낮아지며, 지상 1.5m에서의 건구온도를 측정
  ㉯ 쾌감온도 : 18±2℃
  ㉰ 일교차 : 내륙 > 해안 > 산림지대
  ㉱ 연교차 : 한대 > 온대 > 열대

② 기습(습도)
  ㉮ 인체에 쾌적한 습도는 40~70%이며, 습도가 높으면 피부질환, 낮을 때는 호흡기질환에 잘 걸림
  ㉯ 상대습도(비교습도, 일반적인 습도) = $\dfrac{\text{절대습도(현 공기중에 함유된 수증기량)}}{\text{포화습도(현 기온하에서 함유된 수증기량)}} \times 100$

③ 기류(공기의 흐름)
  ㉮ 무풍 : 0.1m/sec
  ㉯ 불감기류 : 0.2~0.5m/sec로 실내나 의복 내에 항상 존재하며 인체 신진대사 촉진
  ㉰ 쾌감기류 : 1m/sec

④ 복사열
  ㉮ 대류를 통해서 열이 전달되지 않고, 열이 직접 이동하는 것
  ㉯ 거리의 제곱에 비례해서 온도가 감소
  ㉰ 측정은 흑구온도계로 15~20분간 측정

> **기후의 3요소와 4대 온열인자**
> · 기후의 3요소 : 기온, 기습, 기류
> · 4대 온열인자 : 기온, 기습, 기류, 복사열

(4) 불쾌지수와 체온 조절

① 불쾌지수(D.I)
  ㉮ 정의 : 습도와 온도의 영향에 의해서 인체가 느끼는 불쾌감을 숫자로 표시
  ㉯ 불쾌지수 정도
    ㉠ 불쾌지수 70 이하 : 10%의 사람이 불쾌감 느낌
    ㉡ 불쾌지수 75 이하 : 50%의 사람이 불쾌감 느낌
    ㉢ 불쾌지수 80 이하 : 거의 모든 사람이 불쾌감 느낌
    ㉣ 불쾌지수 85 이하 : 견딜 수 없는 상태

② 체온조절
  ㉮ 체온의 정상범위 : 36.1~37.2℃
  ㉯ 지적온도
    ㉠ 주관적 지적온도 : 감각적으로 가장 쾌적하게 느끼는 온도
    ㉡ 생산적 지적온도 : 생산 능률을 가장 많이 올릴 수 있는 온도
    ㉢ 생리적 지적온도 : 최소의 에너지 소모로 최대의 생리적 기능을 발휘할 수 있는 온도

3 수질환경

(1) 수질환경의 개요

① 인체와 물(수분)
  ㉮ 물은 인체의 주요 구성성분으로 체중의 약 2/3(60~70%)가 물로 구성되어 있다.
  ㉯ 성인 1일 필요량은 2.0~2.5ℓ이다.
  ㉰ 체내 수분을 10% 상실하면 생리적으로 이상이 발생하며, 20% 이상 상실하면 생명이 위험해진다.

② 물의 경도
  ㉮ 경수(센물) : 칼슘, 마그네슘 등이 다량 함유된 물로 비누거품이 잘 일어나지 않는다.
  ㉯ 연수(단물) : 칼슘, 마그네슘 등의 함량이 적은 물로 비누거품이 잘 일어난다.

(2) 물의 보건적 문제

① 수인성 감염병
  ㉮ 물을 통해 감염되는 질병을 말한다.
  ㉯ 장티푸스, 파라티푸스, 세균성이질, 아메바성이질, 콜레라, 유행성간염 등이 해당된다.

② 수인성 감염병의 특징
  ㉮ 환자의 발생이 폭발적이다.
  ㉯ 감염병 유행지역과 음료수 사용지역이 일치한다.
  ㉰ 계절, 성별, 나이에 관계없이 발생한다.

⑭ 시간이 지나면 영양원의 부족, 잡균과의 생존경쟁, 일광의 살균작용, 온도의 부적당 등의 원인으로 수중에서 병원체의 수가 감소한다.
⑮ 2차 감염에 의한 환자발생률이 낮다.

(3) 상·하수도

① **상수도**
  ㉮ 상수 처리과정 : 취수 → 침사 → 침전 → 여과 → 소독 → 급수
  ㉯ 물의 정수작용 : 희석작용, 침전작용, 살균작용, 자정작용
  ㉰ 소독 : 염소(Cl_2), 오존(O_3), 자외선, 브롬(Br_2), I_2, Ag, 표백분 등을 사용
    ㉠ 염소 소독의 장점 : 소독력이 강함, 방법이 간편, 가격 저렴, 잔류성이 큼
    ㉡ 염소 소독의 단점 : 냄새가 남, 독성물질(THM)을 생성

② **하수도**
  ㉮ 하수 처리방법 : 예비처리 → 본처리 → 오니처리
    ㉠ 예비처리 : 침사법, 침전법
    ㉡ 본처리 : 혐기성 분해처리, 호기성 분해처리
    ㉢ 오니처리 : 육상투기, 소각처리, 사상건조법, 소화법
  ㉯ 하수 처리방식
    ㉠ 합류식 : 생활하수와 천수(눈 또는 비)를 같이 처리
    ㉡ 분류식 : 생활하수와 천수를 따로 처리
    ㉢ 혼합식 : 생활하수와 천수의 일부를 같이 처리

(4) 수질 오염 지표 및 오물처리

① 수질 오염 지표
  ㉮ 생물학적 산소요구량(BOD) : 호기성 상태에서 세균이 유기물질을 20℃에서 5일간 안정화시키는 데 소비한 산소량
  ㉯ 용존 산소(DO) : 물에 녹아있는 유리산소
  ㉰ 화학적 산소요구량(COD) : 수중에 함유된 유기물질을 강력한 산화제로 화학적으로 산화시킬 때 소모되는 산소의 양
  ㉱ 부유물질(SS) : 유기와 무기의 물질을 함유한 고형물

② 오물처리
  ㉮ 분뇨의 처리 : 완전 부숙 기간은 여름 1개월, 겨울은 3개월
  ㉯ 진개(쓰레기)의 처리
    ㉠ 2분법 : 주개와 잡개를 나누어 처리하는 방법으로 가정에서 처리하는 방법이다.
    ㉡ 매립법 : 땅에 묻는 방법으로 진개의 두께가 2m을 초과하지 않고, 복토의 두께는 60cm~1m가 적당하다.
    ㉢ 소각법 : 가장 위생적이나 대기 오염의 원인, 비용이 비싸다.

② 비료화법(고속 퇴비화) : 음식물 처리에 가장 효과적인 방법으로 화학 분해하여 퇴비로 다시 사용하는 방법이다.

> **BOD와 DO**
> - BOD가 높고 DO가 낮을 경우 : 오염된 물
> - BOD가 낮고 DO가 높을 경우 : 깨끗한 물
> - BOD 측정온도와 기간 : 20℃에서 5일간

4 주거 및 의복환경

(1) 주거환경

① **냉방 및 난방**
  ㉮ 실내온도 18±2℃(16~20℃), 습도 40~70% 정도를 유지할 수 있도록 냉·난방한다.
  ㉯ 냉방과 난방
    ㉠ 냉방 : 실내온도가 26℃ 이상일 때 필요하며, 외부와의 온도차는 5~7℃ 이내가 적당
    ㉡ 난방 : 목표 온도는 18~22℃, 환기와 습도조절(40~70%)이 필요

② **채광 및 조명**
  ㉮ 채광을 위한 창의 조건
    ㉠ 남향이 가장 밝고 채광시간이 길다.
    ㉡ 일반적으로 거실 바닥면적의 1/5~1/7 이상(15~20%), 벽면적의 70%가 적당하다.
    ㉢ 거실 안쪽의 길이는 바닥면에서 창틀 상단까지 길이의 1.5배 이하로 한다.
    ㉣ 입사각은 28° 이상, 개각은 4~5° 이상이 되도록 한다.
  ㉯ 인공조명
    ㉠ 직접조명 : 광원이 직접비치는 것으로 조명효율이 크고 경제적이나 현휘를 일으키며 강한 음영으로 불쾌감을 준다.
    ㉡ 간접조명 : 광원을 다른 곳에 반사시키는 것으로 조명효율이 낮고, 설비의 유지비가 많이 든다.
    ㉢ 반간접조명 : 직접조명과 간접조명의 절충식이다.

> **중성대(neutral zone)**
> - 들어오는 공기는 하부로, 나가는 공기는 상부로 이루어지는데, 그 중간에 압력이 0인 지대를 말한다.
> - 중성대가 높은 위치에 형성될수록 환기량이 크며, 중성대는 방의 천장 가까이에 있는 것이 좋다.

(2) 의복환경

① **의복의 일반적 조건**
- ㉮ 기후(온도, 습도, 기류 등) 조절력이 양호할 것
- ㉯ 감촉이 좋고 활동에 적합할 것
- ㉰ 쉽게 더럽혀지지 않을 것
- ㉱ 세탁이 용이할 것
- ㉲ 가볍고 외력에 대한 방어력이 있을 것

② **의복의 위생적 조건**
- ㉮ 함기성 : 함기량이 많으면 많을수록 열전도율이 적어져서 보온력이 커진다.
- ㉯ 보온성 : 열전도율이 적은 것이 보온성이 크며, 함기량이 많고 통기량이 적은 것이 보온성이 크다.
- ㉰ 통기성 : 기공의 다소와 대소에 따라 좌우되며, 함기량, 직물의 조직, 두께, 풀먹임, 건습상태 등에 의해서도 달라진다.
- ㉱ 흡수성 : 내의나 양말과 같이 직접 피부에 닿는 의복재료는 적당한 흡수성이 있어야 한다.
- ㉲ 압축성 : 의복의 단위면적에 일정한 힘을 가했을 때 그 부피를 축소할 수 있는 성능을 말한다.
- ㉳ 흡습성 : 공기중에 수증기를 흡수하는 성질로 화학섬유, 목면, 마직, 견직, 모직의 순으로 크다.
- ㉴ 내열성 : 열에 대하여 가장 약한 것은 화학섬유이고 목면, 마직, 모직의 순으로 강해져 견직물이 가장 강하다.
- ㉵ 오염성 : 목면이 오염되기 쉽고, 모직이나 견직물은 잘 오염되지 않는다.

Lesson 05 식품위생과 영양

1. 식품위생의 개념

(1) 식품위생의 개요

① **식품위생의 정의와 목적**
- ㉮ 식품위생의 정의
  - ㉠ 세계보건기구(WHO)의 정의 : 식품위생이란 식품원료의 재배, 생산, 제조로부터 유통과정을 거쳐 최종적으로 사람에게 섭취되기까지의 모든 수단에 대한 위생을 말한다.
  - ㉡ 우리나라 식품위생법상의 정의 : 식품위생이란 식품, 식품첨가물, 기구 또는 용기·포장을 대상으로 하는 음식에 관한 위생을 말한다.
- ㉯ 식품위생의 목적
  - ㉠ 식품으로 인한 위생상의 위해를 방지
  - ㉡ 식품 영양의 질적 향상 도모
  - ㉢ 식품에 관한 올바른 정보를 제공함으로써 국민보건의 향상과 증진에 기여

② 식품의 변질

종류	설명
부패	주로 식품 중의 단백질 성분이 미생물에 의하여 분해되어 악취가 나고 인체에 유해한 물질이 생성되는 현상
변패	단백질 이외의 성분, 즉 탄수화물이나 지방이 미생물에 의하여 분해되는 현상으로 이 경우 유해물질이 생기는 일이 비교적 적다. 발효도 일종의 변패에 해당함
발효	탄수화물이 미생물의 분해 작용을 받아서 유기산, 알코올 등이 생기는 현상으로 이는 식생활에 유용함
산패	유지가 산화되어 불쾌한 냄새가 나고 빛깔이 변하는 현상

(2) 식중독

① 식중독의 개요

㉮ 식중독의 정의
- ㉠ 식중독이란 일반적으로 세균 및 유독, 유해물질이 첨가 또는 오염된 식품섭취로 인하여 얻은 질병들에 대한 총칭으로서, 급성 위장염을 주 증상으로 하는 건강장애를 말한다.
- ㉡ 증상은 일반적으로 두통, 복통, 설사, 구토 등을 주된 증상으로 하지만 때로는 호흡마비, 극도의 탈수 증상을 일으키는 경우도 있다.

㉯ 식중독의 분류

대분류	중분류	소분류	원인균 및 물질
미생물	세균성	감염형	살모넬라, 장염비브리오균, 병원성대장균, 캠필로박터, 여시니아, 리스테리아 모노사이토제네스, 바실러스 세레우스
		독소형	황색포도상구균, 클로스트리디움 보툴리눔, 클로스트리디움 퍼프린젠스(웰치균) 등
	바이러스성	공기·접촉·물 등의 경로로 감염	노로바이러스, 로타바이러스, 아스트로바이러스, 장관아데노바이러스, 간염 A 바이러스, 간염 E 바이러스 등
화학물질	자연독	동물성 자연독	어, 섭조개, 대합, 모시조개, 굴, 바지락
		식물성 자연독	감자(눈), 독버섯, 독미나리, 청매
		곰팡이 독소	황변미독, 맥각, 아플라톡신 등
	화학적	유해물질 중독	식품첨가물, 잔류농약, 유해성 금속화합물, 지질의 산화생성물, 니트로소아민
		조리기구·포장에 의한 중독	녹청(구리), 납, 비소 등
		기타 물질	메탄올 등

㉰ 식중독의 특징
  ㉠ 급격히 집단적으로 발병한다.
  ㉡ 발생지역이 국한되어 있다.
  ㉢ 여자보다 활동성이 강한 남자에게 많이 발생한다.
  ㉣ 주로 여름철에 많이 발생한다.
㉱ 세균성 식중독과 소화기계 감염병의 차이

구분	세균성 식중독	소화기계(경구) 감염병
발생 원인	• 오염된 음식물의 섭취로 발생 • 다량의 균이나 독소에 의해 발생	• 오염된 음식물 및 음용수에 의해 경구감염 • 적은 양의 균으로 발생
특징	• 잠복기가 짧고, 2차 감염이 없음	• 잠복기가 비교적 길고, 2차 감염이 있음
면역성	• 면역성 없음	• 면역성 있음

② 주요 세균성 식중독
  ㉮ 살모넬라 식중독
    ㉠ 병원소 및 감염원 : 쥐, 파리, 바퀴, 가축, 닭, 오리
    ㉡ 원인식품 : 식육류나 그 가공품, 어패류, 달걀, 우유 및 유제품
    ㉢ 잠복기 : 8~48시간(평균 24시간 전후)이며, 발병률은 75% 이상이나 사망률은 낮음
    ㉣ 증상 : 구역질, 구토, 복통, 설사, 두통, 급격한 발열(38~40℃), 3~4주 관절염증상
    ㉤ 예방 : 도축장의 위생검사 철저, 환자의 식품 취급 금지. 식육류의 안전보관과 저온보존(균의 증식 방지), 식품의 저장 장소, 조리장 등에 방충방서시설 설치(파리 및 서족 구제 철저), 식품은 먹기 전에 반드시 가열 처리한다, 보균자의 색출 등이 중요
  ㉯ 장염비브리오 식중독
    ㉠ 원인세균 : 해수세균으로 3%의 식염농도에서 잘 자람
    ㉡ 원인식품 : 어패류(70%)와 그 가공품, 2차로 오염된 도시락, 야채 샐러드 등
    ㉢ 잠복기 : 10~18시간(평균 12시간)
    ㉣ 증상 : 오한, 두통, 급성위장증세, 구토, 복통, 설사, 발열(37.5~38.5℃)
    ㉤ 예방 : 장염비브리오는 열에 약하고 담수에 의하여 사멸하므로 식품의 가열 및 깨끗한 수돗물에 의한 세정, 7~9월(3개월간) 어패류의 생식을 피함, 조리기구와 행주 등의 위생적 처리
  ㉰ 클로스트리디움 퍼프린젠스(웰치균) 식중독
    ㉠ 원인세균 : 주로 A형과 C형이 식중독 유발
    ㉡ 원인식품 : 육류, 어패류
    ㉢ 잠복기 : 8~22시간(평균 12시간)
    ㉣ 증상 : 심한 설사, 복통
    ㉤ 예방 : 100℃에서 1~4시간 가열해도 견디기 때문에, 식품저장 시 급속냉동하여 저온에서 보관하거나 60℃ 이상에서 보존

- ㉣ 병원성 대장균 식중독
    - ㉠ 원인세균 : 병원성 대장균, 장관침습성 대장균, 독소원성 대장균, O-157(H₇인 장관출혈성 대장균 등)
    - ㉡ 잠복기 : 10~24시간(평균 12시간)
    - ㉢ 감염경로 : 영유아에 대하여 병원성이 강하며, 이질과 같이 사람에게서 사람으로 감염되므로 영아원이나 병원(산부인과)에서는 극히 위험
    - ㉣ 증상 : 급성위장증세로 설사, 복통, 두통, 발열
    - ㉤ 예방 : 음식물의 가열섭취, 생육과 조리된 음식의 구분 보관, 조리기구 구분 사용으로 2차 오염 방지

③ **주요 독소형 식중독**
- ㉮ 포도상구균 식중독
    - ㉠ 원인세균 : 동물, 사람, 환경 등 주위에 널리 분포하고 있으며, 건강한 피부에도 존재. 균이 생성하는 장독소는 엔테로톡신(enterotoxion)에 의한 식중독이며, 균은 열에 약하나 독소인 엔테로톡신은 120℃에서 20분간 처리해도 파괴되지 않음
    - ㉡ 원인식품 : 우유, 유제품, 어육, 곡류 및 가공품, 김밥, 도시락
    - ㉢ 잠복기 : 1~6시간(평균 3시간)
    - ㉣ 증상 : 급성위장염으로 구토, 복통, 설사
    - ㉤ 예방 : 식품의 오염방지와 깨끗한 조리법 실시, 저온에서 보존, 화농성 질환자의 식품취급 및 조리금지 등
- ㉯ 보툴리누스 식중독
    - ㉠ 원인균 : A, B, E, F 형이 있고 독소는 뉴로톡신(80℃에서 30분 안에 파괴, 신경독소)
    - ㉡ 원인식품 : 통조림 식품, 진공포장된 식품(소시지, 햄 등)
    - ㉢ 잠복기 : 12~36시간(평균 24시간)
    - ㉣ 증상 : 위장염, 시력감퇴, 언어곤란, 신경장애, 변비 등이며, 심한 경우 호흡곤란으로 사망(치사율 30~70%)
    - ㉤ 예방 : 통조림 등은 가열 조리하여 섭취하고 4℃ 이하에서 저온보관

④ **자연독 식중독**
- ㉮ 동물성 식중독의 종류와 독소
    - ㉠ 복어 중독 독소 : 테트로도톡신
    - ㉡ 굴, 바지락, 모시조개 중독 : 베네루핀
    - ㉢ 마비성조개 중독(검은조개, 섭조개) : 삭시톡신
- ㉯ 식물성 식중독의 종류와 독소
    - ㉠ 독버섯 중독 : 무스카리딘, 팔린, 아마니타톡신, 무스카린, 필지오린
    - ㉡ 감자 : 독소 : 솔라닌
    - ㉢ 청매 : 아미그달린
    - ㉣ 독미나리 : 시큐톡신
    - ㉤ 맥각 : 에르고톡신

⑤ 화학적 식중독
  ㉮ 유해성 중금속에 의한 식중독
    ㉠ 납(Pb) : 용기, 기구, 조리기구에 의한 중독이 많으며 만성중독과 급성중독이 있다.
    ㉡ 비소(As) : 비소계 살충제의 오용, 비소계 농약의 잔류, 불량한 기구·용기 등에 함유되어 있는 비소화합물의 용출 등에 의해 식품에 혼입된다.
    ㉢ 구리(Cu) : 식기, 냄비, 주전자에서 용출되거나 과수원에서 살포하는 수산화동의 부착, 황산동과 같은 착색제의 과다 사용에 의해 식품에 혼입된다.
    ㉣ 카드뮴(Cd) : 식기, 용기, 기구 등의 도금에 이용되며, 산성 식품을 오래 취급하면 용출되어 식품을 오염시킨다.
    ㉤ 수은(Hg) : 체내에 장기간 축적되어 만성중독을 일으킬 우려가 있다.
  ㉯ 유기화합물에 의한 중독
    ㉠ 메틸알코올(methanol) : 두통, 현기증, 심한 복통, 설사를 하고 시신경의 위축과 실명을 일으킨다.
    ㉡ 유기살충제 : 유기염소제, 유기인제제 등이 야채, 곡류, 과실 등에 잔류·침투하여 인체에 유해한 작용을 한다. 유기염소제는 잔류성이 강하고, 유기인제제는 침투성이 강하다.
    ㉢ 용기기구포장 등에 의한 중독 : 합성수지제 식기 및 기타 기구, 용기 등의 사용으로 인해서 발생되는 중독이다. 포름알데히드, 페놀 등의 용출이 문제가 된다.

2 영양소

(1) 영양소의 개념

① **영양과 영양소**
  ㉮ 영양 : 사람이 생명을 유지하고 생활하기 위한 물리적인 현상을 말한다.
  ㉯ 영양소 : 영양을 유지하기 위하여 외부로부터 섭취하여야 되는 물질을 말한다.

② **영양소의 종류**
  ㉮ 3대 영양소 : 단백질, 탄수화물(당질), 지방(지질)
  ㉯ 5대 영양소 : 단백질, 탄수화물, 지방, 무기질, 비타민
  ㉰ 6대 영양소 : 단백질, 탄수화물, 지방, 무기질, 비타민, 물(수분)

> ■ **필수아미노산**
> • 성인에게 필요한 필수아미노산 : 8가지(이소루신, 루신, 라이신, 트레오닌, 발린, 트립토판, 페닐알라닌, 메티오닌)
> • 성장기 어린이, 노인에게 필요한 필수아미노산 : 10가지(성인 필수 아미노산 8가지 + 알기닌, 히스티딘)

(2) 3대 영양소

① 단백질

㉮ 단백질은 약 20종의 아미노산이 결합되어 있는 고분자 화합물로 발생열량은 1g당 4kcal이다.

㉯ 단백질이 부족하면 발육부진, 빈혈, 지방간 초래, 부종, 신체소모, 감염병에 대한 면역력 저하 등이 발생된다. 단백질 결핍이 심각한 경우 마라스무스증이 발생한다.

㉰ 단백질이 풍부한 식품으로는 두부, 계란, 된장, 콩과류, 육류, 생선 등이 있다.

② 탄수화물

㉮ 탄수화물은 탄소(C), 수소(H), 산소(O)의 3원소로 구성되어 있는 중요한 열량원으로 이용률이 96%로 가장 높다.

㉯ 발생열량은 1g당 4kcal 이며, 탄수화물이 부족하거나 소모가 끝나면 단백질이 분해되어 열량원이 되기 때문에 탄수화물은 단백질을 절약하는 작용을 한다.

㉰ 탄수화물이 풍부한 식품으로는 각종 곡류와 곡류 제품, 빵, 과자류, 고구마 등이 있다.

③ 지방

㉮ 지방 1g당 열량은 9kcal 로서 탄수화물과 단백질의 2배 이상이 된다.

㉯ 지방이 부족하면 빈혈, 허약, 거친 피부, 피부질병에 대한 면역력이 저하될 수도 있다.

㉰ 지방이 풍부한 식품으로는 버터, 식물성 오일, 육류 등이다.

㉱ 지방질의 작용

㉠ 열량원으로 체온을 유지하고, 인체를 따뜻하게 한다.

㉡ 피부를 부드럽게 하고 탄력성 있게 한다

㉢ 체내 단백질을 유지시킨다.

㉣ 지용성 비타민(A, D, E, K 등)을 함유, 운반한다.

(3) 비타민과 무기질

① 비타민

구분	종류	결핍증	특징
지용성	비타민 A(레티놀)	야맹증, 안구건조등	• 상피 세포보호, 눈의 작용 개선 • 식물성 식품체는 프로비타민으로 존재
	비타민 D(칼시페롤)	구루병	• 칼슘과 인의 흡수 촉진 • 자외선에 의해 인체 내에서 합성
	비타민 E(토코페롤)	노화촉진, 불임증	• 항산화상, 항불임성 비타민 • 활성이 가장 큰 것은 α-토코페롤
	비타민 K(필로퀴논)	혈액응고지연	• 혈액응고에 관여(지혈작용) • 장내세균에 의해 인체 내에서 합성
수용성	비타민 B_1(티아민)	각기병	• 탄수화물 대사작용에 필수적인 보조효소 • 마늘의 알리신에 의해 흡수율 증가
	비타민 B_2(리보플라빈)	구순염, 구각염	• 성장촉진과 피부점막 보호작용

구분	종류	결핍증	특징
수용성	비타민 B₆(피리독신)	피부염	• 항피부염 인자 • 단백질 대사작용과 지방 합성에 관여
	비타민 B₁₂(시아노코발라민)	악성빈혈	• 성장 촉진과 조혈작용에 관여 • 코발트(Co) 함유
	비타민 C(아르코르빈산)	괴혈병	• 체내 산화, 환원작용에 관여 • 조리시 가장 많이 손상됨
	나이아신(니코틴산)	펠라그라(설사, 피부병, 우울증)	• 탄수화물의 대사작용 증진 • 트립토판 60mg로 1mg 합성됨

② 무기질
  ㉮ 식염(NaCl) : 성인의 경우 필요량은 1일 15g 정도이지만, 발한과 탈수 시에는 그 이상으로 보충할 필요가 있다.
  ㉯ 철분(Fe)
    ㉠ 혈액의 구성성분으로서 체내 저장이 안 되므로 반드시 음식물을 통해 보충되어야 한다.
    ㉡ 간, 고기, 노른자에 특히 많이 함유되어 있으며, 1일 필요량은 성인남자 10~12mg, 10~50세 여자는 18~20mg이고, 결핍되면 빈혈증상이 나타난다.
    ㉢ 특히 임산부, 영유아, 신생아, 수유부에게 많은 양의 철분이 필요하다.
  ㉰ 인(P) : 뼈, 치아, 뇌신경의 주성분이며, 지방과 탄수화물의 에너지 대사에 관여한다.
  ㉱ 요오드(I) : 갑상선 기능을 유지시키는 작용을 한다.

3 영양상태 판정 및 영양장애

(1) 영양상태 판정

① **직접적 판정**
  ㉮ 주관적 판정법 : 의사의 시진이나 촉진 등의 진단에 의해 판정하는 방법으로 빈혈, 구각염, 각화증, 부종, 건반사소실, 갑상선의 변화 등 임상증상으로 판정하는 방법이다.
  ㉯ 객관적 판정법
    ㉠ 신체계측에 의한 판정법
      ⓐ Kaup 지수
        • 영·유아기로부터 학령 전반까지 적용하며 22 이상은 비만, 15 이하는 마른 아이로 판정
        • Kaup 지수 = (체중/신장^2) × 10^4
      ⓑ Rohrer 지수
        • 학령기 이후의 소아에게 적용하며 160 이상은 비만, 110 이하는 마른 아이로 판정
        • Rohrer 지수 = (체중/신장^3) × 10^7
      ⓒ Broca 지수
        • 성인의 비만증 판정에 사용
        • Broca 지수 = (체중/신장-100) × 10^2

ⓓ 비만도(obesity index, %) = (실측체중−표준체중)/표준체중 × 10^2
ⓔ Vervaek 지수 = (체중+흉위)/신장 × 10^2
ⓛ 이화학적 검사에 의한 판정
ⓐ 최근에는 질병상태나 영양상태의 판정을 위해서 생화학적 검사 방법이 많이 쓰여진다.
ⓑ 혈액 비중의 측정, 헤모글로빈 미량 정량 등으로 단백질 및 철분의 영양상태를 판정하는 등 혈액검사, 소변검사 등 미량 정량검사와 간이 정량법이 발전됨에 따라서 임상 또는 집단검사에 응용되고 있다.

② 간접적 판정
㉮ 기존에 있는 통계들을 수집·재분석하여 한 지역사회의 영양상태를 간접으로 판정하는 방법이다.
㉯ 영아 또는 1~4세 특정 연령의 사망률, 특정 감염병의 이환율, 식품의 섭취 종류 또는 양을 알아보는 식이섭취 평가 등을 판정한다.

(2) 영양장애

① **영양장애와 결핍증**
㉮ 영양장애란 영양소의 과량섭취나 부족으로 발생되는 비만증이나 결핍증 등의 건강장애 혹은 질병 상태를 말한다.
㉯ 결핍증은 필요영양소의 결핍으로 발생되는 병적 상태이고, 저영양은 열량섭취 부족상태이며, 영양실조증은 영양소의 공급의 질적·양적 부족으로 나타난 불건강상태이다. 또한 기아상태는 저영양과 영양실조증이 함께 발생된 상태를 말한다.
㉰ 1차적 영양결핍증은 열량단백질 실조증, 골연화증, 기아상태, 식욕부진증, 구루병, 펠라그라, 괴혈병, 안구건조증, 갑상선종 등 매우 다양하다.

② **열량단백질 실조증**
㉮ 콰시오커(Kwashiorker)증 : 단백질과 무기질이 부족한 음식물을 장기적으로 섭취함으로써 발생되는 단백질 결핍현상으로, 주로 이유기 이후 어린이에게 잘 발생한다.
㉯ 마라스무스(Marasmus)증 : 출생 직후부터 영유아기에 모유나 인공영양의 공급이 부족하거나 비위생적인 수유로 인해서 설사가 계속되는 경우에 발생되는 현상이다.

③ **비만증**
㉮ 실측체중이 평균체중의 20%를 초과하는 경우를 비만이라 하는데, 체지방이 체중의 25% 이상이면 비만증이라 할 수 있다.
㉯ 비만증의 원인과 예방대책
㉠ 비만증의 발생원인 : 유전적인 요인, 운동부족, 지나친 초과열량의 섭취, 내분비계의 장애, 생리적·심리적 요인 등으로 나타난다.
㉡ 비만증 예방대책 : 동물성 지방을 제한하고, 식물성 지방을 충분히 그리고, 주기적으로 섭취하고 정기적인 적절한 운동과 식생활습관의 개선, 지방질과 당질의 식품을 제한하고 열량가가 적은 단백질 식품의 섭취 등이 필요하다.

Lesson 06 보건행정

1 보건행정의 정의 및 체계

(1) 보건행정의 개념과 정의, 분류

① **보건행정의 개념**
㉮ 지역사회 주민의 건강을 유지, 증진시키고 정신적 안녕 및 사회적 효율을 도모할 수 있도록 하기 위한 공적인 행정 활동을 말한다.
㉯ 즉, 국가나 지방자치단체가 주도적으로 수행하는 국민의 건강을 위한 제반활동을 말하는 것이다.

② **보건행정의 정의**
㉮ 행정학적 정의 : 보건 분야에 행정일반원리를 적용하여 국가 혹은 지방자치단체 등이 국민의 보건을 위한 정책을 형성, 집행, 통제 기능을 발휘하는 것이다.
㉯ 보건학적 정의 : 국가의 보건의료체계가 국민보건향상을 위해 효과적이고 효율적으로 인적, 물적, 제도적 제반 조건들이 작용되도록 관리하고 집행하는 기능이다.

③ **보건행정의 분류**

구분	주관	대상	담당 업무
일반보건행정	보건복지부	일반 주민	기생충질환, 각종 감염병 등에 대한 예방 대책
산업보건행정	고용노동부	산업체 근로자	작업환경, 산업재해예방, 근로자 복지 및 안전관리 등
학교보건행정	교육부	학생과 교직원	학교보건사업, 급식, 건강교육, 학교체육 등

※ 보건행정은 일반행정보다 기술행정이 중심이 되는 특징이 있다.

(2) 우리나라 보건행정 체계

① **중앙보건행정조직**

조직명	역할 등
보건복지부	국민 보건과 복지 정책의 수립 및 관장
식품의약품안전처	식품·의약품 등의 안전관리를 위해 설립한 국무총리실 산하 행정기관
질병관리청	국가 감염병 연구 및 관리, 생명과학 연구, 교육훈련 기능을 수행
국립검역소	감염병의 국내침입 및 국외전파 방지에 관한 사무를 담당
국립의료원	보건복지부 산하 중앙의료원으로 환자진료와 함께 의료 수준과 의료기술 수준의 향상을 위한조사연구, 의료요원의 훈련 등의 사무를 담당

② 지방보건행정조직
- ㉮ 시·도 보건 행정조직 : 복지여성국, 보건복지국 하에 의료위생복지 등의 업무 취급
- ㉯ 시·군·구 보건행정조직 : 보건소(보건행정의 대부분은 보건소를 통해 이루어지므로 비중이 큼)
- ㉰ 보건소의 주요 업무
    - ㉠ 국민건강 증진, 보건교육, 구강건강 및 영양개선 사업
    - ㉡ 감염병의 예방관리 및 진료
    - ㉢ 모자보건 및 가족계획 사업, 노인보건사업
    - ㉣ 공중위생 및 식품위생
    - ㉤ 가정 및 사회복지시설 등을 방문하여 행하는 보건의료사업
    - ㉥ 지역주민에 대한 진료, 건강진단 및 만성퇴행성질환 등의 질병관리에 관한 사항
    - ㉦ 장애인의 재활사업 기타 보건복지부령이 정하는 사회복지사업
    - ㉧ 기타 지역주민의 보건의료의 향상증진 및 이를 위한 연구 등에 관한 사업

2 사회보장과 국제보건기구

(21) 사회보장

① 사회보장의 구분
- ㉮ 사회보장은 사회보험, 공적부조 및 공공서비스로 대별할 수 있다.
- ㉯ 사회보험은 소득보장과 의료보장으로 구분되며, 공적부조는 기초생활보장(생활보호)와 의료급여로 나누어지고, 공공서비스는 사회복지서비스와 보건의료서비스로 구분할 수 있다.

② 사회보험, 공적부조, 공공서비스의 비교

구분	사회보험	공적부조	공공서비스
대상	전 국민	저소득층	보호가 필요한 국민
재원	보험료	조세	기부금, 국가 보조금
주관부서	국가	시·군·구	국가 또는 사회복지 단체
정책사례	연금, 실업보험, 산재보험, 고용보험	의료보호, 거택보호, 시설보호, 생활보호, 교육보호 등	상수도 사업, 보건의료서비스, 노인복지, 장애인복지, 아동복지, 부녀복지 등

(2) 국제보건기구

① 국제공중보건사무국
- ㉮ 감염병 예방을 위하여 1851년 파리에서 지중해 연안 125개국이 모여 국제적인 협력의 필요성을 논의하였으며, 그 후 제 11차 회의가 로마에서 열리면서 국제공중보건사무국의 출범을 결의하였고, 파리에 본부를 두고 국제보건업무를 개시하였다.

㉯ 1918년에 국제연맹이 창설되었으며 1921년에 산하조직으로 보건기구를 발족시켰다. 보건기구와 국제공중보건사무국의 업무의 중복으로 1923년에 국제연맹 보건기구에서 파리에 있는 국제공중보건사무국의 업무를 흡수하게 되었다.

② 범미보건기구
㉮ 미주 국제회의가 1889년 워싱턴에서 개최되었고 1902년 멕시코의 제2차 회의에서 범미위생국을 창설하였다.
㉯ 그 후 1924년 국제연맹 보건기구의 지역사무처로 되었다가, 1949년에 PAHO는 세계보건기구와 협력을 체결하여 범미보건기구는 세계보건기구의 미주지역기구 역할을 하기로 하였다.

③ 세계보건기구(WHO : World Health Organization)
㉮ 1946년 샌프란시스코 회의에서 국제연합헌장이 기초될 때 국제보건기구의 필요성이 인정되어 1946년 6월 19일부터 7월 22일까지 뉴욕에서 61개국의 대표가 참석하여 개최된 국제보건회의 의결에 의하여 UN 헌장 제 57조를 근거로 세계보건기구 헌장을 기초하여 서명하였으며, 1948년 4월 7일에 그 효력을 발생하게 되어 세계보건기구가 정식으로 출범하게 되었다.
㉯ 세계보건기구는 UN의 경제사회 이사회 전문기관의 하나로 탄생하였으며, 우리나라는 1949년 8월 17일 65번째로 가입하였으며, 북한은 1973년 5월 19일에 138번째 회원국으로 가입하였다.
㉰ 세계보건기구의 본부는 스위스의 제네바에 두고, 세계를 6개 지역으로 나누어 지역사무소를 두어 운영하고 있다. 우리나라는 서태평양 지역에, 북한은 동남아시아 지역에 소속되어 있다.
㉱ 세계보건기구는 국제보건사업의 지휘 및 조정, 회원국에 대한 지원 및 자료 제공, 전문가 파견으로 기술자문 활동 등을 수행한다.

CHAPTER 02 소독

Lesson 01 소독의 정의 및 분류

1 용어와 소독기전

(1) 소독관련 용어정의

분류	설명
멸균	병원성 또는 비병원성 미생물 및 포자를 가진 것을 전부 사멸 또는 제거하는 것을 말한다.
살균	생활력을 가지고 있는 미생물을 여러 가지 물리적·화학적 작용에 의해 급속하게 죽이는 것을 말한다. 멸균과 달리 내열성 포자는 잔존하게 된다.
소독	사람에게 유해한 미생물을 파괴시켜 감염의 위험성을 제거하는 비교적 약한 살균작용으로 세균의 포자에까지는 작용하지 못한다.
방부	병원성 미생물의 발육과 그 작용을 제거하거나 정지시켜서 음식물의 부패나 발효를 방지하는 것을 말한다.

(2) 소독기전과 소독약의 구비조건

① 소독(살균)기전
- ㉮ 산화작용 : 과산화수소, 오존, 염소, 과망간산칼륨
- ㉯ 균체 단백의 응고 : 석탄산, 알코올, 크레졸, 포르말린, 승홍
- ㉰ 균체 효소의 불활성화 작용 : 알코올, 석탄산, 중금속염
- ㉱ 가수분해작용 : 강산, 강알칼리, 열탕수
- ㉲ 탈수작용 : 식염, 설탕, 알코올
- ㉳ 중금속염의 형성 : 승홍, 머큐로크롬, 질산은
- ㉴ 핵산에 작용 : 자외선, 방사선, 포르말린, 에틸렌옥사이드
- ㉵ 세포막의 삼투성 변화작용 : 석탄산, 중금속용, 역성비누 등

② 소독약의 구비조건
- ㉮ 살균력이 강해야 한다(미량으로 효과가 클 것).
- ㉯ 물품의 부식성, 표백성이 없어야 한다.
- ㉰ 용해성이 높고, 안정성이 있어야 하며 침투력이 강해야 한다.

㉴ 경제적이고 사용방법이 간편해야 한다.
㉵ 독성이 약하여 인체에 무독해야 한다.
㉶ 식품에 사용 후에도 씻어낼 수 있어야 한다.
㉷ 냄새(방취력)가 강하지 않아야 한다.

■ **소독력의 크기**
멸균 > 살균 > 소독 > 방부 > 청결

2 소독법의 분류와 소독인자

(1) 소독법의 분류

구분		내용
자연소독법		희석, 태양광선, 한랭
물리적소독법	건열에 의한 멸균법	화염멸균법, 건열멸균법, 소각소독법
	습열에 의한 멸균법	자비소독법, 저온소독법, 유통증기소독법, 간헐멸균법, 고압증기멸균법
	무가열에 의한 멸균법	자외선조사, 방사선조사, 세균여과법, 초음파살균법
화학적소독법	가스에 의한 멸균법	E.O(에틸렌 옥사이드), 포름알데히드, 오존 등
	기타 방법	알코올, 역성비누, 계면활성제, 페놀화합물, 과산화수소 등

(2) 소독인자

① **병원성 미생물의 존재와 저항성**
  ㉮ 소독대상 미생물은 세포조직이나 생리작용이 다르므로 미생물의 종류와 소독환경을 감안하여 적절한 소독약을 선택·사용하여야 한다.
  ㉯ 소독제는 균을 직접 죽이므로 특정 미생물의 특정 소독약에 대한 내성이 없다.

② **소독약의 유효농도**
  ㉮ 소독약을 많이 희석할수록 살균효과가 떨어진다.
  ㉯ 적절한 유효농도를 선택하여야 살균효과가 보장된다.

③ **온도**
  ㉮ 일반적으로 온도가 10℃ 상승시 소독력은 2배가 된다.
  ㉯ 염소제, 요오드제, 알데하이드제제와 같은 할로겐계 소독약은 반대로 고온에서 효력이 저하된다.

④ 물의 경도
  ㉮ 경수인 경우 소독약의 효과가 저해된다.
  ㉯ 경수를 이용하여 소독약을 희석 시는 농도를 높게 하거나 연수기나 연수제를 사용하여 경수를 연수로 바꾼 후 사용하여야 한다.
⑤ 산도(pH)
  ㉮ 할로겐계와 페놀계의 소독효과는 소독대상의 pH가 강산성일수록 상승하고 알칼리(pH 5~6)으로 변하면 소독효과는 급격히 하락한다.
  ㉯ 4급 암모늄제재는 광범위한 pH 범위 내에서 소독효과를 발휘하나 알칼리에서 더욱 효력을 발휘한다.
⑥ 유기물의 존재 여부
  ㉮ 유기물은 소독약 입자를 흡착함으로써 유효농도를 떨어뜨리는 등의 작용으로 소독 효과를 저하시킨다.
  ㉯ 따라서, 소독 전에 세척을 해서 먼지나 배설물 등 불순물을 제거한 후에 소독을 실시하는 것이 좋다.

(3) 대상물에 따른 소독방법
① **배설물** : 석탄산, 크레졸, 생석회, 소각법
② **고무 · 피혁제품** : 포르말린수, 크레졸
③ **하수오물** : 크레졸, 생석회, 석탄산
④ **수지 및 피부** : 승홍수, 석탄산, 크레졸, 역성비누액
⑤ **금속제품** : 메탄올, 증기소독, 자비소독
⑥ **종이** : 포름알데히드

Lesson 02 미생물 총론 및 병원성 미생물

1 미생물의 정의와 역사

(1) 미생물의 정의 등
① **미생물의 정의**
  미생물은 육안의 가시한계를 넘어선 0.1mm 이하의 크기인 미세한 생물로 조류(algae), 균류(bacteria), 원생동물류(protozoa), 사상균류(mold), 효모류(yeast)와 한계적 생물이라고 할 수 있는 바이러스(virus) 등이 이에 속한다.
② **병원성 · 비병원성 · 유용 미생물**
  ㉮ 병원성 미생물 : 식중독이나 각종 질병을 유발하는 병원성을 띤 미생물을 가리킨다.

㉯ 비병원성 미생물 : 공중 및 지중에 있는 병원성이 없는 미생물을 말한다.
㉰ 유용 미생물 : 술, 간장, 된장 등의 발효 식품을 만드는 미생물을 말한다.

(2) 미생물의 역사

① **생물 발생에 관한 논쟁**
   ㉮ 자연발생설 : 생물은 자연적으로 우연히 무기물로부터 발생한 것이라는 설로 그리스의 철학자인 아리스토텔레스(Aristoteles)가 주장하였다.
   ㉯ 생물속생설 : 생물이 발생하기 위해서는 반드시 그 어버이가 있어야 한다는 이론으로 이탈리아의 생물학자였던 레디(Francesco Redi)가 대조실험을 통해 처음으로 주장하였으며 이후 니담(John T. Needham), 파스퇴르(Louis Pasteur)의 실험을 통해 확립되었다.

② **미생물의 발견**
   ㉮ 1665년에 로버트 훅(Robert Hooke)이 복합 광학현미경을 조립하고 얇게 썬 코르크를 관찰하는데 사용하였으며, 세포(cell)라는 새로운 용어를 만들었다.
   ㉯ 안톤 반 레벤훅(Anton van Leeuwenhoeck)은 1673년에 자신이 고안한 단일 렌즈 현미경으로 살아있는 미생물을 최초로 관찰하였다.

③ **파스퇴르와 코흐의 업적**
   ㉮ 루이 파스퇴르(Louis Pasteur)
      ㉠ 면섬유 여과로 수집한 먼지 속에서 많은 세균을 증명
      ㉡ 저온멸균법, 간헐멸균법, 고압증기멸균법, 건열멸균법 등을 발견
      ㉢ 포도주와 맥주의 발효, 견사병의 병원체, 면양의 탄저병 예방법, 광견병 백신 등을 개발
   ㉯ 로버트 코흐(Robert Koch)
      ㉠ "병원균 설"을 확립하고 세균의 순수배양법을 발견
      ㉡ 결핵균, 콜레라균을 발견

2 미생물의 분류와 증식

(1) 미생물의 분류

① **곰팡이(Filamentous fungi)**
   ㉮ 병원성 미생물로 일부는 발효식품이나 항생물질에 유익하게 이용되며, 생육 최적온도는 0~25℃이다.
   ㉯ 종류로는 누룩곰팡이, 푸른곰팡이, 털곰팡이, 거미줄곰팡이가 있다.

② **효모(Yeast)**
   ㉮ 포도주, 메주 등의 발효 식품과 제빵에 이용되며, 세균과 공존하여 식품을 변패 시킨다.
   ㉯ 원형, 난원형, 균사형의 형태로 존재하는 단세포 생물로 발육 최적온도는 25~30℃이다.

③ **리케차(Rickettsia)**
   ㉮ 세균과 바이러스의 중간에 속하는 미생물로 운동성이 없으며, 감염병(발진티푸스, 발진열) 등의 원인이 된다.

㉯ 형태는 원형 또는 타원형으로, 2분법으로 증식하며 세균과 바이러스의 중간에 속한다.

④ 바이러스(Virus)
㉮ 미생물 중에서 가장 작아 세균여과기로도 분리할 수 없으며, 생체세포에서만 증식한다.
㉯ 생존에 필요한 물질로 핵산과 소수의 단백질만을 가지고 있어 숙주에 전적으로 의존한다.

⑤ 균류(Bacteria)
㉮ 구균, 간균, 나선균, 대장균 등이 있으며 2분법으로 증식한다.
㉯ 특히, 대장균은 식품의 위생 지표균 및 분변오염의 지표균으로 사용된다.

⑥ 원생동물(Protozoa)
㉮ 가장 간단한 단세포 동물로 1개의 세포로 구성(이질, 아메바, 말라리아의 병원충)되어 있으며, 운동성이 있다.
㉯ 분열 또는 출아에 의한 무성생식, 접합(接合)이나 배우자에 의한 유성생식을 통해 증식한다.

> ■ 미생물의 크기
> 곰팡이 > 효모 > 스피로헤타 > 세균 > 리케차 > 바이러스

(2) 미생물 증식에 영향을 주는 요인

① 수분
㉮ 미생물의 몸체를 구성하고 생리기능을 조절하는 성분으로 필요량은 종류에 따라 다르나 보통 40% 이상이다.
㉯ 미생물 증식에 필요한 수분활성도 즉, 생육에 필요한 수분량은 세균(Aw 0.94) > 효모(Aw 0.88) > 곰팡이(Aw 0.80)이며, 일반적으로 Aw 0.6 이하에서는 미생물의 증식이 억제된다.

② 온도
㉮ 저온균 : 저온에서 보존하는 식품에 부패를 일으키는 세균. 발육가능 온도는 0~25℃(최적온도 : 15~20℃)
㉯ 중온균 : 대부분의 병원성 세균이 이에 속한다. 발육가능 온도는 15~25℃(최적온도 : 25~37℃)
㉰ 고온균 : 온천수에서 서식하는 세균. 발육가능 온도는 40~70℃(최적온도 : 50~60℃)

③ 최적 수소이온농도(pH)
㉮ 가장 높은 증식 상태를 보이는 pH를 최적 pH라 한다.
㉯ 세균별 최적 pH
　㉠ 일반세균 : 약알칼리성(pH 7.0~8.0)
　㉡ 젖산균, 진균류, 결핵균 : 산성(pH 4~5)
　㉢ 콜레라균 : 알칼리성(pH 8.0~8.6)
　㉣ 곰팡이, 효모 : 약산성(pH 4.0~6.0)

④ 산소
  ㉮ 호기성균 : 산소를 필요로 하는 균(곰팡이, 결핵균, 디프테리아균, 백일해균)
  ㉯ 혐기성균 : 산소를 필요로 하지 않는 균
    ㉠ 통성혐기성균 : 산소가 있더라도 이용되지 않는 균(대장균, 포도상구균, 젖산균)
    ㉡ 편성혐기성균 : 산소가 있으면 생육에 지장을 받는 균(보툴리누스균, 파상풍균)
⑤ 삼투압
  ㉮ 염이나 당분의 농도는 미생물 증식에 영향을 주며, 농도가 높으면 미생물로부터 수분이 빠져나와 쪼그라들며 원형질 분리(plasmolysis) 현상이 일어나 미생물이 사멸한다.
  ㉯ 세균과 삼투압
    ㉠ 일반 세균 : 3% 정도의 식염 속에서는 증식 억제
    ㉡ 내염성 세균 : 식염이 거의 없어도 증식하거나 8~20% 정도의 식염농도에서도 증식
    ㉢ 호염성 세균 : 어느 정도의 식염농도가 있어야 증식
⑥ 광선 및 방사선
  ㉮ 가시광선 : 많은 미생물들은 밝은 곳보다 어두운 곳에서 잘 생육하며 오히려 광선을 조사하였을 경우 사멸되기도 한다.
  ㉯ 자외선
    ㉠ 자외선 조사에 의해 미생물은 변이를 일으키기도 하고 사멸되기도 한다.
    ㉡ 자외선 중에서도 핵산의 흡수대인 260nm 파장의 빛은 살균력이 가장 강하다.
  ㉰ 방사선
    ㉠ 방사선은 자외선보다 파장이 더욱 짧으므로 투과력이 높고 살균작용이 있다.
    ㉡ 식품 살균에는 주로 코발트 60(Co)의 감마(γ)선이 사용된다.

3 병원성 미생물

(1) 바이러스(Virus)

① 바이러스의 개요
  ㉮ 바이러스는 살아있는 생명체 중 가장 작은 20~300nm 크기의 병원체 균으로 세균 여과기로도 분리할 수 없다.
  ㉯ 생존에 필요한 물질로 핵산과 소수의 단백질만을 갖고 있어 숙주에 의존해서는 살아간다.
  ㉰ 페놀, 염소, 포르말린 등의 소독제를 이용하여 56℃ 이상의 온도에서 30분 이상 가열시 감염력을 상실하게 된다.
  ㉱ 간장염, 수두, 인플루엔자, 홍역, 유행성 이하선염 그리고 감기 등의 질병을 발생시키며 기침이나 재채기 등의 접촉에 의해 다른 사람을 쉽게 감염시킬 수 있다.
② 종류와 특징
  ㉮ 동물 바이러스 : 동물 세포를 감염시키는 바이러스로 폴리오(polio)바이러스, 폭스(pox)바이러스 등이 있고 후천성면역결핍증(AIDS)이나 백혈병을 일으키는 레트로(retro)바이러스도 해당된다.

- ㉯ 식물 바이러스 : 식물 세포를 감염시키는 바이러스로 담배 잎의 모자이크병을 일으키는 토바코 모자이크(tobacco mosaic)바이러스가 대표적인 경우이다.
- ㉰ 세균 바이러스 : 세균에 침입하는 바이러스로 세균 연구 실험에 주로 이용되며 박테리오파아지(bacteriophage)라고 부른다.

(2) 세균(Bacteria)

① 세균의 개요
- ㉮ 비병원체 박테리아를 제외한 나머지 30% 정도가 병원체 박테리아로 아주 위험하며 인간의 감염과 질병의 가장 큰 원인이 된다. 미생물 또는 세균이라 불리며 살아있는 생물이나 동물의 조직에 침입하여 서식한다.
- ㉯ 번식 속도가 빠르며, 조직 속에서 유해물질을 발생시켜 질병을 확산시킨다.
- ㉰ 모양을 한 것과 막대 모양을 한 것이 있는데 둥근 모양의 세균(구균) 지름은 0.75~1.25마이크로미터이며 막대 모양은 폭이 0.5~1마이크로미터, 길이가 1.5~3마이크로미터 정도이다.

② 종류와 특징
- ㉮ 구균(coccus, 구형이나 타원형인 것)
  - ㉠ 포도상구균 : 분열방향이 불규칙하여 포도송이처럼 되는 것으로 부스럼, 습진 같은 화농증을 유발하며, 건강한 피부나 비강에도 기생한다.
  - ㉡ 연쇄상구균 : 한쪽 방향으로만 분열하여 길게 연결되는 사슬모양의 구균이며 단독으로 화농증을 일으킨다.
  - ㉢ 이외에도 단구균, 쌍구균, 4연구균, 8연구균 등이 있다.
- ㉯ 간균(bacillus, 원통형 또는 막대기처럼 길쭉한 것)
  - ㉠ 쌍을 이루거나 연쇄상으로 배열하는 경우가 있는데, 이것을 연쇄상간균이라 하며 디프테리아균에서 볼 수 있다.
  - ㉡ 간균은 그 길이가 폭보다 약간 긴 것이 보통이다. 그러나, 편의상 길이가 폭의 2배 이상인 장간균, 2배 이하인 단간균으로 대별한다.
- ㉰ 나선균(spirillum, 나선형이나 꼬여 있는 코일형인 것)
  - ㉠ 외형이 가늘고 긴 것이 꼬여 있는 모양을 하고 있는데 콜레라균처럼 한번 꼬여 있는 경우도 있고 보렐리다처럼 불규칙적이고 부드러운 꼬임, 트레포네마처럼 규칙적이고 작은 꼬임 등 여러 형태를 하고 있다.
  - ㉡ 나선균은 개개의 세포가 흐트러져 있고 배열하는 경우는 거의 없다. 나선균은 나선의 정도가 불완전한데, 마치 짧은 콤마처럼 생긴 호균과 일반적으로 나선균으로 구분한다.

(3) 리케차(Rickettsia)

① 리케차의 개요
- ㉮ 세균보다는 작고 바이러스보다는 큰 짧은 막대 모양으로 구균과 같이 한 개씩 또는 쌍으로 서식한다. 절지동물에 기생 급성·열성 질환으로 발열, 피부발진, 맥관염 등 증상을 나타낸다.
- ㉯ 사람을 비롯한 가축, 고양이, 개 등에게도 감염되는 인수공통의 미생물 병원체이다.

② 종류와 특징
- ㉮ 발진티푸스리케차(Rickettsia. prowazekii) : 유행성 발진티푸스를 유발하며 이로 매개된다.
- ㉯ 발진열리케차(R. typhi/mooseri) : 발진열을 유발하며 쥐벼룩으로 매개된다.
- ㉰ 반점열리케차(R. rickettsii) : 로키산 홍반열을 유발하며 진드기로 매개된다.
- ㉱ 지중해열리케차(R. conorii) : 부톤네즈열을 유발하여 진드기의 일종인 트롬비쿨라로 매개된다.
- ㉲ 콕시엘라부르네티(Coxiella burnetii) : Q열을 유발하는 것으로 일반적인 감염경로와 열에 대한 반응(내열성) 등이 다른 리케차병과는 상이한데, 주로 공기 또는 접촉에 의해서 감염된다.
- ㉳ 쯔쯔가무시병 리케차(R. tsutsugamushi) : 쯔쯔가무시병을 유발하며 털진드기에 의해서 감염된다.

(4) 균류(Fungi)

① 균류의 개요
- ㉮ 곰팡이, 효모, 버섯류 등이 진균에 포함되며 박테리아보다 크기가 큰 진핵 세포로 구성되어 다양한 방식으로 증식한다.
- ㉯ 대부분의 균류는 균사라고 하는 가는 실 모양의 세포로 이루어져 있고 또 이러한 균사를 방처럼 나누어주는 것을 격벽이라고 하는데, 격벽의 유무에 따라 균류를 분류할 수 있다.

② 종류와 특징
- ㉮ 진균증의 종류
  - ㉠ 표재성 진균증 : 피부, 모발, 손톱 등의 각질 조직에 주로 감염을 일으키는 것으로 대표적인 예로는 피부 사상균(dermatophyte)에 의해 유발되는 무좀, 칸디다증(candidosis) 등이 있다.
  - ㉡ 피하성 진균증 : 스포로트리쿰증(sporothrichosis)
  - ㉢ 심재성 진균증 : 히스토플라스마증(histoplasmosis), 분아균증(blastomycosis)
- ㉯ 진균독소(mycotoxin)
  - ㉠ 균류에 의해 생산되는 독소로 중독되면 구역질, 구토, 설사 등이나 오한, 발열, 경련, 환각, 과민성 알레르기 반응을 유발하며 심하면 혼수상태에 빠지거나 사망하기도 한다.
  - ㉡ 대표적인 예로 청록색 곰팡이에서 생성되는 아플라톡신(aflatoxin)이 있다.

(5) 원생동물(Protozoa)와 클라디미아(Chlamydia)

① 원생동물(원충류)
- ㉮ 운동능력을 가진 것이 많으며 원시적인 동물로 간주하고 있다.
- ㉯ 중간숙주에 의해 전파되면 면역이 생기는 일이 드물고 원충에 따라서는 포낭을 만들어 좋지 않은 조건에서도 장기간 생존하기도 한다.
- ㉰ 말라리아, 아메바성 이질, 아프리카 수면병 등을 일으킨다.

② 클라디미아
- ㉮ 편성세포내 기생체로서 리케치와 동일하게 세균과 유사한 특성을 갖지만 에너지생성을 위한

대사계를 갖지 않으며 기생숙주 내에서 이분열로 증식하고 핵산인 DNA, RNA를 소유하며 크기는 세균보다 작지만 세포벽을 가진 것과 갖지 않은 것이 있다.
㉰ 트라코마, 앵무병, 서혜 림프 육아종 따위의 병원균으로 이들 균은 감염되어도 강한 면역은 형성되지 않으며 지속감염, 재발, 재감염 등이 일어난다.

Lesson 03 소독방법 및 분야별 위생·소독

1 소독력 평가 및 고려요인

(1) 소독기준 및 살균력 평가

① 이·미용기구 소독의 일반기준

구분	설명
자외선소독	1cm^{2}당 85㎼ 이상의 자외선을 20분 이상 쬐어준다.
건열멸균소독	섭씨 100℃ 이상의 건조한 열에 20분 이상 쐬어준다.
증기소독	섭씨 100℃ 이상의 습한 열에 20분 이상 쐬어준다.
열탕소독	섭씨 100℃ 이상의 물속에 10분 이상 끓여준다.
석탄산수소독	석탄산수(석탄산 3%, 물 97%의 수용액)에 10분 이상 담가둔다.
크레졸소독	크레졸수(크레졸 3%, 물 97%의 수용액)에 10분 이상 담가둔다.
에탄올소독	에탄올수용액(에탄올이 70%인 수용액)에 10분 이상 담가두거나 에탄올수용액을 머금은 면 또는 거즈로 기구의 표면을 닦아준다.

② 살균력 평가
㉮ 소독제의 살균력을 평가하는 기준은 석탄산계수이다.
㉯ 석탄산계수 = $\dfrac{(다른)소독약의\ 희석배수}{석탄산의\ 희석배수}$
㉰ 예를 들어 석탄산 계수가 2이고 석탄산 희석배수가 40인 경우 소독약품의 희석배수는 80이다.

(2) 소독시 고려요인 및 주의사항

① 소독시 고려요인
㉮ 현존하는 유기체의 특성 : 어떤 유기체들은 쉽게 파괴되지만 반면에 어떤 것들은 일반적으로 이용되는 멸균, 소독법에도 파괴되지 않을 수 있다.
㉯ 현존하는 유기체의 수 : 유기체가 물품에 많으면 많을수록 파괴하는 데 시간이 오래 걸린다.
㉰ 기구의 유형 : 좁은 관, 갈라진 틈, 이음새가 있는 물품들은 특별한 관리가 요구된다.

㉣ 기구의 사용 의도 : 가정에서는 깨끗한 기구 또는 공급품을 사용하는 것이 안전할지 모르나, 가능한한 멸균된 물품을 사용한다.
㉤ 멸균, 소독을 위해 이용할 수 있는 방법 : 멸균과 소독을 위한 물리적 또는 화학적 방법의 선택은 유기체의 특성과 수, 기구의 유형과 사용의도 그리고 방법의 유용성과 실용성을 근거로 결정된다.
㉥ 시간 : 권장된 시간을 반드시 준수해야 한다.

② 소독시 주의사항
㉠ 소독할 물건의 성질에 유의하여 적당한 소독약이나 소독법을 선택하여 실시한다.
㉡ 병원미생물의 종류와 멸균, 살균 또는 소독의 목적과 방법, 그리고 시간을 염두에 둔다.
㉢ 소독약은 사용할 때마다 필요한 양만큼 조금씩 새로 만들어서 쓴다.
㉣ 약품에 따라 밀폐해서 냉암소에 보존해 둔다. 라벨(Label)은 더러워지지 않도록 하며 다른 것과 구별되도록 한다.

2 소독방법과 용도

(1) 물리적 소독방법

① 무가열에 의한 방법
㉠ 자외선 조사 : 태양의 자외선(일광소독)이나 자외선등을 이용하는 방법으로 290~320nm의 파장이 주로 사용되며 무균실, 수술실, 재약실 등에서 공기, 식품, 기구 및 용기 등의 소독에 사용된다.
㉡ 전류 및 방사선 조사 : 전류를 통해 균체가 갖고 있는 염화칼슘(Sodium chlride) 이온을 유리시켜 살균하며, 이때 생긴 열로도 살균작용이 된다.
㉢ 세균여과법 : 음료수나 액체식품 등을 세균여과기로 걸러서 균을 제거시키는 방법이다. 단, 바이러스는 걸러지지 않는다.
㉣ 초음파 살균법
  ㉠ 교반작용(충체 파괴하는 살균력) : 8800 cycle/sec
  ㉡ 진동작용(강력한 살균력) : 2000 cycle/sec

② 가열에 의한 방법
㉠ 화염 및 소각법 : 화염멸균은 표면 살균으로 불꽃에서 20초 이상 태우며, 불에 타지 않는 금속류, 유리봉, 도자기류에 이용한다. 오물은 소각으로 가장 강력한 멸균이 된다.
㉡ 건열멸균법 : 건열멸균기(dry oven)를 이용하여 170℃에서 1~2시간 처리한다. 주사침, 유리기구, 금속제품에 이용된다.
㉢ 자비소독(열탕소독)법 : 100℃의 끓는 물에서 15~20분간 처리하며, 소독효과를 높이기 위해 석탄산(5%), 크레졸(2~3%), 중조(1~2%)를 넣어주기도 한다. 단, 금속부식성에 주의하면서 식기류, 도자기류, 주사기, 의류 소독에 사용된다.
㉣ 고압증기멸균법 : 고압증기멸균기를 이용하는 것으로 미생물뿐만 아니라 아포까지 사멸시킨다.
  ㉠ 10Lbs, 115.5℃의 상태 : 30분

ⓒ 15Lbs, 121.5℃의 상태 : 20분
　　　ⓒ 20Lbs, 126.5℃의 상태 : 15분
　㉮ 유통증기멸균법 : 100℃의 유통증기에서 30~60분 가열하는 방법으로 식기, 조리기구, 행주 등에 사용한다.
　㉯ (유통증기)간헐멸균법 : 1일 1회씩 3일 동안 100℃에서 30분간 가열하는 방법으로, 세균의 포자까지 멸균시키는 방법이다.
　㉰ 저온소독법(LTLT법) : 61~65℃에서 30분간 가열하는 방법으로 포자를 형성치 않은 세균의 멸균을 위해서 결핵균, 소 유산균, 살모넬라균 소독에 사용한다.
　㉱ 초고온단시간소독법(HTST법) : 70~75℃에서 15~20초간 가열하는 방법으로 우유 등의 살균에 사용된다.
　㉲ 초고온 순간 멸균법(UHT법) : 멸균처리 기간의 단축과 영양 물질의 파괴를 줄이기 위하여 사용되는 순간적인 열처리로, 우유를 135℃에서 2초간 동안 가열한다.

(2) 화학적 소독방법

① **석탄산(페놀, C_6H_5OH)**
　㉮ 일반적으로 3%의 수용액(온수)을 사용하며, 산성도가 높고 고온일수록 소독 효과가 크다.
　㉯ 살균력이 안정되고, 유기물질(배설물 등)에도 약화되지 않는다.
　㉰ 금속부식성이 있고, 냄새와 독성이 강하며 피부점막에 자극성이 있다.
　㉱ 소독약의 살균력을 비교하는 기준이 된다(석탄산 계수).
　㉲ 대상물 : 환자의 오염의류, 오물, 배설물 등

② **크레졸**
　㉮ 3%의 수용액을 사용하며, 석탄산 소독력의 2배 효과가 있다(석탄산 계수 2).
　㉯ 불용성이므로 비누액으로 만들어 사용한다.
　㉰ 피부 자극성이 없으며, 유기물질 소독에 효과적이고 세균소독에 이용한다.
　㉱ 강한 냄새가 단점이다.
　㉲ 대상물 : 손(조리사는 안됨), 오물, 객담.

③ **승홍($HgCl_2$)**
　㉮ 0.1%의 농도를 사용(승홍 1+식염 1+물 1000 비율로 만듦)한다.
　㉯ 맹독성이며 금속 부식성이 강하므로 식기류나 피부소독에는 부적합하다.
　㉰ 단백질과 결합하면 침전이 생기므로 유기물질(배설물)을 소독할 때 주의해야 한다.
　㉱ 온도가 높을수록 살균력이 강해지므로 가온해서 사용한다.

④ **생석회(CaO)**
　㉮ 습기 있는 분변, 하수, 오수, 오물, 토사물 소독에 적당하다.
　㉯ 건조한 소독대상물인 경우는 석회유[$Ca(OH)_2$]를 생석회 분말 2, 물 8의 비율로 사용한다.
　㉰ 포자 형성 세균에는 효과가 없으며, 공기에 오래 노출되면 살균력이 저하된다.

⑤ **과산화수소(옥시풀, H_2O_2)**
　㉮ 3%의 수용액을 사용하며, 무포자균을 빨리 살균한다.

㉰ 자극성이 적어서 구내염, 인두염, 입안 세척, 상처 등에 사용한다.
　⑥ 알코올(Alcohol)
　　　㉮ 70~75%의 에탄올(에틸알코올)을 사용한다.
　　　㉯ 손, 피부 및 기구 소독에 사용하며, 무포자균에 유효하다.
　　　㉰ 값이 비싸고, 인화하기 쉬우며 아포에는 효력이 없다.
　　　㉱ 고무나 플라스틱 제품은 녹기 때문에 주의해야 하며 상처, 눈, 구강, 비강, 음부 등 점막에는 사용하지 않는다.
　⑦ 머큐로크롬
　　　㉮ 2%의 수용액을 사용(과망간산칼륨은 0.2~0.5% 수용액 사용)한다.
　　　㉯ 자극성이 없으나 살균력이 약하다.
　　　㉰ 점막 및 피부 상처에 사용한다.
　⑧ 역성비누(양성비누)
　　　㉮ 0.01~0.1%의 농도를 사용(손 소독인 경우에는 10% 용액을 100~200배 희석 사용하고, 식기류 소독일 때는 300~500배 희석 사용)한다.
　　　㉯ 무미, 무해, 무독이면서도 침투력과 살균력이 강하다.
　　　㉰ 포도상 구균, 결핵균에 유효하여 조리사의 손 소독이나 식품 소독에 사용한다.
　　　㉱ 알칼리성이나 유기물(단백질)에서는 소독력이 저하되므로 음성 비누와의 병행은 피하고, 먼저 유기물(단백질)을 음성비누로 없앤 후 역성비누 사용하여야 소독효과가 있다.
　⑨ 약용비누
　　　㉮ 비누에 살균제를 혼합시킨 것이다.
　　　㉯ 손, 피부소독에 이용되는 세탁효과와 살균제의 소독효과가 얻어진다.
　⑩ 염소류
　　　㉮ 액화염소(0.4기압) : 많은 양의 수돗물 소독에 이용한다.
　　　㉯ 클로르칼크(표백분, $CaCl_2$) : 적은 양의 우물물, 수영장 소독에 이용된다.
　　　㉰ 차아염소산나트륨($NaOCl$) : 야채, 과실류 소독에 이용된다.

3 분야별 위생·소독

(1) 실내환경 위생·소독

　① 실내 작업장
　　　㉮ 작업장 시설을 할 때에 천장 덕트를 설치하여 인공 환기장치를 하여야 한다. 밀폐 공간 내에 장시간 근무하므로 군집독에 유의하여야 하며 신선한 공기의 유입이 중요하다.
　　　㉯ 조명, 전구부분의 이물질을 제거해야 하며 이와 더불어 적당한 조명을 유지해야 한다.
　　　㉰ 화장대, 미용의자, 카운터, 작업장 시설물에 먼지, 머리카락, 퍼머액이 묻지 않도록 한다.
　　　㉱ 벽, 마루 등에 각종의 퍼머액, 염모제 등이 묻지 않도록 주의하며 떨어뜨린 즉시 닦는다. 또한 벽면의 장식물, 액자 등에 먼지가 끼지 않게 청결히 하며 모발은 쓸어서 밀폐된 지정장소에 버린다.

⑭ 에어컨 및 제습기의 필터 부분을 주기적으로 청소하여 소독한다.

② 샴푸실
㉮ 거울 및 선반은 이물질이 없도록 잘 닦는다.
㉯ 샴푸 세면대는 머리카락이 묻어있지 않고 세면대 표면에 이물질이 끼지 않도록 항상 청결히 해야 한다.
㉰ 샴푸, 린스, 트리트먼트는 제품이 용기에 흘러내리지 않게 청결히 하며 항상 적정량을 보충해 놓는다.
㉱ 샴푸대 주변은 미끄러지지 않게 바닥을 청소한다.
㉲ 제품보관은 통풍이 잘되는 곳에서 보관을 하며, 일회용품은 사용 즉시 처리할 수 있도록 뚜껑이 있는 쓰레기통을 준비한다.

③ 카운터 및 입구, 대기실
㉮ 입구는 항상 청결하게 유지한다.
㉯ 제품진열, 사물함은 청결하게 유지한다.
㉰ 쇼파, 쿠션, 방석, 가운 등은 자주 세탁하여 항상 청결하게 유지한다.
㉱ 고객용 테이블은 항상 청결하게 유지한다.
㉲ 쓰레기통은 뚜껑이 있는 것을 사용한다.

④ 화장실 및 세면대
㉮ 환기가 잘되도록 주의하며, 방향제, 생리대, 화장지, 비누, 핸드로션을 구비해 둔다.
㉯ 변기, 세면대에 이물질이 생기지 않도록 청소 및 소독을 정기적으로 한다.
㉰ 깨끗한 핸드 타월을 구비해 둔다.
㉱ 쓰레기통은 넘치거나, 냄새가 나지 않도록 관리를 철저하게 한다.
㉲ 화장실 바닥은 물기가 없도록 주의한다.

(2) 기구 및 도구의 위생·소독

① 가위
㉮ 금속제품을 소독할 때는 부식되거나 날이 상하지 않도록 유의하며, 70% 에탄올을 이용하여 소독한다(70%의 알코올 용액에 20분간 침수시켜 소독).
㉯ 고압증기멸균기를 사용할 때에는 소독포에 싸서 소독하며, 소독하기 전 물이나 수건 등을 사용하여 이물질을 제거한다.

② 레이저
㉮ 갈아 끼우는 부분에 때나 이물질이 끼어 소독 상태가 불완전하게 되는 경우가 많으므로 주의해야 한다.
㉯ 고객마다 소독된 일회용 날을 사용해야 하며 재사용해서는 안 된다.

③ 헤어 클리퍼
㉮ 사용 후 클리퍼 앞쪽을 분리한 후 머리카락을 털어 낸 다음 70% 알코올을 적신 솜으로 소독한다.
㉯ 소독 후 건조한 다음 기름칠을 해야 하며, 주 1회 정도는 완전 분해하여 소독을 한다.

④ 각종 빗류
⑦ 미온수에 세제 및 샴푸를 풀어 빗 종류를 담근 후에 세척하여 물기를 제거한 후 자외선 소독기에서 소독한다.
㉯ 항박테리아 용액에 담궈 놓았다가 헹군 후 물기를 제거하며, 특히 플라스틱 빗 종류는 약액 및 열에 변형되기 쉬우므로 주의한다.

⑤ 타월
⑦ 염모제 전용 타월과 일반 타월, 색깔있는 타월과 백색 타월을 구분하여 세탁한다.
㉯ 타월 세탁시에는 세제와 염소계통의 소독약을 넣어 세탁한다.

⑥ 가운류
⑦ 섬유제품 : 세탁할 때 염소계통의 소독약을 넣어 세탁한다.
㉯ 비닐제품 : 샴푸, 염색용 케이프는 물을 전혀 흡수하지 않아 세탁하면 뒤처리가 곤란하므로 손 세탁으로 씻어내고 소독한 후 건조는 그늘에서 건조시킨다.

⑦ 기타 도구의 소독
⑦ 로드, 고무줄, 세팅롤 : 약액이 남으면 다음 고객에게 사용할 때 악영향을 미칠 수 있으므로 약액이 남지 않도록 꼼꼼하게 세척한다.
㉯ 퍼머용 고무장갑, 스펀지 : 미온수에 약액이 남지 않도록 깨끗하게 헹궈 그늘에서 건조한다.
㉰ 핀과 클립 : 진균 등으로 인한 피부염을 방지하기 위해 70% 알코올 용액에 20분 정도 담가 소독한 후 사용한다. 단, 재질이 플라스틱일 경우에는 70%의 알코올을 적신 솜으로 닦아준다.

(3) 미용업 종사자 및 고객의 위생관리

① 질병감염의 유형
⑦ 디자이너의 실수로 고객에게 가벼운 상처를 입혀 감염
㉯ 디자이너 자신이 상처를 입어 출혈에 의한 감염
㉰ 시술시 도구를 통한 감염
㉱ 미용인의 부적절한 위생상태로 인해 홍역, 간염, 바이러스 독감 등과 같은 질병이 고객에게 감염

② 예방방법
⑦ 작업환경의 철저한 위생관리로 병균으로부터 고객 보호
㉯ 전문가들의 위생교육 및 기본상식 습득
㉰ 올바른 청소관리로 세균감염 예방
㉱ 에이즈, 간염 등 질병으로부터 보호하기 위해 일회용 장갑 착용
㉲ 시술도구 및 기구의 고압증기, 멸균소독, B형 간염 예방접종

CHAPTER 03 공중위생관리법규

Lesson 01 공중위생법규

1. 목적 및 정의

(1) 공중위생관리법의 목적

공중이 이용하는 영업과 시설의 위생관리 등에 관한 사항을 규정함으로써 위생수준을 향상시켜 국민의 건강증진에 기여함을 목적으로 한다.

(2) 용어의 정의

용어	정의
공중위생영업	다수인을 대상으로 위생관리서비스를 제공하는 영업으로서 숙박업·목욕장업·이용업·미용업·세탁업·위생관리용역업을 말한다.
이용업	손님의 머리카락 또는 수염을 깎거나 다듬는 등의 방법으로 손님의 용모를 단정하게 하는 영업을 말한다.
미용업	손님의 얼굴·머리·피부 등을 손질하여 손님의 외모를 아름답게 꾸미는 영업을 말한다.
공중이용시설	다수인이 이용함으로써 이용자의 건강 및 공중위생에 영향을 미칠 수 있는 건축물 또는 시설로서 대통령령이 정하는 것을 말한다.

2. 영업의 신고 및 폐업, 승계

(1) 공중위생영업의 신고 및 폐업

① 시장·군수·구청장에 신고
  ㉮ 공중위생영업을 하고자 하는 자는 공중위생영업의 종류별로 보건복지부령이 정하는 시설 및 설비를 갖추고 시장·군수·구청장에게 신고해야 한다.
  ㉯ 공중위생영업 신고 시 시장·군수·구청장에게 제출할 서류
    ㉠ 영업시설 및 설비개요서
    ㉡ 영업시설 및 설비의 사용에 관한 권리를 확보하였음을 증명하는 서류
    ㉢ 교육수료증(미리 교육을 받은 경우에만 해당)

② **이용업과 미용업의 시설·설비기준**

구분	시설 설비기준
이용업	• 이용기구는 소독을 한 기구와 소독을 하지 아니한 기구를 구분해 보관할 수 있는 용기를 비치해야한다. • 소독기, 자외선살균기 등 이용기구를 소독하는 장비를 갖추어야 한다. • 응접장소와 작업장소 또는 의자와 의자를 구획하는 커튼, 칸막이, 그밖에 이와 유사한 장애물을 설치해서는 아니된다. • 영업소 안에서 별실, 그 밖에 이와 유사한 시설을 설치해서는 아니된다.
미용업	• 미용기구는 소독을 한 기구와 소독을 하지 아니한 기구를 구분해 보관할 수 있는 용기를 비치해야 한다. • 소독기, 자외선살균기 등 미용기구를 소독하는 장비를 갖추어야 한다.

(2) 변경신고

영업신고사항의 변경 시 보건복지부령이 정하는 중요사항의 변경인 경우에는 시장·군수·구청장에게 변경신고를 해야 한다.

① **보건복지부령이 정하는 중요한 사항일 경우**
　㉮ 영업소의 명칭 또는 상호
　㉯ 영업소의 소재지
　㉰ 신고한 영업장 면적의 3분의 1이상의 증감
　㉱ 대표자 성명 또는 생년월일

② **영업신고사항 변경신고 시 시장·군수·구청장에게 제출할 서류**
　㉮ 영업신고증(신고증을 분실하여 영업신고사항 변경신고서에 분실 사유를 기재하는 경우에는 첨부하지 않음)
　㉯ 변경사항을 증명하는 서류

> ■ **영업신고증의 재교부 신청사유**
> • 신고증을 잃어 버렸을 때
> • 신고증이 헐어 못쓰게 된 때
> • 신고인의 성명이나 주민등록번호가 변경된 때

(3) 폐업신고 및 영업의 승계

① **폐업신고**
　㉮ 공중위생영업을 폐업한 자는 폐업한 날부터 20일 이내에 시장·군수·구청장에게 신고해야 한다.
　㉯ 신고 시 폐업신고서에는 영업신고증을 첨부하여야 한다.

② **영업의 승계**
　㉮ 공중위생영업자가 그 공중위생영업을 양도하거나 사망한 때 또는 법인의 합병이 있는 때에는 그 양수인·상속인 또는 합병후 존속하는 법인이나 합병에 의하여 설립되는 법인은 그 공중위생영업자의 지위를 승계한다.

㉰ 이용업·미용업의 경우에는 면허를 소지한 자에 한해 공중위생영업자의 지위를 승계할 수 있다.
㉱ 공중위생영업자의 지위를 승계한 자는 1월 이내에 보건복지부령이 정하는 바에 따라 시장·군수 또는 구청장에게 신고해야 한다.
㉲ 영업자의 지위승계신고 첨부서류
  ㉠ 영업양도의 경우 : 양도·양수를 증명할 수 있는 서류 사본
  ㉡ 상속의 경우 : 상속인임을 증명할 수 있는 서류
  ㉢ 위 ㉠ 및 ㉡외의 경우 : 해당 사유별로 영업자의 지위를 승계하였음을 증명할 수 있는 서류

3 영업자 준수사항

(1) 이·미용업자의 위생관리기준

구분	위생관리기준
이용업자	• 이용기구 중 소독을 한 기구와 소독을 하지 아니한 기구는 각각 다른 용기에 넣어 보관하여야 한다. • 1회용 면도날은 손님 1인에 한하여 사용하여야 한다. • 업소 내에 이용업신고증, 개설자의 면허증 원본 및 이용요금표를 게시하여야 한다. • 영업장 안의 조명도는 75룩스(Lux) 이상이 되도록 유지하여야 한다.
미용업자	• 점빼기, 귓볼뚫기, 쌍커풀수술, 문신, 박피술 그밖에 이와 유사한 의료행위를 하여서는 아니된다. • 피부미용을 위하여 약사법 규정에 의한 의약품 또는 의료용구를 사용하여서는 아니된다. • 미용기구 중 소독을 한 기구와 소독을 하지 아니한 기구는 각각 다른 용기에 넣어 보관하여야 한다. • 1회용 면도날은 손님 1인에 한하여 사용하여야 한다. • 업소 내에 미용업신고증, 개설자의 면허증 원본 및 미용요금표를 게시하여야 한다. • 영업장 안의 조명도는 75룩스(Lux) 이상이 되도록 유지하여야 한다.

(2) 공중이용시설의 위생관리

① **실내공기 등**
  ㉮ 실내공기는 보건복지부령이 정하는 위생관리기준에 적합하도록 유지해야 한다.
  ㉯ 영업소, 화장실, 기타 공중이용시설 안에서 시설이용자의 건강을 해칠 우려가 있는 오염물질이 발생되지 않도록 한다.

② **규제대상 오염물질의 종류와 오염허용기준**

오염물질의 종류	오염허용기준
미세먼지(PM-10)	24시간 평균치 150mg/m^3 이하
일산화탄소(CO)	1시간 평균치 25ppm 이하
이산화탄소(CO_2)	1시간 평균치 1,000ppm 이하
포름알데히드(HCHO)	1시간 평균치 120mg/m^3 이하

4 이·미용사의 면허 및 업무범위

(1) 이용사 및 미용사의 면허

① **자격기준**

이용사 또는 미용사가 되고자 하는 자는 다음의 어느 하나에 해당하는 자로서 보건복지부령이 정하는 바에 의하여 시장·군수·구청장의 면허를 받아야 한다.

㉮ 전문대학 또는 이와 동등 이상의 학력이 있다고 교육부장관이 인정하는 학교에서 이용 또는 미용에 관한 학과를 졸업한 자
㉯ 학점인정 등에 관한 법률의 관련 규정에 따라 대학 또는 전문대학을 졸업한 자와 동등 이상의 학력이 있는 것으로 인정되어 이용 또는 미용에 관한 학위를 취득한 자
㉰ 고등학교 또는 이와 동등의 학력이 있다고 교육부장관이 인정하는 학교에서 이용 또는 미용에 관한 학과를 졸업한 자
㉱ 교육부장관이 인정하는 고등기술학교에서 1년 이상 이용 또는 미용에 관한 소정의 과정을 이수한 자
㉲ 국가기술자격법에 의한 이용사 또는 미용사의 자격을 취득한 자

② **결격사유**

㉮ 피성년후견인
㉯ 정신보건법에 따른 정신질환자(다만, 전문의가 이용사 또는 미용사로서 적합하다고 인정하는 사람은 예외)
㉰ 공중의 위생에 영향을 미칠 수 있는 감염병 환자로서 보건복지부령이 정하는 자(감염성 결핵 환자)
㉱ 마약 기타 대통령령으로 정하는 약물 중독자(대마 또는 향정신성의약품의 중독자)
㉲ 면허가 취소된 후 1년이 경과되지 아니한 자

③ **면허의 정지 및 취소**

시장·군수·구청장은 이용사 또는 미용사가 다음의 어느 하나에 해당하는 때에는 그 면허를 취소하거나 6월 이내의 기간을 정하여 그 면허의 정지를 명할 수 있다.

㉮ 공중위생관리법 또는 법의 규정에 의한 명령에 위반한 때 : 면허취소 또는 6월 이내의 면허정지
㉯ 위의 '② 결격사유' 중 ㉮~㉱에 해당하게 된 때 : 면허취소
㉰ 면허증을 다른 사람에게 대여한 때 : 취소 또는 정지(세부 내용은 행정처분기준에 따름)

(2) 이용사 및 미용사의 업무범위

① **이·미용사의 업무범위와 관련된 일반 사항**

㉮ 이용사 또는 미용사의 면허를 받은 자가 아니면 이용업 또는 미용업을 개설하거나 그 업무에 종사할 수 없다. 다만, 이용사 또는 미용사의 감독을 받아 이용 또는 미용 업무의 보조를 행하는 경우에는 그러지 아니하다.
㉯ 이용 및 미용의 업무는 영업소외의 장소에서 행할 수 없다. 다만, 보건복지부령이 정하는 특별한 사유가 있는 경우에는 그러하지 아니하다.

ⓓ 보건복지부령이 정하는 특별한 사유
- ㉠ 질병, 기타의 사유로 인하여 영업소에 나올 수 없는 자에 대하여 이용 또는 미용을 하는 경우
- ㉡ 혼례, 기타 의식에 참여하는 자에 대하여 그 의식 직전에 이용 또는 미용을 하는 경우
- ㉢ 사회복지사업법의 관련 규정에 따른 사회복지시설에서 봉사활동으로 이용 또는 미용을 하는 경우
- ㉣ 위의 경우 외에 특별한 사정이 있다고 시장·군수·구청장이 인정하는 경우

② 이·미용사의 업무범위
- ㉮ 이용사 : 이발·아이론·면도·머리피부손질·머리카락염색 및 머리감기로 한다.
- ㉯ 미용사
  - ㉠ 2007년 12월 31일 이전에 미용사자격을 취득한 자로서 미용사면허를 받은 자 : 아래 미용관 관련한 영업에 해당하는 모든 업무
  - ㉡ 2008년 1월 1일 이후 2015년 4월 16일까지 미용사(일반)자격을 취득한 자로서 미용사면허를 받은 자 : 파마·머리카락자르기·머리카락모양내기·머리피부손질·머리카락염색·머리감기, 의료기기나 의약품을 사용하지 아니하는 눈썹손질, 얼굴의 손질 및 화장, 손톱과 발톱의 손질 및 화장
  - ㉢ 2015년 4월 17일부터 2015년 12월 31일까지 미용사(일반)자격을 취득한 자로서 미용사면허를 받은 자 : 파마·머리카락자르기·머리카락모양내기·머리피부손질·머리카락염색·머리감기, 의료기기나 의약품을 사용하지 아니하는 눈썹손질, 얼굴의 손질 및 화장
  - ㉣ 2016년 1월 1일 이후 미용사(일반)자격을 취득한 자로서 미용사 면허를 받은 자 : 파마·머리카락자르기·머리카락모양내기·머리피부손질·머리카락염색·머리감기, 의료기기나 의약품을 사용하지 아니하는 눈썹손질. 다만, 2016년 5월 31일까지 미용사(일반)자격을 취득한 사람의 경우에는 얼굴의 손질 및 화장에 관한 업무를 추가로 할 수 있다.
  - ㉤ 미용사(피부)자격을 취득한 자로서 미용사면허를 받은 자 : 의료기기나 의약품을 사용하지 아니하는 피부상태분석·피부관리·제모·눈썹손질
  - ㉥ 미용사(네일)자격을 취득한 자로서 미용사면허를 받은 자 : 손톱과 발톱의 손질 및 화장
  - ㉦ 미용사(메이크업)자격을 취득한 자로서 미용사면허를 받은 자 : 얼굴 등 신체의 화장·분장 및 의료기기나 의약품을 사용하지 아니하는 눈썹손질

5 영업자 준수사항

(1) 보고 및 출입·검사, 영업의 제한

① 보고 및 출입·검사
- ㉮ 특별시장·광역시장·도지사 또는 시장·군수·구청장은 공중위생관리상 필요하다고 인정하는 때에는 공중위생영업자 및 공중이용시설의 소유자 등에 대하여 필요한 보고를 하게 하거나 소속공무원으로 하여금 영업소·사무소·공중이용시설등에 출입하여 공중위생영업자의 위생관리의무이행 및 공중이용시설의 위생관리실태 등에 대하여 검사하게 하거나 필요에 따

라 공중위생영업장부나 서류를 열람하게 할 수 있다.
㉯ 위 ㉮항의 경우에 관계공무원은 그 권한을 표시하는 증표를 지녀야 하며, 관계인에게 이를 내보여야 한다.

② **영업의 제한**
시·도지사는 공익상 또는 선량한 풍속을 유지하기 위하여 필요하다고 인정하는 때에는 공중위생영업자 및 종사원에 대하여 영업시간 및 영업행위에 관한 필요한 제한을 할 수 있다.

(2) 영업소의 폐쇄, 공중위생감시원

① **공중위생영업소의 폐쇄**
㉮ 시장·군수·구청장은 공중위생영업자가 공중위생관리법 또는 법에 의한 명령에 위반하거나 또는 「성매매알선 등 행위의 처벌에 관한 법률」·「풍속영업의 규제에 관한 법률」·「청소년보호법」·「의료법」에 위반하여 관계행정기관의 장의 요청이 있는 때에는 6월 이내의 기간을 정하여 영업의 정지 또는 일부 시설의 사용중지를 명하거나 영업소폐쇄 등을 명할 수 있다.
㉯ 규정에 의한 영업의 정지, 일부 시설의 사용중지와 영업소폐쇄명령 등의 세부적인 기준은 보건복지부령으로 정한다.
㉰ 시장·군수·구청장은 공중위생영업자가 영업소폐쇄명령을 받고도 계속하여 영업을 하는 때에는 관계공무원으로 하여금 당해 영업소를 폐쇄하기 위하여 다음의 조치를 하게 할 수 있다.
  ㉠ 당해 영업소의 간판 기타 영업표지물의 제거
  ㉡ 당해 영업소가 위법한 영업소임을 알리는 게시물 등의 부착
  ㉢ 영업을 위하여 필수불가결한 기구 또는 시설물을 사용할 수 없게 하는 봉인
㉱ 시장·군수·구청장은 규정에 의한 봉인을 한 후 봉인을 계속할 필요가 없다고 인정되는 때와 영업자 등이나 그 대리인이 당해 영업소를 폐쇄할 것을 약속하는 때 및 정당한 사유를 들어 봉인의 해제를 요청하는 때에는 그 봉인을 해제할 수 있다. 규정에 의한 게시물 등의 제거를 요청하는 경우에도 또한 같다.

② **공중위생감시원**
㉮ 공중위생 감시원의 자격 및 임명 : 특별시장, 광역시장, 도지사 또는 시장, 군수, 구청장은 다음에 해당하는 소속공무원 중에서 공중위생감시원을 임명한다.
  ㉠ 위생사 또는 환경기사 2급 이상의 자격증이 있는 자
  ㉡ 대학에서 화학·화공학·환경공학 또는 위생학 분야를 전공하고 졸업한 자 또는 이와 동등 이상의 자격이 있는 자
  ㉢ 외국에서 위생사 또는 환경기사의 면허를 받은 자
  ㉣ 3년 이상 공중위생 행정에 종사한 경력이 있는 자
㉯ 공중위생감시원의 업무범위
  ㉠ 시설 및 설비의 확인
  ㉡ 공중위생영업 관련 시설 및 설비의 위생상태 확인·검사, 공중위생영업자의 위생관리의무 및 영업자준수사항 이행여부의 확인

ⓒ 공중이용시설의 위생관리상태의 확인·검사
② 위생지도 및 개선명령 이행여부의 확인
⑩ 공중위생영업소의 영업의 정지, 일부 시설의 사용중지 또는 영업소 폐쇄명령 이행여부의 확인
ⓗ 위생교육 이행여부의 확인

6 업소 위생등급 및 보수교육

(1) 위생평가

① 위생서비스수준의 평가
㉮ 시·도지사는 공중위생영업소(관광숙박업 제외)의 위생관리수준을 향상시키기 위하여 위생서비스평가계획을 수립하여 시장·군수·구청장에게 통보하여야 한다.
㉯ 시장·군수·구청장은 평가계획에 따라 관할지역별 세부평가계획을 수립한 후 공중위생영업소의 위생서비스수준을 평가하여야 한다.
㉰ 시장·군수·구청장은 위생서비스평가의 전문성을 높이기 위하여 필요하다고 인정하는 경우에는 관련 전문기관 및 단체로 하여금 위생서비스평가를 실시하게 할 수 있다.

② 위생서비스수준 평가의 주기
공중위생영업소의 위생서비스수준 평가는 2년마다 실시하되, 공중위생영업소의 보건·위생관리를 위하여 특히 필요한 경우에는 보건복지부장관이 정하여 고시하는 바에 의하여 공중위생영업의 종류 또는 위생관리등급별로 평가주기를 달리할 수 있다.

> **청문을 실시해야 하는 경우**
> • 이용사 및 미용사의 면허취소·면허정지
> • 공중위생영업의 정지, 일부 시설의 사용중지
> • 영업소폐쇄명령 등

(2) 위생등급

① 위생관리등급 공표
㉮ 시장·군수·구청장은 보건복지부령이 정하는 바에 의하여 위생서비스평가의 결과에 따른 위생관리등급을 해당 공중위생영업자에게 통보하고 이를 공표하여야 한다.
㉯ 공중위생영업자는 시장·군수·구청장으로부터 통보 받은 위생관리등급의 표지를 영업소의 명칭과 함께 영업소의 출입구에 부착할 수 있다.
㉰ 시·도지사 또는 시장·군수·구청장은 위생서비스평가의 결과 위생서비스의 수준이 우수하다고 인정되는 영업소에 대하여 포상을 실시할 수 있다.

㉣ 시·도지사 또는 시장·군수·구청장은 위생서비스평가의 결과에 따른 위생관리등급별로 영업소에 대한 위생감시를 실시하여야 한다. 이 경우 영업소에 대한 출입·검사와 위생감시의 실시주기 및 횟수 등 위생관리등급별 위생감시기준은 보건복지부령으로 정한다.

② 위생관리등급의 구분
㉮ 최우수업소 : 녹색등급
㉯ 우수업소 : 황색등급
㉰ 일반관리대상 업소 : 백색등급

(3) 영업자 위생교육 및 교육기관

① 위생교육
㉮ 공중위생영업자는 매년 위생교육을 받아야 하며, 교육시간은 3시간으로 한다.
㉯ 공중위생영업의 신고를 하고자 하는 자는 미리 위생교육을 받아야 한다. 다만, 다음의 사유로 미리 교육을 받을 수 없는 경우에는 영업개시 후 6개월 이내에 위생교육을 받을 수 있다.
㉰ 천재지변, 본인의 질병·사고, 업무상 국외출장 등의 사유로 교육을 받을 수 없는 경우
㉱ 교육을 실시하는 단체의 사정 등으로 미리 교육을 받기 불가능한 경우
㉲ 위생교육을 받아야 하는 자 중 영업에 직접 종사하지 아니하거나 2 이상의 장소에서 영업을 하는 자는 종업원 중 영업장별로 공중위생에 관한 책임자를 지정하고 그 책임자로 하여금 위생교육을 받게 하여야 한다.
㉳ 위생교육을 받은 자가 위생교육을 받은 날부터 2년 이내에 위생교육을 받은 업종과 같은 업종의 영업을 하려는 경우에는 해당 영업에 대한 위생교육을 받은 것으로 본다.
㉴ 위생교육 대상자 중 보건복지부장관이 고시하는 도서·벽지지역에서 영업을 하고 있거나 하려는 자에 대하여는 교육교재를 배부하여 이를 익히고 활용하도록 함으로써 교육에 갈음할 수 있다.

② 위생교육기관
㉮ 위생교육은 보건복지부장관이 허가한 단체 또는 규정에 따라 설립된 "공중위생영업자단체(공중위생과 국민보건의 향상을 기하고 그 영업의 건전한 발전을 도모하기 위하여 영업의 종류별로 전국적인 조직을 가지는 영업자단체)"가 실시할 수 있다.
㉯ 위생교육 실시단체는 교육교재를 편찬하여 교육대상자에게 제공하여야 한다.
㉰ 위생교육 실시단체의 장은 위생교육을 수료한 자에게 수료증을 교부하고, 교육실시 결과를 교육 후 1개월 이내에 시장·군수·구청장에게 통보하여야 하며, 수료증 교부대장 등 교육에 관한 기록을 2년 이상 보관·관리하여야 한다.
㉱ 위 규정 외에 위생교육에 관하여 필요한 세부사항은 보건복지부장관이 정한다.

Lesson 02 벌칙 등

1 벌칙 및 과태료

(1) 벌칙

① 1년 이하의 징역 또는 1천만원 이하의 벌금
  ㉮ 시장·군수·구청장에게 규정에 의한 공중위생영업의 신고를 하지 아니한 자
  ㉯ 영업정지명령 또는 일부 시설의 사용중지명령을 받고도 그 기간 중에 영업을 하거나 그 시설을 사용한 자 또는 영업소 폐쇄명령을 받고도 계속하여 영업을 한 자

② 6월 이하의 징역 또는 500만원 이하의 벌금
  ㉮ 공중위생영업의 변경신고를 하지 아니한 자
  ㉯ 공중위생영업자의 지위를 승계한 자로서 규정에 의한 신고를 하지 아니한 자
  ㉰ 건전한 영업질서를 위하여 공중위생영업자가 준수하여야 할 사항을 준수하지 아니한 자

③ 300만원 이하의 벌금
  ㉮ 면허의 취소 또는 정지 중에 미용업을 한 사람
  ㉯ 면허를 받지 아니하고 미용업을 개설하거나 그 업무에 종사한 사람

> **양벌규정**
> 법인의 대표자나 법인 또는 개인의 대리인·사용인 기타 종업원이 그 법인 또는 개인의 업무에 관하여 위 "(1) 벌칙"에 해당하는 위반행위를 한 때에는 행위자를 벌하는 외에 그 법인 또는 개인에 대하여도 동조의 벌금형을 과한다.

(2) 과태료

① 300만원 이하의 과태료
  ㉮ 보고를 하지 아니하거나 관계공무원의 출입·검사 기타 조치를 거부·방해 또는 기피한 자
  ㉯ 개선명령에 위반한 자

② 200만원 이하의 과태료
  ㉮ 미용업소의 위생관리 의무를 지키지 아니한 자
  ㉯ 영업소외의 장소에서 미용업무를 행한 자
  ㉰ 규정에 위반하여 위생교육을 받지 아니한 자

③ 과태료의 부과·징수 절차
  ㉮ 과태료는 대통령령이 정하는 바에 의하여 시장·군수·구청장(처분권자)이 부과·징수한다.
  ㉯ 과태료처분에 불복이 있는 자는 그 처분의 고지를 받은 날부터 30일 이내에 처분권자에게 이의를 제기할 수 있다.

2 행정처분기준

(1) 일반기준

① 위반행위가 2 이상인 경우로서 그에 해당하는 각각의 처분기준이 다른 경우에는 그 중 중한 처분기준에 의하되, 2 이상의 처분기준이 영업정지에 해당하는 경우에는 가장 중한 정지처분기간에 나머지 각각의 정지처분기간의 2분의 1을 더하여 처분한다.
② 위반행위의 차수에 따른 행정처분기준은 최근 1년간 같은 위반행위로 행정처분을 받은 경우에 이를 적용한다. 이때 그 기준적용일은 동일 위반사항에 대한 행정처분일과 그 처분후의 재적발일(수거검사에 의한 경우에는 검사결과를 처분청이 접수한 날)을 기준으로 한다.
③ 행정처분권자는 위반사항의 내용으로 보아 그 위반정도가 경미하거나 해당위반사항에 관하여 검사로부터 기소유예의 처분을 받거나 법원으로부터 선고유예의 판결을 받은 때에는 다음의 '(2) 개별기준-미용업'에 불구하고 그 처분기준을 다음의 구분에 따라 경감할 수 있다.
　㉮ 영업정지의 경우에는 그 처분기준 일수의 2분의 1의 범위 안에서 경감할 수 있다.
　㉯ 영업장폐쇄의 경우에는 3월 이상의 영업정지처분으로 경감할 수 있다.

(2) 개별기준 – 미용업

위반행위	행정처분기준			
	1차 위반	2차 위반	3차 위반	4차 이상
가. 영업신고를 하지 않거나 시설과 설비기준을 위반한 경우				
1) 영업신고를 하지 않은 경우	영업장 폐쇄명령			
2) 시설 및 설비기준을 위반한 경우	개선명령	영업정지 15일	영업정지 1월	영업장 폐쇄명령
나. 변경신고를 하지 않은 경우				
1) 신고를 하지 않고 영업소의 명칭 및 상호 또는 영업장 면적의 3분의 1 이상을 변경한 경우	경고 또는 개선명령	영업정지 15일	영업정지 1월	영업장 폐쇄명령
2) 신고를 하지 않고 영업소의 소재지를 변경한 경우	영업정지 1월	영업정지 2월	영업장 폐쇄명령	
다. 지위승계신고를 하지 않은 경우	경고	영업정지 10일	영업정지 1월	영업장 폐쇄명령
라. 공중위생영업자의 위생관리의무등을 지키지 않은 경우				
1) 소독을 한 기구와 소독을 하지 않은 기구를 각각 다른 용기에 넣어 보관하지 않거나 1회용 면도날을 2인 이상의 손님에게 사용한 경우	경고	영업정지 5일	영업정지 10일	영업장 폐쇄명령
2) 피부미용을 위하여 약사법에 따른 의약품 또는 의료기기법에 따른 의료기기를 사용한 경우	영업정지 2월	영업정지 3월	영업장 폐쇄명령	
3) 점빼기·귓볼뚫기·쌍꺼풀수술·문신·박피술 그 밖에 이와 유사한 의료행위를 한 경우	영업정지 2월	영업정지 3월	영업장 폐쇄명령	
4) 미용업 신고증 및 면허증 원본을 게시하지 않거나 업소 내 조명도를 준수하지 않은 경우	경고 또는 개선명령	영업정지 5일	영업정지 10일	영업장 폐쇄명령

위반행위	행정처분기준			
	1차 위반	2차 위반	3차 위반	4차 이상
5) 개별 미용서비스의 최종 지불가격 및 전체 미용서비스의 총액에 관한 내역서를 이용자에게 미리 제공하지 않은 경우	경고	영업정지 5일	영업정지 10일	영업정지 1월
마. 면허 정지 및 면허 취소 사유에 해당하는 경우				
1) 면허 취득의 결격사유에 해당하게 된 경우	면허취소			
2) 면허증을 다른 사람에게 대여한 경우	면허정지 3월	면허정지 6월	면허취소	
3) 국가기술자격법에 따라 자격이 취소된 경우	면허취소			
4) 국가기술자격법에 따라 자격정지처분을 받은 경우	면허정지			
5) 이중으로 면허를 취득한 경우(나중에 발급받은 면허임)	면허취소			
6) 면허정지처분을 받고도 그 정지 기간 중 업무를 한 경우	면허취소			
바. 영업소 외의 장소에서 미용 업무를 한 경우	영업정지 1월	영업정지 2월	영업장 폐쇄명령	
사. 보고를 하지 않거나 거짓으로 보고한 경우 또는 관계 공무원의 출입, 검사 또는 공중위생영업 장부 또는 서류의 열람을 거부·방해하거나 기피한 경우	영업정지 10일	영업정지 20일	영업정지 1월	영업장 폐쇄명령
아. 개선명령을 이행하지 않은 경우	경고	영업정지 10일	영업정지 1월	영업장 폐쇄명령
자. 성매매알선 등 행위의 처벌에 관한 법률, 풍속영업의 규제에 관한 법률, 청소년 보호법, 아동·청소년의 성보호에 관한 법률 또는 의료법 위반하여 관계 행정기관의 장으로부터 그 사실을 통보받은 경우				
1) 손님에게 성매매알선 등 행위 또는 음란행위를 하게 하거나 이를 알선 또는 제공한 경우				
가) 영업소	영업정지 3월	영업장 폐쇄명령		
나) 미용사	면허정지 3월	면허취소		
2) 손님에게 도박 그 밖에 사행행위를 하게 한 경우	영업정지 1월	영업정지 2월	영업장 폐쇄명령	
3) 음란한 물건을 관람·열람하게 하거나 진열 또는 보관한 경우	경고	영업정지 15일	영업정지 1월	영업장 폐쇄명령
4) 무자격안마사로 하여금 안마사의 업무에 관한 행위를 하게 한 경우	영업정지 1월	영업정지 2월	영업장 폐쇄명령	
차. 영업정지처분을 받고도 그 영업정지 기간에 영업을 한 경우	영업장 폐쇄명령			
카. 공중위생영업자가 정당한 사유 없이 6개월 이상 계속 휴업하는 경우	영업장 폐쇄명령			
타. 공중위생영업자가 관할 세무서장에게 폐업신고를 하거나 관할 세무서장이 사업자 등록을 말소한 경우	영업장 폐쇄명령			

PART 03 | 공중위생관리

CHAPTER 01 공중보건

001 공중보건사업의 대상이라고 할 수 있는 것은?

① 전체 국민을 대상으로 삼는다.
② 개인을 대상으로 삼는다.
③ 학교를 대상으로 삼는다.
④ 가족을 대상으로 삼는다.

> 공중보건사업은 개인이 아니라 지역사회 또는 전체 국민을 대상으로 한다.

002 W.H.O의 보건헌장에서 건강의 정의를 가장 잘 표현한 것은?

① 허약하지 않도록 권장하는 상태
② 정신적, 육체적, 사회적으로 완전한 상태
③ 정신적, 육체적으로 완전한 상태
④ 육체적, 사회적으로 완전한 상태

> 세계보건기구에 따르면 "건강이란 육체적, 정신적, 사회적으로 완전한 상태를 의미하며, 단지 질병이나 병약함이 없는 상태만을 의미하지 않는다."

003 공중보건학의 필요성이 아닌 것은?

① 국민은 건강한 생활을 할 기본 권리를 가지고 있다.
② 보건문제는 지역사회의 협력이 필요하다.
③ 체계화된 지역사회의 노력으로 달성할 수 있다.
④ 개인의 건강문제는 지역주민의 건강과 상관이 없다.

> 개개인의 건강문제는 전체 지역주민의 건강에 지대한 영향을 초래할 수 있다.

004 인구 정의의 양적문제 중 3P에 해당하지 않는 것은?

① 인구   ② 빈곤
③ 공해   ④ 의·식·주

> 인구 정의의 양적문제
> • 3P : 인구(Population), 공해(Pollution), 빈곤(Poverty)
> • 3M : 기아(Malnutrition), 질병(Morbidity), 사망(Mortality)

005 출생률과 사망률이 높은 형태로 저개발국에서 주로 나타나는 인구구성 형태는?

① 종형   ② 피라미드형
③ 도시형   ④ 표주박형

> 피라미드형(증가형)은 유소년층이 큰 비중을 차지하는 형으로 출생률과 사망률이 모두 높은 다산다사의 저개발국가나 출생률이 높고 사망률이 낮은 다산소사의 개발도상국에서 나타나는 인구구성 형태이다.

006 지역사회의 보건수준을 비교할 때 사용되는 지표가 아닌 것은?

① 영아 사망률   ② 일반 사망률
③ 평균수명   ④ 국세조사

> 영아 사망률, 일반 사망률, 평균수명은 지역사회의 보건수준 지표로 쓰인다.

007 한 국가의 건강수준을 나타내는 가장 대표적인 지표로 사용되는 것은?

① 영아사망률   ② 조사망률
③ 평균수명   ④ 비례사망자수

> 영아사망률이 대표적인 지표로 사용되는 이유는 영아 사망이 상대적으로 경제, 사회, 환경적 특성에 민감하게 반응하기 때문이며, 생후 12개월 미만의 한정된 집단을 대상으로 하여 정확성이 높을 뿐 아니라 국가 간의 변동범위가 커서 비교 시 편의성이 높기 때문이다.

정답 001 ① 002 ② 003 ④ 004 ④ 005 ② 006 ④ 007 ①

008 역학의 4대 현상 중 시간적 현상이 아닌 것은?

① 추세변화 ② 순환변화
③ 유행변화 ④ 계절변화

🔍 역학의 4대 현상 : 추세변화, 순환변화, 계절변화, 불규칙변화

009 감염병 발생의 3대 요인이 아닌 것은?

① 병인 ② 숙주
③ 환경 ④ 유행

🔍 • 질병 발생의 3대 요인 : 병인, 숙주, 환경
• 감염병 유행의 3대 요인 : 감염원, 감염경로, 숙주

010 소화기계 감염병이 아닌 것은?

① 장티푸스
② 콜레라
③ 풍진
④ 유행성간염

🔍 소화기계 감염병 : 파라티푸스, 세균성 이질, 장티푸스, 콜레라, 아메바성이질, 소아마비, 유행성간염 등

011 호흡기계 감염병이 아닌 것은?

① 디프테리아
② 백일해
③ 홍역
④ 발진티푸스

🔍 호흡기계 감염병 : 백일해, 디프테리아, 폐렴, 결핵, 인플루엔자, 두창, 홍역, 풍진, 성홍열 등

012 공중보건상 감염병 관리가 가장 어려운 대상은?

① 병후 보균자 ② 건강 보균자
③ 잠복기 보균자 ④ 감염병 증상자

🔍 건강 보균자는 병원체에 감염된 증상이 없이 몸 안에 병원균을 가지고 있어 병원체를 배출하는 사람으로 감염병 관리에 있어 가장 어렵다.

013 다음 중 선천성 면역에 해당되지 않는 것은?

① 능동면역
② 종속면역
③ 개인저항성
④ 인종면역

🔍 능동면역은 수동면역과 함께 후천성 면역에 해당된다.

014 다음 보기 중 감수성 지수가 가장 높은 질병은?

① 홍역
② 백일해
③ 디프테리아
④ 소아마비

🔍 감수성 지수란 감염되지 않은 사람에게 병원체가 침입했을 때 발병하는 비율을 의미하며, 천연두와 홍역은 95%, 백일해는 60~80%, 성홍열은 40%, 디프테리아는 10%이며, 소아마비가 0.1%로 가장 낮다. 참고로 감수성 지수가 높으면 면역성이 낮다는 것으로 그만큼 질병이 발병되기 쉽다는 것을 의미한다.

015 다음 중 잠복기가 가장 짧은 감염병은 무엇인가?

① 백일해
② 장티푸스
③ 콜레라
④ 결핵

🔍 잠복기가 가장 긴 감염병은 결핵이며, 가장 짧은 감염병은 콜레라이다.

016 법정 감염병 중 제1급 감염병에 해당되는 것은?

① 수두
② 유행성이하선염
③ 신종인플루엔자
④ 브루셀라증

🔍 제1급 감염병 : 에볼라바이러스병, 마버그열, 라싸열, 크리미안콩고출혈열, 남아메리카출혈열, 리프트밸리열, 두창, 페스트, 탄저, 보툴리눔독소증, 야토병, 신종감염병증후군, 중증급성호흡기증후군(SARS), 중동호흡기증후군(MERS), 동물인플루엔자 인체감염증, 신종인플루엔자, 디프테리아

정답 008 ③ 009 ④ 010 ③ 011 ④ 012 ② 013 ① 014 ① 015 ③ 016 ③

017 감염병의 예방 및 관리에 관한 법률상 "전파가능성을 고려하여 발생 또는 유행 시 24시간 이내에 신고하여야 하고, 격리가 필요한 감염병"은?

① 제1급 감염병 ② 제2급 감염병
③ 제3급 감염병 ④ 제4급 감염병

🔍 법정감염병
- 제1급 감염병 : 생물테러감염병 또는 치명률이 높거나 집단 발생의 우려가 커서 발생 또는 유행 즉시 신고하여야 하고, 음압격리와 같은 높은 수준의 격리가 필요한 감염병
- 2급 감염병 : 전파가능성을 고려하여 발생 또는 유행 시 24시간 이내에 신고하여야 하고, 격리가 필요한 감염병
- 제3급 감염병 : 그 발생을 계속 감시할 필요가 있어 발생 또는 유행 시 24시간 이내에 신고하여야 하는 감염병
- 제4급 감염병 : 제1급 감염병부터 제3급 감염병까지의 감염병 외에 유행 여부를 조사하기 위하여 표본감시 활동이 필요한 감염병

018 다음 중 인수공통감염병이 아닌 것은?

① 결핵   ② 탄저
③ 살모넬라증 ④ 라슈마니아증

🔍 인수공통감염병에는 결핵(소), 광견병(개), 페스트(쥐), 탄저(양, 소, 말, 돼지), 살모넬라(고양이, 돼지, 쥐), 돈단독, 선모충, 일본뇌염, 유구조충(이상 돼지), 페스트, 발진열, 와일씨병, 양충병, 서교증(이상 쥐), 야토병(산토끼), 파상열(돼지, 양, 개, 사람, 동물), 황열(원숭이) 등이 있다.

019 다음 중 검역 감염병에 해당되지 않는 것은?

① 콜레라   ② 폴리오
③ 페스트   ④ 황열

🔍 검역감염병은 콜레라, 페스트, 황열, 중증급성호흡기증후군, 조류인플루엔자 인체감염증, 신종인플루엔자감염증, 신종전염병증후군 등 보건복지부장관이 긴급검역조치가 필요하다고 인정하는 감염병을 말한다.

020 우리나라 낙동강, 금강, 영산강, 한강 등의 강 유역 주민들에게 많이 감염되고 있으며 민물고기를 생식할 경우에 발생할 우려가 있는 질병은?

① 아니사키스증   ② 폐디스토마
③ 만소니열두조충 ④ 간디스토마

🔍 우리나라 낙동강, 영산강, 금강, 한강 등의 강 유역 주민들에게 많이 감염되고 있는 것은 간디스토마이다.

021 췌장에서 분비되는 인슐린의 부족에 의해 생기는 병은?

① 고혈압
② 당뇨병
③ 뇌졸중
④ 암

🔍 당뇨병은 췌장에서 분비되는 인슐린의 부족에 의해 생기는 대사장애로 혈액 중의 포도당 수치가 지나치게 높은 것이다.

022 다음 중 정신보건사업의 목표가 아닌 것은?

① 정신장애의 예방
② 정신장애의 원인 치료
③ 건전한 정신 기능의 유지 및 증진
④ 정신병의 조기 발견

🔍 치료는 보건사업이 아닌 의료분야의 역할이다.

023 모자보건에 대한 내용으로 잘못된 것은?

① 모성의 생명과 건강을 보호한다.
② 건전한 자녀의 출산과 양육을 도모한다.
③ 국민보건향상에 기여한다.
④ 모자보건은 영유아보건만을 대상으로 한다.

🔍 모자보건은 모성의 생명과 건강을 보호하고 건전한 자녀의 출산과 양육을 도모함으로써 국민보건 향상에 기여함을 목적으로 하며, 모성보건과 영유아보건으로 나뉜다.

024 신생아란 생후 몇 주 이내의 아이를 말하는가?

① 2주   ② 3주
③ 4주   ④ 6주

🔍 출생 후 첫 4주 동안의 아이를 신생아라고 한다.

025 노화의 특성이 아닌 것은?

① 쇠퇴성   ② 역학성
③ 내인성   ④ 보편성

🔍 노화의 특성 : 보편성, 내인성, 점진성, 쇠퇴성

정답 017 ② 018 ④ 019 ② 020 ④ 021 ② 022 ② 023 ④ 024 ③ 025 ②

026 실내공기 오염의 지표가 되는 것은?

① 산소　　　② 질소
③ 아황산가스　④ 이산화탄소

🔍 이산화탄소는 실내공기의 오염도 지표이며, 아황산가스는 대기 오염의 지표이다.

027 다음 중 살균작용이 가장 강한 자외선의 파장 범위는?

① 1,800Å~2,000Å
② 2,200Å~2,400Å
③ 2,600Å~2,800Å
④ 3,000Å~3,200Å

🔍 자외선은 빛의 3 부분 중 파장이 가장 짧으며, 파장이 200~400nm(2,000~4,000Å) 범위로 살균작용이 가장 강한 파장 범위는 260nm(2,600Å) 부근이다.

028 감각온도의 3요소가 아닌 것은?

① 기온　② 기후
③ 기습　④ 기류

🔍 감각온도의 3요소
- 기온(온도) : 쾌감온도 18±2℃
- 기습(습도) : 쾌적습도 40~70%
- 기류(공기 흐름) : 쾌감기류 1m/sec(실외의 경우)

029 대기오염이 가장 잘 발생하는 기후조건은?

① 고기압　② 저기압
③ 기온역전　④ 고온

🔍 기온역전은 상층부의 기온이 하층부의 기온보다 높은 상태를 말하며 상공으로 올라갈수록 기온이 상승하는 현상이다.

030 일산화탄소와 가장 관계가 없는 것은?

① 색깔이 있다.
② 냄새가 없다.
③ 공기보다 가볍다.
④ 불완전연소체이다.

🔍 일산화탄소는 무색, 무취하며 자극성이 없는 불완전연소체이다.

031 보건학적으로 가장 쾌적한 온도는?

① 18~20℃　② 15~17℃
③ 20~23℃　④ 37~39℃

🔍 쾌감온도는 18±2℃, 쾌적습도는 40~70% 정도이다.

032 성인의 1일 수분 필요량으로 옳은 것은?

① 2.0~2.5ℓ　② 1.5~2.0ℓ
③ 2.0~3.0ℓ　④ 2.5~3.5ℓ

🔍 물은 인체 체중의 약 60~70%를 차지하며 이중 10%를 상실하면 신체에 이상이 오고, 20% 이상 상실하면 생명이 위험하다. 성인 1일 생존에 필요한 물의 양은 2.0~2.5ℓ이다.

033 물을 통해 감염되는 질병이 아닌 것은?

① 세균성이질　② 콜레라
③ 유행성간염　④ 이타이이타이병

🔍 이타이이타이병은 카드뮴 중독에 의해 발생하는 질병이다.

034 다음 중 수인성 감염병의 특징이 아닌 것은?

① 음료수 사용지역과 유행지역이 일치한다.
② 여러 요인 중 계절과 밀접한 관련이 있다.
③ 환자의 발생이 폭발적으로 일어난다.
④ 생활 수준에 따른 발생빈도의 차이가 없다.

🔍 수인성 감염병의 특징
- 환자 발생이 폭발적이다.
- 음료수 사용지역과 유행지역이 일치한다.
- 계절과 관계없이 발생 가능하다.
- 성별·연령·직업·생활 수준에 따른 발생빈도의 차이가 없다.

035 다음 중 상수 처리 과정이 바르게 된 것은?

① 침사 → 침전 → 여과 → 소독
② 침전 → 여과 → 소독 → 침사
③ 여과 → 소독 → 침사 → 침전
④ 소독 → 침사 → 침전 → 여과

🔍 상수의 처리과정은 취수 → 침사 → 침전 → 여과 → 소독 → 급수 순서로 이루어진다.

정답　026 ④　027 ③　028 ②　029 ③　030 ①　031 ①　032 ①　033 ④　034 ②　035 ①

036 다음 중 상수의 소독에 가장 널리 사용되는 것은?

① 염소(Cl₂)
② 오존(O₃)
③ 브롬(Br₂)
④ 표백분

> 물의 소독에는 염소(Cl₂), 오존(O₃), 자외선, 브롬(Br₂), 요오드(I₂), 표백분 등을 사용하며 이들 중 가장 일반적으로 사용되는 것은 염소(Cl₂)이다.

037 다음 중 물을 소독할 때 염소 소독의 장점이 아닌 것은?

① 소독력이 강하다.
② 방법이 간편하다.
③ 가격이 저렴하다.
④ 바이러스를 효과적으로 사멸시킨다.

> 염소 소독은 바이러스를 사멸시킬 수 없으며, 바이러스를 사멸시키기 위해서는 오존(O₃) 소독법을 사용해야 한다.

038 하수처리 방법 중 생활하수와 천수(눈 또는 비)를 같이 처리하는 방법은?

① 분류식　② 혼합식
③ 합류식　④ 복합식

> 하수의 처리방법
> • 분류식 : 생활하수와 천수를 따로 처리하는 방법
> • 합류식 : 생활하수와 천수를 같이 처리하는 방법
> • 혼합식 : 생활하수와 천수의 일부를 같이 처리하는 방법

039 다음 중 깨끗한 물은 무엇인가?

① BOD는 높고 DO가 낮은 물
② BOD와 DO가 모두 높은 물
③ BOD는 낮고 DO가 높은 물
④ BOD와 DO가 모두 낮은 물

> BOD와 DO
> • 생화학적 산소요구량(BOD) : 호기성 미생물이 일정 기간 동안 물속에 있는 유기물을 분해할 때 사용하는 산소의 양을 말하는 것으로 오염도가 심할수록 BOD 수치도 높아진다.
> • 용존산소량(DO) : 물 또는 용액 속에 녹아있는 분자 상태의 산소량으로 오염도가 심할수록 낮아진다.

040 다음 중 음식물 쓰레기의 처리에 가장 효과적인 방법은?

① 비료화법　② 매립법
③ 소각법　　④ 활성슬러지법

> 쓰레기 처리방법에는 2분법, 비료화법, 매립법, 소각법이 있으며 이 중 음식물 쓰레기의 처리에 가장 효과적인 방법은 비료화법(고속 퇴비화)이다. 참고로 활성슬러지법(활성오니법)은 폐수 또는 하수처리에 사용되는 방법이다.

041 다음 중 광선 이용률이 가장 큰 인공조명은 무엇인가?

① 직접조명
② 간접조명
③ 반간접조명
④ 채광

> 인공조명에는 직접조명, 간접조명, 반간접조명이 있으며 이 중 직접조명은 직접 빛을 받으므로 광선 이용률이 커서 경제적이지만 눈이 부시고 강한 음영으로 불쾌감을 줄 수 있다.

042 실내 자연환기의 근본 원인이 아닌 것은?

① 실내외의 온도차
② 기체의 확산력
③ 외기의 풍력
④ 실내공기의 산소분압

> 특별한 장치없이 출입문, 창, 벽 등이 틈으로 공기가 유통되는 것(외기의 풍력), 실내의 온도차, 대류, 기체의 확산력 등에 의해 자연적으로 일어나는 환기를 자연환기라 한다.

043 다음 보기 중 생선이나 조개류의 생식과 가장 관계 깊은 식중독은 무엇인가?

① 살모넬라 식중독
② 병원성 대장균 식중독
③ 포도상구균 식중독
④ 장염비브리오 식중독

> 장염비브리오 식중독은 균에 오염된 어류 및 패류의 생식이 주된 원인으로 칼, 도마, 행주에 의한 2차 오염이 가능하다. 이를 예방하기 위해서는 생식을 삼가고 식품의 가열조리와 저온 저장이 요구된다.

정답　036 ①　037 ④　038 ③　039 ③　040 ①　041 ①　042 ④　043 ④

044 보기 중 세균성 식중독 중 독소형 식중독의 원인균은?

① 살모넬라균
② 장염비브리오균
③ 포도상구균
④ 병원성대장균

> 세균성 독소형 식중독 : 황색포도상구균, 클로스트리디움 퍼프린젠스, 클로스트리디움 보툴리눔

045 다음 중 세균성 식중독에 대한 설명으로 틀린 것은?

① 많은 양의 균이나 많은 양의 독소에 의해 발생된다.
② 일반적으로 잠복기가 짧고, 2차 감염이 없다.
③ 면역성이 없다.
④ 주로 음용수에 의해 경구감염된다.

> 음용수에 의해 경구감염되는 것은 소화기계(경구) 감염병이다.

046 다음 중 항히스타민제 복용으로 쉽게 치료되는 식중독으로 맞는 것은?

① 알레르기성 식중독
② 비브리오 식중독
③ 살모넬라 식중독
④ 병원성 대장균 식중독

> 알레르기성 식중독의 원인식품은 꽁치, 고등어, 다랑어, 정어리 등으로 단백질 분해산물인 히스타민을 제거할 수 있는 항히스타민제를 복용하거나 주사를 맞으면 쉽게 치료된다.

047 일반적으로 복어의 식중독 원인물질(tetrodotoxin)이 가장 많이 들어있는 부위는?

① 껍질
② 근육
③ 아가미
④ 난소

> 복어의 독성물질인 테트로도톡신은 난소에 가장 많이 들어 있으며, 산란기 직전인 5~6월에 특히 강하게 작용한다.

048 다음 중 3대 영양소가 아닌 것은?

① 탄수화물
② 단백질
③ 무기질
④ 지방

> • 3대 영양소 : 탄수화물, 단백질, 지방
> • 4대 영양소 : 탄수화물, 단백질, 지방, 무기질
> • 5대 영양소 : 탄수화물, 단백질, 지방, 무기질, 비타민

049 영양소 중 조절소에 해당되는 것은?

① 무기질
② 단백질
③ 탄수화물
④ 지방질

> 조절소는 에너지를 내지는 않지만 체내 대사 조절에 관여하는 영양소로 비타민, 무기질과 물이 이에 해당된다.

050 보건행정에 대한 설명으로 가장 올바른 것은?

① 공중보건의 목적을 달성하기 위해 공공의 책임 하에 수행하는 행정활동
② 개인보건의 목적을 달성하기 위해 공공의 책임 하에 수행하는 행정활동
③ 국가 간의 질병교류를 막기 위해 공공의 책임 하에 수행하는 행정활동
④ 공중보건의 목적을 달성하기 위해 개인의 책임 하에 수행하는 행정활동

> 보건행정은 질병의 예방, 수명의 연장 및 건강·효율의 증진을 위해 행정조직을 통하여 행하는 일련의 과정이다.

CHAPTER 02 소독

051 다음 중 병원미생물을 죽이거나 병원성을 약화시켜 감염 및 증식력을 없애는 조작을 무엇이라 하는가?

① 소독
② 멸균
③ 방부
④ 위생

> • 소독 : 병원미생물을 죽이거나 병원성을 약화시켜 감염 및 증식력을 없애는 것
> • 멸균 : 강한 살균력을 작용시켜 병원균, 비병원균, 아포 등 모든 미생물을 완전 사멸시키는 것
> • 방부 : 미생물의 발육을 저지 또는 정지시켜 부패나 발효를 방지하는 방법

정답 044 ③　045 ④　046 ①　047 ④　048 ③　049 ①　050 ①　051 ①

052 다음 작용들은 미생물에 작용하는 강도의 순으로 표시한 것이다. 맞는 것은?

① 소독 〉 멸균 〉 방부
② 멸균 〉 소독 〉 방부
③ 소독 〉 방부 〉 멸균
④ 방부 〉 멸균 〉 소독

> 멸균은 미생물의 완전 사멸, 소독은 병원미생물을 사멸시키거나 약화시켜 감염의 위험을 제거하는 것이며, 방부란 미생물의 발육을 저지 또는 정지시켜 부패를 방지하는 것을 말한다.

053 다음 중 화학적 소독에 사용되는 소독약의 구비조건으로 보기 어려운 것은?

① 살균력이 높을 것
② 용해성이 높을 것
③ 표백성이 높을 것
④ 침투력이 강할 것

> 소독약의 구비조건
> • 살균력이 강해야 한다(미량으로 효과가 클 것).
> • 물품의 부식성, 표백성이 없어야 한다.
> • 용해성이 높고, 안정성이 있어야 하며 침투력이 강해야 한다.
> • 경제적이고 사용방법이 간편해야 한다.
> • 독성이 약하여 인체에 무독해야 한다.
> • 식품에 사용 후에도 씻어낼 수 있어야 한다.
> • 냄새(방취력)가 강하지 않아야 한다.

054 다음 중 소독약품의 살균력 측정시험에서 지표로서 주로 사용하는 것은?

① 크레졸
② 석탄산
③ 알코올
④ 승홍

> 석탄산(페놀, phenol)은 3%의 수용액을 사용하며, 산성도가 높고 고온일수록 소독 효과가 크다. 또한, 석탄산은 소독약의 살균력을 비교하는 기준이 된다.

055 피부 및 기구소독에 사용되는 알코올의 종류와 농도는?

① 70%의 에탄올
② 100%의 에탄올
③ 70%의 메탄올
④ 100%의 메탄올

> 소독에 사용되는 알코올은 에탄올(에틸알코올)이며, 70%의 에탄올이 소독력이 가장 크다.

056 다음 중 금속제품의 소독에 적당하지 않은 소독약품은?

① 역성비누
② 알코올
③ 승홍
④ 과산화수소

> 승홍은 금속을 부식시키기 때문에 철제품 등의 금속제품 소독에 사용해서는 안 된다.

057 역성비누에 대한 설명으로 틀린 것은?

① 양이온 계면활성제이다.
② 살균제, 소독제 등으로 사용된다.
③ 자극성 및 독성이 없다.
④ 무미·무해하나 침투력이 약하다.

> 역성비누는 0.01~0.1%의 농도를 사용하며, 무미·무해·무독하면서도 침투력과 살균력이 강하여, 포도상구균, 결핵균에 유효하며 손 소독이나 식품소독 등에 사용한다.

058 물리적 소독법 중 건열에 의한 멸균법에 해당되지 않는 방법은?

① 화염멸균법
② 자비소독법
③ 소각소독법
④ 세균여과법

> 물리적 소독법
> • 건열에 의한 멸균법 : 화염멸균법, 건열멸균법, 소각소독법
> • 습열에 의한 멸균법 : 자비소독법, 저온소독법, 유통증기소독법, 간헐멸균법, 고압증기멸균법
> • 무가열에 의한 멸균법 : 자외선조사, 방사선조사, 세균여과법, 초음파살균법

059 자비소독의 설명 중 맞는 것은?

① 결핵균, 살모넬라균은 사멸되지만 대장균은 사멸되지 않는다.
② 코흐의 증기솥이나 아놀드의 증기 살균기를 이용한다.
③ 가장 확실한 소독법으로 재생이 불가능하다.
④ 비등된 열탕에 의해 소독이나 살균을 행하는 방법이다.

> ① 저온살균, ② 유통증기소독, ③ 소각

060 중성세제와 역성비누에 대한 다음 설명 중 맞는 것은?

① 역성비누는 살균력이 약하다.
② 중성세제는 살균력이 강하다.
③ 역성비누는 세정력이 강하다.
④ 중성세제는 세정력이 강하다.

> 역성비누는 살균력이 강하고 세정력이 약하며, 중성세제는 살균력이 약하고 세정력이 강하다.

061 다음 병원 미생물 중 가장 큰 것은?

① 리케차   ② 바이러스
③ 곰팡이   ④ 세균

> 미생물의 크기 : 곰팡이 〉 효모 〉 스피로헤타 〉 세균 〉 리케차 〉 바이러스

062 미생물의 증식과 사멸에 영향을 미치는 인자로 거리가 먼 것은?

① 온도
② 물의 양
③ 산소농도
④ 삼투압

> • 외인성 인자 : 온도
> • 화학성 인자 : 삼투압
> • 환경인자 : 산소 농도
> • 그 외 수소이온농도, 습도 등

063 생육이 가능한 최저 수분활성도가 가장 높은 것은?

① 내건성 포자
② 세균
③ 곰팡이
④ 효모

> 미생물 증식에 필요한 수분활성도(Aw)는 세균 0.94, 효모 0.88, 곰팡이 0.80이다.

064 다음 중 저온균의 최적 온도는?

① 2~5℃   ② 5~10℃
③ 15~20℃   ④ 25~37℃

미생물과 온도

구분	종류	발육가능 온도	최적온도
저온균	부패균의 일부, 곰팡이의 일부, 수생균	0~25℃	15~20℃
중온균	곰팡이, 효모, 일반세균, 대부분의 병원균	15~55℃	25~37℃
고온균	바실러스속, 클로스트리디움속 일부	40~70℃	50~60℃

065 다음 중 이·미용기구 소독의 일반기준으로 알맞지 않은 것은?

① 건열소독 : 섭씨 100℃ 이상의 건조한 열에 10분 이상 쐬어준다.
② 열탕소독 : 섭씨 100℃ 이상의 습한 열에 20분 이상 쐬어준다.
③ 크레졸소독 : 3%의 크레졸 수용액에 10분 이상 담가둔다.
④ 석탄산수소독 : 3% 석탄산수 수용액에 10분 이상 담가둔다.

> 건열소독시 섭씨 100℃ 이상의 건조한 열에 20분 이상 쐬어준다.

066 다음 중 고압증기멸균법의 방법이 알맞은 것은?

① 10Lbs, 115.5℃의 상태 : 10분
② 15Lbs, 121.5℃의 상태 : 20분
③ 20Lbs, 126.5℃의 상태 : 30분
④ 25Lbs, 130.5℃의 상태 : 40분

> 고압증기멸균법
> • 10Lbs, 115.5℃의 상태 : 30분
> • 15Lbs, 121.5℃의 상태 : 20분
> • 20Lbs, 126.5℃의 상태 : 15분

067 결핵환자의 객담처리 방법 중 가장 효과적인 것은?

① 알코올 소독   ② 크레졸 소독
③ 소각법   ④ 매몰법

> 결핵환자의 배설물, 토사물, 객담은 반드시 소각해야 한다.

정답 060 ④ 061 ③ 062 ② 063 ② 064 ③ 065 ① 066 ② 067 ③

068 미용업에서 질병감염의 예로 해당하지 않는 것은?

① 디자이너 실수로 고객에게 가벼운 상처를 입혀 감염
② 디자이너 자신이 상처를 입어 출혈에 의한 감염
③ 약품이 공기 중에 산화되었을 경우에 의한 감염
④ 시술 시 도구를 통한 감염

> 염모제, 펌제 등의 산화는 질병감염과 관련이 없다.

069 석탄산 30배 희석액과 어느 소독약 240배 희석액이 같은 살균력을 가졌다면 이 소독약의 석탄계수는?

① 2   ② 4
③ 6   ④ 8

> 석탄산계수 = $\frac{소독약의\ 희석배수}{석탄산의\ 희석배수}$ = $\frac{240}{30}$ = 8

070 이·미용실 바닥 소독용으로 가장 알맞은 소독 약품은?

① 알코올   ② 크레졸
③ 생석회   ④ 승홍수

> 크레졸은 소독력이 강하고 적용범위가 넓어 사용이 용이하다.

CHAPTER 03 공중위생관리법규

071 공중위생관리법의 목적이 아닌 것은?

① 국민건강증진   ② 영리추구
③ 위생수준향상   ④ 국민보건

> 공중위생관리법은 공중이 이용하는 영업과 시설의 위생관리 등에 관한 사항을 규정함으로써 위생수준을 향상시켜 국민의 건강증진에 기여함을 목적으로 한다.

072 미용업을 하고자 할 때 신고해야 될 대상자가 아닌 것은?

① 시장   ② 군수
③ 구청장   ④ 도지사

> 개업 신고 및 폐업신고는 시장, 군수, 구청장에게 한다.

073 공중위생영업에 포함되지 않은 것은?

① 숙박업
② 이·미용업
③ 요식업
④ 목욕장업

> 공중위생영업이라 함은 다수인을 대상으로 위생관리 서비스를 제공하는 영업으로서 숙박업, 목욕장업, 이용업, 미용업, 세탁업, 위생관리 용역업을 말한다.

074 미용사의 업무범위가 아닌 것은?

① 머리카락 다듬기
② 면도하기
③ 얼굴, 머리, 메이크업 손질하기
④ 두피관리

> 면도하기는 이용업의 범위에 속한다.

075 공중위생영업을 폐업할 때 폐업한 날로부터 며칠 이내에 시장, 군수, 구청장에게 신고하여야 하는가?

① 10일
② 20일
③ 30일
④ 40일

> 미용업자는 폐업하는 날부터 20일 이내에 시장, 군수, 구청장에게 신고하여야 하며, 신고 시 폐업신고서를 제출한다.

076 이·미용사가 되고자 하는 자는 누구에게 면허를 받아야 하는가?

① 시장·군수·구청장
② 광역시장
③ 도지사
④ 대통령

> 보건복지부령이 정하는 바에 의하여 시장·군수·구청장에게 면허를 받아야 한다.

정답 068 ③ 069 ④ 070 ② 071 ② 072 ④ 073 ③ 074 ② 075 ② 076 ①

077 다음 중 미용사가 될 수 있는 사람은?

① 피성년후견인
② 약물중독자
③ 감염성 결핵환자
④ 당뇨병 환자

🔍 결격사유
• 피성년후견인
• 정신보건법에 따른 정신질환자(다만, 전문의적합하다고 인정하는 사람은 예외)
• 감염성 결핵환자(비감염성인 경우는 예외)
• 마약 기타 대통령령으로 정하는 약물중독자(대마 또는 향정신성의약품의 중독자)
• 면허가 취소된 후 1년이 경과되지 아니한 자

078 공중위생업자가 매년 받아야 하는 교육은?

① 위생교육
② 보건교육
③ 건강검
④ 소독교육

🔍 공중위생영업자는 매년 3시간의 위생교육을 받아야 한다.

079 이·미용업소의 영업정지 명령 또는 일부 시설의 사용중지명령을 받고도 그 기간 중에 영업을 하거나 그 시설을 사용한 자에 대한 벌칙은?

① 1년 이하의 징역 또는 1천만원 이하의 벌금
② 1년 이하의 징역 또는 500만원 이하의 벌금
③ 2년 이하의 징역 또는 500만원 이하의 벌금
④ 2년 이하의 징역 또는 1천만원 이하의 벌금

🔍 1년 이하의 징역 또는 1천만원 이하의 벌금
• 시장·군수·구청장에게 규정에 의한 공중위생영업의 신고를 하지 아니한 자
• 영업정지명령 또는 일부 시설의 사용중지명령을 받고도 그 기간 중에 영업을 하거나 그 시설을 사용한 자 또는 영업소 폐쇄명령을 받고도 계속하여 영업을 한 자

080 이·미용업자가 위생관리 기준을 지키지 아니하여 당국의 개선명령을 따르지 않았을 때의 벌칙사항은?

① 300만원 이하의 과태료
② 500만원 이하의 과태료
③ 1년 이하의 징역 또는 300만원 이하의 과태료
④ 1년 이하의 징역 또는 500만원 이하의 과태료

🔍 300만원 이하의 과태료
• 보고를 하지 아니하거나 관계공무원의 출입·검사 기타 조치를 거부·방해 또는 기피한 자
• 개선명령에 위반한 자

081 이·미용사의 면허증을 재교부 신청할 수 없는 경우는?

① 면허증이 훼손되었을 때
② 면허증을 분실했을 때
③ 이름을 변경하였을 때
④ 면허가 취소되었을 때

🔍 면허증 재교부 대상
• 면허증의 기재사항에 변경이 있을 때
• 면허증을 분실하였을 때
• 면허증이 헐어 못쓰게 된 때

082 위생교육에 대한 내용으로 옳지 않은 것은?

① 공중위생 영업자는 매년 받아야 한다.
② 이·미용업의 개설시 받아야 한다.
③ 위생교육의 방법, 절차 등은 대통령령으로 정한다.
④ 공중위생관리법에 의한 명령의 위반 시 받아야 한다.

🔍 위생교육의 방법, 절차 등은 보건복지부령으로 정한다.

083 미용업 영업장 안의 조명도는 얼마 이상이 되도록 유지하여야 하는가?

① 55Lux 이상
② 75Lux 이상
③ 80Lux 이상
④ 100Lux 이상

🔍 미용업 영업장 안의 조도는 75룩스 이상 되도록 유지한다.

정답 077 ④ 078 ① 079 ① 080 ① 081 ④ 082 ③ 083 ②

084 이·미용업 개설자가 위생교육을 받아야 할 시기는 언제인가?

① 개설 전에 미리
② 개설 후 1개월 이내
③ 아무 때나 상관없다.
④ 받지 않아도 된다.

> 위생교육은 미용실 오픈 전 받아야 하며 매년 3시간의 교육을 이수해야 한다.

085 이·미용업소에 반드시 게시하여야 하는 것은?

① 신분증
② 면허증 원본
③ 임대계약서 원본
④ 신고필증

> 미용업자의 위생관리의 의무 : 미용사 면허증을 영업소 안에 게시할 것

086 이·미용사의 면허를 받지 아니한 자가 이·미용 영업업무를 행하였을 때의 벌칙 사항은?

① 100만원 이하의 벌금
② 300만원 이하의 벌금
③ 500만원 이하의 벌금
④ 1년 이하의 징역 또는 500만원 이하의 벌금

> 300만원 이하의 벌금
> • 면허의 취소 또는 정지 중에 미용업을 한 사람
> • 면허를 받지 아니하고 미용업을 개설하거나 그 업무에 종사한 사람

087 이·미용사의 면허증을 영업소 안에 게시하여야 하는 의무를 지키지 아니한 자에 대한 벌칙 사항은?

① 100만원 이하의 과태료
② 200만원 이하의 과태료
③ 6개월 이하의 징역 또는 1천만원 이하의 벌금
④ 1년 이하의 징역 또는 1천만원 이하의 벌금

> 영업소 내 게시 의무는 위생관리기준에 규정된 사항이며, 공중위생관리법상 위생관리기준을 지키지 아니한 자는 200만원 이하의 과태료에 처한다.

088 이·미용사의 면허증을 다른 사람에게 대여한 2차 위반 시의 행정처분 기준은?

① 영업정지 3개월
② 영업정지 6개월
③ 면허정지 3개월
④ 면허정지 6개월

> • 1차 위반 : 면허정지 3개월
> • 2차 위반 : 면허정지 6개월
> • 3차 위반 : 면허취소

089 이·미용업소에서의 면도기 사용법에 대한 설명으로 옳은 것은?

① 1회용 면도날만을 손님 1인에 한하여 사용
② 정비용 면도기를 손님 1인에 한하여 사용
③ 매 손님마다 같은 면도날 사용
④ 매 손님마다 소독한 면도기 교체 사용

> 이·미용업 공중위생영업자가 준수하여야 하는 위생관리기준에 의하면 1회용 면도날은 손님 1인에 한하여 사용하여야 한다.

090 과태료 처분에 불복이 있는 이·미용 영업자는 그 처분의 고지를 받은 날로부터 몇 일 이내에 처분권자에게 이의를 제기할 수 있는가?

① 10일
② 20일
③ 30일
④ 40일

> 과태료 처분 불복이 있는 자는 그 처분의 고지를 받은 날로부터 30일 이내에 처분권자에게 이의를 제기할 수 있다.

091 건강 보균자에 대한 설명으로 가장 옳은 것은?

① 감염병에 걸렸다가 완전히 치유된 자
② 감염병에 걸려 자각증상이 있지만 정상적인 생활을 하고 있는 자
③ 감염병에 이환되어 앓고 있는 자
④ 병원체를 보유하고 있으나 증상이 없으며 체외로 이를 배출하고 있는 자

> 건강보균자란 병원체에 감염된 증상은 없지만 몸 안에 병원균을 가지고 있어 병원체를 배출하는 사람으로 감염병 관리에 있어 가장 어려운 대상이다.

정답 084 ① 085 ② 086 ② 087 ② 088 ④ 089 ① 090 ③ 091 ④

092 공중위생관리법상 미용업의 시설 및 설비기준에 해당되지 않는 것은?

① 미용기구를 소독하는 장비를 갖추어야 한다.
② 미용기구는 소독을 한 기구와 소독을 하지 않은 기구를 구분해 보관할 수 있는 용기를 비치해야 한다.
③ 화장실은 반드시 영업소 외부에 있어야 한다.
④ 설치할 때는 전체 벽면적의 3분의 1이상은 투명하게 해야 한다.

> 화장실은 공중시설 안에서 시설이용자의 건강을 해할 우려가 있는 오염물질이 발생되지 않도록 한다. 즉, 반드시 영업소 외부에 있어야 하는 것은 아니다.

093 영업의 변경신고가 필요한 사항이 아닌 것은?

① 영업소의 명칭 변경시
② 영업소 직원의 증감시
③ 영업소의 소재지 변경시
④ 영업소의 상호 변경시

> 영업의 변경신고
> • 상호 변경시
> • 소재지 변경시
> • 대표자 성명 변경시
> • 신고한 영업장 면적 1/3 이상 증감시

094 위생교육을 받지 아니한 자에 대한 벌칙은?

① 100만원 이하의 과태료
② 200만원 이하의 과태료
③ 300만원 이하의 과태료
④ 500만원 이하의 과태료

> 200만원 이하의 과태료
> • 미용업소의 위생관리 의무를 지키지 아니한 자
> • 영업소외의 장소에서 미용업무를 행한 자
> • 규정에 위반하여 위생교육을 받지 아니한 자

095 위생 서비스 수준의 평가는 몇 년마다 실시하는가?

① 1년 ② 2년
③ 3년 ④ 4년

> 위생관리등급은 최우수, 우수, 일반 관리 대상업소로 나누며 평가주기는 2년마다 시행한다.

096 소독한 기구와 소독을 하지 아니한 기구를 각각 다른 용기에 보관하지 않았을 때 1차 행정처분은?

① 경고
② 영업정지 1개월
③ 영업정지 3개월
④ 폐쇄명령

> 행정처분 기준
> • 1차 : 경고
> • 2차 : 영업정지 5일
> • 3차 : 영업정지 10일
> • 4차 : 폐쇄명령

097 영업장 폐쇄명령을 받고도 계속해서 영업을 할 때 관계 공무원의 당해 영업을 폐쇄하기 위한 조치가 아닌 것은?

① 영업장에서 사용한 필수 불가결한 기구 또는 시설물 압수
② 영업소가 위법임을 알리는 게시물 부착
③ 영업소의 간판 제거
④ 기구 또는 시설물을 사용할 수 없게 봉인

> 영업장 폐쇄 명령 조치
> • 당해 영업소의 간판, 영업표지물 제거
> • 당해 영업소가 위법임을 알리는 게시물
> • 영업을 위하여 필수불가결한 기구 또는 시설물을 사용할 수 없게 하는 봉인

098 위생관리 등급의 구분과 관련하여 최우수 업소는 어떤 등급인가?

① 백색등급
② 황색등급
③ 녹색등급
④ 적색등급

> 위생관리 등급
> • 백색등급 : 일반관리 대상 업소
> • 황색등급 : 우수업소
> • 녹색등급 : 최우수 업소

정답 092 ③ 093 ② 094 ② 095 ② 096 ① 097 ① 098 ③

099 다음 중 청문을 실시하여야 할 경우에 해당되지 않은 것은?

① 면허취소, 면허정지
② 공중위생영업의 정지처분을 하려할 때
③ 공중위생영업의 일부시설의 사용 중지
④ 벌금을 부과 처분하려 할 때

청문을 실시해야 하는 경우
- 미용사의 면허 취소, 면허정지
- 공중위생 영업의 정지, 일부시설 사용 중지
- 영업소 폐쇄 명령 등

100 미용사가 해야 할 행위가 아닌 것은?

① 헤어 컷   ② 헤어 펌
③ 귓볼 뚫기   ④ 염색

귓볼 뚫기는 의료행위에 속한다.

정답 099 ④ 100 ③

PART 04

피부미용사 필기 적중모의고사

제 01 회 적중모의고사

● CHECK POINT QUESTION

001
물의 수압을 이용해 혈액순환을 촉진시켜 체내의 독소배출, 세포재생 등의 효과를 증진시킬 수 있는 건강증진 방법은?

① 아로마테라피(aroma-therapy)
② 스파테라피(spa-therapy)
③ 스톤테라피(stone-therapy)
④ 허벌테라피(hebal-therapy)

> 스파테라피는 물의 수압, 부력, 물의 열을 이용하여 신진대사촉진, 독소배출 및 노폐물제거, 탄력증진, 세포재생, 스트레스완화 등의 효과를 얻을 수 있는 물을 이용한 마사지방법이다.

002
글리콜산이나 젖산을 이용하여 각질층에 침투시키는 방법으로 각질세포의 응집력을 약화시키며 자연 탈피를 유도시키는 필링제는?

① phenol
② TCA
③ AHA
④ BP

> AHA(Alpha Hydroxy Acid)는 과일산이라고도 하며, 사탕수수에서 얻어지는 글리콜산, 쉰우유에서 추출하는 젖산, 사과에서 얻어지는 말릭산, 포도의 타타릭산, 감귤류에서 얻어지는 시트릭산 등이 있다.

003
다음에서 설명하는 팩(마스크)의 재료는?

> 열을 내서 혈액순환을 촉진시키고 또한 피부를 완전 밀폐시켜 팩(마스크)도포 전에 바르는 앰플과 영양액 및 영양크림의 성분이 피부 깊숙이 흡수되어 피부개선에 효과를 준다.

① 해초
② 석고
③ 꿀
④ 아로마

> 석고마스크는 온도가 45℃ 이상 올라가면서 피부 깊숙이 영양물질을 침투시키고 세포의 재생을 돕는다.

004
클렌징의 목적과 가장 거리가 먼 것은?

① 청결과 위생
② 혈액순환 촉진
③ 트리트먼트의 준비
④ 유효성분 침투

> 클렌징의 목적은 위생과 청결, 혈액순환촉진, 트리트먼트의 준비단계, 청량감에 있다.

005
다음 중 필링의 대상이 아닌 것은?

① 모세혈관 확장피부
② 모공이 넓은 지성피부
③ 일반 여드름피부
④ 잔주름이 얇은 건성피부

> 필링은 노화가 진행되는 30대부터 지성피부, 여드름피부, 거친피부, 모공확장 피부 및 잔주름이 있는 피부가 대상이 된다

006
피부 관리 시 마무리 동작에 대한 설명 중 틀린 것은?

① 장시간동안의 피부 관리로 인해 긴장된 근육의 이완을 도와 고객의 만족을 최대로 향상시킨다.
② 피부타입에 적당한 화장수로 피부결을 일정하게 한다.
③ 피부타입에 적당한 앰플, 에센스, 아이크림, 자

외선 차단제 등을 피부에 차례로 흡수시킨다.
④ 딥클렌징제를 사용한 다음 화장수로만 가볍게 마무리 관리해주어야 자극을 최소화 할 수 있다.

> 딥클렌징 후에는 각질층이 떨어져 나가면서 피부보호막이 같이 제거되므로 스킨, 로션, 에센스, 영양크림 등을 이용하여 기초손질을 완벽하게 해 주어야 한다.

007
신체 부위별 관리의 효과를 극대화시키기 위한 방법과 가장 거리가 먼 것은?

① 배농을 돕기 위해 따뜻한 차를 마시게 한다.
② 온 타월을 사용하여 고객의 몸을 이완시켜준다.
③ 시원한 물을 마시게 하여 고객을 안정시킨다.
④ 편안한 환경을 만들어 고객이 심리적 안정감을 갖도록 한다.

> 고객 관리 후는 따뜻한 차나 물을 마시게 하여 순환을 돕는다.

008
제모 관리에서 왁스 제모법의 장점이 아닌 것은?

① 신체의 광범위한 부위를 짧은 시간 내에 효과적으로 제거할 수 있다.
② 털을 닳게 하여 제거하는 방법이므로 통증이 적다.
③ 다른 일시적 제모제보다 제모 효과가 4~5주 정도 오래 지속된다.
④ 피부나 모낭 등에 화학적 해를 미치지 않는다.

> 왁스를 이용한 제모는 송진, 밀랍, 고형파라핀 등이 주성분으로, 얼굴이나 다리와 같이 넓은 부위에 효과적으로 사용할 수 있고, 제모의 효과가 길며 피부나 모낭에 화학적 해를 미치지 않으며, 제모 이후 성장하는 털은 처음보다 가늘게 성장하는 장점이 있다.

009
매뉴얼 테크닉 시술 시 주의해야 할 사항이 아닌 것은?

① 피부미용사는 손의 온도를 따뜻하게 하여 고객이 차갑게 느끼지 않도록 한다.
② 처음과 마지막 동작은 주무르기 방법으로 부드럽게 시술한다.
③ 동작마다 일정한 리듬을 유지하면서 정확한 속도를 지키도록 한다.
④ 피부타입과 피부상태의 필요성에 따라 동작을 조절한다.

> 매뉴얼 테크닉의 처음과 끝은 부드러운 마찰작용과 진정작용을 하는 쓰다듬기 동작을 행한다.

010
제모시술 중 올바른 방법이 아닌 것은?

① 시술자의 손을 소독한다.
② 머절린(부직포)을 떼어낼 때 털이 자란 방향으로 떼어낸다.
③ 스파튤라에 왁스를 묻힌 후 손목 안쪽에 온도 테스트를 한다.
④ 소독 후 시술부위에 남아 있을 유·수분을 정리하기 위하여 파우더를 사용한다.

> 부직포(머절린, 머슬린)은 털이 자란 반대방향으로 재빠르게 떼어내야 피부자극이 적다.

011
표피수분부족 피부의 특징이 아닌 것은?

① 연령에 관계없이 발생한다.
② 피부조직에 표피성 잔주름이 형성된다.
③ 피부 당김이 진피(내부)에서 심하게 느껴진다.
④ 피부조직이 별로 얇게 보이지 않는다.

> 표피수분부족 피부는 환경적인 영향에 의한 표피의 수분부족현상으로 수분관리가 적절하지 못할 경우 진피수분부족 피부로 발전할 가능성이 많다.

012
매뉴얼 테크닉의 기본 동작에 대한 설명으로 틀린 것은?

① 에플라쥐(effleyrage) – 손 바닥을 이용해 부드럽게 쓰다듬는 동작

② 프릭션(friction) – 근육을 횡단하듯 반죽하는 동작
③ 타포트먼트(tapotrment) – 손가락을 이용하여 두드리는 동작
④ 바이브레이션(vibration) – 손전체나 손가락에 힘을 주어 고른 진동을 주는 동작

프릭션(문지르기, 마찰법, 강찰법)은 손가락이나 손바닥을 이용하여 원을 그리면서 적절한 압을 가하면서 행하는 동작이다

013
입술 화장을 제거하는 방법으로 가장 적합한 것은?
① 클렌저를 묻힌 화장솜으로 입술 바깥쪽에서 안쪽으로 닦아준다.
② 클렌저를 묻힌 화장솜으로 입술 안쪽에서 바깥쪽으로 닦아준다.
③ 클렌저를 묻힌 면봉으로 닦아준다.
④ 클렌저를 묻힌 화장솜으로 입술을 안쪽에서 바깥쪽으로 닦아준다.

입술화장 제거는 입술 구각을 가볍게 잡아주고 입꼬리에서 입꼬리를 향하여 닦아준다.

014
화장수의 작용이 아닌 것은?
① 피부에 남은 클렌징 잔여물 제거 작용
② 피부의 pH 밸런스 조절 작용
③ 피부에 집중적인 영양공급 작용
④ 피부 진정 또는 쿨링 작용

화장수는 세안으로 지워지지 않은 잔여물의 제거, 피부의 산도를 약산성으로 회복, 보습 및 유연, 수렴, 진정 작용, 다음 단계에 사용할 제품의 흡수를 용이하게 하는 역할을 한다.

015
팩 중 아줄렌 팩의 주된 효과는?
① 진정효과   ② 탄력효과
③ 항산화작용효과   ④ 미백효과

아줄렌은 카모마일에서 얻은 물질로 항염, 항알러지, 진정, 상처치유효과가 있다.

016
피부미용의 기능이 아닌 것은?
① 피부보호
② 피부문제 개선
③ 피부질환 치료
④ 심리적 안정

피부질환의 치료는 의학적 기능에 속한다.

017
피부미용의 관점에서 딥클렌징의 목적이 아닌 것은?
① 영양물질의 흡수를 용이하게 한다.
② 피지와 각질층의 일부를 제거한다.
③ 피부유형에 따라 주 1~2회 정도 실시한다.
④ 화학적 화상을 유발하여 피부세포 재생을 촉진한다.

화학적 필링은 화학약품을 이용하여 피부에 화상을 입혀 화상이 치유되는 과정에서 새로운 피부가 돋아나게 하는 원리를 이용하는 필링법으로 의학적 필링에 속한다.

018
여드름 피부에 직접 사용하기에 가장 좋은 아로마는?
① 유칼립투스   ② 로즈마리
③ 페파민트   ④ 티트리

티트리는 살균과 소독작용이 강하며 여드름 피부에 효과적이다.

019
피부구조에 대한 설명 중 틀린 것은?
① 피부는 표피, 진피, 피하지방층의 3개 층으로 구성된다.
② 표피는 일반적으로 내측으로부터 기저층, 투명층, 유극층, 과립층 및 각질층의 5층으로 나뉜다.

③ 멜라닌 세포는 표피의 유극층에 산재한다.
④ 멜라닌 세포 수는 민족과 피부색에 관계없이 일정하다.

> 멜라닌 세포는 표피의 기저층에 존재한다.

020
사춘기 이후에 주로 분비가 되며, 모공을 통하여 분비되어 독특한 채취를 발생시키는 것은?

① 소한선 ② 대한선
③ 피지선 ④ 갑상선

> 대한선(아포크린선)은 소한선(에포크린선)보다 깊게 위치하며, 모낭과 연결되어 있고 사춘기 이후에 활동하여 강한 냄새가 나며, 겨드랑이, 젖꼭지, 사타구니, 배꼽 주변에 주로 분포한다.

021
피부 표피 중 가장 두꺼운 층은?

① 각질층 ② 유극층
③ 과립층 ④ 기저층

> 유극층은 5~10층의 유핵 세포층으로, 림프액이 흐르고 있어 혈액순환과 물질 교환이 이루어지며. 가시모양의 돌기로 인접세포와 연결되어 있다.

022
각 비타민의 효능 설명 중 옳은 것은?

① 비타민 E – 아스코르빈산의 유도체로 사용되며 미백제로 이용된다.
② 비타민 A – 혈액순환 촉진과 피부 청정효과가 우수하다.
③ 비타민 P – 바이오플라보노이드(bioflavonoid)라고도 하며 모세혈관을 강화하는 효과가 있다
④ 비타민 B – 세포 및 결합조직의 조기노화를 예방한다.

> 비타민 P는 바이오플라보노이드 또는 루틴이라고도 하며 감귤류의 껍질, 블루베리, 포도주, 메밀 등에 함유되어 있다.

023
피부의 각질층에 존재하는 세포간지질 중 가장 많이 함유된 것은?

① 세라마이드(ceramide)
② 콜레스테롤(cholesterol)
③ 스쿠알렌(squalene)
④ 왁스(wax)

> 세라마이드는 각질세포와 세포사이의 결합력을 높여주고 수분의 증발을 막아주는 작용을 한다.

024
콜라겐(collagen)에 대한 설명으로 틀린 것은?

① 노화된 피부에는 콜라겐 함량이 낮다.
② 콜라겐이 부족하면 주름이 발생하기 쉽다.
③ 콜라겐은 피부의 표피에 주로 존재한다.
④ 콜라겐은 섬유아세포에서 생성된다.

> 콜라겐은 피부의 진피층에 존재하는 단백질로 진피에 인장강도를 주는 역할을 하며, 피부의 주름을 예방하는 수분 보유원이다.

025
성인이 하루에 분비하는 피지의 양은?

① 약 1~2g ② 약 0.1~0.2g
③ 약 3~5g ④ 약 5~8g

> 피지선은 진피층에 있으며, 하루 평균 1~2g의 피지를 생산하여 모공을 통해 외부로 배출한다.

026
광노화의 반응과 가장 거리가 먼 것은?

① 거칠어짐
② 건조
③ 과색소침착증
④ 모세혈관 수축

> 광노화는 모세혈관 확장을 유발시킨다.

027
지성피부에 대한 설명 중 틀린 것은?

① 지성피부는 정상피부보다 피지 분비량이 많다.
② 피부결이 섬세하지만 피부가 얇고 붉은색이 많다.
③ 지성피부가 생기는 원인은 남성호르몬의 안드로겐(androgen)이나 여성호르몬인 프로게스테론(progesterone)의 기능이 활발해져서 생긴다.
④ 지성피부의 관리는 피지제거 및 세정을 주 목적으로 한다.

지성피부는 모공이 넓어 피부결이 거칠고 두꺼워 보인다.

028
혈액의 기능으로 틀린 것은?

① 호르몬 분비작용
② 노폐물 배설작용
③ 산소와 이산화탄소의 운반작용
④ 삼투압과 산, 염기 평형의 조절작용

혈액의 기능은 산소 및 이산화탄소 운반, 영양분과 노폐물의 운반, 수분유지, 체온유지, 면역작용, 혈액응고작용, 전해질 및 pH 유지작용 등이다.

029
인체의 각 주요 호르몬의 기능 저하에 따라 나타나는 현상으로 틀린 것은?

① 부신피질자극호르몬(ACTH) : 갑상선 기능저하
② 난포자극호르몬(FSH) : 불임
③ 인슐린(Insulin) : 당뇨
④ 에스트로겐(Estrogen) : 무월경

갑상선 기능저하증은 갑상선자극호르몬(TSH)의 기능이 저하될 때 나타난다

030
세포 내에서 호흡생리를 담당하고 이화작용과 동화작용에 의해 에너지를 생산하는 곳은?

① 리소좀
② 염색체
③ 소포체
④ 미토콘드리아

미토콘드리아는 섭취된 음식물 중의 영양물질을 산화시켜 세포 내 물질대사의 대부분을 담당한다.

031
골과 골 사이의 충격을 흡수하는 결합조직은?

① 섬유
② 연골
③ 관절
④ 조직

연골은 골단의 마찰을 방지하고, 기관 및 귓바퀴와 같이 탄력을 유지하거나 압력에 대한 저항력을 줄여주는 역할을 한다.

032
췌장에서 분비되는 단백질 분해효소는?

① 펩신(pepsin)
② 트립신(trypsin)
③ 리파아제(lipase)
④ 펩티디아제(peptidase)

췌장은 소화액을 분비하는 소화선임과 동시에 호르몬을 분비하는 내분비선이기도 하다.

033
평활근에 대한 설명 중 틀린 것은?

① 근원섬유에는 가로무늬가 없다.
② 운동신경의 분포가 없는 대신 자율신경이 분포되어 있다.
③ 수축은 서서히 그리고 느리게 지속된다.
④ 신경을 절단하면 자동적으로 움직일 수 없다.

평활근은 소화관, 기도, 혈관, 방광 등의 벽 내에 있는 근육으로 내장근으로도 불리며, 불수의근이고 자율신경의 지배를 받는다.

034
다음 보기의 사항에 해당되는 신경은?

- 제7뇌신경이다.
- 안면 근육 운동
- 혀 앞 2/3 미각담당
- 뇌신경 중 하나

① 3차신경　　② 설인신경
③ 안면신경　　④ 부신경

> 안면신경은 안면근을 지배하는 운동신경으로 안면신경이 손상을 받으면 안면마비가 일어난다.

035
진동브러쉬(Frimator)의 효과가 아닌 것은?

① 앰플침투　　② 클렌징
③ 필링　　　　④ 딥클렌징

> 진동브러쉬는 여러 가지 크기의 천연양모 소재의 브러쉬를 이용하여 느린 회전에서부터 빠른 회전까지 속도를 조절하면서 클렌징 및 딥클렌징, 마사지의 효과를 얻을 수 있다.

036
전류의 설명으로 옳은 것은?

① 양(+)전자들이 양(+)극을 향해 흐르는 것이다.
② 음(-)전자들이 음(-)극을 향해 흐르는 것이다.
③ 전자들이 전도체를 따라 한 방향으로 흐르는 것이다.
④ 전자들이 양극(+)방향과 음극(-)방향을 번갈아 흐르는 것이다.

> 전류는 전도체를 통해 자유전자가 이동하는 것을 말한다.

037
디스인크러스테이션(disincrustation)을 가급적 피해야 할 피부유형은?

① 중성피부　　② 지성피부
③ 노화피부　　④ 건성피부

> 디스인크러스테이션은 알칼리효과가 상태를 더욱 악화시킬 수 있기 때문에 건조한 피부에는 사용하지 않는다.

038
적외선 미용기기를 사용할 때의 주의사항으로 옳은 것은?

① 램프와 고객과의 거리는 최대한 가까이 한다.
② 자외선 적용 전 단계에 사용하지 않는다.
③ 최대흡수 효과를 위해 해당부위와 램프가 직각이 되도록 한다.
④ 간단한 금속류를 제외한 나머지 장신구는 허용되지 않는다.

> 자외선 치료 전에 적외선을 사용하면 고객의 감각을 증가시켜 과민반응을 유발할 위험이 있으므로 사용하지 않으나 지나친 자외선 관리 후에는 반작용을 감소시키기 위해 적외선 관리가 사용될 수는 있다.

039
갈바닉 전류 중 음극(-)을 이용한 것으로 제품을 피부 속으로 스며들게 하기 위해 사용하는 것은?

① 아나포레시스(anaphoresis)
② 에피더마브레이션(epidermabrassion)
③ 카다포레시스(cataphoresis)
④ 전기 마스크(electronis mask)

> 갈바닉 전류에서 음이온의 운동을 아나포레시스, 양이온의 운동을 카타포레시스라고 한다.

040
증기연무기(Steamer)를 사용할 때 얻는 효과와 가장 거리가 먼 것은?

① 따뜻한 연무는 모공을 열어 각질제거를 돕는다.
② 혈관을 확장시켜 혈액 순환을 촉진시킨다.
③ 세포의 신진대사를 증가시킨다.
④ 마사지크림 위에 증기 연무를 사용하면 유효 성분의 침투가 촉진된다.

> 스티머는 클렌징이나 딥클렌징 시 사용된다.

041
기능성 화장품에 대한 설명으로 옳은 것은?

① 자외선에 의해 피부가 심하게 그을리거나 일광화상이 생기는 것을 지연해 준다.
② 피부 표면에 더러움이나 노폐물을 제거하여 피부를 청결하게 해 준다.

③ 피부표면의 건조를 방지해주고 피부를 매끄럽게 한다.
④ 비누세안에 의해 손상된 피부의 pH를 정상적인 상태로 빨리 되돌아오게 한다.

> 기능성 화장품의 범위는 피부의 미백에 도움을 주고, 피부의 주름 개선에 도움을 주며, 피부를 곱게 태워주거나 자외선으로부터 피부를 보호하는데 도움을 주는 제품으로 되어 있다.

042
자외선 차단제에 대한 설명으로 옳은 것은?

① 일광의 노출 전에 바르는 것이 효과적이다.
② 피부 병변에 있는 부위에 사용하여도 무관하다
③ 사용 후 시간이 경과하여도 다시 덧바르지 않는다.
④ SPF지수가 높을수록 민감한 피부에 적합하다.

> 자외선 차단제품에는 자외선을 차단하는 물질과 흡수하는 물질이 배합되어 있어 자외선이 피부 깊숙이 침투하는 것을 막아주며, 자외선차단제는 한꺼번에 두껍게 바르는 것보다 일조량에 따라 시간대별로 적절히 발라주는 것이 효과적이며, 땀 등에 의해 지워졌을 때는 다시 덧발라 주는 것이 좋다.

043
다음 중 향수의 부향률이 높은 것부터 순서대로 나열된 것은?

① 퍼퓸 〉 오데포퓸 〉 오데코롱 〉 오데토일렛
② 퍼퓸 〉 오데토일렛 〉 오데코롱 〉 오데퍼퓸
③ 퍼퓸 〉 오데퍼퓸 〉 오데토일렛 〉 오데코롱
④ 퍼퓸 〉 오데코롱 〉 오데퍼퓸 〉 오데토일렛

> 퍼퓸의 부향률은 15~30%, 오데퍼퓸은 9~12%, 오데토일렛은 6~8%, 오데코롱은 3~5%, 샤워코롱은 1~3% 정도 이다.

044
화장품의 4대 요건에 해당되지 않는 것은?

① 안전성   ② 안정성
③ 사용성   ④ 보호성

> 화장품의 4대 요건 : 안전성, 안정성, 사용성, 유효성

045
다음의 설명에 해당되는 천연향의 추출방법은?

> 식물의 향기부분을 물에 담가 가온하여 증발된 기체를 냉각하면 물 위에 향기 물질이 뜨게 되는데 이것을 분리하여 순수한 천연향을 얻어내는 방법이다. 이는 대량으로 천연향을 얻어낼 수 있는 장점이 있으나 고온에서 일부 향기성분이 파괴 될 수 있는 단점이 있다.

① 수증기 증류법
② 압착법
③ 휘발성 용매 추출법
④ 비휘발성 용매 추출법

> 대부분의 천연향은 수증기 증류법을 통해 얻어지나, 열에 의해 성분이 파괴될 수 있는 향료식물의 추출에는 적합하지 않다.

046
바디샴푸에 요구되는 기능과 가장 거리가 먼 것은?

① 피부 각질층 세포간지질 보호
② 부드럽고 치밀한 기포 부여
③ 높은 기포 지속성 유지
④ 강력한 세정성 부여

> 바디샴푸의 기능은 높은 기포성, 기포의 지속성과 피부생리에 영향을 주지 말아야 하며 오염물질 만을 잘 제거하여야 한다.

047
세정작용과 기포형성작용이 우수하여 비누, 샴푸, 클렌징폼 등에 주로 사용되는 계면활성제는?

① 양이온성 계면활성제
② 음이온성 계면활성제
③ 비이온성 계면활성제
④ 양쪽성 계면활성제

> **계면활성제의 종류와 특징**
> - 양이온성 계면활성제 : 살균, 소독작용이 크고 정전기 발생을 억제하여 헤어린스나 트리트먼트에 이용
> - 음이온성 계면활성제 : 세정과 기포형성작용이 우수하여 샴푸, 클렌징폼 등에 사용
> - 비이온성 계면활성제 : 피부자극이 적어 화장품에 이용
> - 양쪽성 계면활성제 : 세정작용이 있고 피부자극이 적어 저자극샴푸, 베이비샴푸 등에 사용

048
식중독에 관한 설명으로 옳은 것은?
① 세균성 식중독 중 치사율이 가장 낮은 것은 보툴리누스 식중독이다.
② 테트로도톡신은 감자에 다량 함유되어 있다.
③ 식중독은 급격한 발생률, 지역과 무관한 동시에 다발성의 특성이 있다.
④ 식중독은 원인에 따라 세균성, 화학물질, 자연독, 곰팡이독으로 분류된다.

보툴리누스균에 의한 식중독은 치명률이 가장 높다.

049
보건행정의 제 원리에 관한 것으로 맞는 것은?
① 일반행정원리의 관리과정적 특성과 기획과정은 적용되지 않는다.
② 의사결정과정에서 미래를 예측하고 행동하기 전의 행동계획을 결정한다.
③ 보건행정에서는 생태학이나 역학적 고찰이 필요 없다.
④ 보건행정은 공중보건학에 기초한 과학적 기술이 필요하다.

보건행정은 일반행정과 달리 보건과 관련된 제반 지식과 기술을 행정적 기술과 연결시켜 적용한다.

050
다음 중 같은 병원체에 의하여 발생하는 인수공통감염병은?
① 천연두 ② 콜레라
③ 디프테리아 ④ 공수병

인수공통감염병은 감염병 가운데 사람과 사람 이외의 동물 사이에서 동일한 병원체에 의해서 발생하는 질병이나 감염 상태를 말하며, 결핵, 광견병(공수병), 페스트, 탄저, 살모넬라 등이 있다.

051
공중보건학의 개념과 가장 관계가 적은 것은?
① 지역주민의 수명 연장에 관한 연구
② 감염병 예방에 관한 연구
③ 성인병 치료기술에 관한 연구
④ 육체적 정신적 효율 증진에 관한 연구

공중보건의 목적
질병예방, 수명(생명)연장, 신체적, 정신적 건강 및 효율의 증진

052
혈청이나 약제, 백신 등 열에 불안정한 액체의 멸균에 주로 이용되는 멸균법은?
① 음파멸균법 ② 방사선멸균법
③ 단파멸균법 ④ 여과멸균법

여과멸균법은 가열에 의해 변질될 가능성이 있는 혈청 등과 같은 재료의 멸균이나 바이러스의 분리 및 세균의 대사물질을 균체로부터 분리할 때 사용된다.

053
석탄산의 90배 희석액과 어느 소독약의 180배 희석액이 같은 조건하에서 같은 소독효과가 있었다면 이 소독약의 석탄산 계수는?
① 0.50 ② 0.05
③ 2.00 ④ 20.0

계산방법
- 석탄산계수(phenol coefficient)
$= \dfrac{\text{소독약의 희석배수}}{\text{석탄산의 희석배수}}$
$= \dfrac{180}{90} = 2.0$

054
고압증기멸균기의 소독대상물로 적합하지 않은 것은?
① 금속성기구 ② 의류
③ 분말제품 ④ 약액

고압증기 멸균법은 주로 이·미용기구, 의류, 고무제품, 약액 등의 멸균에 이용된다.

055
멸균의 의미로 가장 적합한 표현은?

① 병원균의 발육, 증식억제 상태
② 체내에 침입하여 발육 증식하는 상태
③ 세균의 독성만을 파괴한 상태
④ 아포를 포함한 모든 균을 사멸시킨 무균상태

멸균은 병원성이나 비병원성 미생물 및 포자를 모두 사멸 또는 제거하는 것을 말한다.

056
이·미용사 영업자의 지위를 승계 받을 수 있는 자의 자격은?

① 자격증이 있는 자
② 면허를 소지한 자
③ 보조원으로 있는 자
④ 상속권이 있는 자

면허를 소지한 자에 한하여 공중위생영업자의 지위를 승계할 수 있으며, 승계한 자는 1월 이내에 시장, 군수 또는 구청장에게 신고하여야 한다.

057
이·미용업 영업자가 영업소 폐쇄 명령을 받고도 계속하여 영업을 하는 때에 시장, 군수, 구청장이 관계 공무원으로 하여금 당해 영업소를 폐쇄하기 위하여 조치를 하게 할 수 있는 사항에 해당되지 않는 것은?

① 출입자 검문 및 통제
② 영업소의 간판 기타 영업표지물의 제거
③ 위법한 영업소임을 알리는 게시물 등의 부착
④ 영업을 위하여 필수불가결한 기구 또는 시설물을 사용할 수 없게 하는 봉인

영업소 폐쇄명령을 받고도 계속 영업을 할 경우 관계공무원은 하여금 영업소의 간판 기타 영업표지물의 제거, 위법한 영업소임을 알리는 게시물 등의 부착, 영업을 위하여 필수불가결한 기구 또는 시설물을 사용할 수 없게 하는 봉인하는 조치를 할 수 있다.

058
공중위생관리법상 (   ) 속에 가장 적합한 것은?

공중위생관리법은 공중이 이용하는 영업과 시설의 (   ) 등에 관한 사항을 규정함으로써 위생수준을 향상시켜 국민의 건강증진에 기여함을 목적으로 한다.

① 위생
② 위생관리
③ 위생과 소독
④ 위생과 청결

공중위생관리법 제1조(목적) 이 법은 공중이 이용하는 영업과 시설의 위생관리등에 관한 사항을 규정함으로써 위생수준을 향상시켜 국민의 건강증진에 기여함을 목적으로 한다.

059
미용업자가 점빼기, 귓볼뚫기, 쌍꺼풀수술, 문신, 박피술 그밖에 이와 유사한 의료행위를 하여 관련 법규를 1차 위반했을 때의 행정처분은?

① 경고
② 영업정지 2월
③ 영업장 폐쇄명령
④ 면허취소

문제에 해당하는 행정처분은 1차 위반 영업정지 2월, 2차 위반은 영업정지 3월, 3차 위반은 영업장 폐쇄명령이다.

060
과태료에 대한 설명 중 틀린 것은?

① 과태료는 관할 시장, 군수, 구청장이 부과 징수한다.
② 과태료처분에 불복이 있는 자는 그 처분을 고지받은 날부터 30일 이내에 처분권자에게 이의를 제기할 수 있다.

③ 기간 내에 이의를 제기하지 아니하고 과태료를 납부하지 아니한 때에는 지방세체납처분의 예에 의하여 과태료를 징수한다.
④ 과태료에 대하여 이의제기가 있을 경우 청문을 실시한다.

> 과태료에 대해 이의 제기를 받은 관할 법원은 비송사건 절차에 의한 과태료의 재판을 행한다.

01회 【정답】 적중모의고사

001	002	003	004	005
②	③	②	④	①
006	007	008	009	010
④	③	②	②	②
011	012	013	014	015
③	②	①	③	①
016	017	018	019	020
③	④	④	③	②
021	022	023	024	025
②	③	①	③	①
026	027	028	029	030
④	②	①	①	④
031	032	033	034	035
②	②	④	③	①
036	037	038	039	040
③	④	②	①	④
041	042	043	044	045
①	①	③	④	①
046	047	048	049	050
④	②	④	④	④
051	052	053	054	055
③	④	③	③	④
056	057	058	059	060
②	①	②	②	④

제 02 회 적중모의고사

CHECK POINT QUESTION

001
필 오프 타입(peel off type) 마스크의 특징이 아닌 것은?

① 젤 또는 액체 형태의 수용성으로 바른 후 건조되면서 필름막을 형성한다.
② 볼 부위는 영양분의 흡수를 위해 두껍게 바른다.
③ 팩 제거 시 피지나 죽은 각질 세포가 제거됨으로 피부 청정효과를 준다.
④ 일주일에 1~2회 사용한다.

필오프타입은 적당한 긴장감이나 탄력감을 부여하나 너무 자주 사용하면 과도하게 피지가 제거되어 피부가 건조해 진다. 따라서, 지성피부에 적합하다.

002
매뉴얼 테크닉의 기본 동작 중 하나인 쓰다듬기에 대한 내용과 가장 거리가 먼 것은?

① 매뉴얼 테크닉의 처음과 끝에 주로 이용된다.
② 혈액과 림프의 순환을 도모한다.
③ 자율신경계에 영향을 미쳐 피부에 휴식을 준다.
④ 피부에 탄력성을 증가시킨다.

쓰다듬기(경찰법)는 손바닥 전체를 이용하여 쓰다듬는 동작으로 표피층의 각질제거, 혈액과 림프의 순환촉진을 통한 신진대사의 증가, 자율신경계에 영향을 주어 진정효과가 있다.

003
모세혈관 확장피부에 효과적인 성분이 아닌 것은?

① 루틴
② 아줄렌
③ 알로에
④ A.H.A

AHA는 건성, 노화피부 및 여드름피부 등의 딥크렌징제로 사용된다.

004
다음의 설명에 가장 적합한 팩은?

- 효과 : 피부타입에 따라 다양하게 사용되며 유화형타입으로 사용감이 부드럽고 침투가 쉽다.
- 사용방법 및 주의사항 : 사용량만큼 필요한 부위에 바르고 필요에 따라 호일, 랩, 적외선 램프사용

① 크림팩
② 벨벳(시트)팩
③ 분말팩
④ 석고팩

크림팩은 유화형 팩으로 제품을 바른 후 10~20분 정도의 일정시간이 지나면 유효성분만 흡수된다.

005
피부유형별 적용 화장품 성분이 맞게 짝지워진 것은?

① 건성피부-클로로필, 위치하젤
② 지성피부-콜라겐, 레티놀
③ 여드름피부-아보카드오일, 올리브오일
④ 민감성피부-아줄렌, 비타민 B_5

민감성 피부는 정상피부보다 피부조직이 섬세하고 얇아서 외부자극이나 화장품에 의해 부작용이 일어나기 쉬우므로, 제품도 진정 및 보습력이 뛰어난 NMF, 콜라겐 히이루론산, 아줄렌, 위치하젤, 비타민 P, 비타민 B_5 등의 성분이 함유된 것을 사용한다.

006
온습포의 작용으로 볼 수 없는 것은?

① 모공을 수축시키는 작용이 있다.
② 혈액순환을 촉진시키는 작용이 있다.

③ 피지 분비선을 자극시키는 작용이 있다.
④ 피부조직에 영양공급이 원활히 될 수 있도록 작용한다.

> 모공을 수축시키는 작용이 있는 것은 냉습포이다.

007
딥 클렌징의 효과 및 목적과 가장 거리가 먼 것은?

① 다음 단계의 유효성분 흡수율을 높여준다.
② 모공 깊숙이 있는 피지와 각질제거를 목적으로 한다.
③ 피지가 모낭 입구 밖으로 원활하게 나오도록 해준다.
④ 효과적인 주름 관리가 되도록 해준다.

> 딥클렌징은 모공 깊숙한 곳의 피지와 각질제거와 다음 관리단계의 영양물질의 흡수를 용이하게 하는데 목적이 있다.

008
다음 중 세정력이 우수하며, 지성, 여드름피부에 가장 적합한 것은?

① 클렌징 젤   ② 클렌징 오일
③ 클렌징 크림   ④ 클렌징 밀크

> 클렌징 젤은 유성과 수성의 두 가지 타입이 있으며 유분을 다량 함유한 유성타입은 세정력이 우수하고, 사용감이 산뜻하여 지성, 여드름 피부에 적합하다. 수성타입은 유성타입에 비해 세정력은 약하지만 사용 후 피부가 촉촉하고 매끄럽다.

009
제모의 설명으로 틀린 것은?

① 왁싱을 이용한 제모는 얼굴이나 다리의 털을 제거하는데 적합하며 모근까지 제거되기 때문에 보통 4~5주 정도 지속된다.
② 제모 적용부위를 사전에 깨끗이 씻고, 소독한다.
③ 제모 후에 진정제품을 피부 표면에 발라준다.
④ 왁스를 바른 후 떼어 낼 때는 아프지 않게 천천히 떼어내는 것이 좋다.

> 왁스는 털의 반대 방향으로 재빠르게 떼어내는 것이 피부에 자극이 덜하고 통증이 적다.

010
클렌징 제품의 올바른 선택조건이 아닌 것은?

① 클렌징이 잘 되어야 한다.
② 피부의 산성막을 손상시키지 않는 제품이어야 한다.
③ 피부유형에 따라 적절한 제품을 선택해야 한다.
④ 충분하게 거품이 일어나는 제품을 선택해야 한다.

> 클렌징 제품은 피부의 불필요한 물질(피지, 각질, 땀이나 화장품 잔여물 등)은 제거하면서 피부의 조직에는 영향을 미치지 않아야 하며, 피부상태에 따라 적합한 제품을 선택하는 것이 좋다.

011
피부관리 후 피부미용사가 마무리해야 할 사항과 가장 거리가 먼 것은?

① 피부관리 기록카드에 관리내용과 사용 화장품에 대해 기록한다.
② 고객이 집에서 자가관리를 잘 하도록 홈케어에 대해서도 기록하여 추후 참고 자료로 활용한다.
③ 반드시 메이크업을 해준다.
④ 피부미용 관리가 마무리되면 베드와 주변을 청결하게 정리한다.

> 반드시 메이크업을 해 주는 것은 피부관리 후의 마무리 작업에 포함되지 않는다.

012
지성피부의 특징으로 맞는 것은?

① 모세혈관이 약화되거나 확장되어 피부 표면으로 보인다.
② 피지분비가 왕성하여 피부 번들거림이 심하며 피부결이 곱지 못하다.
③ 표피가 얇고 피부표면이 항상 건조하고 잔주름이 쉽게 생긴다.

④ 표피가 얇고 투명해 보이며 외부자극에 쉽게 붉어진다.

> 지성피부는 남성호르몬인 테스토스테론의 영향으로 피지선과 땀샘이 발달되어 피지분비가 왕성하며, 모공이 넓고 피부가 두꺼워 보인다.

013
손가락이나 손바닥으로 연속적인 쓰다듬기 동작을 하는 매뉴얼 테크닉 방법은?

① 프릭션(friction)
② 페트리사지(prtrissage)
③ 에플러라지(effleurage)
④ 러빙(rubbing)

> 쓰다듬기(경찰법, 무찰법), 문지르기(강찰법, 마찰법), 반죽하기(유찰법, 유연법), 두드리기(고타법), 떨기(진동법, 흔들기)

014
다음 중 스크럽 성분의 딥클렌징을 피하는 것이 좋은 피부는?

① 모공이 넓은 지성 피부
② 모세혈관이 확장되고 민감한 피부
③ 정상피부
④ 지성 우세 복합성 피부

> 스크럽제는 세정효과가 뛰어나 노폐물, 먼지, 화장의 잔여물 등을 깨끗하게 제거하지만 피부에 자극이 있으므로 모세혈관 확장피부에는 사용을 하지 않는 것이 좋다.

015
바디 랩에 관한 설명으로 틀린 것은?

① 비닐을 감쌀 때는 타이트하게 꽉 조이도록 한다.
② 수증기나 드라이 히트(dry heat)는 몸을 따뜻하게 하기 위해서 사용되기도 한다.
③ 보통 사용되는 제품은 앨쥐(elgea)나 허브(herb), 슬리밍(slimming) 크림 등이다.
④ 이 요법은 독소제거나 노폐물의 배출증진, 순환증진을 위해서 사용된다.

> 래핑(wraping)은 혈액순환 촉진과 피부보습, 독소제거, 탄력 강화, 사이즈 감량 등의 효과가 있다. ①와 같이 할 경우 오히려 혈액순환 저하의 원인이 된다.

016
피부미용의 개념에 대한 설명으로 가장 거리가 먼 것은?

① 피부미용이란 내·외적 요인으로 인한 미용상의 문제를 물리적이나 화학적인 방법을 이용하여 예방하는 것이다.
② 피부의 생리기능을 자극함으로써 아름답고 건강한 피부를 유지하고 관리하는 미용기술을 말한다.
③ 피부미용은 과학적 지식을 바탕으로 다양한 미용적인 관리를 행하므로 하나의 과학이라 말 할 수 있다.
④ 과학적인 지식과 기술을 바탕으로 미의 본질과 형태를 다룬다는 기술이라고는 할 수 없다.

> 피부미용에 사용되는 'esthetic'은 '심미적인', '미학'의 의미를 가진 것으로, 과학적 지식과 기술을 바탕으로 아름다움의 본질과 형태를 다루는 기술이라고 말할 수 있다.

017
왁스를 이용한 제모의 부적용증과 가장 거리가 먼 것은?

① 신부전   ② 정맥류
③ 당뇨병   ④ 과민한 피부

> 당뇨병, 혈관이 확장된 부위, 일광화상을 입은 부위, 붉게 달아오른 피부, 피부질환이 있는 경우는 제모를 피해야 한다.

018
건성 피부, 중성 피부, 지성 피부를 구분하는 가장 기본적인 피부 유형 분석 기준은?

① 피부의 조직상태   ② 피지분비 상태
③ 모공의 크기   ④ 피부의 탄력도

피부의 유형은 땀샘과 피지선의 기능의 감소와 증가에 의해 결정된다.

019
자외선의 영향으로 인한 부정적인 효과는?

① 홍반반응　　② 비타민 D형성
③ 살균효과　　④ 강장효과

자외선에 의한 부정적인 영향으로는 홍반, 색소침착, 일광화상, 광노화 등이 있다.

020
땀의 분비가 감소하고 갑상선 기능의 저하, 신경계 질환의 원인이 되는 것은?

① 다한증　　② 소한증
③ 무한증　　④ 액취증

갑상선기능 저하, 금속성 중독, 신경계통의 질환은 땀의 분비가 감소하는 소한증을 가져온다.

021
장기간에 걸쳐 반복하여 긁거나 비벼서 표피가 건조하고 가죽처럼 두꺼워진 상태는?

① 가피　　② 낭종
③ 태선화　　④ 반흔

태선화는 속발진의 일종으로 만성자극으로 인해 발생한다.

022
화상의 구분 중 홍반, 부종, 통증뿐만 아니라 수포를 형성하는 것은?

① 제1도 화상　　② 제2도 화상
③ 제3도 화상　　④ 중급 화상

화상의 분류
- 1도 화상 : 표피에만 화상을 입는 것으로 홍반, 부종, 통증이 동반된다.
- 2도 화상 : 수포형성이 특징이며 통증이 있다.
- 3도 화상 : 표피와 진피의 파괴로 피부가 무감각해지며, 세균감염이 일어날 수도 있다.

023
원주형의 세포가 단층으로 이어져 있으며 각질형성세포과 색소형성세포가 존재하는 피부 세포층은?

① 기저층　　② 투명층
③ 각질층　　④ 유극층

기저층은 표피의 가장 깊은 곳에 위치한 세포층으로 진피와 경계를 통해 영양분을 공급받아 새로운 세포를 형성하는 역할을 하며, 각질형성세포와 멜라닌형성세포(색소형성세포)가 존재한다.

024
피부에서 피지가 하는 작용과 관계가 가장 먼 것은?

① 수분 증발 억제　　② 살균작용
③ 열발산 방지작용　　④ 유화작용

피지는 피부에 피지막을 형성하여 피부를 보호하고, 촉촉함과 윤기를 주며, 세균성장을 억제하는 역할을 한다.

025
각화유리질과립(keratohyaling)은 피부 표피의 어떤 층에 주로 존재하는가?

① 과립층　　② 유극층
③ 기저층　　④ 투명층

과립층은 각질화 과정이 시작되는 층으로, 세포질 내에 작은 과립 모양의 케라토히알린 과립을 함유하고 있으며, 이물질과 물의 침투를 막고 피부내부로부터의 수분증발을 억제하는 역할을 한다.

026
다음 중 진피의 구성세포는?

① 멜라닌 세포
② 랑게르한스 세포
③ 섬유아세포
④ 머켈 세포

진피의 구성세포에는 콜라겐과 엘라스틴 그리고 세포의 기질을 합성하는 섬유아세포와 진피유두 내의 미세혈관 가까이 위치하는 비만세포, 성장인자(EGF, Epidermal Growth Factor)가 있다.

027
기미, 주근깨 피부관리에 가장 적합한 비타민은?

① 비타민 A ② 비타민 B_1
③ 비타민 B_2 ④ 비타민 C

비타민 C는 아스코르빈산이라고도 하며 멜라닌 색소의 생성을 억제해 미백효과를 나타내며, 콜라겐과 엘라스틴의 합성에도 관여한다.

028
안륜근의 설명으로 맞는 것은?

① 뺨의 벽에 위치하며 수축하면 뺨이 안으로 들어가서 구강 내압을 높인다.
② 눈꺼풀의 피하조직에 있으면서 눈을 감거나 깜빡거릴 때 이용된다.
③ 구각을 외 상방으로 끌어 당겨서 웃는 표정을 만든다.
④ 교근 근막의 표층으로부터 입 꼬리 부분에 뻗어 있는 근육이다.

안륜근은 눈 주위를 구형으로 싸고 있는 근육으로 눈을 감거나 깜빡이는데 사용한다.

029
근육의 기능에 따른 분류에서 서로 반대되는 작용을 하는 근육을 무엇이라 하는가?

① 길항근 ② 신근
③ 반건양근 ④ 협력근

2개 이상의 근이 서로 반대 방향의 작용을 일으킬 때 이러한 근을 길항근이라 한다.

030
골격근의 기능이 아닌 것은?

① 수의적 운동 ② 자세유지
③ 체중의 지탱 ④ 조혈작용

조혈작용은 골격계의 기능이다.

031
원형질막을 통한 물질의 이동 과정에 관한 설명 중 틀린 것은?

① 확산은 물질 자체의 운동 에너지에 의해 저농도에서 고농도로 물질이 이동하는 것이다.
② 포도당은 보조 없이 원형질막을 통과할 수 없으며 단백질과 결합하여 세포 안으로 들어가는 것을 촉진 확산한다.
③ 삼투 현상은 높은 물 농도에서 낮은 물 농도 물 분자만이 선택적으로 투과하는 것을 말한다.
④ 여과는 높은 압력이 낮은 압력이 있는 곳으로 이동하는 압력 경사에 의해 이루어지는 것이다.

확산은 고농도에서 저농도로 물질이 이동하는 현상이다.

032
척주(vertebral column)에 대한 설명이 아닌 것은?

① 머리와 몸통을 움직일 수 있게 함
② 성인의 척주를 옆에서 보면 4개의 만곡이 존재한다.
③ 경추 5개, 흉추 11개, 요추 7개, 천골 1개, 미골 2개로 구성
④ 척수를 뼈로 감싸면서 보호

척주는 경추 7개, 흉추 12개, 요추 5개, 천골 1개, 미골 1개로 이루어져 있다.

033
안면의 피부과 저작근에 존재하는 감각신경과 운동신경의 혼합신경으로 뇌신경 중 가장 큰 것은?

① 시신경 ② 삼차신경
③ 안면신경 ④ 미주신경

삼차신경은 제5신경으로 안면과 두부 앞면의 감각신경과 저작을 지배하는 혼합신경으로, 얼굴의 주 감각신경이다.

034
림프(Lymph)의 주된 기능은?

① 분비작용　　　② 면역작용
③ 체절보호작용　④ 체온보호작용

> 림프는 신체의 면역능력을 증대시켜 재생과 치유를 빠르게 하며 상처를 가볍게 해주는 기능을 한다.

035
피부를 분석 시 고객과 관리사가 동시에 피부상태를 보면서 분석하기에 가장 적합한 피부 분석 기기는?

① 확대경　　　② 우드램프
③ 브러싱　　　④ 스킨스코프

> 스킨스코프(skin scope)는 모니터피부분석기, 더마스코프(derma scope) 등 다양한 이름으로 불리며 피부의 상태를 30~800배 정도 확대하여 비교, 분석할 수 있는 기기이다.

036
바이브레이터기의 올바른 사용법이 아닌 것은?

① 기기관리 도중 지속성이 끊어지지 않게 한다.
② 압력을 최대한 주어 효과를 극대화시킨다.
③ 항상 깨끗한 헤드를 사용하도록 한다.
④ 관리 도중 신체손상이 발생하지 않도록 헤드부분을 잘 고정한다.

> 바이브레이터를 시술할 때는 한 손을 윗부분에 고정시켜서 기계의 무게로만 실시한다.

037
갈바닉 전류에서 음극의 효과는?

① 진정효과　　　② 통증감소
③ 알칼리성반응　④ 혈관수축

> 갈바닉 전류의 효과
> • 음극의 효과 : 알칼리성 반응, 신경자극, 혈액공급 증가, 모공 및 한선 확장, 피부조직 이완
> • 양극의 효과 : 산성 반응, 신경안정, 진정작용, 혈액공급 저하, 모공 및 한선 수축, 조직강화

038
직류(DC)와 교류(AC)에 대한 설명으로 옳은 것은?

① 교류를 갈바닉 전류라고 한다.
② 교류 전류에는 평류, 단속 평류가 있다.
③ 직류는 전류의 흐르는 방향이 시간의 흐름에 따라 변하지 않는다.
④ 직류전류에는 정현파, 감응, 격동 전류가 있다.

> 직류는 전류의 흐르는 방향이 변하지 않고 일정하게 한쪽방향으로만 지속적으로 흐르는 전류를 말하며, 교류는 전류의 방향과 크기가 시간의 흐름에 따라 주기적으로 변하는 전류를 말한다.

039
다음 보기와 같은 내용은 어떠한 타입의 피부관리 중점 사항인가?

> 피부의 완벽한 클렌징과 긴장완화, 보호, 진정, 안정 및 냉 효과를 목적으로 기기관리가 이루어져야 한다.

① 건성피부　　　② 지성피부
③ 복합성피부　　④ 민감성피부

> 민감성 피부는 건조하게 되기 쉽고 외부자극에 대한 저항력이 약하기 때문에 저항력강화, 피부안정과 염증 방지 및 세포재생을 주목적으로 피부관리를 해 주는 것이 좋다.

040
고주파 직접법의 주 효과에 해당하는 것은?

① 수렴효과　　　② 피부강화
③ 살균효과　　　④ 자극효과

> 직접법의 스파킹(sparking) 효과는 살균 및 건조효과가 있어 공기 중 오존을 형성하여 박테리아의 번식을 예방한다.

041
아로마 오일을 피부에 효과적으로 침투시키기 위해 사용하는 식물성 오일은?

① 에센셜 오일　② 캐리어 오일
③ 트랜스 오일　④ 알부틴

캐리어 오일은 식물성 오일로 아로마 오일에 함유된 생리활성 성분의 침투를 도와주기 때문에 마사지를 할 때에는 식물성 오일에 희석하여 사용한다.

042
메이크업 화장품 중에서 안료가 균일하게 분산되어 있는 형태로 대부분 O/W형 유화타입이며, 투명감 있게 마무리되므로 피부에 결점이 별로 없는 경우에 사용하는 것은?

① 트윈 케이크
② 스킨커버
③ 리퀴드 파운데이션
④ 크림 파운데이션

리퀴드 파운데이션은 수분함유량이 많아 부드럽고 퍼짐성이 우수하고 산뜻한 사용감으로 여름철에 주로 사용된다.

043
여드름 피부용 화장품에 사용되는 성분과 가장 거리가 먼 것은?

① 살리실산
② 글리시리진산
③ 아줄렌
④ 알부틴

보기 중 알부틴은 티로시나아제(tyrosinase)의 작용을 억제하는 물질로 미백화장품에 사용된다.

044
각질제거용 화장품에 주로 쓰이는 것으로 죽은 각질을 빨리 떨어져 나가게 하고 건강한 세포가 피부를 자극할 수 있도록 도와주는 성분은?

① 알파-히드록시산
② 알파-토코페롤
③ 라이코펜
④ 리포좀

AHA는 각질과 각질세포 사이의 결합력을 떨어뜨려 묵은 각질제거에 효과적이다.

045
아로마 오일에 대한 설명으로 가장 적절한 것은?

① 수증기 증류법에 의해 얻어진 아로마 오일이 주로 사용되고 있다.
② 아로마 오일은 공기 중 산소나 빛에 안전하기 때문에 주로 투명용기에 보관하여 사용한다.
③ 아로마 오일은 주로 향기식물의 줄기나 뿌리 부위에서만 추출된다.
④ 아로마 오일은 주로 베이스노트이다.

아로마오일은 주로 식물의 꽃잎, 가지, 잎 등 향기 부분에서 추출되며, 수증기 증류법, 압착법, 추출법의 세 가지 방법이 있다.

046
화장품의 분류에 관한 설명 중 틀린 것은?

① 마사지 크림은 기초화장품에 속한다.
② 샴푸, 헤어린스는 모발용 화장품에 속한다.
③ 퍼퓸, 오데코롱은 방향 화장품에 속한다.
④ 페이스파우더는 기초화장품에 속한다.

페이스파우더는 색조화장품에 속한다.

047
유아용 제품과 저자극성 제품에 많이 사용되는 계면활성제에 대한 설명 중 옳은 것은?

① 물에 용해될 때, 친수기에 양이온과 음이온을 동시에 갖는 계면활성제
② 물에 용해될 때, 이온으로 해리하지 않는 수산기, 에테르결합, 에스테르 등을 분자 중에 갖고 있는 계면활성제
③ 물에 용해될 때, 친수기 부분이 음이온으로 해리되는 계면활성제
④ 물에 용해 될 때, 친수기 부분이 양이온으로 해리되는 계면활성제

①은 양쪽성, ②는 비이온성, ③은 음이온성, ④는 양이온성 계면활성제에 대한 설명이다.

048
법정 감염병 중 제1급 감염병에 해당되는 것은?

① 수두
② 유행성이하선염
③ 신종인플루엔자
④ 브루셀라증

제1급 감염병 : 에볼라바이러스병, 마버그열, 라싸열, 크리미안콩고출혈열, 남아메리카출혈열, 리프트밸리열, 두창, 페스트, 탄저, 보툴리눔독소증, 야토병, 신종감염병증후군, 중증급성호흡기증후군(SARS), 중동호흡기증후군(MERS), 동물인플루엔자 인체감염증, 신종인플루엔자, 디프테리아

049
다음 중 오염된 주사기, 면도날 등으로 인해 감염이 잘 되는 만성 감염병은?

① 렙토스피라증 ② 트라코마
③ 간염 ④ 파라티푸스

B형 간염은 주로 환자의 혈액, 침등에 오염된 주사기나 면도날 등에 의해 전파되거나 성 접촉 등을 통해 전파되며 치료가 잘 안되고 만성으로 이환되며, 치사율이 높다.

050
공중보건에 대한 설명으로 가장 적절한 것은?

① 개인을 대상으로 한다.
② 예방의학을 대상으로 한다.
③ 집단 또는 지역사회를 대상으로 한다.
④ 사회의학을 대상으로 한다.

공중보건학의 대상은 개인이 아니고 집단 또는 지역주민을 대상으로 한다.

051
독소형 식중독의 원인균은?

① 황색 포도상구균 ② 장티푸스균
③ 돈 콜레라균 ④ 장염균

독소형 식중독의 원인균은 황색포도상구균, 클로스트리디움 퍼프린젠스, 보툴리누스균 등이 대표적이다.

052
다음 중 아포를 형성하는 세균에 대한 가장 좋은 소독법은?

① 적외선 소독 ② 자외선 소독
③ 고압증기멸균 소독 ④ 알코올 소독

고압증기 멸균법은 섭씨 100~135℃의 고온의 수증기로 가열처리하는 방법으로 포자를 포함한 모든 미생물을 거의 완전하게 멸균시키는 가장 좋은 소독 방법이다.

053
여러 가지 물리화학적 방법으로 병원성 미생물을 가능한 제거하여 사람에게 감염의 위험이 없도록 하는 것은?

① 멸균 ② 소독
③ 방부 ④ 살충

소독은 비교적 약한 살균작용으로 세균의 포자까지는 작용하지 못한다.

054
소독약이 고체인 경우 1% 수용액이란?

① 소독약 0.1g을 물 100ml에 녹인 것
② 소독약 1g을 물 100ml에 녹인 것
③ 소독약 10g을 물 100ml에 녹인 것
④ 소독약 10g을 물 990ml에 녹인 것

물 1g은 1cc이므로 1%의 용액이라 하면 1g을 100cc에 녹인 것을 말하고 100배 용액이라고 한다.

055
호기성 세균이 아닌 것은?

① 결핵균 ② 백일해균
③ 가스괴저균 ④ 녹농균

호기성 세균은 산소가 있어야 살 수 있는 세균으로, 대부분의 세균이 여기에 속하며, 가스괴저군은 혐기성 아포형성균에 속한다.

056
갑이라는 미용업영업자가 처음으로 손님에게 성매매알선행위를 제공했다가 적발되었다. 이 경우 어떠한 행정 처분을 받는가?

① 영업정지 3월 및 면허정지 3월
② 영업장 폐쇄명령 및 면허취소

③ 향후 1년간 영업장 폐쇄
④ 업주에게 경고와 함께 행정처분

> 1차 위반 시 영업소는 영업정지 3월, 미용사는 면허정지 3월, 2차 위반 시 영업소는 영업장 폐쇄명령, 미용사는 면허가 취소된다.

057
보건복지부장관은 공중위생관리법에 의한 권한의 일부를 무엇이 정하는 바에 의해 시·도지사에게 위임할 수 있는가?

① 대통령령
② 보건복지부령
③ 공중위생관리법시행규칙
④ 행정안전부령

058
면허의 정지명령을 받은 자는 그 면허증을 누구에게 제출해야 하는가?

① 보건복지부장관
② 시·도지사
③ 시장·군수·구청장
④ 고용노동부장관

> 면허가 취소되거나 면허의 정지명령을 받은 자는 지체없이 관할 시장·군수·구청장에게 면허증을 반납하여야 한다.

059
이·미용업의 준수사항으로 틀린 것은?

① 소독을 한 기구와 하지 않은 기구는 각각 다른 용기에 보관하여야 한다.
② 간단한 피부미용을 위한 의료기구 및 의약품은 사용하여도 된다.
③ 영업장의 조명도는 75룩스 이상되도록 유지한다.
④ 점빼기, 쌍꺼풀 수술 등의 의료행위를 하여서는 안된다.

060
이·미용업을 승계할 수 있는 경우가 아닌 것은(단, 면허를 소지한 자에 한함)?

① 이·미용업을 양수한 경우
② 이·미용업영업자의 사망에 의한 상속에 의한 경우
③ 공중위생관리법에 의한 영업장폐쇄명령을 받은 경우
④ 이·미용업영업자의 파산에 의해 시설 및 설비의 전부를 인수한 경우

> 공중위생영업자가 그 공중위생영업을 양도하거나 사망한 때 또는 법인의 합병이 있는 때에는 그 양수인·상속인 또는 합병 후 존속하는 법인이나 합병에 의하여 설립되는 법인은 그 공중위생영업자의 지위를 승계한다.

02회 【정답】 적중모의고사

001	002	003	004	005
②	④	④	①	④
006	007	008	009	010
①	④	①	④	④
011	012	013	014	015
③	②	③	②	①
016	017	018	019	020
④	①	②	①	②
021	022	023	024	025
③	②	①	③	①
026	027	028	029	030
③	④	②	①	④
031	032	033	034	035
①	③	②	②	④
036	037	038	039	040
②	③	③	④	③
041	042	043	044	045
②	③	④	①	①
046	047	048	049	050
④	①	③	③	③
051	052	053	054	055
①	③	②	②	③
056	057	058	059	060
①	①	③	②	③

제 03 회 적중모의고사

CHECK POINT QUESTION

001
클렌징 시술 준비과정의 유의사항과 가장 거리가 먼 것은?

① 고객에게 가운을 입히고 고객이 액세서리를 제거하여 보관하게 한다.
② 터번은 귀가 겹쳐지지 않게 조심한다.
③ 깨끗한 시트와 중간 타월과 준비된 침대에 눕힌 다음 큰 타월이나 담요로 덮어준다.
④ 터번이 흘러내리지 않도록 핀셋으로 다시 고정시킨다.

> 터번은 헤어라인에 맞춰 잘 감싸서 머리 중앙부분까지 와서 멈추고 반대편을 헤어밴드 위에 겹쳐지게 가볍게 접착한다.

002
지성피부를 위한 피부관리 방법은?

① 토너는 알코올 함량이 적고 보습기능이 강화된 제품을 사용한다.
② 클렌저는 유분기 있는 클렌징 크림을 선택하여 사용한다.
③ 동·식물성 지방 성분이 함유된 음식을 많이 섭취한다.
④ 클렌징 로션이나 산뜻한 느낌의 클렌징 젤을 이용하여 메이크업을 지운다.

> 지성피부는 유분기가 적은 제품을 사용하는 것이 좋으며, 클렌징 젤은 세정력이 우수하고 흡착력이 좋아 오염물제거가 잘 되고 미온수로 간단히 제거된다.

003
고객이 처음 내방하였을 때 피부관리에 대한 첫 상담과정에서 고객이 얻는 효과와 가장 거리가 먼 것은?

① 전단계의 피부관리 방법을 배우게 된다.
② 피부관리에 대한 지식을 얻게 된다.
③ 피부관리에 대한 경계심이 풀어지며 심리적으로 안정된다.
④ 피부관리에 대하여 긍정적이고 적극적인 생각을 가지게 된다.

> 상담은 고객의 성격 및 심리상태, 생활환경을 이해하고 피부의 문제점과 원인을 명확히 파악하여 대처해 나가는데 목적을 두며, 고객으로 하여금 신뢰감을 주어 지속적인 방문을 하는데 중요한 역할을 한다.

004
왁스 시술에 대한 내용 중 옳은 것은?

① 제모하기 적당한 털의 길이는 2cm이다.
② 온 왁스의 경우 왁스는 제모 실시 직전에 데운다.
③ 왁스를 바른 위에 머절린(부직포)은 수직으로 세워 떼어낸다.
④ 남아있는 왁스의 끈적임은 왁스제거용 리무버로 제거한다.

> 온 왁스는 가열하는데 시간이 걸리므로 고객이 시술실로 들어오기 전 데우기 시작하는 것이 좋다.

005
눈썹이나 겨드랑이 등과 같이 연약한 피부의 제모에 사용하며, 부직포를 사용하지 않고 체모를 제거할 수 있는 왁스제모 방법은?

① 소프트 왁스(soft wax)법

② 콜드 왁스(cold wax)법
③ 물 왁스(water wax)법
④ 하드 왁스(hard wax)법

하드왁스는 뺨, 턱, 윗입술, 목덜미, 팔, 다리 등에 사용되며 로진과 밀랍을 적절하게 섞어서 사용한다.

006
워시 오프 타입의 팩이 아닌 것은?

① 크림 팩
② 거품 팩
③ 클레이 팩
④ 젤라틴 팩

워시 오프 타입의 팩은 바른 후 물로 씻어 내는 유형을 말한다.

007
아래 설명과 가장 가까운 피부타입은?

- 모공이 넓다.
- 뾰루지가 잘 난다.
- 정상피부보다 두껍다.
- 블랙헤드가 생성되기 쉽다.

① 지성피부
② 민감피부
③ 건성피부
④ 정상피부

지성피부는 피지선의 기능이 비정상적으로 항진되어 피지가 과다하게 분비되는 피부이다.

008
피부미용의 개념에 대한 설명 중 틀린 것은?

① 피부미용이라는 명칭은 독일의 미학자 바움가르텐(baumgarten)에 의해 처음 사용되었다.
② cosmetic이란 용어는 독일어의 kosmetin에서 유래되었다.
③ Esthetique란 용어는 화장품과 피부관리를 구별하기 위해 사용된 것이다.
④ 피부미용이라는 의미로 사용되는 용어는 각 나라마다 다양하게 지칭되고 있다.

cosmetic이란 용어는 cosmos에서 유래한 것으로 '아름답게 정돈된 것'을 의미한다.

009
피부 관리 시술단계가 옳은 것은?

① 클렌징-피부분석-딥클렌징-매뉴얼 테크닉-팩-마무리
② 피부분석-클렌징-딥클렌징-매뉴얼 테크닉-팩-마무리
③ 피부분석-클렌징-매뉴얼 테크닉-딥크렌징-팩-마무리
④ 클렌징-딥클렌징-팩-매뉴얼 테크닉-마무리-피부분석

피부관리의 시술단계는 클렌징-피부분석-딥클렌징-매뉴얼 테크닉-팩-마무리의 순으로 진행된다.

010
습포에 대한 설명으로 맞는 것은?

① 피부미용 관리에서 냉습포는 사용하지 않는다.
② 해면을 사용하기 전에 습포를 우선 사용한다.
③ 냉습포는 피부를 긴장시키며 진정효과를 위해 사용한다.
④ 온습포는 피부미용 관리의 마무리 단계에서 피부 수렴효과를 위해 사용한다.

냉습포는 피부관리의 마지막 단계에 사용하며 수렴, 피부긴장, 모공수축 등의 효과가 있다.

011
다음 중 눈 주위에 가장 적합한 매뉴얼 테크닉의 방법은?

① 문지르기
② 주무르기
③ 흔들기
④ 쓰다듬기

012
딥클렌징의 효과에 대한 설명으로 틀린 것은?

① 면포를 연화시킨다.
② 피부표면을 매끈하게 해 주고 혈색을 맑게 한다.

③ 클렌징의 효과가 있으며 피부의 불필요한 각질 세포를 제거한다.
④ 혈액순환촉진을 시키고 피부조직에 영양을 공급한다.

> 딥클렌징은 모공 깊숙한 곳의 노폐물과 죽은 각질 세포를 제거하여 다음 단계의 관리를 효과적으로 하는 과정이다.

013
매뉴얼 테크닉의 주의 사항이 아닌 것은?

① 동작은 피부결 방향으로 한다.
② 청결하게 하기 위해서 찬물에 손을 깨끗이 씻은 후 바로 마사지한다.
③ 시술자의 손톱은 짧아야 한다.
④ 일광으로 붉어진 피부나 상처가 난 피부는 매뉴얼 테크닉을 피한다.

> 매뉴얼 테크닉 전에 관리사는 자신의 손을 따뜻하게 하여 고객과의 접촉에 불쾌감이 없도록 해야 한다.

014
관리방법 중 수요법(water therapy, hydrotherapy)시 지켜야할 수칙이 아닌 것은?

① 식사 직후에 행한다.
② 수요법은 대개 5분에서 30분까지가 적당하다.
③ 수요법 전에 잠깐 쉬도록 한다.
④ 수요법 후에는 주스나 향을 첨가한 물이나 이온음료를 마시도록 한다.

015
딥클렌징 방법이 아닌 것은?

① 디스인크러스테이션
② 효소 필링
③ 브러싱
④ 이온토포레시스

> 이온토포레시스는 갈바닉 전류를 이용하여 피부침투가 어려운 수용성 물질을 흡수시키는데 사용한다.

016
피부관리 시 매뉴얼 테크닉을 하는 목적과 가장 거리가 먼 것은?

① 정신적 스트레스의 경감
② 혈액순환 촉진
③ 신진대사 활성화
④ 부종 감소

> 매뉴얼 테크닉은 피부에 물리적인 자극을 주어 혈액과 림프의 순환을 촉진시켜 신진대사를 활성화하며, 결체조직에 긴장과 탄력감을 부여하고 스트레스를 완화시켜 심리적인 안정감을 준다.

017
콜라겐 벨벳마스크는 주로 어떤 타입이 주로 사용되는가?

① 시트 타입   ② 크림 타입
③ 파우더 타입   ④ 겔 타입

> 콜라겐 벨벳마스크는 천연콜라겐을 냉동, 건조시킨 종이형태의 마스크로, 일반 크림류에 비해 콜라겐 함량이 높고 피부 깊숙이 흡수되므로 진정, 보습 효과가 뛰어나다.

018
셀룰라이트 관리에서 중점적으로 행해야 할 관리방법은?

① 근육의 운동을 촉진시키는 관리를 집중적으로 행한다.
② 림프순환을 촉진시키는 관리를 한다.
③ 피지가 모공을 막고 있으므로 피지배출 관리를 집중적으로 행한다.
④ 한선이 막혀 있으므로 한선관리를 집중적으로 행한다.

> 셀룰라이트는 노폐물들이 체내에서 빠져나가지 못하고 림프액과 혈액의 신진대사가 제대로 이루어지지 않아 발생하는 현상으로 림프순환의 촉진을 통해 세포의 대사물질과 노폐물의 배출을 원활히 하면 셀룰라이트 증상을 감소시킬 수 있다.

019
원주형의 세포가 단층으로 이어져 있으며 각질형성세포와 색소형성세포가 존재하는 피부세포층은?

① 기저층　　　　② 투명층
③ 각질층　　　　④ 유극층

> 기저층은 표피의 가장 아래층에 진피와 접하고 있는 세포층으로, 각질을 만들어 내는 각질형성세포와 피부의 색소인 멜라닌을 만들어 내는 색소형성세포가 존재한다.

020
산소 라디칼 방어에서 가장 중심적인 역할을 하는 효소는?

① FAD　　　　② SOD
③ AHA　　　　④ NMF

> 슈퍼옥사이드 디스뮤타제(super oxide dismutase, SOD), 카달라제(catalase)와 같은 효소는 항산화 효소로 활성산소의 생성을 막아 피부의 노화를 억제한다.

021
다음 중 피부의 기능이 아닌 것은?

① 보호작용　　　　② 체온조절작용
③ 감각작용　　　　④ 순환작용

> 피부의 기능은 보호작용, 체온조절작용, 감각작용, 분비배설작용, 호흡작용, 흡수작용, 표정작용 등이다.

022
내인성 노화가 진행 될 때 감소현상을 나타내는 것은?

① 각질층 두께
② 주름
③ 피부처짐 현상
④ 랑게르한스세포

> 랑게르한스 세포는 내인성노화와 광노화(외적노화) 모두에서 감소한다.

023
다음 중 주름살이 생기는 요인으로 가장 거리가 먼 것은?

① 수분의 부족상태
② 지나치게 햇빛(sun light)에 노출되었을 때
③ 갑자기 살이 찐 경우
④ 과도한 안면운동

> 무리한 다이어트로 지나치게 살을 뺀 경우 피부탄력이 저하되고 주름이 유발된다.

024
콜레스테롤의 대사 및 해독작용과 스테로이드 호르몬의 합성과 관계 있는 무과립 세포는?

① 조면형질내세망　　② 골면형질내세망
③ 용해소체　　　　　④ 골기체

> 형질내에 그물모양으로 퍼져있는 형질내세망은 세포내의 수송과 단백질 합성에 관여하며, 골면내세망은 지질, 콜레스테롤 등의 대사 및 해독작용과 여러 가지 스테로이드 호르몬의 합성작용을 한다.

025
다음 내용과 가장 관계 있는 것은?

- 곰팡이균에 의하여 발생한다.
- 피부껍질이 벗겨진다.
- 가려움증이 동반된다.
- 주로 손과 발에서 번식한다.

① 농가진　　　　② 무좀
③ 홍반　　　　　④ 사마귀

> 무좀은 족부백선이라고도 불리며 임상양상에 다라 발가락 사이가 짓무르는 지간형, 가려움증을 동반하는 수포형, 각질이 벗겨지는 각화형으로 나눈다.

026
아포크린한선의 설명으로 틀린 것은?

① 아포크린한선의 냄새는 여성보다 남성에게 강하게 나타난다.

② 땀의 산도가 붕괴되면 심한 냄새를 동반한다.
③ 겨드랑이, 대음순, 배꼽주변에 존재한다.
④ 인종적으로 흑인이 가장 많이 분비한다.

> 아포크린한선은 남성보다 여성에게 많고 백인보다 흑인에 많으며 동양인은 백인보다 적다.

027
다음 중 가장 이상적인 피부의 pH 범위는?

① pH 3.5~4.5 ② pH 5.2~5.8
③ pH 6.5~7.2 ④ pH 7.5~8.2

> 피부는 약산성으로 성별, 연령, 인종에 따라 달라지나 일반적으로 정상 피부의 pH는 5~6 정도이다.

028
성장기에 있어 뼈의 길이 성장이 일어나는 곳을 무엇이라 하는가?

① 상지골 ② 두개골
③ 연골상골 ④ 골단연골

> 성장기에 뼈의 길이 성장은 골단과 골단 사이의 연골층인 골단판이 증식하고 골기질로 대치됨으로써 길이가 길어지게 된다.

029
섭취된 음식물 중의 영양물질을 산화시켜 인체에 필요한 에너지를 생성해 내는 세포소기관은?

① 리보소음 ② 리소조옴
③ 골지체 ④ 미토콘드리아

> 미토콘드리아는 세포의 호흡과 에너지 공급원인 ATP를 생산하는 기관이다.

030
자율신경의 지배를 받는 민무늬근은?

① 골격근(skeletal mucle)
② 심근(cardiac muscle)
③ 평활근(smooth muscle)
④ 승모근(trapezius muscle)

> 평활근은 각종 장기나 혈관벽을 구성하므로 내장근(visceral muscle)이라고도 한다.

031
인체 내의 화학물질 중 근육의 수축에 주로 관여하는 것은?

① 액틴과 미오신 ② 단백질과 칼슘
③ 남성호르몬 ④ 비타민과 미네랄

> 골격근의 수축은 액틴근세사와 미오신근세사 간의 횡교를 통하여 액틴근세사가 미오신근세사 사이로 미끄러져 들어감으로써 근 수축이 일어나게 된다.

032
혈관의 구조에 관한 설명 중 옳지 않은 것은?

① 동맥은 3층 구조이며 혈관 벽이 정맥에 비해 두껍다.
② 동맥은 중막인 평활근 층이 발달해 있다.
③ 정맥은 3층 구조이며 혈관 벽이 얇으며 판막이 발달해 있다.
④ 모세혈관은 3층 구조이며 혈관벽이 얇다.

> 모세혈관은 단층편평상피로 된 내피세포만으로 구성이 되어 있으며, 혈관벽이 매우 얇아 조직과의 가스교환, 영양분 및 노폐물 교환이 가능하다.

033
소화선(소화샘)으로써 소화액을 분비하는 동시에 호르몬을 분비하는 혼합선(내·외분비선)에 해당하는 것은?

① 타액선 ② 간
③ 담낭 ④ 췌장

> 췌장은 이자라고도 하며, 복강에 위치하는 가장 큰 소화선이자 내분비선이며, 내분비기능과 외분비기능을 동시에 가진다.

034
신경계의 기본세포는?

① 혈액 ② 뉴우런

③ 미토콘드리아　　④ DNA

신경세포는 인체의 조직세포 중 가장 분화된 것으로, 세포체와 수상돌기로 구성되어 있다.

035
고주파 피부미용기기의 사용방법 중 간접법에 대한 설명으로 옳은 것은?

① 고객의 얼굴에 적합한 크림을 바르고 그 위에 전극봉으로 마사지한다.
② 고객의 손에 전극봉을 잡게 한 후 관리사가 고객의 얼굴에 적합한 크림을 바르고 손으로 마사지한다.
③ 고객의 얼굴에 마른 거즈를 올린 후 그 위를 전극봉으로 마사지한다.
④ 고객의 손에 전극봉을 잡게 한 후 얼굴에 마른 거즈를 올리고 손으로 눌러준다.

간접법은 고객이 직접 스위치를 켜고 알맞은 세기를 조절하게 하고 관리사는 손이 피부에서 떨어지지 않도록 주의하여 마사지한다.

036
피지, 면포가 있는 피부 부위의 우드램프(Wood's lamp)의 반응 색상은?

① 청백색　　　　② 진보라색
③ 암갈색　　　　④ 오렌지색

우드램프의 색 판정
• 정상피부 : 푸른형광색　　• 건성피부 : 연보라색
• 민감성피부 : 진보라색　　• 지성피부 : 오렌지색
• 노화피부 : 암적색　　　　• 색소침착피부 : 암갈색
• 각질 : 흰색

037
칼라테라피 기기에서 빨강 색광의 효과와 가장 거리가 먼 것은?

① 혈액순환 증진, 세포의 활성화, 세포 재생활동
② 소화기계 기능강화, 신경자극, 신체 정화작용
③ 지루성 여드름, 혈액순환, 불량 피부관리
④ 근조직 이완, 셀룰라이트 개선

②는 노랑(yellow)색에 대한 효과이다.

038
클렌징이나 딥클렌징 단계에서 사용하는 기기와 가장 거리가 먼 것은?

① 베포라이저　　② 브러싱 머신
③ 진공흡입기　　④ 확대경

확대경은 피부진단 시 사용되는 기기이다.

039
전류에 대한 내용이 틀린 것은?

① 전하량의 단위는 쿨롱으로 1쿨롱은 도선에 1V의 전압이 걸렸을 때 1초 동안 이동하는 전하의 양이다.
② 교류전류란 전류 흐름의 방향이 시간에 따라 주기적으로 변하는 전류이다.
③ 전류의 세기는 도선의 단면을 1초 동안 흘러간 전하의 양으로서 단위는 A(암페어)이다.
④ 직류전동기는 속도조절이 자유롭다.

전류의 세기는 초 동안 도체 단면을 통과한 전하의 양으로, 1초 간에 1쿨롱일 때 전류의 크기는 1A가 된다.

040
이온에 대한 설명으로 옳지 않은 것은?

① 양전하 또는 음전하를 지닌 원자를 말한다.
② 증류수는 이온수에 속한다.
③ 원소가 전자를 잃어 양이온이 되고, 전자를 얻어 음이온이 된다.
④ 양이온과 음이온의 결합을 이온결합이라 한다.

증류수는 정제된 순수한 물로 이온화되지 않는다.

041
향수의 구비요건이 아닌 것은?

① 향에 특징이 있어야 한다.

② 향이 강하므로 지속성이 약해야 한다.
③ 시대성에 부합되는 향이어야 한다.
④ 향의 조화가 잘 이루어져야 한다.

> 향이 적당히 강하고 지속성이 좋아야 좋은 향수이다.

042
계면활성제에 대한 설명 중 잘못된 것은?

① 계면활성제는 계면을 활성화시키는 물질이다.
② 계면활성제는 친수성기와 친유성기를 모두 소유하고 있다.
③ 계면활성제는 표면장력을 높이고 기름을 유화시키는 등의 특성을 지니고 있다.
④ 계면활성제는 표면활성제라고도 한다.

> 계면활성제는 표면의 장력을 떨어뜨려 물과 기름이 잘 섞이게 한다.

043
다음 중 기초화장품의 필요성에 해당되지 않는 것은?

① 세정   ② 미백
③ 피부정돈   ④ 피부보호

> 기초화장품의 사용목적은 세안(세정), 피부정돈, 피부보호이다.

044
아하(AHA)의 설명이 아닌 것은?

① 각질제거 및 보습기능이 있다.
② 글리콜릭산, 젖산, 사과산, 주석산, 구연산이 있다.
③ 알파하이드록시카프로익에시드(Alpha hydroxycaproic acid)의 약자이다.
④ 피부와 점막에 약간의 자극이 있다.

> AHA는 알파하디드록시산(alpha-hydroxy acid)의 약자이다.

045
화장품과 의약품의 차이를 바르게 정의한 것은?

① 화장품의 사용목적은 질병의 치료 및 진단이다.
② 화장품은 특정부위만 사용 가능하다.
③ 의약품의 사용대상은 정상적인 상태의 자로 한정되어 있다.
④ 의약품의 부작용은 어느 정도까지는 인정된다.

> 의약품은 사용대상이 정상인이 아닌 질병을 가진 환자이며, 어느 정도의 부작용은 인정이 되나 화장품은 정상인이 청결 및 미화를 위해 장기간 지속적으로 사용하는 물품으로 부작용이 없어야 한다.

046
비누의 제조방법 중 지방산의 글리세린에스테르와 알칼리를 함께 가열하면 유지가 가수분해되어 비누와 글리세린으로 얻어지는 방법은?

① 중화법   ② 검화법
③ 유화법   ④ 화학법

> 검화법은 유지를 알칼리로 가수 분해하는 것을 말하며, 중화법은 유지를 산이나 금속산화물 같은 촉매를 사용하여 고온고압 에서 가수 분해하여 얻어진 지방산을 정제한 염기로 중화시키는 것을 말한다.

047
샤워 코롱(shower cologne)이 속하는 분류는?

① 세정용 화장품
② 메이크업용 화장품
③ 모발용 화장품
④ 방향용 화장품

> 샤워코롱은 바디용 방향화장품으로 부향률이 1~3%로 약 1시간의 지속시간을 가지며 가볍고 산뜻한 느낌을 준다.

048
다음 중 동물과 감염병의 병원소로 연결이 잘못된 것은?

① 소 – 결핵   ② 쥐 – 말라리아
③ 돼지 – 일본뇌염   ④ 개 – 공수병

> 매개 감염병
> • 쥐 : 페스트, 발진열, 살모넬라증, 서교증, 양충병
> • 모기 : 말라리아, 사상충, 황열, 일본뇌염

049
다음 중 식품의 혐기성 상태에서 발육하여 신경계 증상이 주 증상으로 나타나는 것은?

① 살모넬라증 식중독
② 보툴리누스균 식중독
③ 포도상구균 식중독
④ 장염비브리오 식중독

보툴리누스균 식중독은 신경독에 의해 일어나는 독소형 식중독으로 치명률이 가장 높다.

050
감염병의 예방 및 관리에 관한 법률상 "생물테러감염병 또는 치명률이 높거나 집단 발생의 우려가 커서 발생 또는 유행 즉시 신고하여야 하고, 음압격리와 같은 높은 수준의 격리가 필요한 감염병"은?

① 제1급 감염병
② 제2급 감염병
③ 제3급 감염병
④ 제4급 감염병

법정감염병
- 제1급 감염병 : 생물테러감염병 또는 치명률이 높거나 집단 발생의 우려가 커서 발생 또는 유행 즉시 신고하여야 하고, 음압격리와 같은 높은 수준의 격리가 필요한 감염병
- 2급 감염병 : 전파가능성을 고려하여 발생 또는 유행 시 24시간 이내에 신고하여야 하고, 격리가 필요한 감염병
- 제3급 감염병 : 그 발생을 계속 감시할 필요가 있어 발생 또는 유행 시 24시간 이내에 신고하여야 하는 감염병
- 제4급 감염병 : 제1급 감염병부터 제3급 감염병까지의 감염병 외에 유행 여부를 조사하기 위하여 표본감시 활동이 감염병

051
한 지역이나 국가의 공중보건을 평가하는 기초자료로 가장 신뢰성 있게 인정되고 있는 것은?

① 질병이환율
② 영아사망률
③ 신생아사망률
④ 조사망률

영아사망률은 모자보건, 환경위생 및 영양수준 등에 민감하며, 일반 사망률에 비해 통계적 유의성이 높고, 국가간의 영아사망률의 변동 범위가 조사망률에 비해 훨씬 크기 때문에 한 국가의 건강수준을 나타내는 가장 대표적인 지표로 사용된다.

052
다음 중 음료수 소독에 사용되는 소독 방법과 가장 거리가 먼 것은?

① 염소 소독
② 표백분 소독
③ 자비 소독
④ 승홍액 소독

음용수의 소독법으로는 자비소독, 자외선, 화학적소독방법(할로겐류, 과망간칼륨, 오존 등)이 있다.

053
보통 상처의 표면을 소독하는데 이용하며 발생기 산소가 강력한 산화력으로 미생물을 살균하는 소독제는?

① 석탄산
② 과산화수소수
③ 크레졸
④ 에탄올

과산화수소는 강력한 산화력에 의해 미생물을 살균하며 상처, 소독 등에 이용된다.

054
알코올 소독의 미생물 세포에 대한 주된 작용기전은?

① 할로겐 복합물형성
② 단백질 변성
③ 효소의 완전파괴
④ 균체의 완전 융해

알코올은 미생물의 단백질 변성이나 용균, 대사기전에 저해작용을 하여 소독작용을 나타내며, 세균포자 및 사상균에 대해서는 효과가 없다.

055
자비소독에 관한 내용으로 적합하지 않는 것은?

① 물에 탄산나트륨을 넣으면 살균력이 강해진다.
② 소독할 물건은 열탕 속에 완전히 잠기도록 해야 한다.
③ 100℃에서 15~20분간 소독한다.
④ 금속기구, 고무, 가죽의 소독에 적합하다.

자비소독은 물을 끓여서 하는 방법으로, 면 종류의 의류나 타월, 도자기 등의 소독에 적합하다.

056
공중위생영업소의 위생관리수준을 향상시키기 위하여 위생서비스 평가계획을 수립하는 자는?

① 대통령
② 보건복지부장관
③ 시·도지사
④ 공중위생관련협회 또는 단체

> 시·도지사는 공중위생 영업소 위생관리 수준을 향상시키기 위하여 위생서비스 평가 계획을 수립하여 시장·군수·구청장에게 통보하여야 한다

057
신고를 하지 아니하고 영업소의 소재를 변경한 때 1차 위반 시의 행정처분 기준은?

① 영업정지 1월
② 영업정지 6월
③ 영업정지 3월
④ 영업정지 2월

> 1차 위반 시 영업정지 1월, 2차 위반 시 영업정지 2월, 3차 위반 시 영업장 폐쇄명령에 해당된다.

058
이·미용업의 영업신고를 하지 아니하고 업소를 개설한 자에 대한 법적 조치는?

① 200만원 이하의 과태료
② 300만원 이하의 벌금
③ 6월 이하의 징역 또는 500만원 이하의 벌금
④ 1년 이하의 징역 또는 1천만원 이하의 벌금

059
다음 중 법에서 규정하는 명예공중위생감시원의 위촉대상자가 아닌 것은?

① 공중위생관련 협회장이 추천하는 자
② 소비자 단체장이 추천하는 자
③ 공중위생에 대한 지식과 관심이 있는 자
④ 3년 이상 공중위생 행정에 종사한 경력이 있는 공무원

> 명예공중위생감시원의 위촉대상
> • 공중위생에 대한 지식과 관심이 있는 자
> • 소비자단체, 공중위생관련 협회 또는 단체의 소속직원 중에서 당해 단체 등의 장이 추천하는 자

060
소독을 한 기구와 소독을 하지 아니한 기구를 각각 다른 용기에 넣어 보관하지 아니한 때에 대한 2차 위반 시의 행정처분 기준에 해당하는 것은?

① 경고
② 영업정지 5일
③ 영업정지 10일
④ 영업장 폐쇄명령

> 행정처분 기준
> • 1차 위반 : 경고
> • 2차 위반 : 영업정지 5일
> • 3차 위반 : 영업정지 10일
> • 4차 위반 : 영업장 폐쇄명령

03회 【정답】 적중모의고사

001	002	003	004	005
④	④	①	④	④
006	007	008	009	010
④	①	②	①	③
011	012	013	014	015
④	④	②	①	④
016	017	018	019	020
④	①	②	①	②
021	022	023	024	025
④	④	③	②	②
026	027	028	029	030
①	②	④	②	③
031	032	033	034	035
①	④	④	②	②
036	037	038	039	040
④	②	④	①	④
041	042	043	044	045
②	③	②	③	④
046	047	048	049	050
②	④	②	②	①
051	052	053	054	055
②	④	②	②	④
056	057	058	059	060
③	①	④	④	②

제 04 회 적중모의고사

○ CHECK POINT QUESTION

001
레몬 아로마 에센셜 오일의 사용과 관련된 설명으로 틀린 것은?

① 무기력한 기분을 상승시킨다.
② 기미, 주근깨가 있는 피부에 좋다.
③ 여드름, 지성피부에 사용된다.
④ 진정작용이 뛰어나다.

> 레몬 에센셜 오일의 효능
> • 피부계 : 셀룰라이트, 피지감소, 여드름 및 지성피부, 수렴작용, 미백작용, 살균작용
> • 순환계 : 혈액순환 및 혈관 강화
> • 호흡계 : 감기 및 기관지염, 천식
> • 신경계 : 정신고양

002
상담 시 고객에 대해 취해야 할 사항 중 옳은 것은?

① 상담 시 다른 고객의 신상정보, 관리정보를 제공한다.
② 고객의 사생활에 대한 정보를 정확하게 파악한다.
③ 고객과의 친밀감을 갖기 위해 사적으로 친목을 도모한다.
④ 전문적인 지식과 경험을 바탕으로 관리방법과 절차 등에 관해 차분하게 설명해 준다.

> 상담은 고객의 방문 목적을 확인하고 피부문제의 원인을 파악하여 적합한 피부관리 계획을 수립하는데 있다.

003
안면 클렌징 시술 시의 주의사항 중 틀린 것은?

① 고객의 눈이나 코 속으로 화장품이 들어가지 않도록 한다.
② 근육결 반대방향으로 시술한다.
③ 처음부터 끝까지 일정한 속도와 리듬감을 유지하도록 한다.
④ 동작은 근육이 처지지 않게 한다.

> 매뉴얼 테크닉의 시술방향은 아래에서 위로, 안면 중심에서 바깥쪽으로, 근육의 결을 따라 시행하며, 심장의 방향으로 실시한다.

004
밑줄 친 내용에 대한 범위의 설명으로 맞는 것은?

> 피부관리(skin care)는 <u>인체의 피부</u>를 대상으로 아름답게, 보다 건강한 피부로 개선, 유지, 증진, 예방하기 위해 피부관리사가 고객의 피부를 분석하고 분석 결과에 따라 적합한 화장품, 기구 및 식품 등을 이용하여 피부관리 방법을 제공하는 것을 말한다.

① 두피를 포함한 얼굴 및 전신의 피부를 말한다.
② 두피를 제외한 얼굴 및 전신의 피부를 말한다.
③ 얼굴과 손의 피부를 말한다.
④ 얼굴의 피부만을 말한다.

005
다음 중 피지분비가 많은 지성, 여드름성 피부의 노폐물 제거에 가장 효과적인 팩은?

① 오이팩
② 석고팩
③ 머드팩
④ 알로에겔팩

> 머드팩은 수분과 유분을 흡착하는 성질이 있어 피부의 청결, 수렴 등의 효과가 있다.

006
다음 중 노폐물과 독소 및 체액의 배출을 원활하

게 하는 효과에 가장 적합한 관리방법은?

① 지압
② 인디안 헤드 마사지
③ 림프 드레니지
④ 반사요법

> 림프 드레니지(Lymph drainage)는 림프순환을 촉진하고, 노폐물 배출을 용이하게 함으로써 조직의 대사를 원활하게 해 주며, 면역기능을 강화시킨다.

007
클렌징 순서가 가장 적합한 것은?

① 클렌징 손동작→화장품 제거→포인트메이크업 클렌징→클렌징제품 도포→습포
② 화장품 제거→포인트메이크업 클렌징→클렌징제품 도포→클렌징 손동작→습포
③ 클렌징제품 도포→클렌징 손동작→포인트메이크업 클렌징→화장품 제거→습포
④ 포인트메이크업 클렌징→클렌징제품 도포→클렌징 손동작→화장품 제거→습포

> 클렌징의 첫 단계는 포인트메이크업 클렌징이다.

008
피부유형에 맞는 화장품 선택이 아닌 것은?

① 건성피부 – 유분과 수분이 많이 함유된 화장품
② 민감성피부 – 향, 색소, 방부제를 함유하지 않거나 적게 함유된 화장품
③ 지성피부 – 피지 조절제가 함유된 화장품
④ 정상피부 – 오일이 함유되어 있지 않은 오일프리(oil free) 화장품

> 오일프리(oil free) 제품은 유분이 많은 지성피부에 사용한다.

009
건성피부의 특징과 가장 거리가 먼 것은?

① 각질층의 수분이 50% 이하로 부족하다.
② 피부가 손상되기 쉬우며 주름이 발생하기 쉽다.
③ 피부가 얇고 외관으로 피부결이 섬세해 보인다.
④ 모공이 작다.

> 정상피부의 수분은 10~20% 정도이며, 10% 이하로 부족하면 건성피부에 속한다.

010
화학적 제모와 관련된 설명이 틀린 것은?

① 화학적 제모는 털을 모근으로부터 제거한다.
② 제모제품은 강알칼리성으로 피부를 자극하므로 사용 전 첩포시험을 실시하는 것이 좋다.
③ 제모제품 사용 전 피부를 깨끗이 건조시킨 후 적정량을 바른다.
④ 제모 후 산성화장수를 바른 뒤에 진정로션이나 크림을 흡수시킨다.

> 털을 모근으로부터 제거하는 것은 족집게나 왁스 등을 이용한 물리적 제거방법이다.

011
딥클렌징의 분류가 옳은 것은?

① 고마쥐 – 물리적 각질관리
② 스크럽 – 화학적 각질관리
③ AHA – 물리적 각질관리
④ 효소 – 물리적 각질관리

> 딥클렌징
> • 물리적 딥클렌징 : 스크럽, 고마쥐
> • 화학적 딥클렌징 : 효소, AHA

012
효소 필링이 적합하지 않은 피부는?

① 각질이 두껍고 피부표면이 건조하여 당기는 피부
② 비립종을 가진 피부
③ 화이트헤드, 블랙헤드를 가지고 있는 지성피부
④ 자외선에 의해 손상된 피부

> 손상된 피부에는 딥클렌징을 금한다.

013
매뉴얼 테크닉 시 가장 많이 이용되는 기술로 손바닥을 편평하게 하고 손가락을 약간 구부려 근육이나 피부표면을 쓰다듬고 어루만지는 동작은?

① 프릭션(friction)
② 에플로라지(effleurage)
③ 페트리사지(petrissage)
④ 바이브레이션(vibration)

에플로라지(쓰다듬기, 경찰법, 무찰법)는 손바닥 전체를 이용하여 부드럽게 쓰다듬는 동작으로 모든 동작의 처음과 끝, 다른 동작으로의 전환 시에 사용된다.

014
림프 드레니지를 금해야 하는 증상에 속하지 않는 것은?

① 심부전증　　② 혈전증
③ 켈로이드증　④ 급성염증

림프 드레니지를 금해야 하는 경우로는 색전증, 혈전증, 심부전증, 갑상선기능 장애, 악성종양, 천식, 임산부(최초 3개월까지는 절대 금함) 등이 해당된다.

015
팩의 목적이 아닌 것은?

① 노폐물의 제거와 피부정화
② 혈액순환 및 신진대사 촉진
③ 영양과 수분공급
④ 잔주름 및 피부건조 치료

치료는 의료의 영역이다.

016
습포에 대한 설명으로 틀린 것은?

① 타월은 항상 자비소독 등의 방법을 실시한 후 사용한다.
② 온습포는 팔의 안쪽에 대어서 온도를 확인한 후 사용한다.
③ 피부관리의 최종단계에서 피부의 경직을 위해 온습포를 사용한다.
④ 피부관리 시 사용되는 습포에는 온습포와 냉습포의 두 종류가 일반적이다.

피부관리의 최종단계에서는 냉습포를 사용하여 마무리한다.

017
매뉴얼 테크닉 시술에 대한 내용으로 틀린 것은?

① 매뉴얼 테크닉 시 모든 동작이 연결될 수 있도록 해야 한다.
② 매뉴얼 테크닉 시 중추부터 말초 부위로 향해서 시술해야 한다.
③ 매뉴얼 테크닉 시 손놀림은 균등한 리듬을 유지해야 한다.
④ 매뉴얼 테크닉 시 체온의 손실을 막는 것이 좋다.

매뉴얼 테크닉은 말초에서 심장을 향해 시술한다.

018
일시적 제모 방법 가운데 겨드랑이 및 다리의 털을 제거하기 위해 피부미용실에서 가장 많이 사용되는 제모방법은?

① 면도기를 이용한 제모
② 레이저를 이용한 제모
③ 족집게를 이용한 제모
④ 왁스를 이용한 제모

왁스제모는 넓은 부위의 털을 제거하는데 효과적이며 다른 일시적 제모에 비해 제모효과가 크다.

019
표피 중에서 피부로부터 수분이 증발하는 것을 막는 층은?

① 각질층　　② 기저층
③ 과립층　　④ 유극층

과립층은 수분 침투에 대한 방어막 역할과 피부 내부의 수분증발을 조절하여 피부의 건조를 방지하는 역할을 한다.

020
다음 중 원발진에 해당하는 피부변화는?

① 가피 ② 미란
③ 위축 ④ 구진

원발진과 속발진
- 원발진 : 피부질환의 초기 상태의 병변으로 반점, 홍반, 구진, 결절, 종양, 수포, 농포, 팽진, 낭종 등
- 속발진 : 피부질환의 2차적 단계의 병변으로 미란, 찰상, 가피, 궤양, 인설, 균열, 반흔, 태선화 등

021
접촉성 피부염의 주된 알러지원이 아닌 것은?

① 니켈 ② 금
③ 수은 ④ 크롬

금속에 의한 접촉성 피부염의 원인 물질은 니켈, 수은, 크롬, 코발트, 동, 주석 등이다.

022
다음 내용에 해당하는 세포질 내부의 구조물은?

- 세포내의 호흡생리에 관여
- 이중막으로 싸여진 계란형(타원형)의 모양
- 아데노신 삼인산(Adenosin Triphosphate)을 생산

① 형질내세망(Endolpasmic Reticulum)
② 용해소체(Lysosome)
③ 골기체(Golgi apparatus)
④ 사립체(Mitochondria)

미토콘드리아는 세포 내의 호흡생리를 담당하며, 영양물질을 산화시켜 세포활동에 필요한 에너지를 ATP(Adenosin Triphosphate) 형태로 생산, 세포 내 발전소로 불린다.

023
체내에서 근육 및 신경의 자극 전도, 삼투압 조절 등의 작용을 하며, 식욕에 관계가 깊기 때문에 부족하면 피로감, 노동력의 저하 등을 일으키는 것은?

① 구리(Cu) ② 식염(NaCl)
③ 요오드(I) ④ 인(P)

나트륨(NaCl)이 결핍되면 식욕부진, 두통, 근육경련이 일어나며, 과잉 시 고혈압, 부종이 발생한다.

024
셀룰라이트(cellulite)의 설명으로 옳은 것은?

① 수분이 정체되어 부종이 생긴 현상
② 영양섭취의 불균형 현상
③ 피하지방이 축적되어 뭉친 현상
④ 화학물질에 대한 저항력이 강한 현상

셀룰라이트는 혈액순환이나 림프순환의 장애에 의해 과도한 체액과 피하조직이 뭉쳐서 생기는 현상이다.

025
식후 12~16시간 경과되어 정신적, 육체적으로 아무 것도 하지 않고 가장 안락한 자세로 조용히 누워있을 때 생명을 유지하는데 소요되는 최소한의 열량을 무엇이라 하는가?

① 순환대사량 ② 기초대사량
③ 활동대사량 ④ 상대대사량

기초대사량은 생물체가 생명을 유지하는데 필요한 최소한의 에너지량으로 체온 유지나 호흡, 심장 박동 등 기초적인 생명 활동을 위한 신진대사에 쓰인다.

026
피부에 계속적인 압박으로 생기는 각질층의 증식 현상이며, 원추형의 국한성 비후증으로 경성과 연성이 있는 것은?

① 사마귀 ② 무좀
③ 굳은살 ④ 티눈

티눈과 굳은살
- 티눈 : 발가락이나 발바닥에 많이 생기며, 통증을 유발하나 원인을 제거하면 없어진다.
- 굳은살 : 피부의 일부가 두꺼워지고 단단해지는 것을 말하며, 티눈에 비해 크기가 크고 통증이 없는 경우가 많다.

027
에크린 한선에 대한 설명으로 틀린 것은?

① 실밥을 둥글게 한 것 같은 모양으로 진피 내에 존재한다.
② 사춘기 이후에 주로 발달한다.
③ 특수한 부위를 제외한 거의 전신에 분포한다.
④ 손바닥, 발바닥, 이마에 가장 많이 분포한다.

> 사춘기 이후에 주로 발달하는 것은 아포크린선(대한선)으로 겨드랑이, 유두, 항문 및 성기 주위에만 존재한다.

028
혈액의 구성 물질로 항체생산과 감염의 조절에 가장 관계가 깊은 것은?

① 적혈구   ② 백혈구
③ 혈장   ④ 혈소판

> 백혈구는 탐식작용과 신체방어 기능을 담당한다.

029
세포막을 통한 물질의 이동 방법이 아닌 것은?

① 여과   ② 확산
③ 삼투   ④ 수축

> 세포막을 통한 물질의 수동적 이동방법에는 확산, 여과, 삼투가 있다.

030
다음 중 뼈의 기본구조가 아닌 것은?

① 골막   ② 골외막
③ 골내막   ④ 심막

> 심막은 심장을 이중으로 싸고 있는 막을 말한다

031
신경계 중 중추신경계에 해당하는 것은?

① 뇌   ② 뇌신경
③ 척수신경   ④ 교감신경

> 신경계
> • 중추신경계 : 뇌와 척수
> • 말초신경계 : 뇌신경과 자율신경계(교감신경, 부교감신경)

032
내분비와 외분비를 겸한 혼합성 기관으로 3대 영양소를 분해할 수 있는 소화효소를 모두 가지고 있는 소화기관은?

① 췌장   ② 간
③ 위   ④ 대장

> 췌장은 이자라고도 하면 인슐린과 글루카곤을 분비하여 혈당을 조절하고(내분비 기능), 췌관을 통해 소화액인 췌액을 분비(외분비 기능) 한다.

033
뇨의 생성 및 배설과정이 아닌 것은?

① 사구체 여과   ② 사구체 농축
③ 세뇨관 재흡수   ④ 세뇨관 분비

> 뇨(尿)의 생성은 사구체 여과, 세뇨관 재흡수, 세뇨관 분비의 3과정을 통해 생성된다

034
승모근에 대한 설명으로 틀린 것은?

① 기시부는 두개골의 저부이다.
② 쇄골과 견갑골에 부착되어 있다.
③ 지배신경은 견갑배신경이다.
④ 견갑골의 내전과 머리를 신전한다.

> 견갑배신경은 견갑거근, 대방형근, 소방형근을 지배한다.

035
지성피부의 면포 추출에 사용하기 가장 적합한 기기는?

① 분무기   ② 진동브러쉬
③ 리프팅기   ④ 진공흡입기

> 진공흡입기는 유리컵의 압력을 이용하여 피부를 흡입하여 사용하는 기기로 면포나 피지제거 시는 조금 강한 압력을 사용한다.

036
테슬라 전류(Tesla current)가 사용되는 기기는?

① 갈바닉(The Galvanic Machine)
② 전기분무기
③ 고주파기기
④ 스팀기(The Vaporizer)

테슬라 전류는 교류전류인 고주파를 사용한다.

037
피부에 미치는 갈바닉 전류의 양극(+)의 효과는?

① 피부진정   ② 모공세정
③ 혈관확장   ④ 피부유연화

갈바닉 전류
- 음극(-)의 효과 : 알칼리성 형성, 피부연화작용, 혈액공급 증가, 세정작용, 신경자극 효과, 피지분해
- 양극(+)의 효과 : 산 형성, 피부를 단단하게 함, 신경안정 효과, 혈액공급 감소, 수렴 및 진정효과

038
피부를 분석할 때 사용하는 기기로 짝지어진 것은?

① 진공흡입기, 패터기
② 고주파기, 초음파기
③ 우드램프, 확대경
④ 분무기, 스티머

피부분석기기로는 확대경, 우드램프, 스킨스코프, 유·수분측정기, pH 측정기 등이 있다.

039
스티머 사용 시 주의사항이 아닌 것은?

① 피부에 따라 적정 시간을 다르게 한다.
② 스팀 분사방향은 코를 향하도록 한다.
③ 스티머 물통에 물을 2/3 정도 적당량을 넣는다.
④ 물통을 일반세제로 씻는 것은 고장의 원인이 될 수 있으므로 사용을 금한다.

스티머와 얼굴과의 거리는 약 30~50cm 정도가 좋으며, 턱선을 따라 얼굴전체에 퍼지도록 기기를 조절한다.

040
괄호 안에 알맞은 말이 순서대로 나열된 것은?

물질의 변화에서 고체는 (ⓐ)이/가 (ⓑ)보다 강하다.

① 운동력, 기체   ② 온도, 압력
③ 운동력, 응력   ④ 응력, 운동력

고체는 응력(입자들이 한 곳에 모이려고 하는 성질)이 운동력보다 강하다.

041
다음 중 바디용 화장품이 아닌 것은?

① 샤워젤   ② 바스 오일
③ 데오도란트   ④ 헤어 에센스

헤어 에센스는 모발화장품에 속한다.

042
다음 중 기능성 화장품의 영역이 아닌 것은?

① 피부의 미백에 도움을 주는 제품
② 피부의 주름 개선에 도움을 주는 제품
③ 피부의 여드름 개선에 도움을 주는 제품
④ 자외선으로부터 피부를 보호하는데 도움을 주는 제품

기능성 화장품의 범위
- 미백제품 : 피부의 미백에 도움을 주는 제품
- 주름개선제품 : 피부의 주름개선에 도움을 주는 제품
- 자외선차단제품 : 피부를 곱게 태워주거나 자외선으로부터 피부를 보호하는데 도움을 주는 제품

043
화장품의 사용목적과 가장 거리가 먼 것은?

① 인체를 청결, 미화하기 위하여 사용한다.
② 용모를 변화시키기 위하여 사용한다.
③ 피부, 모발의 건강을 유지하기 위하여 사용한다.

④ 인체에 대한 약리적인 효과를 주기 위해 사용한다.

> 화장품의 사용 목적 이외에 질병진단이나 치료처치 또는 예방 등의 신체의 구조와 기능에 약리적 영향을 주는 의약품은 화장품에 포함되지 않는다.

044
다음 화장품 중 그 분류가 다른 것은?
① 화장수
② 클렌징 크림
③ 샴푸
④ 팩

> 샴푸는 모발화장품이다.

045
피부 거칠음의 개선, 미백, 탈모방지 등의 피부 면역학 등을 연구하는 유용성 분야는?
① 물리학적 유용성
② 심리학적 유용성
③ 화학적 유용성
④ 생리학적 유용성

046
아로마 오일의 사용법 중 확산법으로 맞는 것은?
① 따뜻한 물에 넣고 몸을 담근다.
② 아로마 램프나 스프레이를 이용한다.
③ 수건에 적신 후 피부에 붙인다.
④ 손수건, 티슈 등에 1~2 방울 떨어뜨리고 심호흡을 한다.

> ①은 목욕법, ②는 확산법, ③은 습포법, ④는 흡입법이다.

047
팩에 사용되는 주성분 중 피막제 및 점도 증가제로 사용되는 것은?
① 카올린(kaolin), 탈크(talc)
② 폴리비닐알코올(PVA), 잔탄검(xanthan gum)
③ 구연산나트륨(sodium citrate), 아미노산류(amino acids)
④ 유동파라핀(liquid paraffin), 스쿠알렌(squalene)

> 점도 증가제는 제품의 점도를 조절하여 안정성을 유지할 목적으로 사용되며 퀸스씨드검, 잔탄검, 카르복시비닐 폴리머 등이 이용되며, 피막 형성 능력을 가진 원료의 특성을 이용하는 피막제 고분자로는 폴리비닐알코올, 폴리비닐피롤리돈, 니트로셀룰로오스 등이 이용된다.

048
식품의 혐기성 상태에서 발육하여 체외독소로서 신경독소를 분비하며 치명률이 가장 높은 식중독으로 알려진 것은?
① 살모넬라 식중독
② 보툴리누스균 식중독
③ 웰치균 식중독
④ 알레르기성 식중독

> 보툴리누스균 식중독의 원인식품은 통조림, 소시지 등의 진공 포장 식품으로 시력저하, 언어곤란, 신경장애, 호흡곤란 등의 신경계 증상이 주로 나타난다.

049
다음 중 제2급 감염병에 속하지 않는 것은?
① 디프테리아
② 콜레라
③ 성홍열
④ 세균성이질

> 제2급 감염병은 전파가능성을 고려하여 발생 또는 유행 시 24시간 이내에 신고하여야 하고, 격리가 필요한 감염병으로 결핵, 수두, 홍역, 콜레라, 장티푸스, 파라티푸스, 세균성이질, 장출혈성대장균감염증, A형간염, 백일해, 유행성이하선염, 풍진, 폴리오, 수막구균 감염증, b형헤모필루스인플루엔자, 폐렴구균 감염증, 한센병, 성홍열, 반코마이신내성황색포도알균(VRSA) 감염증, 카바페넴내성장내세균속균종(CRE) 감염증이 해당된다.

050
질병전파의 개달물(介達物)에 해당되는 것은?
① 공기, 물
② 우유, 음식물
③ 의복, 침구
④ 파리, 모기

> 개달물 감염은 환자가 쓰던 의복이나 수건에 의해 감염되는 것으로 결핵, 트라코마(눈병), 천연두 등이 이에 해당된다.

051
다음 중 파리가 매개할 수 있는 질병과 거리가 먼 것은?

① 아메바성 이질 ② 장티푸스
③ 발진티푸스 ④ 콜레라

> 발진티푸스와 재귀열은 이에 의해 감염되는 질병이다.

052
승홍에 소금을 섞었을 때 일어나는 현상은?

① 용액이 중성으로 되고 자극성이 완화된다.
② 용액의 기능을 2배 이상 증대시킨다.
③ 세균의 독성을 중화시킨다.
④ 소독대상물의 손상을 막는다.

> 승홍을 이용한 소독 시 소금 또는 염화칼륨, 식염 등을 첨가하면 용액이 중성으로 되고 자극성이 완화되며, 소독력은 상대적으로 강해진다.

053
일반적으로 사용하는 소독제로서 에탄올의 적정 농도는?

① 30% ② 50%
③ 70% ④ 90%

> 알코올(에탄올, 이소프로판올)은 미생물의 변성이나 용균, 대사기전에 저해작용을 초래하여 소독효과를 나타내는 것으로 손이나 피부, 기구 소독에 사용하며 70% 농도를 사용한다.

054
인체에 질병을 일으키는 병원체 중 대체로 살아있는 세포에서만 증식하고 크기가 가장 작아 전자현미경으로만 관찰할 수 있는 것은?

① 구균 ② 간균
③ 바이러스 ④ 원생동물

> 바이러스는 살아있는 생명체 중 가장 작은 20~300nm 크기의 병원체로 기침이나 재채기 등의 접촉에 의해 쉽게 감염된다.

055
다음 중 상처나 피부 소독에 가장 적합한 것은?

① 석탄산 ② 과산화수소
③ 포르말린수 ④ 차아염소산나트륨

> 과산화수소는 강력한 산화력에 의해 미생물을 살균하는 소독제로 보통 3%의 수용액을 사용하며, 자극성이 적어서 구내염, 인두염, 입안 세척, 상처 등에 사용한다.

056
이·미용사가 이·미용업소 외의 장소에서 이·미용을 한 경우의 3차 위반 행정처분 기준은?

① 영업장 폐쇄명령 ② 영업정지 10일
③ 영업정지 1월 ④ 영업정지 2월

> **행정처분**
> • 1차 위반 : 영업정지 1월
> • 2차 위반 : 영업정지 2월
> • 3차 위반 : 영업장 폐쇄명령

057
행정처분 사항 중 1차 위반 시 영업장 폐쇄명령에 해당하는 것은?

① 영업정지 처분을 받고도 그 영업정지 기간 중 영업을 한 때
② 손님에게 성매매알선 등의 행위를 한 때
③ 소독한 기구와 소독하지 아니한 기구를 각각 다른 용기에 넣어 보관하지 아니한 때
④ 1회용 면도기를 손님 1인에 한하여 사용하지 아니한 때

행정처분

항목	1차 위반	2차 위반	3차 위반	4차 위반
①	영업장 폐쇄명령	–	–	–
②	영업정지 3월	영업장 폐쇄명령	–	–
③ ④	경고	영업정지 5일	영업정지 10일	영업장 폐쇄명령

058
미용업영업자가 시장·군수·구청장에게 변경신고를 하여야 하는 사항이 아닌 것은?

① 영업소의 명칭의 변경
② 영업소의 소재지의 변경
③ 신고한 영업장 면적의 3분의 1이상의 증감
④ 영업소 내 시설의 변경

> 변경신고 사항은 ①, ②, ③ 외에 대표자의 성명(법인의 경우에 한함)이 변경된 경우가 포함된다.

059
위생교육 대상자가 아닌 것은?

① 공중위생영업의 신고를 하고자 하는 자
② 공중위생영업을 승계한 자
③ 공중위생영업자
④ 면허증 취득 예정자

> 위생교육은 공중위생영업자를 대상으로 하며, 공중위생영업자는 매년 3시간의 위생교육을 받아야 한다.

060
위생 서비스평가의 결과에 따른 위생관리등급별로 영업소에 대한 위생감시를 실시할 때의 기준이 아닌 것은?

① 위생교육 실시 횟수
② 영업소에 대한 출입, 검사
③ 위생감시의 실시 주기
④ 위생감시의 실시 횟수

> 위생감시실시 기준은 영업소에 대한 출입·검사와 위생 감시의 실시주기 및 횟수 등이다.

04회 【정답】 적중모의고사

001	002	003	004	005
④	④	②	②	③
006	007	008	009	010
③	④	④	①	①
011	012	013	014	015
①	④	②	③	④
016	017	018	019	020
③	②	④	③	④
021	022	023	024	025
②	④	②	③	②
026	027	028	029	030
④	②	②	④	②
031	032	033	034	035
①	①	②	③	④
036	037	038	039	040
③	①	③	②	④
041	042	043	044	045
④	③	④	③	④
046	047	048	049	050
②	②	②	①	③
051	052	053	054	055
③	①	③	③	②
056	057	058	059	060
①	①	④	④	①

제 05 회 적중모의고사

○ CHECK POINT QUESTION

001
피부미용사의 피부분석방법이 아닌 것은?
① 문진　　　② 견진
③ 촉진　　　④ 청진

> 청진은 의료의 진단방법이다.

002
림프 드레니지의 대상이 되지 않는 피부는?
① 모세혈관 피부
② 일반적인 여드름피부
③ 부종이 있는 셀룰라이트 피부
④ 감염성 피부

> 피부염증, 혈전증, 갑상선기능 장애, 천식, 감염성의 문제가 있는 피부 등은 림프 드레니지를 피한다.

003
셀룰라이트(cellulite)의 원인이 아닌 것은?
① 유전적 요인
② 지방세포수의 과다 증가
③ 내분비계 불균형
④ 정맥울혈과 림프정체

> 지방세포수의 과다 증가는 소아비만의 원인이다.

004
클렌징 제품과 그에 대한 설명이 바르게 짝지어진 것은?
① 클렌징 티슈 - 지방에 예민한 알레르기 피부에 좋으며 세정력이 우수하다.
② 폼 클렌징 - 눈 화장을 지울 때 자주 사용된다.
③ 클렌징 오일 - 물에 용해가 잘 되며 건성, 노화, 수분부족지성피부 및 민감성 피부에 좋다.
④ 클렌징 밀크 - 화장을 연하게 하는 피부 보다 두텁게 하는 피부에 좋으며, 쉽게 부패되지 않는다.

> 클렌징 오일은 클렌징 크림의 세정력과 클렌징 폼의 물세안 기능을 함께 갖춰 사용감이 좋고 세정력이 우수하다.

005
팩과 관련한 내용 중 틀린 것은?
① 피부 상태에 따라서 선별해서 사용해야 한다.
② 팩을 바르기 전 냉타월로 피부를 진정시킨 후 사용하면 효과적이다.
③ 피부에 상처가 있는 경우에는 사용을 삼간다.
④ 눈썹, 눈 주위, 입술 위는 팩 사용을 피한다.

> 팩을 바르기 전 스팀타월을 이용하여 모공을 열어 주는 것이 좋으며, 팩 제거 후에는 냉타월을 사용하여 모공을 조여주고, 일시적으로 올라간 피부의 온도를 낮춰준다.

006
벨벳 마스크 사용 시 기포를 제거해야 하는 이유는?
① 기포가 생기면 마스크의 모양이 예쁘지 않기 때문이다.
② 기포가 생기면 마스크의 적용시간이 길어지기 때문이다.
③ 기포가 생기면 고객이 불편해 하기 때문이다.
④ 기포가 생기는 부분에는 마스크의 성분이 피부에 침투하지 않기 때문이다.

007
딥 클렌징에 관한 설명으로 옳지 않은 것은?

① 화장품을 이용한 방법과 기기를 이용한 방법으로 구분된다.
② AHA를 이용한 딥 클렌징의 경우 스티머(Steamer)를 이용한다.
③ 피부표면의 노화된 각질을 부드럽게 제거함으로써 유용한 성분의 침투를 높이는 효과를 갖는다.
④ 기기를 이용한 딥 클렌징 방법에는 석션, 브러싱, 디스인크러스테이션 등이 있다.

> AHA는 여러 과일에서 추출한 천연 과일산으로 각질세포의 응집력을 약화시켜 자연탈락을 유지시키는 딥 클렌징제이다. 피부자극이 있으므로 시술 후는 반드시 진정관리가 필요하다. 스티머를 이용하여 적당한 온도와 습도를 유지시켜 줘야 하는 딥 클렌징제로는 효소가 있다.

008
딥 클렌징의 효과로 틀린 것은?

① 모공 깊숙이 들어 있는 불순물을 제거한다.
② 미백효과가 있다.
③ 피부 표면의 각질을 제거한다.
④ 화장품의 흡수 및 침투가 좋아진다.

009
피부미용 시 처음과 마지막 동작 또는 연결 동작으로 이용되는 매뉴얼 테크닉은?

① 에플로라지(effleurage)
② 타포트먼트(tapotement)
③ 니딩(kneading)
④ 롤링(rolling)

> 에플로라지(경찰법)는 손 전체로 부드럽게 쓰다듬는 동작으로 마사지의 시작과 마지막 동작에 주로 쓰이며 지각신경자극, 피부휴식, 혈액순환 촉진 효과가 있다.

010
피부유형과 관리 목적과의 연결이 틀린 것은?

① 민감피부 : 진정, 긴장 완화
② 건성피부 : 보습작용 억제
③ 지성피부 : 피지 분비 조절
④ 복합피부 : 피지, 유·수분 균형 유지

> 건성피부는 보습효과와 피지선을 항진시키는 트리트먼트를 기본으로 한다.

011
매뉴얼 테크닉의 기본 동작 중 신경조직을 자극하여 혈액순환을 촉진시켜 피부 탄력성 증가에 가장 좋은 효과를 주는 것은?

① 쓰다듬기
② 문지르기
③ 두드리기
④ 반죽하기

> 두드리기는 손가락을 이용하여 피부를 빠르게 두드려주는 동작으로 혈액순환촉진, 신경조직 자극, 피부탄력 등의 효과가 있다.

012
피부관리실에서 피부관리 시 마무리관리에 해당하지 않는 것은?

① 피부타입에 따른 화장품 바르기
② 자외선 차단크림 바르기
③ 머리 및 뒷목부위 풀어주기
④ 피부상태에 따라 매뉴얼 테크닉하기

> 피부관리의 순서는 클렌징 – 피부진단 – 딥 클렌징 – 매뉴얼 테크닉 – 팩 – 마무리의 순이다.

013
다음 중 화학적인 제모방법은?

① 제모크림을 이용한 제모
② 온왁스를 이용한 제모
③ 족집게를 이용한 제모
④ 냉왁스를 이용한 제모

> 제모크림을 이용한 제모는 강알칼리성으로 털을 연화시켜 제거하는 방법으로, 털 제거 후 산성화장수와 진정로션이나 파우더를 발라 피부자극을 줄여주는 것이 좋다.

014
매뉴얼 테크닉의 효과가 아닌 것은?

① 내분비기능의 조절
② 결체조직에 긴장과 탄력성 부여
③ 혈액순환촉진
④ 반사 작용의 억제

> 매뉴얼 테크닉의 효과 : 혈액순환, 노폐물 제거, 피지선과 한선의 기능활성, 결체조직의 긴장과 탄력성 부여, 내분비 기능 조절, 근육이완, 모세혈관 강화, 심리적 안정감 부여 등

015
왁스를 이용한 제모 방법으로 적합하지 않은 것은?

① 피지막이 제거된 상태에서 파우더를 도포한다.
② 털이 성장하는 방향으로 왁스를 바른다.
③ 쿨 왁스를 바를 때는 털이 잘 제거 되도록 왁스를 얇게 바른다.
④ 남은 왁스는 오일로 제거한 후 온습포로 진정한다.

> 털 제거 후는 진정화장수나 젤을 발라 진정시켜야 감염의 위험을 줄일 수 있다

016
피부유형별 화장품 사용 시 AHA의 적용 피부가 아닌 것은?

① 예민 피부
② 노화 피부
③ 지성 피부
④ 색소침착 피부

> AHA는 피부자극이 있으므로 민감성 피부, 피부염, 상처부위는 시술을 피한다.

017
피부유형에 대한 설명 중 틀린 것은?

① 정상피부 – 유·수분 균형이 잘 잡혀있다.
② 민감성피부 – 각질이 드문드문 보인다.
③ 노화피부 – 미세하거나 선명한 주름이 보인다.
④ 지성피부 – 모공이 크고 표면이 귤껍질같이 보이기 쉽다.

> 민감성피부는 모공이 작고 피부조직이 섬세하며 모세혈관이 드러나 보인다.

018
클렌징 제품의 선택과 관련된 내용과 가장 거리가 먼 것은?

① 피부에 자극이 적어야 한다.
② 피부의 유형에 맞는 제품을 선택해야 한다.
③ 특수 영양 성분이 함유되어 있어야 한다.
④ 화장이 짙을 때는 세정력이 높은 클렌징 제품을 사용하여야 한다.

> 특수영양 성분이 함유된 것은 마무리 크림제품에 속한다.

019
피지선에 대한 내용으로 틀린 것은?

① 진피층에 놓여 있다.
② 손바닥과 발바닥, 얼굴, 이마 등에 많다.
③ 사춘기 남성에게 집중적으로 분비된다.
④ 입술, 성기, 유두, 귀두 등에 독립피지선이 있다.

> 피지선은 손바닥과 발바닥을 제외한 전신에 분포한다.

020
켈로이드는 어떤 조직이 비정상으로 성장한 것인가?

① 피하지방조직
② 정상 상피조직
③ 정상 분비선 조직
④ 결합조직

> 켈로이드는 결합조직의 증대 및 경직으로 발생한다.

021
성장촉진, 생리대사의 보조역할, 신경안정과 면역기능 강화 등의 역할을 하는 영양소는?

① 단백질　　② 비타민
③ 무기질　　④ 지방

> 비타민은 3대 영양소의 보조효소 작용을 하며, 질병에 대한 저항력 증강 및 세포의 성장촉진, 생리대사 기능을 돕는 역할을 한다.

022
교원섬유(collagen)와 탄력섬유(elastin)로 구성되어 있어 강한 탄력성을 지니고 있는 곳은?

① 표피　　② 진피
③ 피하조직　　④ 근육

> 피부 전체의 90%를 차지하는 진피는 교원섬유와 탄력섬유 등의 섬유성 단백질과 뮤코다당류인 기질이 젤 상태로 분포되어 있다. 진피는 유두층과 망상층의 2개의 층으로 구분된다.

023
물사마귀라고도 불리우며 황색 또는 분홍색의 반투명성 구진(2~3mm 크기)을 가지는 피부양성종양으로 땀샘관의 개출구 이상으로 피지분비가 막혀 생성되는 것은?

① 한관종　　② 혈관종
③ 섬유종　　④ 지방종

> 한관종은 한선관 개출구의 문제로 피부색의 작은 구진이 눈 주위에 다발성으로 발생한다.

024
기미피부의 손질방법으로 가장 틀린 것은?

① 정신적 스트레스를 최소화한다.
② 자외선을 자주 이용하여 멜라닌을 관리한다.
③ 화학적 필링과 AHA성분을 이용한다.
④ 비타민 C가 함유된 음식물을 섭취한다.

> 자외선은 멜라닌을 생성시켜 기미를 악화시키므로 피한다.

025
장기간에 걸쳐 반복하여 긁거나 비벼서 표피가 건조하고 가죽처럼 두꺼워진 상태는?

① 가피　　② 낭종
③ 태선화　　④ 반흔

026
피부의 피지막은 보통 상태에서 어떤 유화상태로 존재하는가?

① W/O 유화　　② O/W 유화
③ W/S 유화　　④ S/W 유화

> 피지막은 W/O 유화형태로 피부의 수분증발을 막아준다.

027
피부의 각화 과정(Keratinization)이란?

① 피부가 손톱, 발톱으로 딱딱하게 변하는 것을 말한다.
② 피부세포가 기저층에서 각질층까지 분열되어 올라가 죽은 각질세포로 되는 현상을 말한다.
③ 기저세포 중의 멜라닌 색소가 많아져서 피부가 검게 되는 것을 말한다.
④ 피부가 거칠어져서 주름이 생겨 늙는 것을 말한다.

> 기저층에서 각질형성세포가 분열과정을 통해 유극층-'과립층'-각질층으로 모양과 기능이 변화하는 과정을 각화과정이라 한다.

028
다음 중 수면을 조절하는 호르몬은?

① 티로신
② 멜라토닌
③ 글루카곤
④ 칼시토닌

> 멜라토닌은 송과선에서 생성, 분비되는 호르몬으로 수면 등 생체리듬에 관여한다.

029
다음 중 윗몸 일으키기를 하였을 때 주로 강해지는 근육은?

① 이두박근　② 복직근
③ 삼각근　④ 횡격막

> 복직근은 몸통을 굽히거나 배의 압력 상승에 관여하는 근육이다.

030
다음 중 척수신경이 아닌 것은?

① 경신경　② 흉신경
③ 천골신경　④ 미주신경

> 척수신경에는 경신경, 흉신경, 요신경, 천골신경, 미골신경이 있다.

031
인체의 혈액양은 체중의 약 몇 %인가?

① 약 2%　② 약 8%
③ 약 20%　④ 약 30%

032
각 소화기관별 분비되는 소화 효소와 소화시킬 수 있는 영양소가 올바르게 짝지어진 것은?

① 소장 : 키모트립신 – 단백질
② 위 : 펩신 – 지방
③ 입 : 락타아제 – 탄수화물
④ 췌장 : 트립신 – 단백질

> 키모트립신(췌장) – 단백질, 펩신(위) – 단백질, 아밀라제(입) – 탄수화물

033
성장기까지 뼈의 길이 성장을 주도하는 것은?

① 골막　② 골단판
③ 골수　④ 해면골

> 골 조직
> • 골막 : 뼈의 표면을 싸고 있는 막
> • 골수 : 조혈기관
> • 해면골 : 뼈의 깊은 층으로 엉성한 그물 모양

034
난자를 형성하는 성선인 동시에, 에스트로겐과 프로게스테론을 분비하는 내분비선은?

① 난소　② 고환
③ 태반　④ 췌장

> 난소는 사춘기가 되면 난포호르몬(에스트로겐, 프로게스테론)을 분비한다.

035
용액 내에서 이온화되어 전도체가 되는 물질은?

① 전기분해　② 전해질
③ 혼합물　④ 분자

036
전류의 세기를 측정하는 단위는?

① 볼트(voltage)
② 암페어(amperage)
③ 와트(wattage)
④ 주파수(frequency)

> 전류의 세기는 단위 시간 동안 도선의 한 단면을 지나는 전하의 양으로 나타내며, 단위는 A(암페어)이다.

037
엔더몰로지 사용방법으로 틀린 것은?

① 시술 전 용도에 맞는 오일을 바른 후 시술한다.
② 지성의 경우 탈크 파우더를 약간 바른 후 시술한다.
③ 전신 체형관리 시 10~20분 정도 적용한다.
④ 말초에서 심장 방향으로 밀어 올리듯 시술한다.

> 전신 체형관리 시 약 40~50분 정도 적용시킨다.

038
자외선램프의 사용에 대한 내용으로 틀린 것은?

① 고객으로부터 1m 이상의 거리에서 사용한다.
② 주로 UVA를 방출하는 것을 사용한다.
③ 눈 보호를 위해 패드나 선글라스를 착용하게 한다.
④ 살균이 강한 화학선이므로 사용시 주의를 해야 한다.

> 자외선 램프는 UVA 만을 이용하여 피부를 갈색으로 태우는 기기로 주로 여름철 건강한 피부색을 나타내기 위해 사용한다.

039
고주파기의 효과에 대한 설명으로 틀린 것은?

① 피부의 활성화로 노폐물 배출의 효과가 있다.
② 내분비선의 분비를 활성화한다.
③ 색소침착 부위의 표백효과가 있다.
④ 살균, 소독 효과로 박테리아 번식을 예방한다.

> 고주파기는 피부노폐물 배출, 온열효과, 신진대사 촉진, 건조효과, 살균·소독, 박테리아 번식억제 효과가 있다.

040
프리마툴을 가장 잘 설명한 것은?

① 석선유리관을 이용하여 모공의 피지와 불필요한 각질을 제거하기 위해 사용하는 기기이다.
② 회전브러쉬를 이용하여 모공의 피지와 불필요한 각질을 제거하기 위해 사용하는 기기이다.
③ 스프레이를 이용하여 모공의 피지와 불필요한 각질을 제거하기 위해 사용하는 기기이다.
④ 우드램프를 이용하여 모공의 피지와 불 필요한 각질을 제거하기 위해 사용하는 기기이다.

> 프리마툴은 자극이 적은 천연모 브러쉬를 이용하여 클렌징, 딥클렌징, 필링, 마사지 등에 사용한다.

041
기능성 화장품에 속하지 않는 것은?

① 피부의 미백에 도움을 주는 제품
② 자외선으로부터 피부를 보호해 주는 제품
③ 피부 주름 개선에 도움을 주는 제품
④ 피부 여드름 치료에 도움을 주는 제품

> 화장품법의 내용에 따르면 기능성 화장품은 피부의 미백에 도움을 주는 제품, 자외선으로부터 피부를 보호해주는 제품, 피부 주름 개선에 도움을 주는 제품으로 규정되어 있다.

042
아로마 오일에 대한 설명 중 틀린 것은?

① 아로마 오일은 면역기능을 높여준다.
② 아로마 오일은 감기, 피부미용에 효과적이다.
③ 아로마 오일은 피부관리는 물론 화상, 여드름, 염증 치유에도 쓰인다.
④ 아로마 오일은 피지에 쉽게 용해되지 않으므로 다른 첨가물을 혼합하여 사용한다.

> 아로마 에센셜오일은 고농도 농축 유효성분으로 피부에 직접 사용 시 부작용이 생길 수 있으므로 알맞은 농도로 희석하여 사용하는 것이 좋다.

043
페이셜 스크럽(facial scrub)에 관한 설명 중 옳은 것은?

① 민감성 피부인 경우는 스크럽제를 문지를 때 무리하게 압을 가하지만 않으면 매일 사용해도 상관없다.
② 피부 노폐물, 세균, 메이크업 찌꺼기 등을 깨끗하게 지워주기 때문에, 메이크업을 했을 경우는 반드시 사용한다.
③ 각화된 각질을 제거해 줌으로써 세포의 재생을 촉진해준다.
④ 스크럽제로 문지르면 신경과 혈관을 자극하여 혈액순환을 촉진시켜 주므로 15분 정도 충분히 마사지가 되도록 문질러 준다.

> 스크럽제는 각질제거, 세안, 마사지의 효능이 있으나 지나친 사용은 피부에 자극을 줄 수 있다.

044
비누에 대한 설명으로 틀린 것은?

① 비누의 세정작용은 비누 수용액이 오염과 피부 사이에 침투하여 부착을 약화시켜 떨어지기 쉽게 하는 것이다.
② 비누는 거품이 풍성하고 잘 헹구어져야 한다.
③ 비누는 세정작용 뿐만 아니라 살균, 소독효과를 주로 가진다.
④ 메디케이티드(medicated) 비누는 소염제를 배합한 제품으로 여드름, 면도 상처 및 피부 거칠음 방지효과가 있다.

045
화장품 성분 중에서 양모에서 정제한 것은?

① 바셀린 ② 밍크 오일
③ 플라센타 ④ 라놀린

라놀린은 양모에서 정제한 유지로 피부친화성과 부착력이 좋아 크림이나 립스틱 등에 이용된다.

046
세정용 화장수의 일종으로 가벼운 화장의 제거에 사용하기에 가장 적합한 것은?

① 클렌징 오일 ② 클렌징 워터
③ 클렌징 로션 ④ 클렌징 크림

047
화장품의 4대 품질 조건에 대한 설명이 틀린 것은?

① 안전성 – 피부에 대한 자극, 알러지, 독성이 없을 것
② 안정성 – 변색, 변취, 미생물의 오염이 없을 것
③ 사용성 – 피부에 사용감이 좋고 잘 스며들 것
④ 유효성 – 질병 치료 및 진단에 사용할 수 있을 것

화장품의 품질 조건 중 유효성은 보습효과, 노화억제, 자외선차단, 미백, 세정, 색채효과 등과 관련이 있다.

048
식품의 혐기성 상태에서 발육하여 신경독소를 분비하는 세균성 식중독 원인균은?

① 살모넬라균
② 황색 포도상구균
③ 캠필로박터균
④ 보툴리누스균

보툴리누스균은 통조림, 소시지 등의 진공 포장 식품에서 발생하며, 시력저하, 언어곤란, 신경장애, 호흡곤란 등의 증세를 보인다.

049
사회보장의 분류에 속하지 않는 것은?

① 산재보험 ② 자동차보험
③ 소득보장 ④ 생활보호

050
감염병의 예방 및 관리에 관한 법률상 "생물테러감염병 또는 치명률이 높거나 집단 발생의 우려가 커서 발생 또는 유행 즉시 신고하여야 하고, 음압격리와 같은 높은 수준의 격리가 필요한 감염병"은?

① 제1급 감염병 ② 제2급 감염병
③ 제3급 감염병 ④ 제4급 감염병

법정감염병
- 제1급 감염병 : 생물테러감염병 또는 치명률이 높거나 집단 발생의 우려가 커서 발생 또는 유행 즉시 신고하여야 하고, 음압격리와 같은 높은 수준의 격리가 필요한 감염병
- 2급 감염병 : 전파가능성을 고려하여 발생 또는 유행 시 24시간 이내에 신고하여야 하고, 격리가 필요한 감염병
- 제3급 감염병 : 그 발생을 계속 감시할 필요가 있어 발생 또는 유행 시 24시간 이내에 신고하여야 하는 감염병
- 제4급 감염병 : 제1급 감염병부터 제3급 감염병까지의 감염병 외에 유행 여부를 조사하기 위하여 표본감시 활동이 감염병

051
제1급 감염병에 속하는 것은?

① b형헤모필루스인플루엔자
② 중동호흡기증후군(MERS)

③ 후천성면역결핍증(AIDS)
④ 장출혈성대장균감염증

> 보기 중 b형헤모필루스인플루엔자와 장출혈성대장균감염증은 제2급 감염병, 후천성면역결핍증(AIDS)은 제3급 감염병에 속한다.

052
환자 접촉자가 손의 소독시 사용하는 약품으로 가장 부적당한 것은?

① 크레졸수 ② 승홍수
③ 역성비누 ④ 석탄산

> 석탄산은 환자의 오염의류, 오물, 토사물, 배설물 기구 등의 소독에 사용된다.

053
당이나 혈청과 같이 열에 의해 변성되거나 불안정한 액체의 멸균에 이용되는 소독법은?

① 저온살균법 ② 여과멸균법
③ 간헐멸균법 ④ 건열멸균법

> 여과멸균법은 열에 불안정한 혈청, 당, 요소, 효소 등 액체 시료의 멸균에 적합한 방법이다.

054
다음 중 화학적 소독법에 해당되는 것은?

① 알콜 소독법 ② 자비 소독법
③ 고압증기 멸균법 ④ 간헐 멸균법

> 자비소독법, 고압증기멸균법, 간헐멸균법은 물리적 소독방법에 속한다.

055
석탄산의 희석배수 90배를 기준으로 할 때 어떤 소독약의 석탄산 계수가 4였다면 이 소독약의 희석배수는?

① 90배 ② 94배
③ 360배 ④ 400배

> **계산방법**
> - 석탄산계수＝다른 소독약의 희석배수/석탄산의 희석배수
> - 따라서, 석탄산계수(4)×석탄산의 희석배수(90)＝다른 소독약의 희석배수(360)

056
손님의 얼굴, 머리, 피부 등을 손질하여 손님의 외모를 아름답게 꾸미는 공중위생영업은?

① 위생관리용역업
② 이용업
③ 미용업
④ 목욕장업

> **이용업과 미용업**
> - 이용업 : 손님의 머리카락 또는 수염을 깎거나 다듬는 등의 방법으로 손님의 용모를 단정하게 하는 영업
> - 미용업 : 손님의 얼굴·머리·피부 등을 손질하여 손님의 외모를 아름답게 꾸미는 영업

057
영업소의 폐쇄명령을 받고도 계속하여 영업을 하는 때에 관계공무원으로 하여금 영업소를 폐쇄할 수 있도록 조치를 취할 수 있는 자는?

① 보건복지부장관
② 시·도지사
③ 시장·군수·구청장
④ 보건소장

> 시장·군수·구청장은 공중위생영업자가 영업소폐쇄명령을 받고도 계속하여 영업을 하는 때에는 관계공무원으로 하여금 당해 영업소를 폐쇄하기 위하여 당해 영업소의 간판 기타 영업표지물의 제거, 당해 영업소가 위법한 영업소임을 알리는 게시물 등의 부착, 영업을 위하여 필수불가결한 기구 또는 시설물을 사용할 수 없게 하는 봉인의 조치를 하게 할 수 있다.

058
미용업 신고증 및 면허증 원본을 게시하지 않은 때에 대한 3차 위반 시 행정처분기준은?

① 영업정지 10일 ② 영업정지 15일
③ 영업정지 1월 ④ 영업장 폐쇄명령

행정처분기준
- 1차 : 경고 또는 개선명령
- 2차 : 영업정지 5일
- 3차 : 영업정지 10일
- 4차 : 영업장 폐쇄명령

059
공중이용시설의 위생관리 규정을 위반한 시설의 소유자에게 개선명령을 할 때 명시하여야 할 것에 해당되는 것은?(모두 고를 것)

① 위생관리기준 ② 개선 후 복구상태
③ 개선기간 ④ 발생된 오염물질의 종류

① ①, ③
② ②, ④
③ ①, ③, ④
④ ①, ②, ③, ④

시·도지사 또는 시장·군수·구청장은 공중이용시설의 소유자 등에게 개선명령을 하는 때에는 위생관리기준, 발생된 오염물질의 종류, 오염허용기준을 초과한 정도와 개선기간을 명시하여야 한다.

060
이·미용사의 면허증을 재교부 신청할 수 없는 경우는?

① 국가기술자격법에 의한 이·미용사 자격증이 취소된 때
② 면허증의 기재사항에 변경이 있을 때
③ 면허증을 분실한 때
④ 면허증이 못쓰게 된 때

면허증의 재교부 신청
- 면허증의 기재사항에 변경이 있는 때(성명 및 주민등록번호의 변경에 한함)
- 면허증을 잃어버린 때
- 면허증이 헐어 못쓰게 된 때

05회 【정답】 적중모의고사

001	002	003	004	005
④	④	②	③	②
006	007	008	009	010
④	②	②	①	②
011	012	013	014	015
③	④	①	④	④
016	017	018	019	020
①	②	③	②	④
021	022	023	024	025
②	②	①	②	③
026	027	028	029	030
①	②	②	②	④
031	032	033	034	035
②	④	②	①	②
036	037	038	039	040
②	③	①	③	②
041	042	043	044	045
④	④	③	③	④
046	047	048	049	050
②	④	④	②	①
051	052	053	054	055
②	④	②	①	③
056	057	058	059	060
③	③	①	③	①

제 06 회 적중모의고사

○ CHECK POINT QUESTION

001
올바른 피부 관리를 위한 필수 조건과 가장 거리가 먼 것은?
① 관리사의 유창한 화술
② 정확한 피부타입 측정
③ 화장품에 대한 지식과 응용기술
④ 적절한 매뉴얼 테크닉 기술

002
여드름 관리에 효과적인 성분이 아닌 것은?
① 스테로이드(Steroid)
② 과산화 벤조일(Benzoyl peroxide)
③ 살리실산(Salicylic acid)
④ 글리콜산(Glycolic acid)

> 스테로이드 성분은 여드름을 악화시킨다.

003
크림타입의 클렌징 제품에 대한 설명으로 옳은 것은?
① W/O 타입으로 유성성분과 메이크업 제거에 효과적이다.
② 노화피부에 적합하고 물에 잘 용해가 된다.
③ 친수성으로 모든 피부에 사용 가능하다.
④ 클렌징 효과가 약하나 끈적임이 없고 지성피부에 특히 적합하다.

> 클렌징 크림은 오일이 다량 함유되어 진한화장을 지우는데 효과적이다.

004
딥 클렌징시 사용되는 제품의 형태와 가장 거리가 먼 것은?
① 액체(AHA) 타입
② 고마쥐(Gommage) 타입
③ 스프레이(Spray) 타입
④ 크림(Cream) 타입

> 딥 클렌징 제품은 액체타입, 고마쥐타입, 크림타입, 분말타입이 있다.

005
매뉴얼 테크닉의 방법에 대한 설명이 옳은 것은?
① 고객의 병력을 꼭 체크한다.
② 손을 밀착시키고 압을 강하게 한다.
③ 관리 시 심장에서 가까운 쪽으로부터 시작한다.
④ 충분한 상담을 통하되 피부미용사는 의사가 아니므로 몸 상태를 살펴볼 필요는 없다.

> 매뉴얼 테크닉 실시 부적용 대상이 있으므로 반드시 고객의 병력을 체크하는 것이 좋다.

006
두 가지 이상의 다른 종류의 마스크를 적용시킬 경우 가장 먼저 적용시켜야 하는 마스크는?
① 가격이 높은 것
② 수분 흡수 효과를 가진 것
③ 피부로의 침투시간이 긴 것
④ 영양성분이 많이 함유된 것

> 두 가지 이상의 팩을 적용시킬 경우 수분관리-영양관리의 순으로 실시한다.

007
제모의 방법에 대한 내용 중 틀린 것은?

① 왁스는 모간을 제거하는 방법이다.
② 전기응고술은 영구적인 제모방법이다.
③ 전기분해술은 모두유를 파괴시키는 방법이다.
④ 제모크림은 일시적인 제모 방법이다.

왁스는 모근까지를 제거하는 일시적 제모방법이다.

008
콜라겐 벨벳마스크의 설명으로 틀린 것은?

① 피부의 수분 보유량을 향상시켜 잔주름을 예방한다.
② 필링 후 사용하여 피부를 진정시킨다.
③ 천연 콜라겐을 냉동 건조시켜 만든 마스크이다.
④ 효과를 높이기 위해 비타민을 함유한 오일을 흡수시킨 후 실시한다.

콜라겐 벨벳마스크는 수용성 콜라겐의 침투가 어려우므로 유분을 잘 닦아내고 실시해야 한다.

009
피부미용의 기능적 영역이 아닌 것은?

① 관리적 기능
② 실제적 기능
③ 심리적 기능
④ 장식적 기능

피부미용의 기능에는 보호적(관리적) 기능, 심리적 기능, 장식적 기능이 있다.

010
안면 매뉴얼 테크닉의 효과와 가장 거리가 먼 것은?

① 피부세포에 산소와 영양소를 공급한다.
② 여드름을 없애준다.
③ 피부의 혈액순환을 촉진시킨다.
④ 피부를 부드럽고 유연하게 해주면 근육을 이완시켜 노화를 지연시킨다.

011
피부 미용영역이 아닌 것은?

① 눈썹정리
② 제모
③ 피부관리
④ 모발관리

모발관리는 헤어미용(미용사 일반)의 영역이다.

012
다음 설명에 따르는 화장품이 가장 적합한 피부형은?

저자극성 성분을 사용하며, 향, 알코올, 색소, 방부제가 적게 함유되어 있다.

① 지성피부
② 복합성피부
③ 민감성피부
④ 건성피부

민감성 피부는 피부조직이 섬세하고 모세혈관이 드러나며, 환경변화에 쉽게 반응하므로 무향, 무알코올, 무색소이면서 방부제가 적게 함유된 전용제품을 사용하는 것이 좋다.

013
딥 클렌징에 대한 내용으로 가장 적합한 것은?

① 노화된 각질을 부드럽게 연화하여 제거한다.
② 피부 표면의 더러움을 제거하는것이 주목적이다.
③ 주로 메이크업의 제거를 위해 사용한다.
④ 고마쥐, 스크럽 등이 해당하며 화학적 필링이라고 한다.

딥 클렌징은 일반적인 클렌징으로 제거할 수 없는 모낭 속의 노폐물과 노화된 각질을 제거하는 목적으로 실시한다.

014
각 피부유형에 대한 설명으로 틀린 것은?

① 유성 지루피부 – 과잉 분비된 피지가 피부 표면에 기름기를 만들어 항상 번질거리는 피부
② 건성 지루피부 – 피지분비기능의 상승으로 피지는 과다 분비되어 표피에 기름기나 보습기능이 저하되어 표피에 기름기가 흐르나 보습기능

이 저하되어 피부표면의 땅김 현상이 일어나는 피부
③ 표피 수분부족 건성피부 – 피부 자체의 내적원인에 의해 피부의 자체 수화기능에 문제가 되어 생기는 피부
④ 모세혈관 확장 피부 – 코와 뺨 부위 피부가 항상 붉거나 피부표면에 붉은 실핏줄이 보이는 피부

> 표피 수분부족 건성피부는 내적 요인이 아니라 외부환경의 영향에 의해 발생한다.

015
매뉴얼 테크닉 시 피부미용사의 자세로 가장 적합한 것은?

① 허리를 살짝 구부린다.
② 발은 가지런히 모으고 손목에 힘을 뺀다.
③ 양발은 편안한 상태로 손목에 힘을 준다.
④ 발은 어깨 넓이만큼 벌리고 손목에 힘을 뺀다.

016
온습포의 효과는?

① 혈행을 촉진시켜 조직의 영양공급을 돕는다.
② 혈관 수축 작용을 한다.
③ 피부 수렴 작용을 한다.
④ 모공을 수축시킨다.

> ②, ③, ④ 항은 냉습포의 효과이다.

017
유분이 많은 화장품보다는 수분공급에 효과적인 화장품을 선택하여 사용하고, 알코올 함량이 많아 피지제거 기능과 모공수축 효과가 뛰어난 화장수를 사용하여야 할 피부유형으로 가장 적합한 것은?

① 건성 피부
② 민감성 피부
③ 정상 피부
④ 지성 피부

018
매뉴얼 테크닉의 부적용 대상과 가장 거리가 먼 것은?

① 임산부의 복부, 가슴 매뉴얼 테크닉
② 외상이 있거나 수술 직후
③ 오랫동안 서 있는 자세로 인한 다리의 부종
④ 다리부위에 정맥류가 있는 경우

> 피부질환이나 외상, 수술 직후, 정맥류, 염증이나 화농성피부, 선번으로 인한 홍반, 근육이나 골격의 질병, 알레르기반응, 임산부 등은 매뉴얼 테크닉을 피한다.

019
손바닥과 발바닥 등 비교적 피부층이 두터운 부위에 주로 분포되어 있으며 수분침투를 방지하고 피부를 윤기 있게 해주는 기능을 가진 엘라이딘이라는 단백질을 함유하고 있는 표피 세포층은?

① 각질층
② 유두층
③ 투명층
④ 망상층

> 투명층은 각질층 아래에 위치하는 무핵의 편평세포로 되어있으며, 손바닥, 발바닥에 존재한다.

020
피부가 느끼는 오감 중에서 가장 감각이 둔감한 것은?

① 냉각(冷覺)
② 온각(溫覺)
③ 통각(痛覺)
④ 압각(壓覺)

> 피부 $1cm^2$ 당 통각점이 200개, 촉각점이 25개, 냉각점이 12개, 온각점이 2개 존재하고 있다.

021
피부색소인 멜라닌을 주로 함유하고 있는 세포층은?

① 각질층
② 과립층
③ 기저층
④ 유극층

> 멜라닌 세포는 표피의 기저층에 위치하며 긴 수지상의 형태를 가지고 있다.

022
모세혈관이 위치하며 콜라겐 조직과 탄력적인 엘라스틴 섬유 및 뮤코다당류로 구성되어 있는 피부의 부분은?

① 표피
② 유극층
③ 진피
④ 피하조직

023
기미가 생기는 원인으로 가장 거리가 먼 것은?

① 정신적 불안
② 비타민 C 과다
③ 내분비 기능 장애
④ 질이 좋지 않은 화장품의 사용

기미는 스트레스, 내분비질환, 화장품 등에 의해 발생될 수 있으며, 자외선에 의해 악화된다.

024
다음 중 원발진으로만 짝 지워진 것은?

① 농포, 수포
② 색소침착, 찰상
③ 티눈, 흉터
④ 동상, 궤양

원발진과 속발진
- 원발진 : 피부질환 초기 상태의 병변으로, 반점, 홍반, 구진, 결절, 종양, 수포, 농포, 팽진, 낭종 등
- 속발진 : 피부질환의 2차적 단계의 병변으로, 미란, 찰상, 가피, 궤양, 인설, 균열, 반흔, 태선화 등

025
나이아신 부족과 아미노산 중 트립토판 결핍으로 생기는 질병으로써 옥수수를 주식으로 하는 지역에서 자주 발생하는 것은?

① 각기증
② 괴혈병
③ 구부병
④ 펠라그라병

펠라그라(옥수수 홍반)는 피부가 거칠어지고 딱지가 생기고, 소화기 점막이상으로 인한 설사, 우울증, 정신분열 등의 증상을 보인다.

026
피부의 각질(케라틴)을 만들어 내는 세포는?

① 색소세포
② 기저세포
③ 각질형성세포
④ 섬유아세포

각질형성세포(keratinocyte)는 표피의 기저층에 분포하며 세포분열을 통해 유극층, 과립층, 각질층을 형성하면서 각질을 만들어 내는 세포이다.

027
대상포진(헤르페스)의 특징에 대한 설명으로 옳은 것은?

① 지각신경 분포를 따라 군집 수포성 발진이 생기며 통증이 동반된다.
② 바이러스를 갖고 있지 않다.
③ 감염되지 않는다.
④ 목과 눈꺼풀에 나타나는 감염성 비대 증식 현상이다.

대상포진의 원인 병원체는 대상포진 바이러스로 어린아이들에게 자주 나타나는 수두의 원인체인 수두 바이러스와 동일한 바이러스이다. 또한, 감염성은 약하지만 수포가 터진 상태의 대상포진 환자가 신생아, 질병으로 면역저하 상태인 사람과 접촉을 하면 감염될 위험이 있다.

028
다음 중 소화기관이 아닌 것은?

① 구강
② 인두
③ 기도
④ 간

기도는 호흡기관에 속한다.

029
다음 중 중추신경계가 아닌 것은?

① 대뇌
② 소뇌
③ 뇌신경
④ 척수

중추신경계와 자율신경계
- 중추신경계 : 뇌(대뇌, 간뇌, 중뇌, 소뇌, 교, 연수), 척수
- 자율신경계 : 체신경계(뇌신경, 척수신경), 자율신경계(교감신경, 부교감신경)

030
다음 중 뇌 척수를 보호하는 골이 아닌 것은?

① 두정골
② 측두골
③ 척추
④ 흉골

> 흉골은 가슴뼈를 말한다.

031
평활근은 잡아 당기면 쉽게 늘어나서 장력의 큰 변화 없이 본래 길이의 몇 배까지도 되는데. 이와 같은 성질을 무엇이라고 하는가?

① 연축(twitch)
② 강직(contracture)
③ 긴장(tonus)
④ 가소성(plasticity)

> 용어설명
> • 연축 : 근육이 짧은 시간동안 일시적인 수축을 일으키는 현상
> • 강직 : 병적 상태로써 근육이 과도하게 피로할 때 발생
> • 긴장 : 정상적인 근육이 운동신경으로부터 약한 자극을 계속 받아 강축하고 있는 현상

032
다음 중 혈액응고와 관련이 가장 먼 것은?

① 조혈자극인자
② 피브린
③ 프로트롬빈
④ 칼슘이온

> 조혈자극인자는 혈액 생성을 촉진하는 역할을 한다.

033
다음 중 세포막의 기능 설명이 틀린 것은?

① 세포의 경계를 형성한다.
② 물질은 확산에 의해 통과시킬 수 있다.
③ 단백질을 합성하는 장소이다.
④ 조직을 이식할 때 자기 조직이 아닌 것을 인식할 수 있다.

> 단백질을 합성하는 곳은 리보솜(ribosome, 세포내 소기관)이다.

034
다음 중 신장의 신문으로 출입하는 것이 아닌 것은?

① 요도
② 신우
③ 맥관
④ 신경

> 요도는 방광에서 소변을 밖으로 배출하는 관이다.

035
진공흡입기 적용을 금지해야 하는 경우와 가장 거리가 먼 것은?

① 모세혈관 확장피부
② 알레르기성 피부
③ 지나치게 탄력이 저하된 피부
④ 건성피부

> 민감성피부, 모세혈관 확장피부, 피부염, 정맥류, 탄력저하 피부, 다모 부위, 수술 후 등은 진공흡입기 적용을 피한다.

036
전기장치에서 퓨즈의 역할은?

① 전압을 바꾸어 준다.
② 전류의 세기를 조절한다.
③ 부도체 전기가 잘 통하도록 한다.
④ 전선의 과열을 막아 주는 안전장치 역할을 한다.

037
열을 이용한 기기가 아닌 것은?

① 스티머
② 이온토포레시스
③ 파라핀 왁스기
④ 적외선등

> 이온토포레시스는 갈바닉전류를 이용하여 영양물질을 피부 깊숙이 침투시키는 기기이다.

038
브러싱 기기의 올바른 사용법은?

① 브러시 끝이 눌리도록 적당한 힘을 가한다.

② 손목으로 회전브러시를 돌리면서 적용시킨다.
③ 브러시는 피부에 대한 수평방향으로 적용시킨다.
④ 회전 시 내용물이 튀지 않도록 양을 적당히 조절한다.

> 브러싱 기기는 죽은 각질제거 및 혈액순환촉진의 효과를 준다.

039
교류 전류로 신경근육계의 자극이나 전기 진단에 많이 이용되는 감응 전류의 피부관리 효과가 가장 거리가 먼 것은?

① 근육상태를 개선한다.
② 세포의 작용을 활발하게 하여 노폐물을 제거한다.
③ 혈액순환을 촉진한다.
④ 산소의 분비가 조직을 활성화시켜준다.

> 감응전류는 혈액순환과 신진대사를 촉진시키며 근육을 부드럽게 한다.

040
피부 분석 시 사용하는 기기가 아닌 것은?

① 확대경
② 우드램프
③ 스킨스코프
④ 적외선램프

> 적외선램프는 온열기기이다.

041
다음 설명 중 파운데이션의 일반적인 기능과 가장 거리가 먼 것은?

① 피부색을 기호에 맞게 바꾼다.
② 피부의 기미, 주근깨 등 결점을 커버한다.
③ 자외선으로부터 피부를 보호한다.
④ 피지 억제와 화장을 지속시켜준다.

> 피지억제와 화장의 지속성을 높여주는 것은 파우더이다.

042
향장품을 선택할 때에 검토해야 하는 조건이 아닌 것은?

① 피부나 점막, 두발 등에 손상을 주거나 알레르기 등을 일으킬 염려가 없는 것
② 구성 성분이 균일한 성상으로 혼합되어 있지 않는 것
③ 사용 중이나 사용 후에 불쾌감이 없고, 사용감이 산뜻한 것
④ 보존성이 좋아서 잘 변질되지 않는 것

> **화장품의 품질 특성**
> • 안전성 : 피부에 대한 자극, 알레르기, 경구독성 등이 없을 것
> • 안정성 : 보관에 따른 변질, 변색, 변위, 미생물 오염 등이 없을 것
> • 사용성 : 사용감, 편리성, 기호성 등이 좋을 것
> • 유효성 : 적절한 보습효과, 노화억제, 자외선차단, 미백, 세정 등의 효능이 좋을 것

043
바디 화장품의 종류와 사용 목적의 연결이 적합하지 않은 것은?

① 바디클렌저 – 세정·용제
② 데오도란트 파우더 – 탈색·제모
③ 썬스크린 – 자외선 방어
④ 바스솔트 – 세정·용제

> 데오도란트 파우더는 방취 화장품이다.

044
다음 중 아래 설명에 적합한 유화형태의 판별법은?

> 유화형태를 판별하기 위해서 물을 첨가한 결과 잘 섞여 O/W형으로 판별되었다.

① 전기전도도법
② 희석법
③ 색소첨가법
④ 질량분석법

> **전기전도도법과 색소첨가법**
> • 전기전도도법 : 전기저항의 차이를 이용하는 방법으로 O/W형은 W/O형에 비해 전기전도도가 크다.
> • 색소첨가법 : 에멀전에 유성염료가 용해되면 W/O형, 수용성염료가 용해되면 O/W형으로 판별한다.

045
자외선 차단을 도와주는 화장품 성품이 아닌 것은?

① 파라아미노안식향산(para-aminobenzoic acid)
② 옥틸디메틸 파바(octyl dimethyl PABA)
③ 콜라겐(collagen)
④ 티타늄디옥사이드(titanium dioxide)

> 콜라겐 성분은 피부탄력 및 보습에 효과적이다.

046
바디샴푸의 성질로 틀린 것은?

① 세포간에 존재하는 지질을 가능한 보호
② 피부의 요소, 염분의 효과적으로 제거
③ 세균의 증식 억제
④ 세정제의 각질층 내 침투로 지질을 용출

047
향수를 뿌린 후 즉시 느껴지는 향수의 첫 느낌으로, 주로 휘발성이 강한 향료들로 이루어져 있는 노트는?

① 탑 노트(Top note)
② 미들 노트(Middle note)
③ 하트 노트(Heart note)
④ 베이스 노트(Base note)

> 향수의 발산 속도에 따른 구분
> • 탑 노트(Top Note) : 향수를 뿌린 후 처음 느껴지는 첫 느낌으로 휘발성이 강한 향료로 구성
> • 미들 노트(Middle Note) : 알코올이 날아간 다음 느껴지는 향취로 탑 노트와 베이스 노트를 연결
> • 베이스 노트(Base Note) : 여러 시간이 지난 뒤 자신의 체취와 섞여서 나는 향취로 잔류성이 강한 향

048
보건행정의 특성과 가장 거리가 먼 것은?

① 공공성
② 교육성
③ 정치성
④ 과학성

> 보건행정의 특성은 공공성, 봉사성, 교육성, 과학성이다.

049
실내의 가장 쾌적한 온도와 습도는?

① 14℃, 20%
② 16℃, 30%
③ 18℃, 60%
④ 20℃, 80%

> 실내의 적정 온도는 18±2℃ 이며, 인체에 쾌적한 습도는 40~70% 정도이다.

050
이·미용업소에서 감염될 수 있는 트라코마에 대한 설명 중 틀린 것은?

① 수건, 세면기 등에 의하여 감염된다.
② 감염원은 환자의 눈물, 콧물 등이다.
③ 예방접종으로 사전 예방할 수 있다.
④ 실명의 원인이 될 수 있다.

> 트라코마의 경우 예방접종을 통해 예방할 수 없는 것으로 개인위생을 철저히 하는 것이 가장 중요한 예방방법이다.

051
다음 중 쥐와 관계없는 감염병은?

① 유행성출혈열
② 페스트
③ 공수병
④ 살모넬라증

> 공수병은 광견병이라고도 불리며 개와 사람 양쪽에 이환되는 인수공통감염병에 해당된다.

052
다음 소독제 중에서 할로겐계에 속하지 않는 것은?

① 표백분
② 석탄산
③ 차아염소산나트륨
④ 염소 유기화합물

> 석탄산은 페놀류에 속한다.

053
다음 중 예방법으로 생균백신을 사용하는 것은?
① 홍역
② 콜레라
③ 디프테리아
④ 파상풍

> **백신**
> • 생균백신 : 홍역, 결핵, 황열, 폴리오, 탄저, 두창, 광견병 등
> • 사균백신 : 콜레라, 백일해, 장티푸스, 파라티푸스, 일본뇌염 등
> • 순화독소 : 디프테리아, 파상풍 등

054
인체의 창상용 소독약으로 부적당한 것은?
① 승홍수
② 머큐로크롬액
③ 희옥도정기
④ 아크리놀

> 승홍수는 염화수은의 화합물로 맹독성이며, 금속 부식성이 강하므로 식기류나 피부소독에 부적합하다. 또한, 단백질과 결합하면 침전이 생기므로 유기물질을 소독할 때 주의해야 한다.

055
이·미용업 종사자가 손을 씻을 때 많이 사용하는 소독약은?
① 크레졸수
② 페놀수
③ 과산화수소
④ 역성비누

> 역성비누는 무미, 무해, 무독이면서도 침투력과 살균력이 강하다.

056
다음 중 공중위생감시원의 업무가 아닌 것은?
① 공중위생 영업관련 시설 및 실비의 위생상태 확인 및 검사에 관한 사항
② 공중위생 영업소의 위생서비스 수준 평가에 관한 사항
③ 공중위생 영업소 개설자의 위생교육 이행여부 확인에 관한 사항
④ 공중위생 영업자의 위생관리의무 및 영업준수사항 이행여부의 확인에 관한 사항

> **공중위생감시원의 업무범위**
> • 공중위생영업 시설 및 설비의 확인
> • 공중위생영업 관련 시설 및 설비의 위생상태 확인·검사
> • 공중위생영업자의 위생관리의무 및 영업자 준수사항 이행여부의 확인
> • 공중이용시설의 위생관리상태의 확인·검사
> • 위생지도 및 개선명령 이행여부의 확인
> • 공중위생영업소의 영업의 정지, 일부 시설의 사용중지 또는 영업소 폐쇄명령 이행여부의 확인
> • 위생교육 이행여부의 확인

057
이·미용영업자가 신고를 하지 아니하고 영업소의 상호를 변경한 때의 1차 위반 행정처분기준은?
① 경고 또는 개선명령
② 영업정지 3월
③ 영업허가 취소
④ 영업장 폐쇄명령

> **신고를 하지 않고 영업소의 명칭 및 상호 또는 영업장 면적의 1/3 이상을 변경한 때의 행정처분기준**
> • 1차 위반 : 경고 또는 개선명령
> • 2차 위반 : 영업정지 15일
> • 3차 위반 : 영업정지 1월
> • 4차 위반 : 영업장 폐쇄명령

058
이·미용사의 면허를 받지 않은 자가 이·미용의 업무를 하였을 때의 벌칙기준은?
① 100만원 이하의 벌금
② 200만원 이하의 벌금
③ 300만원 이하의 벌금
④ 500만원 이하의 벌금

> 면허가 취소된 후 계속하여 업무를 행한 자 또는 면허정지기간 중에 업무를 행한 자, 이·미용사의 면허를 받지 않은 자가 이·미용의 업무를 행한 때에는 300만원 이하의 벌금에 처한다.

059
건전한 영업질서를 위하여 공중위생영업자가 준수하여 아니한 자에 대한 벌칙기준은?
① 1년 이하의 징역 또는 1천만원 이하의 벌금
② 6월 이하의 징역 또는 500만원 이하의 벌금

③ 3월 이하의 징역 또는 300만원 이하의 벌금
④ 300만원 이하의 벌금

6월 이하의 징역 또는 500만원 이하의 벌금
- 공중위생영업의 변경신고를 하지 아니한 자
- 공중위생영업자의 지위를 승계한 자로서 규정에 의한 신고를 하지 아니한 자
- 건전한 영업질서를 위하여 공중위생영업자가 준수하여야 할 사항을 준수하지 아니한 자

060
이·미용업소 내에서 게시하지 않아도 되는 것은?

① 이·미용업 신고증
② 개설자의 면허증 원본
③ 개설자의 건강진단서
④ 요금표

업소 내에는 이·미용업 신고증, 개설자의 면허증원본 및 이·미용 요금표를 게시하여야 한다.

06회 【정답】 적중모의고사

001	002	003	004	005
①	①	①	③	①
006	007	008	009	010
②	①	④	②	②
011	012	013	014	015
④	③	①	③	④
016	017	018	019	020
①	④	③	③	②
021	022	023	024	025
③	③	②	①	④
026	027	028	029	030
③	①	③	③	④
031	032	033	034	035
④	①	③	①	④
036	037	038	039	040
④	②	④	④	④
041	042	043	044	045
④	②	②	②	③
046	047	048	049	050
④	①	③	③	③
051	052	053	054	055
③	②	①	①	④
056	057	058	059	060
②	①	③	②	③

제 07 회 적중모의고사

○ CHECK POINT QUESTION

001
화장수(스킨로션)를 사용하는 목적과 가장 거리가 먼 것은?

① 세안을 하고 나서도 지워지지 않는 피부의 잔여물을 제거하기 위해서
② 세안 후 남아있는 세안제의 알칼리성 성분 등을 닦아내어 피부표면의 산도를 약산성으로 회복시켜 피부를 부드럽게 하기 위해서
③ 보습제, 유연제의 함유로 각질층을 촉촉하고 부드럽게 하면서 다음 단계에 사용할 제품의 흡수를 용이하게 하기 위해서
④ 각종 영양물질을 함유하고 있어 피부의 탄력을 증진시키기 위해서

영양물질이 다량 함유되어 있는 것은 크림 종류이다.

002
딥 클렌징 시술과정에 대한 내용 중 틀린 것은?

① 깨끗이 클렌징이 된 상태에서 적용한다.
② 필링제를 중앙에서 바깥쪽, 아래에서 위쪽으로 도포한다.
③ 고마쥐 타입은 팩이 마른 상태에서 근육결 대로 가볍게 밀어준다.
④ 딥 클렌징 단계에서는 수분 보충을 위해 스티머를 반드시 사용한다.

딥 클렌징 단계에서 스티머를 사용할 경우는 효소 타입을 사용할 때이다.

003
제모할 때 왁스는 일반적으로 어떻게 바르는 것이 적합한가?

① 털이 자라는 방향
② 털이 자라는 반대 방향
③ 털이 자라는 왼쪽 방향
④ 털이 자라는 오른쪽 방향

004
피부타입에 다른 팩의 사용이 잘못된 것은?

① 건성피부 – 클레이 마스크
② 지성피부 – 클레이 마스크
③ 노화피부 – 벨벳 마스크
④ 여드름피부 – 머드 팩

클레이 마스크는 청정력과 흡착력이 뛰어나 지성 및 여드름 피부에 적합하다.

005
건성피부의 화장품 사용법으로 옳지 않은 것은?

① 영양, 보습 성분이 있는 오일이나 에센스
② 알코올이 다량 함유되어 있는 토너
③ 클렌저는 밀크타입이나 유분기가 있는 크림타입
④ 토닉으로 보습기능이 강화된 제품

알코올이 다량 함유된 토너는 지성피부용 화장품이다.

006
다음 매뉴얼 테크닉을 적용하는데 가장 적합한 사람은?

① 손발이 냉한 사람
② 독감이 심하게 걸린 사람
③ 피부에 상처나 질환이 있는 사람

④ 정맥류가 있어 혈관이 튀어나온 사람

> 매뉴얼 테크닉은 손을 이용하여 쓰다듬기, 주무르기, 문지르기, 두드리기, 떨기 등의 가벼운 마찰과 자극의 동작을 통해 혈액순환과 신진대사의 기능을 높이고, 세포를 활성화시켜 신체조직의 기능을 회복하거나 유지하기 위한 목적으로 시행한다.

007
매뉴얼 테크닉의 방법 중 두드리기의 효과와 가장 거리가 먼 것은?

① 피부진정과 긴장완화 효과
② 혈액순환 촉진
③ 신경자극
④ 피부의 탄력성 증대

> 피부진정과 긴장완화 효과가 있는 매뉴얼 테크닉은 쓰다듬기(에플로라지, 경찰법)이다.

008
매뉴얼 테크닉에 대한 설명 중 거리가 먼 것은?

① 체내의 노폐물 배설 작용을 도와준다.
② 신진대사의 기능이 빨라져 혈압을 내려준다.
③ 몸의 긴장을 풀어줌으로써 건강한 몸과 마음을 갖게 한다.
④ 혈액순환을 도와 피부에 탄력을 준다.

> 매뉴얼 테크닉의 효과
> • 혈액순환 및 신진대사 촉진
> • 조직의 노폐물 배출
> • 피지선과 한선의 활성화
> • 결체조직의 긴장 및 탄력부여, 근육이완
> • 심리적 안정감 부여 등

009
다음 중 온습포의 효과가 아닌 것은?

① 혈액순환 촉진
② 모공확장으로 피지, 면포 등 불순물 제거
③ 피지선 자극
④ 혈관 수축으로 염증 완화

> 혈관 수축 및 염증완화는 냉습포의 효과이다

010
실핏선 피부(cooper rose)의 특징이라고 볼 수 없는 것은?

① 혈관의 탄력이 떨어져 있는 상태이다.
② 피부가 대체로 얇다.
③ 지나친 온도 변화에 쉽게 붉어진다.
④ 모세혈관의 수축으로 혈액의 흐름이 원활하지 못하다.

> 실핏선 피부는 모세혈관이 확장되어 있는 피부를 말한다.

011
주로 피부관리실에서 사용되고 있는 제모방법은?

① 면도(Shaving)
② 왁싱(Waxing)
③ 전기응고술(Epilation Electrolysis)
④ 전기분해술(Coagulation)

> 왁싱은 넓은 부위의 제모를 효과적으로 할 수 있어 피부관리실에서 일반적으로 사용되는 제모방법이다.

012
입술화장을 지우는 방법이 틀리게 설명된 것은?

① 입술을 적당히 벌리고 가볍게 닦아낸다.
② 윗입술은 위에서 아래로 닦아낸다.
③ 아랫입술은 아래에서 위로 닦아낸다.
④ 입술 중간에서 외곽부위로 닦아낸다.

> 구각을 잡아주고 바깥쪽에서 안으로 닦아낸다.

013
피부미용 역사에 대한 설명이 틀린 것은?

① 고대 이집트에서는 피부미용을 위해 천연재료를 사용하였다.

② 고대 그리스에서는 식이요법, 운동, 마사지, 목욕 등을 통해 건강을 유지하였다.
③ 고대 로마인은 청결과 장식을 중요시하여 오일, 향수, 화장이 생활의 필수품이었다.
④ 국내의 피부미용이 전문화되기 시작한 것은 19세기 중반부터였다.

국내 피부미용은 1981년 YMCA에서 피부미용사 교육을 통해 피부관리사를 배출하면서 본격화되었다.

014
딥 클렌징과 관련이 가장 먼 것은?

① 더마스코프(Dermascope)
② 프리마톨(Frimator)
③ 엑스폴리에이션(Exfoliation)
④ 디스인크러스테이션(Disincrustation)

더마스코프는 피부진단기기이다.

015
다음 중 클렌징의 목적과 가장 관계가 깊은 것은?

① 피지 및 노폐물 제거
② 피부막 제거
③ 자외선으로부터 피부보호
④ 잡티제거

클렌징은 피부표면에 붙어있는 피지, 죽은 각질, 땀 잔여물 등의 피부생리 대사물질이나 외부로부터 파생되는 먼지, 미생물, 이물질, 메이크업의 잔여물 등을 제거하는 것을 목적으로 한다.

016
셀룰라이트에 대한 설명이 틀린 것은?

① 노폐물 등이 정체되어 있는 상태
② 피하지방이 비대해져 정체되어 있는 상태
③ 소성결합조직이 경화되어 뭉쳐져 있는 상태
④ 근육이 경화되어 딱딱하게 굳어 있는 상태

지방세포가 과도하게 지방을 축적하게 되어 부피가 증가하면서 울퉁불퉁한 표면을 형성하게 된 것을 셀룰라이트라 한다.

017
세안 후 이마, 볼 부위가 당기며, 잔주름이 많고 화장이 잘 들뜨는 피부유형은?

① 복합성피부 ② 건성피부
③ 노화피부   ④ 민감피부

건성피부의 특징
• 모공이 작아 외관상 피부가 고와 보이나 맑지는 않다.
• 피지와 땀의 분비가 적어 건조하고 윤기가 없다.
• 각질층의 수분 함량이 10%이하로 부족하다.
• 세안 후 심하게 당김이 있다.
• 피부가 거칠어 보이고 잔주름이 많이 나타난다.
• 화장이 잘 받지않고 들뜨기 쉽다.
• 노화현상이 빠르게 나타난다.

018
피부 관리에서 팩 사용 효과가 아닌 것은?

① 수분 및 영양 공급
② 각질 제거
③ 치유 작용
④ 피부 청정작용

팩은 피부 청정 및 수렴작용, 각질제거, 유효성분의 침투를 통한 보습, 미백, 재생 등의 효과가 있다.

019
다음 중 피지선이 분포되어 있지 않은 부위는?

① 손바닥 ② 코
③ 가슴   ④ 이마

손바닥, 발바닥에는 피지선이 분포되어 있지 않다.

020
다음 중 원발진에 속하는 것은?

① 수포, 반점, 인설
② 수포, 균열, 반점
③ 반점, 구진, 결절
④ 반점, 가피, 구진

원발진과 속발진
- 원발진 : 피부질환 초기 상태의 병변으로 반점, 홍반, 구진, 결절, 종양, 수포, 농포, 팽진, 낭종 등
- 속발진 : 피부질환의 2차적 단계의 병변으로 미란, 찰상, 가피, 궤양, 인설, 균열, 반흔, 태선화 등

021
손톱, 발톱의 설명으로 틀린 것은?

① 정상적인 손·발톱의 교체는 대략 6개월 가량 걸린다.
② 개인에 따라 성장의 속도는 차이가 있지만 매일 1mm 가량 성장한다.
③ 손끝과 발끝을 보호한다.
④ 물건을 잡을 때 받침대 역할을 한다.

손톱은 하루에 약 0.1mm 씩 자라며, 발톱은 손톱의 약 1/3 정도의 속도로 자란다.

022
피부의 구조 중 콜라겐과 엘라스틴이 자리 잡고 있는 층은?

① 표피 ② 진피
③ 피하조직 ④ 기저층

진피는 유두층과 망상층의 두 층으로 구분되며, 망상층에는 그물 모양의 섬유조직인 교원섬유(Collagen Fiber)와 탄력섬유(Elastic Fiber)가 치밀하게 구성되어 있다.

023
다음 중 세포 재생이 더 이상 되지 않으며 기름샘과 땀샘이 없는 것은?

① 흉터 ② 티눈
③ 두드러기 ④ 습진

흉터는 진피나 심부에 생긴 손상이 정상적으로 회복되지 못한 상태로 세포의 재생이 더 이상 되지않으며 모낭과 땀샘, 피지선이 없다.

024
비듬이나 때처럼 박리현상을 일으키는 피부층은?

① 표피의 기저층 ② 표피의 과립층
③ 표피의 각질층 ④ 진피의 유두층

표피의 각질층은 약 14일 정도의 기간을 두고 떨어져 나간다.

025
다음 중 각질이상에 의한 피부질환은?

① 주근깨(작반) ② 기미(간반)
③ 티눈 ④ 리일 흑피증

티눈은 계속적인 압박으로 인해 발가락이나 발바닥에 생기는 각질층의 증식현상이다.

026
다음 중 감염성 피부질환인 두부 백선의 병원체는?

① 리케차 ② 바이러스
③ 사상균 ④ 원생동물

백선은 피부사상균에 의한 피부의 표재성 감염을 총칭하는 것으로, 그 중 두부 백선은 두피의 모낭과 그 주위 피부에 피부사상균이 감염되어 발생하는 백선증을 말한다.

027
다음 중 입모근과 가장 관련 있는 것은?

① 수분 조절 ② 체온 조절
③ 피지 조절 ④ 호르몬 조절

입모근은 추위에 노출되었을 때 수축하여 체온을 조절한다.

028
성장호르몬에 대한 설명으로 틀린 것은?

① 분비 부위는 뇌하수체 후엽이다.
② 기능 저하시 어린이의 경우 저신장증이 된다.
③ 기능으로는 골, 근육, 내장의 성장을 촉진한다.
④ 분비 과다시 어린이는 거인증, 성인의 경우 말단비대증이 된다.

성장호르몬은 뇌하수체 전엽에서 분비된다.

029
심장에 대한 설명 중 틀린 것은?
① 성인 심장은 무게가 평균 250~300g 정도이다.
② 심장은 심방중격에 의해 좌우심방, 심실은 심실중격에 의해 좌우심실로 나누어진다.
③ 심장은 2/3가 흉골 정중선에서 좌측으로 치우쳐 있다.
④ 심장근육은 심실보다는 심방에서 매우 발달되어 있다.

> 심장근육은 심방보다 심실이 발달되어 있으며, 좌심실이 우심실보다 약 3배 정도 두껍다.

030
3대 영양소를 소화하는 모든 효소를 가지고 있으며, 인슐린(insulin)과 글루카곤(glucagon)을 분비하여 혈당량을 조절하는 기관은?
① 췌장 ② 간장
③ 담낭 ④ 충수

> 췌장에서는 3대 영양소의 소화효소를 모두 생성하며, 생성된 소화효소는 십이지장으로 분비된다. 이 중 리파아제는 지방, 아밀라아제는 탄수화물, 트립신은 단백질 분해효소이다.

031
인체의 골격은 약 몇 개의 뼈(골)로 이루어져 있는가?
① 약 206개 ② 약 216개
③ 약 265개 ④ 약 365개

> 인체에는 약 206개의 뼈가 있고, 여기에 연골이 첨가되어 골격을 구성한다.

032
심장근을 무늬모양과 의지에 따라 분류하면 옳은 것은?
① 횡문근, 수의근
② 횡문근, 불수의근
③ 평활근, 수의근
④ 평활근, 불수의근

> 심장근은 구조상으로는 횡문근이고, 기능상으로는 불수의근으로 스스로 박동한다.

033
세포내 소기관 중에서 세포내의 호흡생리를 담당하고, 이화작용과 동화작용에 의해 에너지를 생산하는 기관은?
① 미토콘드리아 ② 리보솜
③ 리소좀 ④ 중심소체

> 세포내 소기관
> • 리보솜 : 아미노산을 이용하여 단백질 합성
> • 리소좀 : 박테리아, 세포 파괴물을 분해
> • 중심소체 : 세포분열의 중심적 역할

034
신경계에 관한 내용 중 틀린 것은?
① 뇌와 척수는 중추신경계이다.
② 대뇌의 주요 부위는 뇌간, 간뇌, 중뇌, 교뇌 및 연수이다.
③ 척수로부터 나오는 31쌍의 척수신경은 말초신경에 이른다.
④ 척수의 전각에는 감각신경세포가 그리고 후각에는 운동신경세포가 분포한다.

> 척수의 전각은 운동신경세포가 분포하여 운동을 일으키고, 후각은 감각신경세포가 분포하여 감각을 전달한다.

035
이온토포레시스(inontophoresis)의 주 효과는?
① 세균 및 미생물을 살균시킨다.
② 고농축 유효성분을 피부 깊숙이 침투시킨다.
③ 셀룰라이트를 감소시킨다.
④ 심부열을 증가시킨다.

> 이온토포레시스는 갈바닉전류를 이용하여 피부 깊숙이 유효성분을 침투시키는 기기이다.

036
고주파 사용방법으로 옳은 것은?

① 스파킹(sparking)을 할 때는 거즈를 사용한다.
② 스파킹을 할 때는 피부와 전극봉 사이의 간격을 7mm 이상으로 한다.
③ 스파킹을 할 때는 부도체인 합성섬유를 사용한다.
④ 스파킹을 할 때는 여드름용 오일을 면포에 도포한 후 사용한다.

> 스파킹은 살균, 소독, 박테리아 번식을 억제하는 효과가 있으며, 고객이 놀라지 않도록 거즈를 덮고 시술하는 것이 좋다.

037
직류(Direct current)에 대한 설명으로 옳은 것은?

① 시간의 흐름에 따라 방향과 크기가 비대칭적으로 변한다.
② 변압기에 의해 승압 또는 강압이 가능하다.
③ 정현파 전류가 대표적이다.
④ 지속적으로 한쪽 방향으로만 이동하는 전류의 흐름이다.

038
우드램프 사용 시 피부에 색소침착을 나타내는 색깔은?

① 푸른색   ② 보라색
③ 흰색   ④ 암갈색

> 우드램프의 색 판정
> • 정상피부 : 푸른형광색
> • 건성피부 : 연보라색
> • 민감성피부 : 진보라색
> • 지성피부 : 오렌지색
> • 노화피부 : 암적색
> • 색소침착피부 : 암갈색
> • 각질 : 흰색

039
다음 중 피부 분석을 위한 기기가 아닌 것은?

① 고주파기   ② 우드램프
③ 확대경   ④ 유분측정기

> 피부분석기기는 확대경, 우드램프, 피부분석기(스킨스코프), 유분측정기, 수분측정기, pH측정기 등이 있다.

040
모세혈관 확장피부의 안면관리로 적당한 것은?

① 스티머(steamer)는 거리를 가까이 한다
② 왁스나 전기마스크를 사용하지 않도록 한다
③ 혈관확장 부위는 안면진공흡입기를 사용한다.
④ 비타민 P의 섭취를 피하도록 한다.

> 모세혈관 확장피부는 피부자극에 대해 민감한 반응을 보이므로 전용제품을 사용하며, 필링 및 기기 사용을 피하고 비타민 P, 비타민 B, 비타민 C를 섭취하는 것이 좋다.

041
화장품의 제형에 따른 특징의 설명이 틀린 것은?

① 유화제품 – 물에 오일성분이 계면활성제에 의해 우유빛으로 백탁화된 상태의 제품
② 유용화제품 – 물에 다량의 오일 성분이 계면활성제에 의해 현탁하게 혼합된 상태의 제품
③ 분산제품 – 물 또는 오일 성분에 미세한 고체입자가 계면활성제에 의해 균일하게 혼합된 상태의 제품
④ 가용화제품 – 물에 소량의 오일 성분이 계면활성제에 의해 투명하게 용해되어 있는 상태의 제품

> 화장품의 제형은 가용화, 유화, 분산제품으로 분류된다.

042
내가 좋아하는 향수를 구입하여 샤워 후 바디에 나만의 향으로 산뜻하고 상쾌함을 유지시키고자 한다면, 부향률은 어느 정도로 하는 것이 좋은가?

① 1~3%   ② 3~5%
③ 6~8%   ④ 9~12%

> 부향률 1~3%는 가볍고 시원한 느낌을 주며 목욕이나 샤워 후 사용이 적합하다.

043
대부분 O/W형 유화타입이며, 오일량이 적어 여름철에 많이 사용하고 젊은 연령층이 선호하는 파운데이션은?

① 크림 파운데이션 ② 파우더 파운데이션
③ 트윈 케이크 ④ 리퀴드 파운데이션

> 리퀴드 파운데이션은 오일량이 10% 정도로 가벼운 사용감을 준다.

044
보습제가 갖추어야 할 조건이 아닌 것은?

① 다른 성분과 혼용성이 좋을 것
② 휘발성이 있을 것
③ 적절한 보습능력이 있을 것
④ 응고점이 낮을 것

> 보습제는 저휘발성인 것이 좋다.

045
진달래과의 월귤나무의 잎에서 추출한 하이드로퀴논 배당체로 멜라닌 활성을 도와주는 티로시나아제 효소의 작용을 억제하는 미백화장품의 성분은?

① 감마-오리자놀 ② 알부틴
③ AHA ④ 비타민 C

046
"피부에 대한 자극, 알러지, 독성이 없어야 한다"는 내용은 화장품의 4대 요건 중 어느 것에 해당하는가?

① 안전성 ② 안정성
③ 사용성 ④ 유효성

> 화장품의 품질 특성
> • 안전성 : 피부에 대한 자극, 알레르기, 경구독성 등이 없을 것
> • 안정성 : 보관에 따른 변질, 변색, 변위, 미생물 오염 등이 없을 것
> • 사용성 : 사용감, 편리성, 기호성 등이 좋을 것
> • 유효성 : 적절한 보습효과, 노화억제, 자외선차단, 미백, 세정 등의 효능이 좋을 것

047
바디관리 화장품이 가지는 기능과 가장 거리가 먼 것은?

① 세정 ② 트리트먼트
③ 연마 ④ 일소방지

048
다음 중 산업종사자와 직업병의 연결이 틀린 것은?

① 광부 – 진폐증 ② 인쇄공 – 납중독
③ 용접공 – 규폐증 ④ 항공정비사 – 난청

> 규폐증은 유리규산 분진에 의해 발생하는 직업병으로 광부에게서 발생한다.

049
다음 중에서 접촉 감염지수(감수성지수)가 가장 높은 질병은?

① 홍역 ② 소아마비
③ 디프테리아 ④ 공수병

> 홍역은 감염성이 강하여 감수성 있는 접촉자의 90% 이상이 발생한다.

050
인수공통감염병에 해당하는 것은?

① 천연두 ② 콜레라
③ 디프테리아 ④ 공수병

> 인수공통감염병이란 사람과 동물을 공동 숙주로 하는 병원체에 의해 발생한 질병이나 감염상태를 말하는 것으로 공수병은 광견병이라 불리는 인수공통감염병이다.

051
매개곤충과 전파하는 감염병의 연결이 틀린 것은?

① 쥐 – 유행성 출혈열 ② 모기 – 일본뇌염
③ 파리 – 사상충 ④ 쥐벼룩 – 페스트

> 사상충은 모기가 전파한다.

052
다음 중 소독약품의 적정 희석농도가 틀린 것은?

① 석탄산 – 3%
② 승홍 – 0.1%
③ 알코올 – 70%
④ 크레졸 – 0.3%

> 크레졸은 크레졸 비누액 3%, 물 97%의 비율로 사용한다.

053
병원성 또는 비병원성 미생물 및 아포를 가진 것을 전부 사멸 또는 제거하는 것을 무엇이라고 하는가?

① 멸균(sterilization)
② 소독(disinfection)
③ 방부(antiseptic)
④ 정균(microbiostasis)

> **용어설명**
> - 소독 : 유해한 미생물을 파괴시켜 감염의 위험을 제거하는 비교적 약한 살균
> - 방부 : 병원성 미생물의 발육과 작용을 제거하거나 정지시켜 부패나 발효를 방지
> - 정균 : 세균의 성장이나 대사를 저지

054
결핵환자의 객담 처리방법 중 가장 효과적인 것은?

① 소각법
② 알콜소독
③ 크레졸소독
④ 매몰법

> 물리적 소독법에서 가장 효과적인 방법은 소각법이다.

055
자외선의 작용이 아닌 것은?

① 살균작용
② 비타민 D 형성
③ 피부의 색소침착
④ 아포 사멸

> 260nm(2,600Å) 부근의 자외선 파장인 경우 살균작용이 강하지만, 아포를 사멸시킬 수는 없다. 참고로 아포까지 사멸시키기 위해서는 고압증기멸균법을 이용한다.

056
광역시 지역에서 이·미용업소를 운영하는 사람이 영업소의 소재지를 변경하고자 할 때의 조치사항으로 옳은 것은?

① 시장에게 변경허가를 받아야 한다.
② 관할 구청장에게 변경허가를 받아야 한다.
③ 시장에게 변경신고를 하면 된다.
④ 관할 구청장에게 변경신고를 하면 된다.

> 광역시 지역인 경우 신고 및 변경신고는 영업장 소재지 관할 구청장에게 한다.

057
다음 중 이·미용영업에 있어 벌칙기준이 다른 것은?

① 영업신고를 하지 아니한 자
② 영업소 폐쇄 명령을 받고도 계속하여 영업을 한 자
③ 일부 시설의 사용중지 명령을 받고 그 기간 중에 영업을 한 자
④ 면허가 취소된 후 계속하여 업무를 행한 자

> 보기 중 ①, ②, ③ 항의 경우 1년 이하의 징역 또는 1천만원 이하의 벌금에 처해지며, ④ 항의 경우에는 300만원 이하의 벌금에 처해진다.

058
1회용 면도날을 2인 이상 손님에게 사용한 때의 1차 위반 행정처분 기준은?

① 경고
② 영업정지 5일
③ 영업정지 10일
④ 영업정지 1월

> **1회용 면도날을 2인 이상의 손님에게 사용한 때의 행정처분기준**
> - 1차 위반 : 경고
> - 2차 위반 : 영업정지 5일
> - 3차 위반 : 영업정지 10일
> - 4차 위반 : 영업장 폐쇄명령

059

이·미용사의 면허를 받을 수 없는 사람은?

① 전문대학 또는 이와 동등 이상의 학력이 있다고 교육부장관이 인정하는 학교에서 이·미용에 관한 학과를 졸업한 자
② 국가기술자격법에 의한 이·미용사 자격을 취득한 자
③ 교육부장관이 인정하는 고등기술학교에서 6월 이상 이·미용의 과정을 이수한 자
④ 고등학교 또는 이와 동등의 학력이 있다고 교육부장관이 인정하는 학교에서 이·미용에 관한 학과를 졸업한 자

> 교육부장관이 인정하는 고등기술학교에서 1년 이상 이용 또는 미용에 관한 소정의 과정을 이수한 자는 이·미용사의 면허를 받을 수 있다.

060

면허증 분실로 인해 재교부를 받았을 때, 잃어버린 면허를 찾은 경우 반납하여야 하는 기간은?

① 지체없이 ② 7일
③ 30일 ④ 6개월

> 면허증을 잃어버린 후 재교부 받은 자가 그 잃어버린 면허증을 찾은 때에는 지체없이 재교부 받은 시장·군수·구청장에게 이를 반납하여야 한다.

07회 【정답】 적중모의고사

001	002	003	004	005
④	④	①	①	②
006	007	008	009	010
①	①	②	④	④
011	012	013	014	015
②	④	④	①	①
016	017	018	019	020
④	②	③	①	③
021	022	023	024	025
②	②	①	③	③
026	027	028	029	030
③	①	①	④	①
031	032	033	034	035
①	②	①	④	②
036	037	038	039	040
①	④	④	①	②
041	042	043	044	045
②	①	④	②	②
046	047	048	049	050
①	③	③	①	④
051	052	053	054	055
③	④	①	①	④
056	057	058	059	060
④	④	①	③	①

제 08 회 적중모의고사

○ CHECK POINT QUESTION

001
딥 클렌징에 대한 설명으로 틀린 것은?

① 제품으로 효소, 스크럽 크림 등을 사용할 수 있다.
② 여드름성 피부나 지성 피부는 주 3회 이상 하는 것이 효과적이다.
③ 피부 노폐물을 제거하고 피지의 분비를 조절하는데 도움이 된다.
④ 건성, 민감성 피부는 2주에 1회 정도가 적당하다.

> 여드름이나 지성피부는 주 2회 정도 효소나 스크럽, AHA 등을 이용하여 딥클렌징을 해 주며, 지나칠 경우 유·수분의 부족을 가져와 오히려 악화될 수 있다.

002
우드램프에 의한 피부의 분석 결과 중 틀린 것은?

① 흰색 – 죽은 세포와 각질층의 피부
② 연한 보라색 – 건조한 피부
③ 오렌지색 – 여드름, 피지, 지루성피부
④ 암갈색 – 산화된 피지

> 암갈색은 색소침착 피부에 해당된다.

003
매뉴얼 테크닉 작업 시 주의사항으로 옳은 것은?

① 동작은 강하게 하여 경직된 근육을 이완시킨다.
② 속도는 빠르게 하여 고객에게 심리적인 안정을 준다.
③ 손동작은 머뭇거리지 않도록 하며 손목이나 손가락의 움직임은 유연하게 한다.
④ 매뉴얼 테크닉을 할 때는 반드시 마사지 크림을 사용하여 시술한다.

> 매뉴얼 테크닉 시 지나치게 강한 자극을 피하고 피부 상태에 맞춰 시술방법(방향, 속도, 압력, 리듬, 시간 등)을 고려하여 실시한다.

004
피부타입과 화장품과의 연결이 틀린 것은?

① 지성피부 – 유분이 적은 영양크림
② 정상피부 – 영양과 수분 크림
③ 민감피부 – 지성용 데이크림
④ 건성피부 – 유분과 수분 크림

> 저자극성 성분(무향, 무알콜, 무방부제)을 사용한 민감성 전용크림을 사용한다.

005
다음 중 당일 적용한 피부관리 내용을 고객카드에 기록하고 자가 관리 방법을 조언하는 단계는?

① 피부관리 계획 단계
② 피부분석 및 진단 단계
③ 트리트먼트(Treatment) 단계
④ 마무리 단계

> 자가관리 조언은 가정에서의 제품 사용법을 위주로 설명한다.

006
매뉴얼 테크닉의 효과와 가장 거리가 먼 것은?

① 피부의 흡수 능력을 확대시킨다.
② 심리적 안정감을 준다.
③ 혈액의 순환을 촉진한다.
④ 여드름이 정리된다.

> 매뉴얼 테크닉의 효과는 보기 중 ①, ②, ③항 외에 조직의 노폐물 제거, 피지선과 한선의 기능 활성화, 근육이완 및 모세혈관 강화, 결체조직의 탄력 부여, 신진대사 촉진 등이 있다.

007
일시적인 제모방법에 해당되지 않는 것은?
① 제모크림　　　② 왁스
③ 전기응고술　　④ 족집게

> 전기응고술은 단파에서 발생하는 높은 열로 모근을 가열하여 응고시키는 방법으로 영구제모에 속한다.

008
천연팩에 대한 설명 중 틀린 것은?
① 사용할 횟수를 모두 계산하여 미리 만들어 준비해둔다.
② 신선한 무공해 과일이나 야채를 이용한다.
③ 만드는 방법과 사용법을 잘 숙지한 다음 제조한다.
④ 재료의 혼용 시 각 재료의 특성을 잘 파악한 다음 사용하여야 한다.

> 천연팩은 신선한 재료를 사용하며, 필요할 때 마다 즉시 만들어 사용하는 것이 좋다.

009
클렌징에 대한 설명으로 가장 거리가 먼 것은?
① 피부 노폐물과 더러움을 제거한다.
② 피부 호흡을 원활히 하는데 도움을 준다.
③ 피부 신진대사를 촉진한다.
④ 피부 산성막을 파괴하는데 도움을 준다.

> 클렌징은 피부표면의 피지, 죽은 각질, 땀 잔여물 등의 피부생리 대사물질이나 외부로부터 파생되는 먼지나 이물질 등을 제거하여 신진대사 및 혈액순환을 돕는 트리트먼트 준비단계라 할 수 있다.

010
딥클렌징 관리 시 유의 사항 중 옳은 것은?
① 눈의 점막에 화장품이 들어가지 않도록 조심한다.
② 딥클렌징한 피부를 자외선에 직접 노출시킨다.
③ 흉터 재생을 위하여 상처부위를 가볍게 문지른다.
④ 모세혈관 확장 피부는 부작용증에 해당하지 않는다.

> 딥클렌징 제형 중 스크럽제품은 눈에 들어갈 경우 각막손상을 일으킬 수 있으므로 특히 주의해야 한다.

011
기초화장품의 사용 목적 및 효과와 가장 거리가 먼 것은?
① 피부의 청결 유지　　② 피부 보습
③ 잔주름, 여드름 방지　④ 여드름의 치료

> 여드름 치료제는 의약품에 속한다.

012
림프드레나지 기법 중 손바닥 전체 또는 엄지손가락을 피부 위에 올려놓고 앞으로 나선형으로 밀어내는 동작은 무엇인가?
① 정지 상태 원 동작　② 펌프 기법
③ 퍼 올리기 동작　　④ 회전동작

> 림프드레나지 기법
> • 정지상태 원 동작 : 손가락을 평평하게 겹치거나 펴서 림프배출 방향으로 원 동작이나 나선형으로 시행하는 동작
> • 펌프 기법 : 엄지와 네 손가락을 직각이 되게 한 후 타원형으로 펌프 하듯이 미는 동작
> • 퍼 올리기 동작 : 손바닥을 위로향하고 손목회전과 함께 위로 올리면서 압을 주는 동작

013
제모관리 중 왁싱에 대한 내용과 가장 거리가 먼 것은?
① 겨드랑이 및 입술 주위의 털을 제거 시에는 하드 왁스를 사용하는 것이 좋다.
② 콜드왁스(cold wax)는 데울 필요가 없지만 온왁스(warm wax)에 비해 제모능력이 떨어진다.
③ 왁싱은 레이저를 이용한 제모와는 달리 모유두의 모모세포를 퇴행시키지 않는다.
④ 다리 및 팔 등의 넓은 부위의 털을 제거할 때에는 부직포 등을 이용한 온왁스가 적합하다.

왁싱을 자주하면 모낭염 등을 일으키며, 털이 가늘어지고 자라는 속도가 느려진다.

014
온열 석고마스크의 효과가 아닌 것은?

① 열을 내어 유효성분을 피부 깊숙이 흡수시킨다.
② 혈액순환을 촉진시켜 피부에 탄력을 준다.
③ 피지 및 노폐물 배출을 촉진한다.
④ 자극 받은 피부에 진정효과를 준다.

피부에 진정효과를 주는 것은 고무마스크이다.

015
신체 각 부위별 매뉴얼 테크닉을 하는 경우 고려해야 할 유의사항과 가장 거리가 먼 것은?

① 피부나 근육, 골격에 질병이 있는 경우는 피한다.
② 피부에 상처나 염증이 있는 경우는 피한다.
③ 너무 피곤하거나 생리중일 경우는 피한다.
④ 강한 압으로 매뉴얼 테크닉을 오래하여야 한다.

매뉴얼 테크닉은 너무 오래하거나 강한 압을 주지 말아야 한다.

016
피부미용의 목적이 아닌 것은?

① 노화예방을 통하여 건강하고 아름다운 피부를 유지한다.
② 심리적, 정신적 안정을 통해 피부를 건강한 상태로 유지시킨다.
③ 분장, 화장 등을 이용하여 개성을 연출한다.
④ 질환적 피부를 제외한 피부를 관리를 통해 상태를 개선시킨다.

보기 중 ③항은 메이크업의 목적이다.

017
클렌징 과정에서 제일 먼저 클렌징을 해야 할 부위는?

① 볼 부위　　② 눈 부위
③ 목 부위　　④ 턱 부위

포인트 메이크업 전용 리무버를 이용하여 눈의 색조화장을 클렌징한 후 얼굴 및 목 부위의 노폐물을 제거한다.

018
피부분석을 하는 목적은?

① 피부분석을 통해 고객의 라이프스타일을 파악하기 위해서
② 피부의 증상과 원인을 파악하여 올바른 피부 관리를 하기 위해서
③ 피부의 증상과 원인을 파악하여 의학적 치료를 하기 위해서
④ 피부분석을 통해 운동처방을 하기 위해서

고객의 피부유형과 피부상태에 따라 적합한 제품을 선택하여 고객에 알맞은 프로그램을 선정하여 올바른 피부 관리를 하기 위한 것이 피부분석의 목적이다.

019
다음 중 적외선에 관한 설명으로 옳지 않은 것은?

① 혈류의 증가를 촉진시킨다.
② 피부에 생성물을 흡수되도록 돕는 역할을 한다.
③ 노화를 촉진시킨다.
④ 피부에 열을 가하여 피부를 이완시키는 역할을 한다.

적외선은 신진대사 촉진 및 세포를 활성화 하여 노화를 방지하는 효과가 있다.

020
다음 중 자외선이 피부에 미치는 영향이 아닌 것은?

① 색소침착　　② 살균효과
③ 홍반형성　　④ 비타민 A 합성

자외선은 비타민 D를 합성한다.

021
피부에 있어 색소세포가 가장 많이 존재하고 있는 곳은?

① 표피의 각질층 ② 표피의 기저층
③ 진피의 유두층 ④ 진피의 망상층

표피의 기저층에는 각질형성세포와 멜라닌 형성세포가 존재한다.

022
우리 피부의 세포가 기저층에서 생성되어 각질세포로 변화하여 피부표면으로부터 떨어져 나가는데 걸리는 기간은?

① 대략 60일 ② 대략 28일
③ 대략 120일 ④ 대략 280일

세포가 각질세포를 형성하는 기간이 약 14일, 피부표면으로부터 떨어져 나가는 기간이 약 14일 걸린다.

023
사춘기 이후에 주로 분비가 되며, 모공을 통하여 분비되어 독특한 체취를 발생시키는 것은?

① 소한선 ② 대한선
③ 피지선 ④ 갑상선

대한선(아포크린한선)은 모낭과 연결되어 있으며 귀 언저리, 겨드랑이, 사타구니, 유두, 배꼽주변에 주로 분포되어 있다.

024
피지선에 대한 설명으로 틀린 것은?

① 피지를 분비하는 선으로 진피 중에 위치한다.
② 피지선은 손바닥에는 없다.
③ 피지의 1일 분비량은 10~20g 정도이다.
④ 피지선이 많은 부위는 코 주위이다.

피지의 하루 분비량은 약 1~2g이다.

025
체내에 부족하면 괴혈병을 유발시키며, 피부와 잇몸에서 피가 나오게 하고 빈혈을 일으켜 피부를 창백하게 하는 것은?

① 비타민 A ② 비타민 B_2
③ 비타민 C ④ 비타민 K

비타민 C는 항산화 기능으로 노화예방 및 멜라닌 생성을 억제하고 콜라겐 합성에 관여하여 피부 등을 단단하게 한다.

026
한선에 대한 설명 중 틀린 것은?

① 체온 조절기능이 있다.
② 진피와 피하지방 조직의 경계부위에 위치한다.
③ 입술을 포함한 전신에 존재한다.
④ 에크린선과 아포크린선이 있다.

한선은 입술과 음부를 제외한 피부 전신에 존재한다.

027
피부의 기능이 아닌 것은?

① 보호작용 ② 체온조절작용
③ 비타민 A 합성작용 ④ 호흡작용

비타민 D의 합성

028
혈액 중 혈액응고에 주로 관여하는 세포는?

① 백혈구 ② 적혈구
③ 혈소판 ④ 헤마토크리트

혈소판은 혈액응고 촉진작용 등 지혈을 담당하며, 수명은 약 9~10일이다. 참고로 헤마토크리트(hematocrit)는 혈액 중 적혈구가 차지하는 용적비(%)를 의미한다.

029
눈살을 찌푸리고 이마에 주름을 짓게 하는 근육은?

① 구륜근 ② 안륜근
③ 추미근 ④ 이근

추미근은 눈썹을 안쪽과 아래로 잡아당겨 이마에 세로주름을 형성한다.

030
피질의 세포 중 전해질 및 수분대사에 관여하는 염류피질 호르몬을 분비하는 세포군은?

① 속상대 ② 사구대
③ 망상대 ④ 경팽대

피질은 3개의 층으로 되어 있으며 가장 바깥층인 사구대에서는 신장에서 전해질 및 수분대사에 관여하는 염류피질 호르몬을 분비하며, 가운데인 속상대에는 당질대사에 관여하는 염류피질호르몬을, 가장 안쪽의 망상대에서는 성장에 관여하는 성호르몬인 안드로겐을 분비한다.

031
뇌신경과 척수신경은 각각 몇 쌍인가?

① 뇌신경 – 12, 척수신경 – 31
② 뇌신경 – 11, 척수신경 – 31
③ 뇌신경 – 12, 척수신경 – 30
④ 뇌신경 – 11, 척수신경 – 30

뇌신경(12쌍)은 뇌에서 나오는 말초신경으로 주로 두부에 분포되어 운동과 감각을 담당하며, 척수신경(31쌍)은 척수양측을 출입하는 말초신경이다.

032
다음 중 간의 역할에 가장 적합한 것은?

① 소화와 흡수촉진
② 담즙의 생성과 분비
③ 음식물의 역류방지
④ 부신피질 호르몬 생산

간은 지방의 소화 및 흡수촉진을 위한 담즙을 생성하여 십이지장으로 보낸다.

033
두개골(skull)을 구성하는 뼈로 알맞은 것은?

① 미골 ② 늑골
③ 사골 ④ 흉골

두개골은 두정골, 후두골, 측두골, 접형골, 사골로 구성되어 있다.

034
물질 이동시 물질을 이루고 있는 입자들이 스스로 운동하여 농도가 높은 곳에서 낮은 곳으로 액체나 기체 속을 분자가 퍼져나가는 현상은?

① 능동수송 ② 확산
③ 삼투 ④ 여과

용어설명
- 능동수송 : 에너지나 효소를 이용하여 농도가 낮은 곳에서 높은 곳으로 이동
- 삼투 : 반투막을 경계로 상호 다른 용액이 같아지려는 현상
- 여과 : 막의 안과 밖의 압력과 중력의 차이에 의해 작은 구멍을 통해 용액이 이동하는 현상

035
전류에 대한 설명이 틀린 것은?

① 전류의 방향은 도선을 따라 (+)극에서 (-)극쪽으로 흐른다.
② 전류는 주파수에 따라 초음파, 저주파, 중주파, 고주파 전류로 나뉜다.
③ 전류의 세기는 1초동안 도선을 따라 움직이는 전하량을 말한다.
④ 전자의 방향과 전류의 방향은 반대이다.

전류는 주파수에 따라 직류와 교류로 나뉘며 교류는 저주파, 중주파, 고주파로 나뉜다.

036
미용기기로 사용되는 진공흡입기(vacuum or suction)와 관련이 없는 것은?

① 피부에 적절한 자극을 주어 피부기능을 왕성하게 한다.
② 피지제거, 불순물 제거에 효과적이다.
③ 민감성 피부나 모세혈관 확장증에 적용하면 좋은 효과가 있다.

④ 혈액순환촉진, 림프순환촉진에 효과가 있다.

민감성 피부, 모세혈관 확장피부, 정맥류 등은 진공흡입기를 피한다.

037
확대경에 대한 설명으로 틀린 것은?

① 피부상태를 명확히 파악하게 하여 정확한 관리가 이루어지도록 해준다.
② 확대경을 켠 후 고객의 눈에 아이패드를 착용시킨다.
③ 열린 면포 또는 닫힌 면포 등을 제거할 때 효과적으로 이용할 수 있다.
④ 세안 후 피부분석 시 아주 작은 결점도 관찰할 수 있다.

고객의 눈을 보호하기 위해 아이패드를 먼저 착용한 후 불을 켠다.

038
갈바닉 전류의 음극에서 생성되는 알칼리를 이용하여 피부표면의 피지와 모공속의 노폐물을 세정하는 방법은?

① 이온토포레시스
② 리프팅트리트먼트
③ 디스인크러스테이션
④ 고주파트리트먼트

이온토포레시스는 전류의 음극(-)과 양극(+)의 성질을 이용하여 피부침투가 어려운 수용성 물질을 흡수시킨다.

039
다음 중 pH의 옳은 설명은?

① 어떤 물질의 용액 속에 들어있는 수소이온의 농도를 나타낸다.
② 어떤 물질의 용액 속에 들어있는 수소분자의 농도를 나타낸다.
③ 어떤 물질의 용액 속에 들어있는 수소이온의 질량을 나타낸다.
④ 어떤 물질의 용액 속에 들어있는 수소분자의 질량을 나타낸다.

수소이온의 농도가 높을수록 용액은 산성에 가깝다.

040
우드램프 사용 시 지성부위의 코메도(comedo)는 어떤 색으로 보이는가?

① 흰색 형광
② 밝은 보라
③ 노랑 또는 오렌지
④ 자주색 형광

흰색 – 각질화피부, 밝은 보라 – 건성피부, 자주색 형광 – 노화피부

041
손을 대상으로 하는 제품 중 알코올을 주 베이스로 하며, 청결 및 소독을 주된 목적으로 하는 제품은?

① 핸드워시(Hand wash)
② 새니타이저(sanitizer)
③ 비누
④ 핸드크림

새니타이저는 손소독제(손세정제)이다.

042
클렌징크림의 설명으로 맞지 않은 것은?

① 메이크업화장을 지우는데 사용한다.
② 클렌징 로션보다 유성성분 함량이 적다.
③ 피지나 기름때와 같은 물에 잘 닦이지 않는 오염 물질을 닦아내는데 효과적이다.
④ 깨끗하고 촉촉한 피부를 위해서 비누로 세정하는 것보다 효과적이다.

클렌징크림은 유성성분이 많이 함유되어 진한 화장을 지우는데 효과적이다.

043
미백화장품에 사용되는 원료가 아닌 것은?

① 알부틴
② 코직산
③ 레티놀
④ 비타민 C 유도체

> 레티놀은 노화화장품 성분이다.

044
다음 중 여드름의 발생 가능성이 가장 적은 화장품 성분은?

① 호호바 오일
② 라놀린
③ 미네랄 오일
④ 이소프로필 팔미테이트

> 호호바 오일은 구조가 피지와 유사하여 피부 흡수가 쉽고, 여드름, 피부연화, 건성피부 등에 좋다.

045
캐리어 오일로써 부적합한 것은?

① 미네랄 오일
② 살구씨 오일
③ 아보카도 오일
④ 포도씨 오일

> 미네랄 오일은 석유에서 정제한 오일로 캐리어 오일로는 적합하지 않다.

046
다음 중 화장품의 사용되는 주요 방부제는?

① 에탄올
② 벤조산
③ 파라옥시안식향산메칠
④ BHT

> 화장품 방부제로는 파라옥시안식향산메칠, 파라옥시안식향산프로필, 이미다졸리디닐우레아 등이 있다.

047
주름개선 기능성 화장품의 효과와 가장거리가 먼 것은?

① 피부탄력 강화
② 콜라겐 합성 촉진
③ 표피 신진대사 촉진
④ 섬유아세포 분해 촉진

> 주름개선 화장품은 섬유아세포의 성장을 촉진한다.

048
공중보건학의 정의로 가장 적합한 것은?

① 질병예방, 생명연장, 질병치료에 주력하는 기술이 과학이다.
② 질병예방, 생명유지, 조기치료에 주력하는 기술이며 과학이다.
③ 질병의 조기발견, 조기예방, 생명연장에 기술이며 과학이다.
④ 질병예방, 생명연장, 건강증진에 주력하는 기술이며 과학이다.

> 공중보건학의 대상은 개인이 아니라 지역사회이다.

049
성층권의 오존층을 파괴시키는 대표적인 가스는?

① 아황산가스
② 일산화탄소
③ 이산화탄소
④ 염화불화탄소

> 염화불화탄소는 냉매, 발포제, 세정제, 분사제 등에 폭넓게 사용되고 있으나 오존층 파괴의 주범으로 사용이 금지되었다.

050
기생충과 중간숙주의 연결이 틀린 것은?

① 광절열두조충증 – 물벼룩, 송어
② 유구조충증 – 오염된 풀, 소
③ 폐흡충증 – 민물게, 가재
④ 간흡충증 – 쇠우렁, 잉어

> 유구조충증 – 육류

051
질병 발생의 3대 요인이 옳게 구성된 것은?
① 병인, 숙주, 환경
② 숙주, 감염력, 환경
③ 감염력, 연령, 인종
④ 병인, 환경, 감염력

052
다음 중 소독에 영향을 가장 적게 미치는 인자는?
① 온도
② 대기압
③ 수분
④ 시간

053
다음 중 넓은 지역의 방역용 소독제로 적당한 것은?
① 석탄산
② 알코올
③ 과산화수소
④ 역성비누액

방역용 석탄산의 농도는 3%로 의류, 오물, 용기 등에 사용한다.

054
100℃ 이상 고온의 수증기를 고압상태에서 미생물, 포자 등과 접촉시켜 멸균할 수 있는 것은?
① 자외선 소독기
② 건열 멸균기
③ 고압증기 멸균기
④ 자비소독기

용어설명
- 건열멸균기 : 170℃에서 1~2시간 처리(주사침, 유리기구, 금속제품)
- 자비소독기 : 100℃ 이상의 끓는 물에 15~20분간 처리(식기류, 도자기류, 주사기, 의류소독)
- 자외선 소독기 : 태양광선 중 자외선영역인 290~320nm의 파장을 사용(무균실, 수술실, 공기, 식품소독)

055
모기를 매개곤충으로 하여 일으키는 질병이 아닌 것은?
① 말라리아
② 사상충염
③ 일본뇌염
④ 발진티푸스

발진티푸스는 이를 매개로 하여 감염되는 질병이다.

056
이·미용업소에서 손님이 보기 쉬운 곳에 게시하지 않아도 되는 것은?
① 개설자의 면허증원본
② 신고증
③ 사업자 등록증
④ 이·미용 요금표

업소 내에는 이·미용업 신고증, 개설자의 면허증원본 및 이·미용 요금표를 게시하여야 한다.

057
이·미용사의 면허를 받기 위한 자격요건으로 틀린 것은?
① 교육부장관이 인정하는 고등기술학교에서 1년 이상 이·미용에 관한 소정의 과정을 이수한 자
② 이·미용에 관한 업무에 3년 이상 종사한 경험이 있는 자
③ 국가기술자격법에 의한 이·미용사의 자격을 취득한 자
④ 전문대학에서 이·미용에 관한 학과를 졸업한 자

이·미용사 면허를 받기 위한 자격요건
- 전문대학 또는 이와 동등 이상의 학력이 있다고 교육부장관이 인정하는 학교에서 이용 또는 미용에 관한 학과를 졸업한 자
- 대학 또는 전문대학을 졸업한 자와 동등 이상의 학력이 있는 것으로 인정되어·이용 또는 미용에 관한 학위를 취득한 자
- 고등학교 또는 이와 동등의 학력이 있다고 교육부장관이 인정하는 학교에서 이용 또는 미용에 관한 학과를 졸업한 자
- 교육부장관이 인정하는 고등기술학교에서 1년 이상 이용 또는 미용에 관한 소정의 과정을 이수한 자
- 국가기술자격법에 의한 이용사 또는 미용사의 자격을 취득한 자

058
영업정지처분을 받고 그 영업정지 기간 중 영업을 한 때에 대한 1차 위반 시 행정처분기준은?

① 영업정지 10일
② 영업정지 20일
③ 영업정지 1월
④ 영업장 폐쇄 명령

영업정지 처분을 받고도 그 영업정지 기간 중 영업을 한 때는 1차 위반 시 영업장 폐쇄 명령을 받게 된다.

영업소 외의 장소에서 이용 및 미용 업무가 가능한 경우
- 질병이나 그 밖의 사유로 영업소에 나올 수 없는 자에 대하여 이용 또는 미용을 하는 경우
- 혼례나 그 밖의 의식에 참여하는 자에 대하여 그 의식 직전에 이용 또는 미용을 하는 경우
- 사회복지시설에서 봉사활동으로 이용 또는 미용을 하는 경우
- 위의 경우 외에 특별한 사정이 있다고 시장·군수·구청장이 인정하는 경우

059

이·미용사의 면허증을 다른 사람에게 대여한 때의 법칙 행정저분 조치 사항으로 옳은 것은?

① 시·도지사가 그 면허를 취소하거나 6월 이내의 기간을 정하여 업무정지 명할 수 있다.
② 시·도지사가 그 면허를 취소하거나 1년 이내의 기간을 정하여 업무 정지를 명할 수 있다.
③ 시장, 군수, 구청장은 그 면허를 취소하거나 6월 이내의 기간을 정하여 업무정지를 명할 수 있다.
④ 시장, 군수, 구청장은 그 면허를 취소하거나 1년 이내의 기간을 정하여 업무 정지를 명할 수 있다.

면허증을 대여한 때 시장, 군수, 구청장은 그 면허를 취소하거나 6월 이내의 기간을 정하여 업무정지를 명할 수 있으며, 그 세부적인 기준은 보건복지부령으로 정한다.

060

이·미용사는 영업소 외의 장소에는 이·미용 업무를 할 수 없다. 그러나 특별한 사유가 있는 경우는 예외가 인정되는 데 다음 중 특별한 사유에 해당하지 않는 것은?

① 질병으로 영업소까지 나올 수 없는 자에 대한 이·미용
② 혼례기타 의식에 참여하는 자에 대하여 그 의식 직전에 행하는 이·미용
③ 긴급히 국외에 출타하는 자에 대한 이·미용
④ 시장, 군수, 구청장이 특별한 사정이 있다고 인정하는 경우에 행하는 이·미용

08회 【정답】 적중모의고사

001	002	003	004	005
②	④	③	③	④
006	007	008	009	010
④	③	①	④	①
011	012	013	014	015
④	④	③	④	④
016	017	018	019	020
③	②	②	③	④
021	022	023	024	025
②	②	②	②	③
026	027	028	029	030
③	③	③	③	②
031	032	033	034	035
①	②	③	②	②
036	037	038	039	040
③	②	③	①	③
041	042	043	044	045
②	②	③	①	①
046	047	048	049	050
③	④	④	④	②
051	052	053	054	055
①	②	①	③	④
056	057	058	059	060
③	②	④	③	③

제 09 회 적중모의고사

○ CHECK POINT QUESTION

001
클렌징 제품에 대한 설명이 틀린 것은?

① 클렌징 밀크는 O/W 타입으로 친유성이며 건성, 노화, 민감성 피부에만 사용할 수 있다.
② 클렌징 오일은 일반 오일과 다르게 물에 용해되는 특성이 있고 탈수 피부, 민감성 피부, 약건성 피부에 사용하면 효과적이다.
③ 비누는 사용 역사가 가장 오래된 클렌징 제품이고 종류가 다양하다.
④ 클렌징 크림은 친유성과 친수성이 있으며 친유성은 반드시 이중 세안을 해서 클렌징 제품이 피부에 남아 있지 않도록 해야 한다.

클렌징 밀크는 O/W 타입으로 친수성으로 모든 피부에 적합하다

002
딥 클렌징의 효과와 가장 거리가 먼 것은?

① 모공의 노폐물 제거
② 화장품의 피부 흡수를 도와줌
③ 노화된 각질제거
④ 심한 민감성 피부의 민감도 완화

심한 민감성 피부는 딥 클렌징을 피한다.

003
팩의 제거 방법에 따른 분류가 아닌 것은?

① 티슈 오프 타입(Tissue off type)
② 석고 마스크 타입(Gysum mask type)
③ 필오프 타입(Peel off type)
④ 워시 오프 타입(Wash off type)

팩의 제거방법에 따른 분류 : 필 오프 타입, 워시 오프 타입, 티슈 오프 타입

004
클렌징 시술에 대한 내용 중 틀린 것은?

① 포인트 메이크업 제거시 아이 립 메이크업 리무버를 사용한다.
② 방수(Waterproof) 마스카라를 한 고객의 경우에는 오일 성분의 아이메이크업 리무버를 사용하는 것이 좋다.
③ 클렌징 동작 중 원을 그리는 동작은 얼굴의 위를 향할 때 힘을 빼고 내릴 때는 힘을 준다.
④ 클렌징 동작은 근육결에 따르고, 머리쪽을 향하게 하는 것에 유념한다.

클렌징은 부드럽고 큰 동작으로 위로 쓸어 주는 기본동작을 행한다.

005
피부 분석표 작성시 피부 표면의 혈액순환상태에 따른 분류표시가 아닌 것은?

① 홍반피부(Erythrosis skin)
② 심한 홍반피부(Couperose skin)
③ 주사성 피부(Rosacea skin)
④ 과색소 피부(Hyper pigmentation skin)

과색소 피부는 멜라닌 색소의 과다한 생성에 의한 것이 원인이다.

006
신체 각 부위 관리에서 매뉴얼 테크닉의 효과와 가장 거리가 먼 것은?

① 혈액 순환 및 림프 순환 촉진

② 근육의 이완 및 강화
③ 피부의 염증과 홍반 증상의 예방
④ 심리적 안정감을 통한 스트레스 해소

> 매뉴얼 테크닉의 효과는 ①, ②, ④ 외에 조직의 노폐물 제거, 피지선과 한선의 기능 활성화, 모세혈관 강화 등이 있다.

007
화장수의 도포 목적 및 효과로 옳은 것은?
① 피부 본래의 정상적인 pH 밸런스를 맞추어 주며 다음 단계에 사용할 화장품의 흡수를 용이하게 한다.
② 죽은 각질 세포를 쉽게 박리 시키고 새로운 세포 형성 촉진을 유도한다.
③ 혈액 순환촉진 시키고 수분 증발을 방지하여 보습효과가 있다.
④ 항상 피부를 pH 5.5 약산성으로 유지시켜 준다.

> 화장수는 일시적으로 상승된 피부 pH를 정상화시키고 유·수분의 밸런스를 맞춰주며 다음 단계의 화장품 흡수를 용이하게 하는 작용을 한다.

008
피부 미용의 역사에 대한 설명 중 옳은 것은?
① 르네상스 시대 – 비누의 사용이 보편화
② 이집트 시대 – 약초 스팀법의 개발
③ 로마시대 – 향수, 오일, 화장이 생활의 필수품으로 등장
④ 중세시대 – 매뉴얼 테크닉크림 개발

> 로마시대에는 공중 목욕탕이 발달하였고 건강하고 매력적인 피부를 가꾸는 피부손질 제품이 다양하게 개발되었다.

009
다음 중 피부 미용에서의 딥 클렌징에 속하지 않은 것은?
① 스크럽
② 엔자임
③ AHA
④ 크리스탈 필

> 크리스탈 필은 피부과에서 사용된다.

010
피부 유형을 결정하는 요인이 아닌 것은?
① 얼굴형
② 피부조직
③ 피지 분비
④ 모공

> 피부유형은 ②, ③, ④ 외에도 피부탄력도, 수분량, 민감도, 순환상태, 색소분포 여부에 따라 분류된다.

011
매뉴얼 테크닉의 효과와 가장 거리가 먼 것은?
① 혈액순환 촉진
② 피부결의 연화 및 개선
③ 심리적 안정
④ 주름제거

012
일시적 제모에 해당하지 않은 것은?
① 족집게
② 제모용 크림
③ 왁싱
④ 레이저 제모

> 레이저 제모는 영구적 제모에 속한다.

013
팩에 대한 내용 중 적합하지 않은 것은?
① 건성 피부에는 진흙 팩이 적합하다
② 팩은 사용목적에 따른 효과가 있어야 한다.
③ 팩 재료는 부드럽고 바르기 쉬워야 한다.
④ 팩의 사용에 있어서 안전하고 독성이 없어야 한다.

> 진흙 팩은 피지흡착 작용이 있어 유분이 부족한 건성피부에는 적합하지 않고 지성피부에 적합하다.

014
카르테(고객카드)작성에 반드시 기입되어야 할 사항과 가장 거리가 먼 것은?

① 성명, 생년월일, 주소, 전화번호
② 직업, 가족사항, 환경, 기호식품
③ 건강상태, 정신상태, 병력, 화장품
④ 취미, 특기사항, 재산정도

> 고객의 개인 사생활에 대한 것은 작성하지 않는다.

015
림프 드레니지의 주 대상이 되지 않는 피부는?

① 모세혈관확장 피부
② 튼 피부
③ 감염성 피부
④ 부종이 있는 셀룰라이트 피부

> 감염성 피부의 경우는 더 악화될 수 있으므로 피한다.

016
안면관리시 제품의 도포 순서로 가장 바르게 연결된 것은?

① 앰플 – 로션 – 에센스 – 크림
② 크림 – 에센스 – 앰플 – 로션
③ 에센스 – 로션 – 앰플 – 크림
④ 앰플 – 에센스 – 로션 – 크림

> 낮에는 데이크림-자외선 차단제품을, 밤에는 나이트 크림으로 마무리한다.

017
셀룰라이트(cellulite)에 대한 설명 중 틀린 것은?

① 오렌지 껍질 피부모양으로 표현된다.
② 주로 여성에게 많이 나타난다.
③ 주로 허벅지, 둔부, 상완 등에 많이 나타나는 경향이 있다
④ 스트레스가 주 원인이다.

> 셀룰라이트는 비만이 주 원인이다.

018
다리 제모의 방법으로 틀린 것은?

① 머슬린천을 이용할 때는 수직으로 세워서 떼어낸다.
② 대퇴부는 윗부분부터 밑 부분으로 각 길이를 이등분 정도 나누어 내려가며 실시한다.
③ 무릎부위는 세워놓고 실시한다.
④ 종아리는 고객을 엎드리게 한 후 실시한다.

> 머슬린천은 털이 자라는 반대방향으로 약 45도 각도로 빠르게 떼어낸다.

019
피부의 색소와 관계가 가장 먼 것은?

① 에크린   ② 멜라닌
③ 카로틴   ④ 헤모글로빈

> 피부 색소
> • 멜라닌 : 검정(표피기저층)
> • 카로틴 : 황색(피하조직)
> • 헤모글로빈 : 붉은색(혈관)

020
다음 중 땀샘의 역할이 아닌 것은?

① 체온 조절   ② 분비물 배출
③ 땀 분비   ④ 피지 분비

> 피지 분비는 피지선의 역할이다.

021
피부 각질형성세포의 일반적 각화 주기는?

① 약 1주   ② 약 2주
③ 약 3주   ④ 약 4주

> 각질형성세포의 각화주기는 각질형성과정이 14일, 각질탈락과정이 14일 정도로 약 28일을 주기로 한다.

022
콜라겐과 엘라스틴이 주성분으로 이루어진 피부 조직은?

① 표피상층
② 표피하층
③ 진피조직
④ 피하조직

> 진피는 피부의 90%를 차지하며 콜라겐과 엘라스틴, 기질물질로 구성되어 있다.

023
어부들에게 피부의 노화가 조기에 나타나는 가장 큰 원인은?

① 생선을 너무 많이 섭취하여서
② 햇볕에 많이 노출되어서
③ 바다에 오존 성분이 많아서
④ 바다의 일에 과로하여서

> 햇볕에 과다 노출되면 광노화 현상이 일어난다.

024
광노화 현상이 아닌 것은?

① 표피 두께 증가
② 멜라닌 세포 이상 항진
③ 체내 수분 증가
④ 진피내의 모세혈관 확장

> 광노화 시 피부건조가 심해져 체내 수분이 감소한다.

025
피부의 천연보습인자(NMF)의 구성 성분 중 가장 많은 분포를 나타내는 것은?

① 아미노산
② 요소
③ 피롤리돈 카르본산
④ 젖산염

> NMF는 각질층에 존재하는 자연 보습성분으로 주요 성분은 아미노산(40%)이다.

026
표피에서 촉감을 감지하는 세포는?

① 멜라닌 세포
② 머켈 세포
③ 각질형성 세포
④ 랑게르한스 세포

> 머켈 세포는 촉각세포로 주로 손바닥, 발바닥, 입술 등에 많이 분포되어 있다.

027
우리 몸의 대사 과정에서 배출되는 노폐물, 독소 등이 배설되지 못하고 피부조직에 남아 비만으로 보이며 림프 순환이 원인인 피부 현상은?

① 쿠퍼로제
② 켈로이드
③ 알레르기
④ 셀룰라이트

> 셀룰라이트는 과도한 지방세포의 축적으로 인해 부피가 증가하면서 울퉁불퉁한 표면을 형성하여 림프순환의 원인이 된다.

028
담즙을 만들어 포도당을 글리코겐으로 저장하는 소화기관은?

① 간
② 위
③ 충수
④ 췌장

> 포도당은 글리코겐의 형태로 간이나 근육에 저장된다.

29
세포막을 통한 물질이동 방법 중 수동적 방법에 해당하는 것은?

① 음세포작용
② 능동수송
③ 확산
④ 식세포 작용

> 물질이동 방법
> • 수동적 이동방법 : 확산, 삼투, 여과
> • 능동적 이동방법 : 식작용, 음세포작용, 토세포작용

030
중추신경계는 어떻게 구성되어 있나?

① 중뇌와 대뇌
② 뇌와 척수
③ 교감신경과 뇌간
④ 뇌간과 척수

신경계
- 중추 신경계 : 뇌와 척수
- 말초 신경계 : 뇌신경과 자율 신경계

031
다음 중 배부(back)의 근육이 아닌 것은?

① 승모근　　　② 광배근
③ 견갑거근　　④ 비복근

비복근은 종아리를 형성하는 근육이다.

032
골격계에 대한 설명 중 옳지 않은 것은?

① 인체의 골격은 약 206개의 뼈로 구성된다.
② 체중의 약 20%를 차지하며 골, 연골, 관절 및 인대를 총칭한다.
③ 기관을 둘러싸서 내부 장기를 외부의 충격으로부터 보호한다.
④ 골격에서는 혈액세포를 생성하지 않는다.

골수는 중요한 조혈기능을 가진 조혈기관이다.

033
다리의 혈액순환 이상으로 피부 밑에 형성되는 검푸른 상태를 무엇이라 하는가?

① 혈관 축소
② 심박동 증가
③ 하지정맥류
④ 모세혈관확장증

하지정맥류는 오래 서 있는 등 하지 정맥 내의 압력이 높아지는 경우, 판막의 손상으로 인해 심장으로 가는 혈액이 역류하여 정맥이 늘어나 피부 밖으로 보이는 현상이다.

034
남성의 2차 성장에 영향을 주는 성스테로이드 호르몬으로 두정부 모발의 발육을 억제시키고 피지분비를 촉진시키는 것은?

① 알도스테론(aldosterone)
② 에스트로겐(estrogen)
③ 테스토스테론(testosterone)
④ 프로게스테론(progesterone)

테스토스테론은 탈모의 원인으로 작용한다.

035
고형의 파라핀을 녹이는 파라핀기의 적용범위가 아닌 것은?

① 손 관리
② 혈액순환 촉진
③ 살균
④ 팩 관리

파라핀기의 적용범위 : 건조한 손·발 관리, 팩 관리, 혈액순환 촉진

036
컬러테라피의 색상 중 활력, 세포재생, 신경긴장 완화, 호르몬대사 조절 효과를 나타내는 것은?

① 주황색　　　② 노란색
③ 보라색　　　④ 초록색

칼라테라피의 색상
- 노란색 : 콜라겐 및 엘라스틴의 생성 증가
- 녹색 : 심리적 안정, 긴장완화, 면역력 증가
- 보라색 : 림프계에 영향
- 빨강색 : 심장기능 활성, 지방분해효과
- 파랑색 : 진정작용, 염증 및 열 진정효과

037
다음 중 전류와 관련된 설명으로 가장 거리가 먼 것은?

① 전류의 세기는 1초에 한 점을 통과하는 전하량으로 나타낸다.
② 전류의 단위로는 A(암페어)를 사용한다.
③ 전류는 전압과 저항이라는 두 개의 요소에 의한다.
④ 전류는 낮은 전류에서 높은 전류로 흐른다.

전류는 (+)극에서 (−)극으로 흐른다.

038
브러시(프리마톨)의 사용 방법으로 틀린 것은?

① 브러시는 피부에 90도 각도로 사용한다.
② 건성, 민감성 피부는 빠른 회전수로 사용 한다.
③ 회전속도는 얼굴은 느리게, 신체는 빠르게 한다.
④ 사용 후에는 즉시 중성 세제로 깨끗하게 세척한다.

건성 및 민감성 피부는 느린 회전을 이용하여 가볍게 돌려준다.

039
피부미용기기의 부작용과 가장 거리가 먼 경우는?

① 임산부
② 알레르기, 피부상처, 피부질병이 진행 중인 경우
③ 지성피부
④ 치아, 뼈, 보철 등 몸속에 금속장치를 지닌 경우

피부미용기기는 ①, ②, ④ 외에 수술환자, 전기에 민감한 사람, 선번이나 화상을 입은 사람, 간질, 당뇨환자 등은 피한다.

040
피부분석 시 사용하는 기기가 아닌 것은?

① pH 측정기
② 우드램프
③ 초음파기기
④ 확대경

음파기기는 피부관리기기이다.

041
다음 중 옳은 것만을 모두 짝지은 것은?

A. 자외선 차단제에는 물리적 차단제와 화학적 차단제가 있다.
B. 물리적 차단제에는 벤조페논, 옥시벤존, 옥틸디메칠파바 등이 있다.
C. 화학적 차단제는 피부에 유해한 자외선을 흡수하여 피부 침투를 차단하는 방법이다.
D. 물리적 차단제는 자외선이 피부에 흡수되지 못하도록 피부 표면에서 빛을 반사 또는 산란시키는 방법이다.

① A, B, C
② A, C, D
③ A, B, D
④ B, C, D

물리적 차단제는 자외선을 산란·반사시켜주는 것으로 이산화티탄, 산화아연, 탈크, 카올린 등이 있다.

042
화장품 제조의 3가지 주요기술이 아닌 것은?

① 가용화 기술
② 유화 기술
③ 분산 기술
④ 용융 기술

화장품 제조의 주요기술은 가용화, 유화, 분산기술이 있다.

043
에센셜 오일을 추출하는 방법이 아닌 것은?

① 수증기 증류법
② 혼합법
③ 압착법
④ 용제 추출법

에센셜 오일 추출법은 ①, ③, ④ 외에 냉침법, 온침법, 침적법, 침출법 등이 있다.

044
기능성 화장품류의 주요 효과가 아닌 것은?

① 피부 주름개선에 도움을 준다.
② 자외선으로부터 보호한다.
③ 피부를 청결히 하여 피부 건강을 유지한다.
④ 피부 미백에 도움을 준다.

기능성화장품은 피부주름개선, 자외선차단, 미백에 도움을 주는 제품을 말한다.

045
다음 중 향료의 함유량이 가작 적은 것은?

① 퍼퓸(Perfume)
② 오데 토일렛(Eau de Toilet)
③ 샤워 코롱(Shower Cologne)
④ 오데 코롱(Eau de Cologen)

퍼퓸 〉 오데 토일렛 〉 오데 코롱 〉 샤워 코롱

046
팩제의 사용 목적이 아닌 것은?

① 팩제가 건조하는 과정에서 피부에 심한 긴장을 준다.
② 일시적으로 피부의 온도를 높여 혈액순환을 촉진한다.
③ 노화한 각질층 등을 팩제와 함께 제거시키므로 피부 표면을 청결하게 할 수 있다.
④ 피부의 생리 기능에 적극적으로 작용하여 피부에 활력을 준다.

팩제는 건조과정에서 적당한 피부 긴장감을 준다.

047
화장품에서 요구되는 4대 품질 특성이 아닌 것은?

① 안전성　　② 안정성
③ 보습성　　④ 사용성

화장품 품질특성 : 안전성, 안정성, 사용성, 유효성

048
통조림, 소시지 등 식품의 혐기성 상태에서 발육하여 신경독소를 분비하여 중독이 되는 식중독은?

① 포도상구균 식중독
② 솔라닌 독소형 식중독
③ 병원성 대장균 식중독
④ 보툴리누스균 식중독

보툴리누스 균은 신경계에 주로 나타나며 시력저하, 언어곤란, 신경장애, 호흡곤란 등의 증세가 나타난다.

049
실내 공기의 오명지표로 주로 측정되는 것은?

① N_2　　② NH_3
③ CO　　④ CO_2

CO_2의 실내공기오염의 허용한계는 0.1%(=1,000ppm)이다.

050
관련법상 제2급 감염병에 속하는 것은?

① 디프테리아　　② A형간염
③ 공수병　　　　④ 매독

보기 중 디프테리아는 제1급, 공수병과 매독은 제3급 감염병에 속한다.

051
예방접종에 있어서 디.피.티(D.P.T)와 무관한 질병은?

① 디프테리아　　② 파상풍
③ 결핵　　　　　④ 백일해

DPT : 디프테리아, 백일해, 파상풍

052
훈증 소독법에 대한 설명 중 틀린 것은?

① 분말이나 모래, 부식되기 쉬운 재질 등을 멸균할 수 있다.
② 가스(gas)나 증기(fum)를 사용한다.
③ 화학적 소독방법이다.
④ 위생해충 구제에 많이 이용된다.

훈증소독법은 미생물과 해충을 죽이는 소독방법이다.

053
100% 크레졸 비누액을 환자의 배설물, 토사물, 객담소독을 위한 소독용 크레졸 비누액 100mL로 조제하는 방법으로 가장 적합한 것은?

① 크레졸 비누액 0.5mL + 물 99.5mL
② 크레졸 비누액 3mL + 물 97mL
③ 크레졸 비누액 10mL + 물 90mL
④ 크레졸 비누액 50mL + 물 50mL

크레졸수는 크레졸 3%, 물 97%가 적합하다.

054
질병 발생의 3대 요소가 아닌 것은?

① 병인   ② 환경
③ 숙주   ④ 병소

질병 발생의 3요소
- 병인 : 병원체, 병원소, 환자, 보균자, 토양 등
- 환경 : 접촉, 공기전파, 매개동물전파, 개달물 전파
- 숙주 : 병원체의 기생으로 손상을 당하는 생물

055
화학약품으로 소독시 약품의 구비조건이 아닌 것은?

① 살균력이 있을 것
② 부식성, 표백성이 없을 것
③ 경제적이고 사용방법이 간편할 것
④ 용해성이 낮을 것

소독약은 용해성이 높고 안정성이 있어야 한다.

056
손님의 얼굴, 머리, 피부 등에 손질을 통하여 손님의 외모를 아름답게 꾸미는 영업에 해당하는 것은?

① 미용업   ② 피부미용업
③ 메이크업   ④ 종합미용업

- 이용업 : 손님의 머리카락 또는 수염을 깎거나 다듬는 등의 방법으로 손님의 용모를 단정하게 하는 영업
- 미용업 : 손님의 얼굴·머리·피부 등을 손질하여 손님의 외모를 아름답게 꾸미는 영업
- 미용업(일반) : 파마·머리카락자르기·머리카락모양내기·머리피부손질·머리카락염색·머리감기, 의료기기나 의약품을 사용하지 아니하는 눈썹손질을 하는 영업
- 미용업(피부) : 의료기기나 의약품을 사용하지 아니하는 피부상태분석·피부관리·제모(除毛)·눈썹손질을 하는 영업
- 미용업(네일) : 손톱과 발톱을 손질·화장(化粧)하는 영업
- 미용업(메이크업) : 얼굴 등 신체의 화장, 분장 및 의료기기나 의약품을 사용하지 아니하는 눈썹손질을 하는 영업
- 미용업(종합) : 미용업(일반), 미용업(피부), 미용업(네일), 미용업(메이크업)의 업무를 모두 하는 영업

057
변경신고를 하지 아니하고 영업소의 소재지를 변경한 때의 3차 위반 행정처분기준은?

① 영업정지 1월   ② 영업정지 2월
③ 영업장 폐쇄명령   ④ 영업허가 취소

058
이·미용업소에서 1회용 면도날을 손님 몇 명까지 사용할 수 있는가?

① 1명   ② 2명
③ 3명   ④ 4명

미용업자의 준수사항
- 의료기구와 의약품을 사용하지 아니하는 순수한 화장 또는 피부미용을 할 것
- 미용기구는 소독을 한 기구와 소독을 하지 아니한 기구로 분리하여 보관하고, 면도기는 1회용 면도날만을 손님 1인에 한하여 사용할 것
- 미용사면허증을 영업소안에 게시할 것

059
위생교육은 일 년에 몇 시간을 받아야 하는가?

① 2시간   ② 3시간
③ 5시간   ④ 6시간

공중위생영업자는 매년 3시간의 위생교육을 받아야 하며, 위생교육의 방법·절차 등에 관하여 필요한 사항은 보건복지부령으로 정한다.

060

다음 중 이·미용업무에 종사할 수 있는 자는?

① 공인 이·미용학원에서 3개월 이상 이·미용에 관한 강습을 받은 자
② 이·미용업소에 취업하여 6개월 이상 이·미용에 관한 기술을 수습한 자
③ 이·미용업소에서 이·미용사의 감독하에 이·미용 업무를 보조하고 있는 자
④ 시장·군수·구청장이 보조원이 될 수 있다고 인정하는 자

> 이용사 또는 미용사의 면허를 받은 자가 아니면 이용업 또는 미용업을 개설하거나 그 업무에 종사할 수 없다. 다만, 이용사 또는 미용사의 감독을 받아 이용 또는 미용 업무의 보조를 행하는 경우에는 그러하지 아니하다.

09회 【정답】 적중모의고사

001	002	003	004	005
①	④	②	③	④
006	007	008	009	010
③	①	③	④	①
011	012	013	014	015
④	④	①	④	③
016	017	018	019	020
④	④	①	①	④
021	022	023	024	025
④	③	②	③	①
026	027	028	029	030
②	④	①	③	②
031	032	033	034	035
④	④	③	③	③
036	037	038	039	040
①	④	②	③	③
041	042	043	044	045
②	④	②	③	③
046	047	048	049	050
①	③	④	④	②
051	052	053	054	055
③	①	②	④	④
056	057	058	059	060
①	③	①	②	③

제 10 회 적중모의고사

CHECK POINT QUESTION

001
매뉴얼 테크닉의 종류 중 기본동작이 아닌 것은?
① 두드리기(Tapotement)
② 문지르기(Friction)
③ 흔들어주기(Vibration)
④ 누르기(Press)

> 매뉴얼 테크닉의 기본동작 : 쓰다듬기, 문지르기, 주무르기, 두드리기, 흔들어주기

002
팩 사용 시 주의사항이 아닌 것은?
① 피부타입에 맞는 팩제를 사용한다.
② 잔주름 예방을 위해 눈 위에 직접 덧바른다.
③ 한방팩, 천연팩 등은 즉석에서 만들어 사용한다.
④ 안에서 바깥방향으로 바른다.

> 팩 사용 시 눈과 입술은 바르지 않는다.

003
파우더 타입의 머드팩에 대한 설명이 옳은 것은?
① 유분을 공급하므로 노화, 재생관리가 필요한 피부에 사용
② 피지를 흡착하고 살균, 소독 및 항염 작용이 있어 지성 및 여드름피부에 사용
③ 항염 작용이 있어 민감 피부 관리에 사용
④ 보습작용이 뛰어나 눈가나 입술관리에 사용

> 파우더 타입은 부드러운 형태일수록 유·수분의 흡수력이 뛰어나다.

004
클렌징 로션에 대한 알맞은 설명은?
① 사용 후 반드시 비누세안을 해야 한다.
② 친유성 에멀젼(W/O타입)이다.
③ 눈화장, 입술화장을 지우는데 주로 사용한다.
④ 민감성 피부에도 적합하다.

> 클렌징 로션은 수분을 많이 함유한 친수성으로 피부 부담감이 적고 사용감이 좋으나 세정력이 다소 떨어져 옅은 화장을 지울 때 좋다.

005
습포의 효과에 대한 내용과 가장 거리가 먼 것은?
① 온습포는 모공을 확장시키는데 도움을 준다.
② 온습포는 혈액순환촉진, 적절한 수분공급의 효과가 있다.
③ 냉습포는 모공을 수축시키며 피부를 진정시킨다.
④ 온습포는 팩 제거 후 사용하면 효과적이다.

> 팩 제거 후는 냉습포를 사용하여 모공을 축소시키고 피부에 긴장감을 준다.

006
피부상담 시 고려해야할 점으로 가장 거리가 먼 것은?
① 관리 시 생길 수 있는 만약의 경우에 대비하여 병력사항을 반드시 상담하고 기록해둔다.
② 피부 관리 유경험자의 경우 그동안의 관리 내용에 대해 상담하고 기록해 둔다.
③ 여드름을 비롯한 문제성 피부고객의 경우 과거 병원치료나 약물 치료의 경험이 있는지 기록해 두어 피부 관리 계획표 작성에 참고한다.

④ 필요한 제품을 판매하기 위해 고객이 사용하고 있는 화장품의 종류를 체크한다.

> 고객이 사용하고 있는 화장품의 종류를 체크하는 것은 필요한 제품 판매를 하기 위함이 아니라 고객의 피부상태 등을 체크하기 위해 필요한 사항이다.

007
매뉴얼 테크닉을 적용할 수 있는 경우는?

① 피부나 근육, 골격에 질병이 있는 경우
② 골절상으로 인한 통증이 있는 경우
③ 염증성 질환이 있는 경우
④ 피부에 셀룰라이트(cellulite)가 있는 경우

> 매뉴얼 테크닉은 ①, ②, ③ 외에 수술직후, 선번이나 홍반현상이 심한 경우, 피부질환이나 외상이 있는 경우 등은 시술할 수 없다.

008
신체 각 부위 매뉴얼 테크닉 방법에 대한 내용 중 틀린 것은?

① 규칙적인 리듬과 속도를 유지하면서 관리한다.
② 전신에 대한 매뉴얼 테크닉은 강하면 강할수록 효과가 좋다.
③ 전신 매뉴얼 테크닉은 림프절이 흐르는 방향으로 실시한다.
④ 전신에 손바닥을 밀착시키고 체간(몸통)을 이용하여 관리한다.

> 지나치게 강하거나 약한 압력은 피하며, 부위별 상태에 따라 적절한 힘의 세기를 이용한 압력이 필요하다.

009
매뉴얼 테크닉의 효과가 아닌 것은?

① 내분비기능의 조절
② 결체조직에 긴장과 탄력성 부여
③ 혈액순환촉진
④ 반사 작용의 억제

> 매뉴얼 테크닉의 효과는 ①, ②, ③ 외에 조직의 노폐물 제거, 피지선과 한선의 기능 활성화, 모세혈관 강화 등이 있다.

010
건성피부의 관리방법으로 가장 거리가 먼 것은?

① 알칼리성 비누를 이용하여 자주 세안을 한다.
② 화장수는 알코올 함량이 적고 보습기능이 강화된 제품을 사용한다.
③ 클렌징 제품은 부드러운 밀크타입이나 유분기가 있는 크림타입을 선택하여 사용한다.
④ 세라마이드, 호호바 오일, 아보카도 오일, 알로에베라, 히아루론산 등의 성분이 함유된 화장품을 사용한다.

> 알칼리성 비누를 이용한 잦은 세안은 유·수분을 지나치게 제거하여 건성피부를 더욱 악화 시킨다.

011
피부미용의 영역이 아닌 것은?

① 신체 각 부위관리   ② 레이저 필링
③ 눈썹정리   ④ 제모

> 레이저 필링은 피부과 영역이다.

012
세안에 대한 설명으로 틀린 것은?

① 클렌징제의 선택이나 사용방법은 피부상태에 따라 고려되어야한다.
② 청결한 피부는 피부관리 시 사용되는 여러 영양 성분의 흡수를 돕는다.
③ 피부표면은 pH 4.5~6.5로서 세균의 번식이 쉬워 문제 발생이 잘 되므로 세안을 잘해야 한다.
④ 세안은 피부관리에 있어서 가장 먼저 행하는 과정이다.

> 건강한 피부의 표면은 pH 4.5~6.5의 약산성으로 세균의 번식을 억제한다.

013
림프 드레니지를 적용할 수 있는 경우에 해당되는 것은?

① 림프절이 심하게 부어있는 경우
② 전염성의 문제가 있는 피부
③ 열이 있는 감기 환자
④ 여드름이 있는 피부

림프 드레니지는 여드름과 홍반증상을 완화시킨다.

014
피부유형에 맞는 화장품 선택이 아닌 것은?

① 건성피부 – 유분과 수분이 많이 함유된 화장품
② 민감성피부 – 향, 색소, 방부제를 함유하지 않거나 적게 함유된 화장품
③ 지성피부 – 피지조절제가 함유된 화장품
④ 정상피부 – 오일이 함유되어 있지않은 오일 프리(oil free) 화장품

오일 프리 제품은 지성피부나 여드름피부에 적합하다.

015
딥 클렌징의 대상으로 적합하지 않은 것은?

① 모세혈관 확장피부
② 모공이 넓은 지성피부
③ 비염증성 여드름피부
④ 잔주름이 많은 건성피부

모세혈관 확장피부에 딥 클렌징을 시행할 경우 악화될 수 있다.

016
제모 시 유의사항이 아닌 것은?

① 염증이나 상처, 피부질환이 있는 경우는 하지 말아야 한다.
② 장시간의 목욕이나 사우나 직후는 피한다.
③ 제모 부위는 유분기와 땀을 제거한 다음 완전히 건조된 후 실시한다.
④ 제모한 부위는 즉시 물로 깨끗하게 씻어 주어야 한다.

제모한 후는 진정 화장수를 발라주어 피부를 진정시켜야 염증 유발을 억제할 수 있다.

017
수요법(water trerapy, hydrotherapy) 시 지켜야 할 수칙이 아닌 것은?

① 식사 직후에 행한다.
② 수요법은 대개 5분에서 30분까지가 적당하다.
③ 수요법에 전에 잠깐 쉬도록 한다.
④ 수요법 후에는 물을 마시도록 한다.

식사 직후에는 전신관리를 피한다.

018
다음 중 물리적인 딥 클렌징이 아닌 것은?

① 스크럽제
② 브러쉬(프리마톨)
③ AHA(alphahydroxy acid)
④ 고마쥐

화학적 딥 클렌징 : AHA, 효소(Enzyme)

019
건강한 손톱에 대한 설명으로 틀린 것은?

① 바닥에 강하게 부착되어야 한다.
② 단단하고 탄력이 있어야 한다.
③ 윤기가 흐르며 노란색을 띠어야 한다.
④ 아치모양을 형성해야 한다

건강한 손톱은 매끄럽고 윤기가 흐르며 분홍색을 띠어야 한다.

020
천연보습인자의 설명으로 틀린 것은?

① NMF(natural moisturizing factor)이다.
② 피부수분보유량을 조절한다.

③ 아미노산, 젖산, 요소 등으로 구성되고 있다.
④ 수소이온농도의 지수유지를 말한다.

> 수소이온농도의 지수는 pH를 말하는 것으로 용액의 산성도를 가늠하는 척도를 나타낸다.

021
진피에 함유되어 있는 성분으로 우수한 보습능력을 지니고 있어 피부관리 제품에도 많이 함유되어 있는 것은?

① 알코올(alcohol)
② 콜라겐(collagen)
③ 판테놀(panthenol)
④ 글리세린(glycerine)

> 진피는 콜라겐, 엘라스틴, 기질물질로 구성되어 있다.

022
피부의 기능에 대한 설명으로 틀린 것은?

① 인체 내부 기관을 보호한다.
② 체온조절을 한다.
③ 감각을 느끼게 한다.
④ 비타민 B를 생성한다.

> 피부는 보호작용, 체온조절작용, 저장작용, 감각작용, 분비 및 배설 작용, 흡수작용, 비타민 D 형성작용, 재생작용, 표정작용 등의 기능을 가진다.

023
다음 중 피부표면의 pH에 가장 큰 영향을 주는 것은?

① 각질 생성
② 침의 분비
③ 땀의 분비
④ 호르몬의 분비

> 땀은 산성막 형성에 관여하며, 피부 pH를 4.5~6.5의 약산성으로 조절하여 피부표면에 세균이 번식하는 것을 억제한다.

024
탄수화물에 대한 설명으로 옳지 않은 것은?

① 당질이라고도 하며 신체의 중요한 에너지원이다.
② 장에서 포도당, 과당 및 갈락토오스로 흡수된다.
③ 지나친 탄수화물의 섭취는 신체를 알칼리성 체질로 만든다.
④ 탄수화물의 소화흡수율은 99%에 가깝다.

> 탄수화물의 과다섭취는 비만과 당뇨를 유발한다.

025
원주형의 세포가 단층으로 이어져 있으며 각질형성세포와 색소형성세포가 존재하는 피부 세포층은?

① 기저층
② 투명층
③ 각질층
④ 유극층

> 기저층은 표피의 가장 아래층으로 진피와 접하고 있으며 모세혈관으로부터 영양을 공급받아 세포분열을 한다.

026
다음 중 표피층에 존재하는 세포가 아닌 것은?

① 각질형성 세포
② 멜라닌 세포
③ 랑게르한스 세포
④ 비만 세포

> 비만 세포는 피하조직(피하지방)에 존재한다.

027
인체중에서 피지선이 전혀 없는 곳은?

① 이마
② 코
③ 귀
④ 손바닥

> 피지선은 손바닥과 발바닥을 제외한 전신에 분포되어 있다.

028
골격계의 형태에 따른 분류로 옳은 것은?

① 장골(긴뼈) : 상완골(위팔뼈), 요골(노뼈), 척골(자뼈), 대퇴골(넙다리뼈), 경골(정강뼈), 비골(종아리뼈) 등
② 단골(짧은뼈) : 슬개골(무릎뼈), 대퇴골(넙다리

뼈), 두정골(마루뼈) 등
③ 편평골(납작뼈) : 척주골(척주뼈), 관골(광대뼈) 등
④ 종자골(종강뼈) : 전두골(이마뼈), 후두골(뒤통수뼈), 두정골(마루뼈), 견갑골(어깨뼈), 늑골(갈비뼈) 등

골격계
- 단골 : 수근골, 족근골
- 편평골 : 견갑골, 늑골, 흉골, 두개골의 일부
- 종자골 : 슬개골, 기절골

029
비뇨기계에서 배출기관의 순서를 바르게 표현한 것은?

① 신장 – 요관 – 요도 – 방광
② 신장 – 요도 – 방광 – 요관
③ 신장 – 요관 – 방광 – 요도
④ 신장 – 방광 – 요도 – 요관

030
다음 설명 중 틀린 내용은?

① 소화란 포도당을 산화하여 에너지를 생산하는 과정이다.
② 소화한 탄수화물은 단당류로, 단백질은 아미노산 등으로 분해하는 과정이다.
③ 소화한 유기물들이 소장의 융모상피가 흡수할 수 있는 크기로 잘리는 과정을 말한다.
④ 소화계에는 입과 위, 소장은 물론 간과 췌장도 포함한다.

소화는 섭취한 음식물 속의 영양소가 흡수 가능한 상태로 분해되는 과정을 말한다.

031
폐에서 이산화탄소를 내보내고 산소를 받아들이는 역할을 수행하는 순환은?

① 폐순환 ② 체순환
③ 전신순환 ④ 문맥순환

순환
- 폐순환 : 소순환, 폐에서 이산화탄소와 산소를 교환
- 체순환 : 전신순환 혹은 대순환, 조직에 영양분과 산소를 공급하고 이산화탄소 및 노폐물을 모아 돌아오는 순환

032
성인의 척수신경은 모두 몇 쌍 인가?

① 12쌍 ② 13쌍
③ 30쌍 ④ 31쌍

척수신경 : 경신경(8쌍), 흉신경(12쌍), 요신경(5쌍), 천골신경(5쌍), 미골신경(1쌍)

033
인체에서 방어 작용에 관여하는 세포는?

① 적혈구 ② 백혈구
③ 혈소판 ④ 항원

혈액세포의 기능
- 적혈구 : 산소운반
- 백혈구 : 인체면역(방어작용)
- 혈소판 : 혈액응고,

034
근육은 어떤 작용으로 움직일 수 있는가?

① 수축에 의해서만 움직인다.
② 이완에 의해서만 움직인다.
③ 수축과 이완에 의해서 움직인다.
④ 성장에 의해서만 움직인다.

골격근의 일반적 기능
- 운동 : 근의 수축과 이완
- 자세유지 : 부분적 수축
- 열생산 : 근의 수축시 근세포들의 이화작용

035
스티머 사용 시 주의해야할 사항으로 틀린 것은?

① 오존이 함께 장착되어 있는 경우 스팀이 나오기 전 오존을 미리 켜 두어야 한다.

② 일광에 손상된 피부나 감염이 있는 피부에는 사용을 금한다.
③ 수조내부를 세제로 씻지 않도록 한다.
④ 물은 반드시 정수된 물을 사용하도록 한다.

> 오존은 세포의 산소공급 증가 및 세균과 박테리아를 제거하는 효과가 있으며, 맨 얼굴일 경우에만 쐰다. 오존은 스팀이 나오기 시작할 때 켠다.

036
진공흡입기(suction)의 효과로 틀린 것은?

① 피부를 자극하여 한선과 피지선의 기능을 활성화 시킨다.
② 영양물질을 피부 깊숙이 침투시킨다.
③ 림프순환을 촉진하여 노폐물을 배출한다.
④ 면포나 피지를 제거한다.

> 진공흡입기는 컵의 압력을 이용하여 피부를 흡입하는 작용을 하는 것으로 다양한 형태의 유리관을 이용하여 림프와 혈액의 흐름을 원활하게 한다.

037
진동 브러시(Frimator)의 올바른 사용 방법이 아닌 것은?

① 모세혈관확장 피부에는 사용하지 않는다.
② 브러시를 미지근한 물에 적신 후 사용한다.
③ 손목에 힘을 주어 눌러가며 돌려준다.
④ 사용한 브러시는 비눗물로 세척 후 물기를 제거하고 소독기로 소독한 후 보관한다.

> 진동 브러시는 피부타입에 맞는 회전속도로 솔이 직각이 되도록 하고 가볍게 누르듯 원을 그리며 돌려준다.

038
우드램프에 대한 설명으로 틀린 것은?

① 피부 분석을 위한 기기이다.
② 밝은 곳에서 사용하여야 한다.
③ 클렌징 한 후 사용하여야 한다.
④ 자외선을 이용한 기기이다.

> 우드램프를 이용해서 피부측정 시 조명을 어둡게 한다.

039
갈바닉(galvanic) 기기의 음극 효과로 틀린 것은?

① 모공의 수축
② 피부의 연화
③ 신경의 자극
④ 혈액공급의 증가

> 갈바닉 기기의 효과
> • 음극의 효과 : 알칼리 형성, 피부연화, 혈액공급의 증가, 세정작용, 피지분해효과, 신경자극 효과
> • 양극의 효과 : 산생성, 신경안정, 혈액공급감소, 수렴효과, 진정효과

040
고주파 전류의 주파수(진동수)를 측정하는 단위는?

① W (와트)
② A (암페어)
③ Ω (옴)
④ Hz (헤르츠)

> 단위 설명
> • 와트 : 전력의 단위
> • 암페어 : 전류의 양
> • 옴 : 전기저항
> • 헤르츠 : 진동의 수

041
캐리어 오일에 대한 설명으로 틀린 것은?

① 캐리어는 운반이란 뜻으로 캐리어 오일은 마사지 오일을 만들 때 필요한 오일이다.
② 베이스 오일이라고도 한다.
③ 에센셜 오일을 추출할 때 오일과 분류되어 나오는 증류액을 말한다.
④ 에센셜 오일의 향을 방해하지 않도록 향이 없어야 하고 피부흡수력이 좋아야한다.

> 캐리어 오일은 에센셜 오일을 희석해서 사용하는 식물성 오일을 말한다.

042
계면활성제에 대한 설명으로 옳은 것은?

① 계면활성제는 일반적으로 둥근 머리모양의 소수성기와 막대꼬리모양의 친수성기를 가진다.
② 계면활성제의 피부에 대한 자극은 양쪽성〉양이온성〉음이온성〉비이온성의 순으로 감소한다.
③ 비이온성 계명활성제는 피부자극이 적어 화장수의 가용화제, 크림의 유화제, 클렌징 크림의 세정제 등에 사용된다.
④ 양이온성 계면활성제는 세정작용이 우수하여 비누, 샴푸 등에 사용된다.

계면활성제란 물과 기름의 경계면을 변화시키는 특성을 가진 물질로 양이온성(살균, 소독작용, 정전기발생억제제), 음이온성(세정작용, 기포형성작용), 비이온성(자극이 적어 화장품에 쓰임), 양쪽성(세정작용, 저자극) 계면활성제가 있다.

043
다음 중 냉각기에 의해 제조된 제품은?
① 립스틱
② 화장수
③ 아이섀도우
④ 에센스

립스틱은 마지막 공정에서 분산 후 틀에 흘려 넣어 급냉각시켜 스틱상을 만든다.

044
화장품의 분류와 사용목적, 제품이 일치하지 않는 것은?
① 모발 화장품 – 정발 – 헤어스프레이
② 방향 화장품 – 향취부여 – 오데코롱
③ 메이크업 화장품 – 색채 부여 – 네일 에나멜
④ 기초화장품 – 피부정돈 – 클렌징 폼

기초화장품 – 피부정돈 – 화장수

045
팩의 분류에 속하지 않는 것은?
① 필 오프(peel-off) 타입
② 워시 오프(wash-off) 타입
③ 패치(patch) 타입
④ 워터(water) 타입

팩의 분류 : 필 오프 타입, 워시 오프 타입, 티슈 오프, 패치 타입, 분말 타입

046
색소를 염료(dye)와 안료(pigment)로 구분할 때 그 특징에 대해 잘못 설명되어진 것은?
① 염료는 메이크업 화장품을 만드는데 주로 사용된다.
② 안료는 물과 오일에 모두 녹지 않는다.
③ 무기 안료는 커버력이 우수하고 유기안료는 빛, 산, 알칼리에 약하다.
④ 염료는 물이나 오일에 녹는다.

염료는 물이나 오일에 잘 녹기 때문에 메이크업 화장품에는 사용하지 않는다.

047
기능성 화장품에 해당되지 않는 것은?
① 피부의 미백에 도움을 주는 제품
② 인체에 비만도를 줄여주는데 도움을 주는 제품
③ 피부의 주름개선에 도움을 주는 제품
④ 피부를 곱게 태워주거나 자외선으로부터 피부를 보호하는데 도움을 주는 제품

기능성 화장품은 피부주름개선, 자외선차단, 미백에 도움을 주는 제품을 말한다.

048
보건행정의 제 원리에 관한 것으로 맞는 것은?
① 일방행정원리의 관리과정적 특성과 기획과정은 적용되지 않는다.
② 의사결정과정에서 미래를 예측하고, 행동하기 전의 행동계획을 결정한다.
③ 보건행정에서는 생태학이나 역학적 고찰이 필요 없다.
④ 보건행정은 공중보건학에 기초한 과학적 기술이 필요하다.

보건행정은 정부 및 공공단체에 의해 국가나 지역주민의 보건향상을 위해 행해지는 행정활동으로, 공중보건학을 기초로 하는 과학적 기술을 필요로 한다.

049
체온은 유지하는데 영향을 주는 온열인자가 아닌 것은?

① 기온 ② 기습
③ 복사열 ④ 기압

기압은 지구를 둘러싸고 있는 대기의 압력을 말한다.

050
법정 감염병 중 제2급 감염병이 아닌 것은?

① 결핵 ② C형간염
③ 수두 ④ 폴리오

C형간염은 제3급 감염병에 속한다.

051
예방접종 중 세균의 독소를 약독화(순화)하여 사용하는 것은?

① 폴리오 ② 콜레라
③ 장티푸스 ④ 파상풍

순화독소를 예방접종에 사용하는 질병은 파상풍과 디프테리아이다.

052
어떤 소독약의 석탄계수가 2.0 이라는 것은 무엇을 의미하는가?

① 석탄산의 살균력이 2이다.
② 살균력이 석탄산의 2배이다.
③ 살균력이 석탄산의 2%이다.
④ 살균력이 석탄산의 120%이다.

석탄계수는 살균농도지수와 병행하여 살균특성을 나타내는 것으로 어떤 살균력이 페놀의 살균력의 몇 배에 해당하는가를 나타내는 값을 말한다.

053
다음 중 소독약의 구비조건으로 틀린 것은?

① 인체에는 독성이 없어야 한다.
② 소독 물품에 손상이 없어야 한다.
③ 사용방법이 간단하고 경제적이어야 한다.
④ 소독 실시 후 서서히 소독 효력이 증대되어야 한다.

소독약은 미량으로도 침투력과 살균력이 강해야 한다.

054
자비소독시 살균력을 강하게 하고 금속기자재가 녹스는 것을 방지하기 위하여 첨가하는 물질이 아닌 것은?

① 2% 중조
② 2% 크레졸 비누액
③ 5% 승홍수
④ 5% 석탄산

자비소독은 물을 끓여서 하는 열탕소독법으로 소독효과를 높이기 위해 석탄산(5%), 크레졸(2~3%), 중조(1~2%)를 넣어 준다.

055
무수알코올(100%)을 사용해서 70%의 알코올 1800mL를 만드는 방법으로 옳은 것은?

① 무수알코올 700mL에 물 1100mL를 가한다.
② 무수알코올 70mL에 물 1730mL를 가한다.
③ 무수알코올 1260mL에 물 540mL를 가한다.
④ 무수알코올 126mL에 물 1674mL를 가한다.

알코올 70%는 무수알코올 70에 물 30을 혼합한 용액이다.

056
공중위생업소의 위생서비스수준의 평가는 몇 년마다 실시해야 하는가?

① 매년 ② 2년
③ 3년 ④ 4년

057
이·미용업소의 위생관리 의무를 지키지 아니한 자의 과태료 기준은?

① 30만원 이하
② 50만원 이하
③ 100만원 이하
④ 200만원 이하

> **200만원 이하의 과태료**
> • 미용업소의 위생관리 의무를 지키지 아니한 자
> • 영업소 외의 장소에서 이용 또는 미용업무를 행한 자
> • 규정에 위반하여 위생교육을 받지 아니한 자

058
공중위생업자에게 개선 명령을 명할 수 없는 것은?

① 보건복지부령이 정하는 공중위생업의 종류별 시설 및 설비기준을 위반한 경우
② 공중위생업자는 그 이용자에게 건강상 위해 요인이 발생하지 아니하도록 영업 관련 시설 및 설비를 위생적이고 안전하게 관리해야 하는 위행관리 의무를 위반한 경우
③ 면도기는 1회용 면도날만을 손님 1인에 한하여 사용한 경우
④ 이·미용기구는 소독을 한 기구와 소독을 하지 아니한 기구로 분리하여 보관해야 하는 위생관리 의무를 위반한 경우

059
영업허가 취소 또는 영업장 폐쇄명령을 받고도 계속하여 이·미용 영업을 하는 경우에 시장·군수·구청장이 취할 수 있는 조치가 아닌 것은?

① 당해 영업소의 간판 기타 영업표지물의 제거
② 당해 영업소가 위법한 것임을 알리는 게시물 등의 부착
③ 영업을 위하여 필수불가결한 기구 또는 시설물을 사용할 수 없게 하는 봉인
④ 당해 영업소의 업주에 대한 손해배상 청구

060
이·미용사 면허를 받을 수 있는 자가 아닌 것은?

① 고등학교에서 이용 또는 미용에 관한 학과를 졸업한 자
② 국가기술자격법에 의한 이용사 또는 미용사 자격을 취득한 자
③ 보건복지부 장관이 인정하는 외국인 이용사 또는 미용사 자격 소지자
④ 전문대학에서 이용 또는 미용에 관한 학과 졸업자

10회 【정답】 적중모의고사

001	002	003	004	005
④	②	②	④	④
006	007	008	009	010
④	④	②	④	①
011	012	013	014	015
②	③	④	④	①
016	017	018	019	020
④	①	③	③	④
021	022	023	024	025
②	④	③	③	①
026	027	028	029	030
④	④	①	③	①
031	032	033	034	035
①	④	②	③	①
036	037	038	039	040
②	③	②	①	④
041	042	043	044	045
③	③	①	④	④
046	047	048	049	050
①	④	④	④	②
051	052	053	054	055
④	②	④	③	③
056	057	058	059	060
②	④	③	④	③

피부미용사 필기

2026년 01월 05일 인쇄
2026년 01월 20일 발행

저자	김지연 · 박성애 공저
발행처	(주)도서출판 책과상상
등록번호	제2020-000205호
발행인	이강복
주소	경기도 고양시 일산동구 장항로 203-191
대표전화	(02)3272-1703~4
팩스	(02)3272-1705
홈페이지	www.sangsangbooks.co.kr
ISBN	979-11-6967-314-3

저자협의
인지생략

값 18,000원
Copyright© 2026
Book & SangSang Publishing Co.